高等学校工程应用型土建类系列教材

混凝土结构设计

主　编　张季超
副主编　吴珊瑚　王　晖　陈　原

高等教育出版社·北京

内容提要

本书是高等学校工程应用型土建类系列教材之一，是根据《混凝土结构设计规范（2015局部修订）》（GB 50010—2010）等国家规范和规程编写的。全书主要内容包括绪论、梁板结构、单层工业厂房、框架结构等，除绪论外其余各章均有例题、小结、思考题及习题，且均有设计实例示范，并结合建筑工业化的要求编写装配式板肋梁楼盖和装配整体式板肋梁楼盖设计实例。除纸质教材外，本书还配套有数字资源。

本书可作为高等学校本科土木工程专业教材，也可供广大土建工程设计人员和施工技术人员参考。

图书在版编目（CIP）数据

混凝土结构设计 / 张季超主编. -- 北京：高等教育出版社，2017.9（2020.8重印）

高等学校工程应用型土建类系列教材

ISBN 978-7-04-048181-5

Ⅰ. ①混… Ⅱ. ①张… Ⅲ. ①混凝土结构-结构设计-高等学校-教材 Ⅳ. ①TU370.4

中国版本图书馆 CIP 数据核字（2017）第 165075 号

策划编辑	葛 心	责任编辑	葛 心	封面设计	杨立新	版式设计 马 云
插图绘制	杜晓丹	责任校对	胡美萍	责任印制	韩 刚	

出版发行 高等教育出版社	咨询电话 400-810-0598
社 址 北京市西城区德外大街4号	网 址 http://www.hep.edu.cn
邮政编码 100120	http://www.hep.com.cn
印 刷 保定市中画美凯印刷有限公司	网上订购 http://www.hepmall.com.cn
开 本 787 mm×1092 mm 1/16	http://www.hepmall.com
印 张 20.75	http://www.hepmall.cn
字 数 460千字	版 次 2017年 9月第1版
插 页 2	印 次 2020年 8月第2次印刷
购书热线 010-58581118	定 价 40.50元

本书如有缺页、倒页、脱页等质量问题，请到所购图书销售部门联系调换
版权所有 侵权必究
物 料 号 48181-00

高等学校工程应用型土建类系列
教材编委会名单

主任委员：
　　汤放华（湖南城市学院）

副主任委员（按姓氏笔画排序）：
　　张建勋（福建工程学院）
　　武　鹤（黑龙江工程学院）
　　周　云（广州大学）
　　周先雁（中南林业科技大学）
　　唐　勇（山东交通学院）
　　黄双华（攀枝花学院）
　　麻建锁（河北建筑工程学院）

委员（按姓氏笔画排序）：
　　万德臣（山东交通学院）
　　马石城（湘潭大学）
　　王用信（哈尔滨华德学院）
　　王永春（青岛理工大学）
　　王振清（河南工业大学）
　　王新堂（宁波大学）
　　石启印（江苏大学）
　　申向东（内蒙古农业大学）
　　白宝玉（长春建筑学院）
　　司马玉洲（南阳理工学院）
　　刘海卿（辽宁工程技术大学）
　　刘锡军（湖南科技大学）
　　李晓目（孝感学院）
　　李　斌（内蒙古科技大学）
　　李　毅（北华大学）
　　杨伟军（长沙理工大学）
　　肖　鹏（扬州大学）
　　何培玲（南京工程学院）
　　佘跃心（淮阴工学院）

汪仁和(安徽理工大学)
沈小璞(安徽建筑大学)
张文福(东北石油大学)
张志国(内蒙古大学)
张国栋(三峡大学)
张季超(广州大学)
张　奎(河南城建学院)
张新东(塔里木大学)
陈　伟(攀枝花学院)
陈伯望(中南林业科技大学)
郑　毅(长春建筑学院)
赵凤华(常州工学院)
赵永平(黑龙江工程学院)
赵明耀(长春建筑学院)
荀　勇(盐城工学院)
姚金星(长江大学)
贺国京(中南林业科技大学)
夏军武(中国矿业大学徐海学院)
徐新生(济南大学)
高福聚(中国石油大学)
常伏德(吉林建筑大学城建学院)
董　黎(广州大学)
蓝宗建(东南大学成贤学院)
窦立军(长春工程学院)
蔡雪峰(福建工程学院)
臧秀平(徐州工程学院)
谭宇胜(广东石油化工学院)
薛志成(黑龙江科技学院)
薛　姝(湖南城市学院)

与本书配套的数字课程资源使用说明

与本书配套的数字课程资源发布在高等教育出版社易课程网站，请登录网站后开始课程学习。

一、网站登录

1. 访问 http://abook.hep.com.cn/1251712，单击"注册"。在注册页面输入用户名、密码及常用的邮箱进行注册。已注册的用户直接输入用户名和密码登录即可进入"我的课程"界面。

2. 课程充值：登录后单击右上方"充值"图标，正确输入教材封底标签上的明码和密码，单击"确定"按钮完成课程充值。

3. 在"我的课程"列表中选择已充值的数字课程，单击"进入课程"即可开始课程学习。

二、配套资源

本书配套有教学课件、视频、课程设计任务书等数字化资源，极大地丰富了知识的呈现形式，拓展了教材内容，在提升课程教学效果同时，为学生学习提供思维与探索的空间。学习者可登录网站学习，也可以随时随地使用移动通信设备观看，提高认识，加深理解。

账号自登录之日起一年内有效，过期作废。

使用本账号如有任何问题，请发邮件至：ecourse@pub.hep.cn

前　　言

混凝土结构设计是高等学校土木工程专业的主干课程和专业课程之一。通过对本课程的学习，学生应掌握混凝土结构设计的基本方法，具备一般土木工程结构设计的能力。本书在学生已修混凝土结构设计原理课的基础上，从专业培养目标出发，为学生提供建筑结构工程师的基本训练。

本书是根据教育部土木工程专业的培养要求，结合作者多年来的教学实践经验采用一体化设计进行编写的。本书体现了内容与形式一体化、教学理念与教学设计一体化、纸质教材与数字资源一体化，其特点是：(1)根据新实施的国家规范、规程，如《混凝土结构设计规范(2015局部修订)》(GB 50010—2010)等编写；(2)适用于土木工程专业，重点为建筑工程等，兼顾其他土建类专业及相近专业；(3)面向以本科教育为主的一般院校和土木工程界，在讲授传统设计方法的同时，根据时代发展特点，提倡应用程序化结构计算工具(如结构力学求解器等)进行教学。编写时力求贯彻少而精、突出重点、讲明难点、深入浅出、理论讲解与设计实践并重的原则，注重学以致用。除绪论外，其余各章均有例题、小结、思考题和习题，而且都有较详细的设计实例示范，其中第1章提供国内最新的装配式单向板肋梁楼盖和装配整体式单向板肋梁楼盖设计实例。故本书不仅适用于教师教学，且适合学生自学和广大土木工程技术人员实际应用。

本书由张季超任主编，吴珊瑚、王晖、陈原任副主编。绪论由广州大学张季超、陈原编写，第1章由张季超、王晖、许勇编写，第2章由张季超、陈原编写，第3章由吴珊瑚、张春梅编写。视频部分由张季超、王可怡、李琳、杨尚荣、雷有坤、简伟通、沈冬儿、陈海森、刘丹、刘向东、吕明、王瑞龙、贾森春、彭超恒编辑。

本书由深圳大学隋莉莉教授审阅，并提出了宝贵意见，在此表示诚挚的谢意。

在本书编写过程中，参考了国内近年来出版的混凝土结构方面的教材、规范和手册，在此向相关作者表示感谢。

本书受广州大学教材出版基金资助。

因时间仓促，水平有限，书中难免有遗漏和不足之处，热切希望读者批评指正。

编者
2017年4月

目 录

绪论 ·· 1
  0.1 概述 ·· 1
    0.1.1 概述 ·· 1
    0.1.2 建筑工业化 ·· 3
  0.2 结构设计内容和要求 ··· 4
    0.2.1 结构设计内容 ··· 4
    0.2.2 结构设计要求 ··· 5
    0.2.3 结构方案的确定 ·· 5
    0.2.4 耐久性和防连续倒塌设计 ··· 6
  0.3 结构类型和体系 ·· 7
    0.3.1 结构类型 ·· 7
    0.3.2 结构体系 ·· 8
  0.4 结构分析 ··· 9
    0.4.1 结构模型 ·· 9
    0.4.2 结构分析理论 ·· 11
    0.4.3 混凝土结构分析方法 ··· 11
  0.5 结构方案设计示例 ··· 12
  0.6 本书内容和学习要点 ·· 15
  思考题 ·· 16
第1章 梁板结构 ·· 17
  1.1 概述 ··· 17
    1.1.1 楼盖类型 ·· 18
    1.1.2 单向板和双向板 ·· 19
  1.2 现浇单向板肋梁楼盖 ·· 20
    1.2.1 结构平面布置 ·· 20
    1.2.2 计算简图 ·· 21
    1.2.3 连续梁、板按弹性理论方法的内力计算 ·································· 25
    1.2.4 连续梁、板按塑性理论方法的内力计算 ·································· 28
    1.2.5 单向板肋梁楼盖的截面设计与构造要求 ·································· 42
  1.3 现浇单向板肋梁楼盖设计实例 ··· 50
  1.4 双向板肋梁楼盖 ·· 65
    1.4.1 双向板的受力分析和试验研究 ·· 65
    1.4.2 双向板内力计算 ·· 67
    1.4.3 双向板的截面设计与构造要求 ·· 72

1.4.4	双向板支承梁的设计	74
1.5	现浇双向板肋梁楼盖板设计实例	74
1.6	装配式混凝土楼盖	78
	1.6.1 预制铺板的形式、特点及其适用范围	78
	1.6.2 楼盖梁	79
	1.6.3 装配式构件的计算要点	79
	1.6.4 装配式混凝土楼盖的连接构造	80
	1.6.5 装配式单向板肋梁楼盖设计	82
	1.6.6 装配整体式单向板肋梁楼盖设计	100
1.7	无梁楼盖	120
	1.7.1 概述	120
	1.7.2 无梁楼盖的内力计算	121
	1.7.3 板柱节点设计	126
	1.7.4 无梁楼盖的配筋和构造	130
1.8	无粘结预应力混凝土楼盖	131
	1.8.1 概述	131
	1.8.2 预应力楼盖的截面设计与构造	131
1.9	楼梯、雨篷计算与构造	133
	1.9.1 楼梯	133
	1.9.2 雨篷	147
1.10	小结	149
思考题		150
习题		151
第2章	**单层工业厂房**	**154**
2.1	单层工业厂房的结构组成和布置	154
	2.1.1 结构组成	154
	2.1.2 柱网及变形缝的布置	156
	2.1.3 支撑的作用和布置原则	158
	2.1.4 抗风柱、圈梁、连系梁、过梁和基础梁的作用及布置原则	159
2.2	排架计算	161
	2.2.1 排架计算简图	161
	2.2.2 排架荷载计算	165
	2.2.3 排架内力计算	169
	2.2.4 排架内力组合	173
	2.2.5 排架考虑厂房空间作用时的计算	175
2.3	单层厂房柱	177
	2.3.1 柱的形式	177
	2.3.2 柱的设计	178
	2.3.3 牛腿与预埋件设计	179

2.4 柱下独立基础 ·· 184
　2.4.1 基础底面尺寸的确定 ·· 184
　2.4.2 基础高度的确定 ·· 187
　2.4.3 基础底板配筋计算 ·· 188
　2.4.4 基础的构造要求 ·· 191
2.5 单层厂房的屋盖结构选型 ·· 197
　2.5.1 概述 ·· 197
　2.5.2 屋盖构件 ·· 197
　2.5.3 屋面梁和屋架 ·· 200
　2.5.4 板梁合一的屋盖结构 ·· 202
　2.5.5 天窗架 ·· 203
　2.5.6 托架 ·· 204
2.6 吊车梁的受力特点及选型 ·· 204
　2.6.1 吊车梁的受力特点 ·· 204
　2.6.2 吊车梁的选型 ·· 205
2.7 单层厂房结构设计实例 ·· 206
　2.7.1 设计任务 ·· 206
　2.7.2 设计参考资料 ·· 207
　2.7.3 结构构件选型及柱截面尺寸确定 ······························ 208
　2.7.4 荷载计算 ·· 210
　2.7.5 排架内力分析 ·· 212
　2.7.6 内力组合 ·· 221
　2.7.7 柱截面设计 ·· 221
　2.7.8 基础设计（混凝土强度等级采用 C20） ························ 234
2.8 小结 ·· 241
思考题 ·· 242
习题 ·· 242

第 3 章　框架结构 ·· 244

3.1 框架结构的组成与布置 ·· 244
　3.1.1 框架结构的组成 ·· 244
　3.1.2 框架结构布置 ·· 245
　3.1.3 框架梁、柱截面尺寸 ·· 251
3.2 框架结构的简化计算 ·· 252
　3.2.1 框架结构的计算简图 ·· 252
　3.2.2 框架结构在竖向荷载作用下内力计算的近似方法——分层法 ······ 253
　3.2.3 框架结构在水平荷载作用下内力计算的近似方法——反弯点法和
　　　　 D 值法 ·· 258
　3.2.4 框架结构在水平荷载作用下侧移的近似计算 ···················· 274
3.3 框架结构的设计要点与构造 ······································ 279

  3.3.1 设计步骤和一般规定 ··· 279
  3.3.2 荷载效应组合 ··· 279
  3.3.3 框架结构设计要点和构造 ··· 283
 3.4 框架结构基础 ··· 287
  3.4.1 基础的类型及选择 ·· 287
  3.4.2 条形基础设计 ··· 288
  3.4.3 十字形基础设计 ·· 290
  3.4.4 条形基础的构造要求 ··· 290
  3.4.5 筏形基础 ··· 291
 3.5 小结 ·· 296
 思考题 ··· 297
 习题 ·· 297
附录 1 等截面等跨连续梁在常用荷载作用下按弹性分析的内力系数表 ············· 299
附录 2 双向板按弹性分析的计算系数表 ·· 308
附录 3 等效均布荷载表 ·· 313
附录 4 单阶柱顶反力与位移系数图 ··· 315
附录 5 结构力学求解器使用说明 ··· 316
参考文献 ·· 317

绪 论

课件 0-1
绪论

0.1 概 述

0.1.1 概述

土木工程建设是规划、勘测、设计、施工的总称,目的是为人类的生产和生活提供场所。土木建筑好比一个人,它的规划就像人生活的环境,是由规划师负责的;它的布局和艺术处理相应于人的体形、容貌、气质,是由建筑师负责的;它的结构好比人的骨骼和寿命,是由结构工程师负责的;它的给水排水、供热通风和电气等设施就如人的器官、神经,是由设备工程师负责的。像自然界完好地塑造人一样,在地区规划基础上建造土木工程,是建设单位、勘察单位、设计单位的工程师和施工单位的技术人员全面协调合作的过程。

土木工程建设中,建筑和结构设计人员的工作占有重要地位。现代技术条件下,建筑设计人员和结构设计人员的工作是相互关联的。因此,建筑物应是建筑师和结构工程师创造性合作的产物,但这种合作常常是困难的。与绝大多数物质性产品不同,一座建筑物表现为空间方面的概念和形式,它是表明总体环境的,它不仅提供人们从事活动的场所,而且是人们生活环境的象征,是人们对整个社会生活环境的看法和审美价值的体现。因此,设计师在设计思想上应该强调总体而不是个别单元,这在开始的设计过程中尤其如此。设计师必须把一个用空间形式表现的方案作为总的体系来构思,以此来保证与建筑物有关的物质性的和象征性的要求之间能够协调一致,并运用这种全盘考虑的思路来指导下一步工作,如本章第 5 节示例通过有关部分和细部设计去不断完善设计方案。建筑产品物质性的和象征性的要求使设计任务既综合又具体,既有形又无形。

土木建筑工程产品的性质要求建筑设计师和结构工程师在方案设计阶段进行创造性的合作,这要求双方都必须对技术问题进行全面总体考虑和进行有效的协调。然而,由于我国工程教育的专门化形式影响,常导致参与双方在设计过程中过多着眼于本专业的细节而不能充分从总体方面考虑问题,其结果使得双方常常在设计思路上产生分歧,从而在所有设计阶段中限制了建筑师和工程师之间创造性地合作。当前在结构工程师中存在的一种倾向就是等待建筑工程师做出一个表现空间形式的方案(非结构的),然后设法去完成它。这样不仅不能有效地运用结构工程师的知识、精力和时间,而且还容易产生矛盾。

针对以上隔阂对建筑工程师和结构工程师的限制,美国加州大学伯克利分校教授林同炎先生提出了概念设计思想:使建筑和结构专业学生学会在总体设计内容中将技术知识概念化。一般而言,由于结构设计工作的特殊重要性,结构工程师所受的教育相对建筑师更加专业和深入,但过分的专业性往往会在不同程度上影响设计人员的创造性。林同炎先生认为,解决这一问题的关键在于专业人员对于本专业知识应该从总体概念上加以理解,对建筑和结构工程师而言,要求双方对自己的知识在整个工程设计中的地位和相互作用有清晰的认识并形成概念,形成一种对工程的总体构思能力。只有具备这种能力,才能在强调综合的建筑设计师和更加专业、也更关心具体设计的结构工程师之间架起联系的桥梁(图 0-1 所示)。使两种专业人员在同一水平上去认识和解决在具体方案上的结构和空间设计的矛盾,使双方的创造性合作在设计的早期阶段成为可能,以有利于总体建筑的形成。

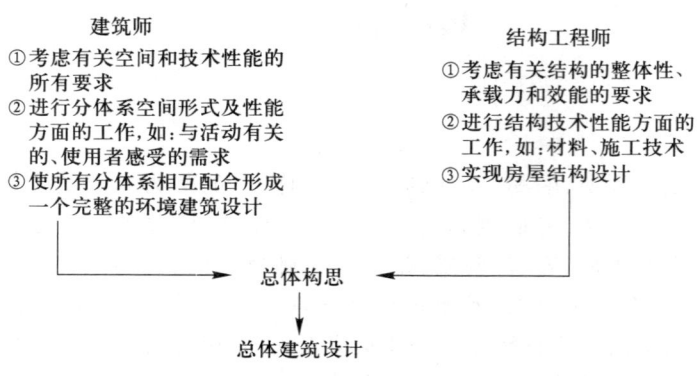

图 0-1　总体构思是结构师和建筑师联系的桥梁

中国古代哲学历来强调"天人合一"的观念,西方近代哲学也指出整个世界是个有机体,任何个体均是整体的不可分割的一部分,个体包孕于整体之中,并通过整体展现其特性。工程设计中的总体构思思想正是上述哲学思想在具体实践中的体现。而在设计中人为的割裂建筑与结构的有机联系则可能导致形而上学的机械论,对整个工作造成极为不利的影响,在强调素质教育的今天,这一点应给予充分的重视。

如前所述,建筑和结构工程师必须处理好与使用活动有关的空间以及物质性的和象征性的需求以使总体性能得到保证。建筑和结构工程师需要考虑的是按一个总的体系去形成一个建筑环境,这样的总体系是由相互联系着的、形成空间的分体系组成。这是一个复杂的问题,为此建筑和结构工程师需要有分阶段的设计程序。分阶段的设计程序至少有三个阶段,即方案设计阶段、初步设计阶段和施工图设计阶段(图 0-2)。分阶段设计在工程设计中具有重要意义,它可以使设计师避免在设计构思阶段被无数细节所干扰,而专注于更基本的问题。可以说一个优秀设计师能否从许多细节中分辨出更基本的东西是作为一个设计者的重要因素。

做方案设计阶段时,土建工程师可首先按照一个由基本的功能空间关系组成的抽象物来设想和模拟一个建筑设计,然后,他们可以探索这个抽象物的总体空间形式。在一个具体的建筑体形方案开始显示出来时,再考虑基本的场地条件进行修正。这个过程需要结构总体构思的合作,结构工程师应能从主体和各分体系之间的关系去构思总体方案,而

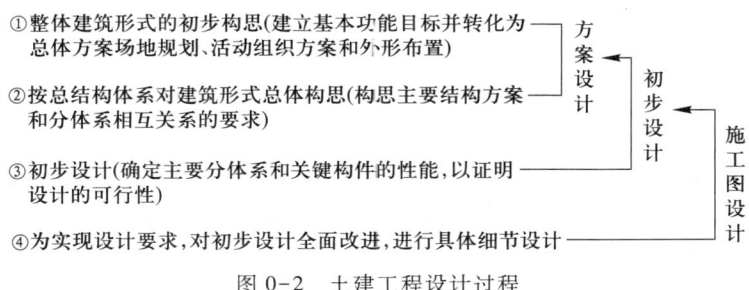

图 0-2　土建工程设计过程

不是从部件的细节考虑。

在初步设计阶段，土建工程师的侧重点就转移到精心改善他们最有希望供选择的设计方案上去。结构工程师需要考虑的结构问题是具体分体系方案的粗略设计。在这个阶段，总体结构方案发展到中等具体程度，结构工程师应着重判别和设计主要分体系以便确定其主要构件几何尺寸和相互有关的性能，就能在总体系这个目标范围内来分析判断基本分体系的相互关系和设计的矛盾。当然，这些初步设计阶段的成果，仍可能反馈回方案设计阶段以使原有方案更加完善甚至有大的变化。

当初步设计阶段成果满足了业主和设计者的要求时，就意味着总的设计的基本问题已经解决了。细部构造一般不致造成大的方案改变，这时重点将转到施工图设计阶段。这个阶段将着重解决所有具体分体系的细部构造。此时不同领域的专业人员，尤其结构工程师的任务大大增加。这是因为所有初步设计的结果都必须做出细部来。在这个阶段所做的设计可能反馈到初步设计阶段中，甚至可能会改变方案设计阶段的结果。如果前两阶段的工作做得深入，就不会出现在方案设计和初步设计阶段的设计成果在最终阶段全部推倒重来的问题，使得整个设计过程是逐步有序发展的过程，即从创造和改进总体系的设计概念逐步有序地转到做出所需的构件和细部构造。

总之，工程设计中应将建筑总体形式、功能和实现它的方法作为整体进行考虑，最终得到形式与功能统一。反之，若采用拼凑的办法，简单地将各部分相加，只能得到相反的效果。因此，建筑师和结构工程师只有从全局观点考虑总体空间形式，将形式与功能统一，然后创造性地去探讨总体设计、分体系设计和构件设计的关系，才能将专门知识的作用充分发挥出来，进行创造性工作。

需要指出的是，土建工程结构设计既是一项创造性工作，又是全面、具体和细致的综合性工作，这就要求结构设计人员有兢兢业业认真负责的精神，不可有丝毫麻痹大意，否则将造成不可挽回的损失。

0.1.2　建筑工业化

建筑工业化指按照现代工业生产方式改造目前的建筑业建造方式，使之逐步从人工作业为主的生产方式转向社会化大生产的过程。它的基本途径是建筑标准化、构配件生产工厂化、施工机械化和组织管理科学化，并逐步采用现代科学技术的新成果，以提高劳动生产率，加快建设速度，降低工程成本，提高工程质量。

现有的建造方式中结构设计与建造分离，设计阶段完成结构方案选择、结构计算至施工图交底即目标完成，实际建造过程中的施工规范、施工技术等均不在设计方案之列。建筑工业化颠覆传统建筑生产方式,最大特点是体现全生命周期的理念,将设计施工环节一体化,设计环节成为关键,该环节不仅是设计方案至施工图的过程,而且需要将构配件标准、建造阶段的配套技术、建造规范等都纳入设计方案中,从而使设计方案作为构配件生产标准及施工装配的指导文件。

在国家和地方政府大力倡导建筑节能环保和建筑产业化的大背景下,建造低能耗、低排放、高性能的绿色建筑越来越受到市场的青睐,低碳节能型建筑将成为建筑业发展的"新引擎"。模块化结构效果图见图0-3。

图 0-3 模块化结构效果图及构造图

视频 0-1
万科南沙
项目

国内建筑工业化经过十多年的发展,目前可分为四种模式:

① 以万科和远大为代表的混凝土预制装配整体式,在传统混凝土框架和框剪技术基础上,侧重于外墙板、内墙板、楼板等的部品化,部品化率约40%。

② 以东南网架、杭萧钢构和中建钢构为代表的钢结构预制装配整体式,在传统混凝土框架——核心筒技术基础上,侧重于钢结构构件部品化,尽可能多地工厂化,减少工地安装和焊接,以提高施工效率,部品化率约50%~60%。

视频 0-2
远大可建

③ 以远大可建为代表的全钢结构预制装配整体式,完全替代传统技术,有效节约钢材、混凝土、水的用量,部品化率约90%。

④ 高层模块化结构模式,在2014年由澳大利亚Hickory(西科瑞)集团引进到我国、是目前世界上唯一具备建设超高层建筑的模块化建筑生产技术。该模式将结构合理划分为模块化单元,在工厂流水化精装修生产,然后运输至现场并通过专业连接方式组成建筑整体。该模式不仅主体结构部品化,而且实现了管线、设备、装修等的部品化,部品化率约95%,具有设计灵活、低碳节能、可持续发展、高效快速、质量优良、经济适用以及施工安全等特点。

视频 0-3
西科瑞阁
模块化建
筑

0.2 结构设计内容和要求

0.2.1 结构设计内容

建筑工程结构设计可分为概念设计、初步设计、技术设计和施工图设计。对一般的工程,可由初步设计直接进入施工图设计。设计的基本内容有:结构方案,包括结构选型、传力途径和构件布置;荷载组合;结构分析与计算;结构及构件的构造和连接措施;施工图绘制及满足特殊要求的结构构件的专门性能设计。对混凝土结构,还包括根据结构分析与计算的结果进行构件截面配筋计算和验算。设计流程如下:

① 结构概念设计是在特定的建筑空间中用整体的概念来完成结构总体方案的设计。结构概念设计旨在有意识地处理构件与结构、结构与结构的关系,满足结构的功能要求和建筑功能的需要,确定最优的结构体系,选择适用的建筑材料和合理的关键部位构造,结合适宜的施工及合理的效益达到房屋设计的统一。对一般工程,可根据工程具体环境、地质条件参照既有同类工程设计经验进行方案设计。

② 由于结构概念设计形成的结构总体方案并非唯一,因此要求在初步设计阶段对各可能方案进行较为深入的分析,综合比较不同材料、不同结构体系和结构布置方案对工程建设的影响,在此基础上初步确定结构整体和构件尺寸及采用的主要技术。

③ 确定结构分析简图,对各种组合下荷载和变形作用进行分析计算,得到结构整体受力性能及各部位受力和变形大小,根据工程所处环境估计环境介质对结构耐久性影响。

④ 进行结构构件和连接的设计计算,如对混凝土构件的配筋计算,并进行适用性验算,考虑耐久性。

⑤ 提交施工图,并将设计过程中各项技术工作整理成设计计算书存档。

0.2.2 结构设计要求

结构设计必须满足安全性、适用性和耐久性要求。

安全性是指建筑结构应能承受在正常设计、施工、使用和维护过程中可能出现的各种作用(如荷载、外加变形、温度、收缩等),在偶然事件(如地震、爆炸等)发生后,结构仍能保持必要的整体稳定性,不致发生与其原因不相称的连续倒塌,以及在发生火灾时能在规定的时间内保持足够的承载力。

适用性是指建筑结构在正常使用过程中,结构构件应具有良好的工作性能,不会产生影响使用的变形、裂缝或振动等现象。

耐久性是指建筑结构在正常使用、正常维护的条件下,结构构件具有足够的耐久性能,并能保持建筑的各项功能直至达到设计使用年限,如不发生材料的严重锈蚀、腐蚀、风化等现象或构件的保护层过薄、出现过宽裂缝等现象。耐久性取决于结构所处环境及设计使用年限。

为满足上述要求,除必须对结构进行承载能力极限状态计算和正常使用极限状态验算以外(具体内容见《混凝土结构设计原理》[①]),《混凝土结构设计规范(2015 局部修订)》(GB 50010—2010)(以下简称《规范》)在结构方案的确定、耐久性和防连续倒塌设计等方面还提出了系列要求和原则。

0.2.3 结构方案的确定

进行结构设计时,首先要选择合理的水平、竖向和基础结构的形式。结构选型是否合理,不但关系到是否满足使用要求和结构受力是否可靠,也关系到是否经济和方便施工等

---

① 参考文献[20].

问题。结构选型基本原则除必须满足建筑和使用要求外，还应该做到节省材料、方便施工、降低能耗和保护环境。

结构形式确定后，要进行结构布置。灾害调查和事故分析表明，结构方案对建筑物的安全有着决定性的影响：凡房屋体型不规则，平面上凸出凹进，立面上高低错落，其破坏程度均较体型规则整齐的房屋要重。这是因为简单、对称结构传力途径简捷、明确，不仅容易估计结构在外荷载作用下的反应，而且易于采取构造措施和进行细部处理。因此《规范》要求在进行结构布置时，必须努力做到结构的平、立面布置规则，各部分的质量和刚度宜均匀、连续，结构竖向构件宜连续贯通、对齐，在与建筑方案协调时应考虑结构体型（高宽比、长宽比）适当，传力途径和构件布置能够保证结构的整体稳固性。

一个合理的结构体系除了要有明确的结构计算简图和合理的荷载传递途径，在结构设计中还宜有多道防线，避免因部分结构或构件破坏而导致整个结构丧失对荷载的承载能力，因此，《规范》提出：采用超静定结构，重要构件和关键传力部位应增加冗余约束或有多条传力途径是结构设计中应遵循的重要原则。这样，当建筑物受到强烈的外来作用时，一方面可利用结构中的冗余部分屈服和变形来耗散能量；另一方面，利用结构冗余部分的破坏和退出工作，使结构从一种稳定体系过渡到另一种稳定体系以便继续承受荷载，有效地避免了发生因局部破坏引起的结构连续倒塌，这一点对建筑在高烈度地震区的结构尤为重要。

结构设计时常通过设置结构缝将结构分割为若干相对独立的单元。在平面尺寸较大的建筑中，为消除混凝土收缩、温度变化引起的胀缩变形对结构的不利影响，应考虑设置温度伸缩缝；对基础不均匀，或不同部位的高度或荷载相差较大的房屋，应考虑设置沉降缝；在地震区，为防止房屋与房屋之间的相互碰撞或同一房屋不同单元之间不同步振动造成房屋毁坏，应考虑设置抗震缝。除永久性的结构缝以外，还应考虑设置施工接槎、后浇带、控制缝等临时性缝以消除某些暂时性的不利影响。

《规范》提出混凝土结构中结构缝的设计应符合下列要求：应根据结构受力特点及建筑尺度、形状、使用功能，合理确定结构缝的位置和构造形式；宜控制结构缝的数量，并应采取有效措施减少设缝的不利影响；可根据需要设置施工阶段的临时性结构缝。

在结构中，为保证各个构件充分发挥承载力，结构构件间的连接应具有足够的强度和整体性，使之在传递外荷载时满足强度和变形要求。设计中应确保构件节点的强度不应低于其连接构件的强度；预埋件的强度不低于连接件强度；装配式构件的连接应能保证结构的整体稳定性。《规范》规定结构构件的连接应符合下列要求：连接部位的承载力应保证被连接构件之间的传力性能；当混凝土构件与其他材料构件连接时，应采取可靠的连接措施；应考虑构件变形对连接节点及相邻结构或构件造成的影响。

0.2.4 耐久性和防连续倒塌设计

《规范》明确提出了应进行防连续倒塌的概念设计的要求，即：①采取减小偶然作用效应的措施；②采取使重要构件及关键传力部位避免直接遭受偶然作用的措施；③在结构容易遭受偶然作用影响的区域增加冗余约束，布置备用传力途径；④增强重要构件及关键传力部位、疏散通道及避难空间结构的承载力和变形性能；⑤配置贯通水平、竖向构件的钢筋，采取有效的连接措施并与周边构件可靠地锚固；⑥通过设置结构缝，控制可能发生连续倒塌的范围。

结构设计还应满足不同环境条件下的结构耐久性要求,具体包括:确定结构所处的环境类别;提出材料的耐久性质量要求;确定构件中钢筋的混凝土保护层厚度;满足耐久性要求相应的技术措施;在不利的环境条件下应采取的防护措施;提出结构使用阶段检测与维护的要求。同时结构设计还应节省材料、方便施工、降低能耗与保护环境。

0.3 结构类型和体系

0.3.1 结构类型

结构类型可按不同方法进行分类。

按组成结构的材料划分有:混凝土结构、砌体结构、钢结构和钢-混凝土组合结构(图0-4)等。

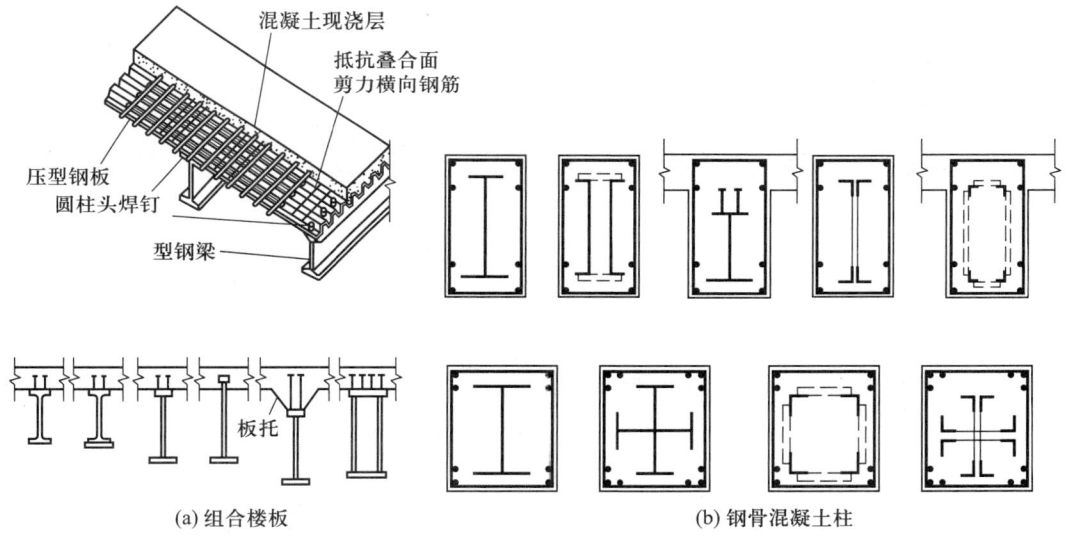

图 0-4 组合结构

按结构形式划分有:排架结构、框架结构、剪力墙结构、框架-剪力墙结构、筒体结构、折板结构、网架结构、壳体结构、膜结构、索结构、充气结构和拱结构等(图 0-5)。

(a) 钢结构排架

(b) 框架结构

(c) 剪力墙结构

图 0-5　结构形式示意图

0.3.2　结构体系

结构体系是由基本构件（板、梁、柱、墙和壳等）按一定的受力路径形成的与整个结构受力相关的体系，一般由水平结构体系、竖向支撑体系和基础结构体系三方面构成。

水平结构体系有楼盖和屋盖结构两部分，楼盖主要由板-梁结构单元组成，承受作用在楼面的垂直荷载；屋盖是屋顶结构组成部分，类型多样，除常见的板-梁结构体系外，还包括桁架结构体系、网架结构体系、拱结构体系、壳体结构体系及索膜结构体系等。水平结构体系的主要作用在于承受其上的竖向荷载，并将其传给竖向支撑体系，同时还有保持竖向支撑体系的整体稳定及将水平力传递或分配给竖向支撑体系的作用。

竖向支撑体系主要由墙柱组成，其主要作用是承受水平结构体系传来的竖向荷载和直接作用的水平荷载并将所有上部荷载传递给基础。这一结构体系常见的有：剪力墙结构体系、框架结构体系、框架-剪力墙结构体系及筒体结构体系等。

承受由上部水平结构体系和竖向支撑体系传来的竖向力和水平力的基础构件组成的结构体系称为基础结构体系。一般分为浅基础和深基础两类。浅基础主要包括柱下独立基础、墙下条形基础和高层建筑的筏形基础等；深基础主要包括桩基础、沉井基础和沉箱基础等。基础体系应有足够的强度，使得地基能够承受上部结构传来的作用力；同时要有足够的刚度，使得上部结构体系不因基础不均匀沉降而破坏。

0.4 结构分析

结构分析是确定在给定荷载作用下结构中产生的内力和变形，以便使结构设计得合理并能检查现有结构的安全状况。

在结构设计中，必须先从结构的概念开始拟定一种结构形式，然后再进行分析。这样做能确定构件的尺寸以及所需要的钢筋，从而确保承受设计荷载而不致出现结构或结构构件的破坏（承载能力极限状态设计）；或满足结构或结构构件达到正常使用或耐久性能的规定（正常使用极限状态设计）。

通常在工作荷载作用下，结构处于弹性状态，因此以弹性状态假设为基础的结构理论就适用于正常使用状态。结构的倒塌通常在远远超出材料弹性范围、超出临界点后才会发生，因而建立在材料非弹性状态基础上的极限强度理论是合理确定结构安全性、防止倒塌所必需的。

混凝土结构应进行整体作用效应分析，必要时尚应对结构中受力状况特殊的部分进行更详细的分析。当结构在施工和使用期的不同阶段有多种受力状况时，应分别进行结构分析，并确定其最不利的作用组合。结构在可能遭遇火灾、飓风、爆炸、撞击等偶然作用时，尚应按国家现行有关标准的要求进行相应的结构分析。

结构分析应符合下列要求：

① 满足力学平衡条件；
② 在不同程度上符合变形协调条件，包括节点和边界的约束条件；
③ 采用合理的材料本构关系或构件单元的受力-变形关系。

0.4.1 结构模型

仔细的观察所有结构都是三维构件的组合体，对其进行精确的分析，甚至在理想状态下，即使对专业人员也是一个棘手的工作。因此，在对实际结构进行力学分析和计算时，有必要采用简化的图形来代替实际的工程结构，这种简化了的图形称为结构的计算简图。结构计算简图略去了真实结构的许多次要因素，是真实结构的简化，而且保留了真实结构的主要特点，便于分析和计算，能够给出满足精度要求的分析结果。对于空间形式的结构，常常根据其实际的受力情况，简化为平面状态，如三维框架系统，可利用平面结构组合系统建立整个结构的模型，分别加以分析（图0-6）。对于真实支座（或节点）常将其简化为几种理想支座，如固定铰支座、滚动支座、固定支座等，由于理想支座（或节点）在工程中几乎是见不到的，因此要分析实际结构支座的约束功能与上述哪种理想支座的约束功能相符合,从而进行简化(图0-7)。应该指出的是,现代的有限元法可以分析整个系统从而革新了结构分析,这样可对荷载作用下结构的性能做出更可靠的预测。

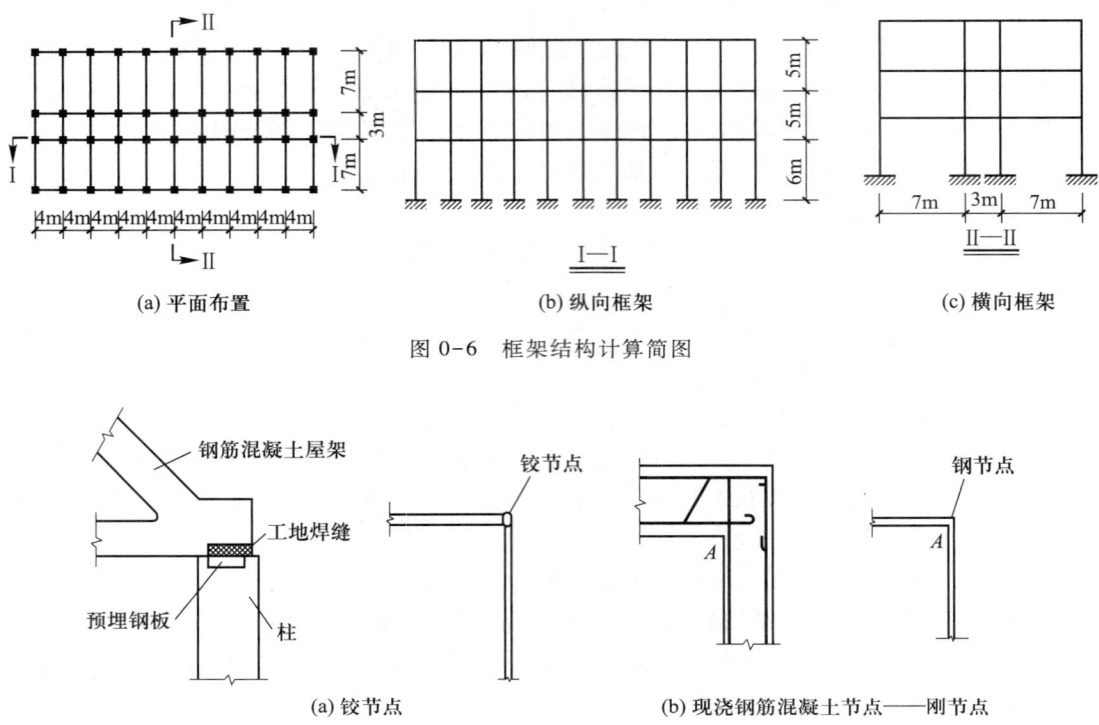

图 0-6 框架结构计算简图

图 0-7 节点的简化

对混凝土结构,《规范》指出宜按空间体系进行结构整体分析,并宜考虑构件的弯曲、轴向、剪切和扭转等变形对结构内力的影响。当进行简化分析时,应符合下列规定:

① 体形规则的空间结构,可沿柱列或墙轴线分解为不同方向的平面结构分别进行分析,但应考虑平面结构的空间协同工作;

② 构件的轴向、剪切和扭转变形对结构内力分析影响不大时,可不予考虑。

混凝土结构的计算简图宜按下列方法确定:梁、柱等一维构件的轴线宜取为控制截面几何中心的连线,墙、板等二维构件的中轴面宜取为控制截面中心线组成的平面或曲面;现浇结构和装配整体式结构的梁柱节点、柱与基础连接处等可作为刚接;非整体浇筑的次梁两端及板跨两端可作为铰接;梁、柱等杆件的计算跨度或计算高度可按其两端支承长度的中心距或净距确定,并应根据支承节点的连接刚度或支承反力的位置加以修正;梁、柱等杆件间连接部分的刚度远大于杆件中间截面的刚度时,在计算模型中可作为刚域处理。

进行结构整体分析时,对于现浇结构或装配整体式结构,可假定楼盖在其自身平面内为无限刚性。当楼盖开有较大孔或其局部会产生明显的平面内变形时,在结构分析中应考虑其影响。对现浇楼盖和装配整体式楼盖,宜考虑楼板作为翼缘对梁刚度和承载力的影响。也可采用梁刚度增大系数法近似考虑,刚度增大系数应根据梁有效翼缘尺寸与梁截面尺寸的相对比例确定。

0.4.2 结构分析理论

根据设计要求和材料特性,结构分析理论可采用线弹性理论、塑性理论、弹塑性理论等。

线弹性理论假定结构材料的本构关系和杆件的应力-应变关系均是线弹性的,一般而言,结构在正常使用状态下以弹性理论得到的结构内力和变形与实际情况的误差较小,但是钢筋混凝土是钢筋与混凝土这两种材料组成的非匀质的弹塑性体,按弹性理论的计算方法忽视了钢筋混凝土的非弹性性质,假定结构为理想的匀质弹性体,按弹性理论计算结构内力存在着几个方面的问题:其一,按弹性理论计算的结构内力与按破坏阶段的构件截面设计方法是互不协调的,材料强度未能得到充分发挥;其二,弹性理论计算法是按可变荷载的各种最不利布置时的内力包络图来配筋的,但各跨中和各支座截面的最大内力实际上并不可能同时出现。而且由于超静定结构具有多余约束,当某一截面应力达到破坏阶段时,并不等于整个结构的破坏。可见,按弹性理论方法计算,整个结构各截面的材料不能充分利用,按此理论设计的结构,其承载力一般偏于安全。

塑性理论考虑了材料的塑性性能,其分析结果更符合结构在承载能力极限状态时的受力状况。目前常用的塑性分析方法有考虑塑性内力重分布的分析方法和塑性极限分析方法。其中塑性内力重分布分析方法是用线弹性分析方法获得内力后,按照塑性内力重分布的规定,确定结构控制截面的内力。塑性极限分析方法是在假设材料具有理想刚塑性性质的前提下,利用下限定理和上限定理等极限分析理论求解得到结构的极限载荷,分析过程中由于不考虑弹性变形而使分析过程大为简化,且所得的塑性极限载荷与考虑弹塑性过程所得到的结果完全相同。塑性理论分析结果对应结构的承载能力极限状态,结构各截面的材料可以充分利用,但由于正常使用极限状态的限制,实际应用时要注意其适用条件。

结构在较小的作用下一般体现出弹性性能,可用线弹性理论进行分析。然而随着荷载的增加,由于材料塑性变形影响,结构的受力和变形之间具有非线性关系,此时应采用结构塑性力学理论进行结构内力和变形计算。当需要考虑结构的二阶效应时,结构的受力和变形分析中还必须考虑几何非线性的影响。利用弹塑性理论分析方法可以结合材料的实际力学性能,在结构受外来作用的不同阶段引入相应的弹性或非线性本构关系后,进行结构受力全过程分析,而且可以较好地解决各种体型和受力复杂结构的分析问题。但这种分析方法比较复杂,计算工作量大,各种非线性本构关系尚不够完善和统一,且要有成熟、稳定的软件提供使用,至今应用范围仍然有限,主要用于重要、复杂结构工程的分析和罕遇地震作用下的结构分析。

0.4.3 混凝土结构分析方法

对混凝土结构,根据结构类型、材料性能和受力特点等一般有下列分析方法,即:弹性分析方法、塑性内力重分布分析方法、弹塑性分析方法和塑性极限分析方法。对于特别复杂或不适于采用现有理论分析的结构可应用试验分析方法进行分析。《规范》根据工程实际对各种分析方法在结构分析中的适用范围及要求做出了规定。

结构的弹性分析方法可用于正常使用极限状态和承载能力极限状态的作用效应分

析,混凝土结构弹性分析宜采用结构力学或弹性力学等分析方法。体型规则的结构,可根据作用的种类和特性,采用适当的简化分析方法。当结构的二阶效应可能使作用效应显著增大时,在结构分析中应考虑二阶效应的不利影响。

混凝土连续梁和连续单向板,可采用塑性内力重分布方法进行分析。重力荷载作用下的框架、框架-剪力墙结构中的现浇梁以及双向板等,经弹性分析求得内力后,可对支座或节点弯矩进行适度调幅,并确定相应的跨中弯矩。按考虑塑性内力重分布分析方法设计的结构和构件,尚应满足正常使用极限状态的要求,并采取有效的构造措施。对于直接承受动力荷载的构件,以及要求不出现裂缝或处于三a、三b类环境情况下的结构,不应采用塑性内力重分布的分析方法。

重要或受力复杂的结构,宜采用弹塑性分析方法对结构整体或局部进行验算。结构的弹塑性分析宜遵循下列原则:应预先设定结构的形状、尺寸、边界条件、材料性能和配筋等;材料的性能指标宜取平均值或实测值,或通过试验分析确定;宜考虑结构几何非线性的不利影响;分析结果用于承载力设计时,应考虑承载力不定性系数,对结构的抗力进行适当调整。钢筋、混凝土材料的本构关系可按《规范》附录C采用,也可通过试验分析确定。构件、截面或各种计算单元的受力-变形关系宜符合实际受力情况。某些变形较大的构件或节点进行局部精细分析时,宜考虑钢筋与混凝土间的粘结-滑移本构关系。

对不承受多次重复荷载作用的混凝土结构,当有足够的塑性变形能力时,可采用塑性极限理论的分析方法进行结构的承载力计算,同时应满足正常使用的要求。

整体结构的塑性极限分析计算应符合下列规定:对可预测结构破坏机制的情况,结构的极限承载力可根据设定的结构塑性屈服机制,采用塑性极限理论进行分析;对难于预测结构破坏机制的情况,结构的极限承载力可采用静力或动力弹塑性分析方法确定;对直接承受偶然作用的结构构件或部位,应根据偶然作用的动力特征考虑其动力效应的影响。

承受均布荷载的周边支承的双向矩形板,可采用塑性铰线法或条带法等塑性极限分析方法进行承载能力极限状态的分析与设计。当边界支承位移对板的内力及破坏状态有较大影响时,宜考虑边界支承的竖向不均匀变形的影响。

当混凝土的收缩、徐变以及温度变化等间接作用在结构中产生的作用效应可能危及结构的安全或正常使用时,宜进行间接作用分析,并应采取相应的构造措施和施工措施。

混凝土结构进行间接作用分析,可采用弹塑性分析方法;也可考虑裂缝和徐变对构件刚度的影响,按弹性分析方法近似计算。

应该指出的是,当形态和受力情况复杂,又无恰当的简化方法时,可采用结构试验分析方法,这是目前工程结构分析中最可靠的方法,其他简化分析方法一般都是经过试验验证的。结构试验应经过专门的设计和详细的规划,以确保试验结果的准确性和可靠性。

0.5 结构方案设计示例

合理的结构方案既对建筑实现安全、适用、经济的目标,保证工程结构质量有决定性的作用,又是落实我国"以人为本,安全第一"的结构设计原则以及"节能、节地、节水、节材、环境保护"("四节一环保")的基本国策,实现资源、能源的可持续发展的内在要求。

广东科学中心位于广州大学城西部,三面环水,西与番禺大桥相望,南北两岸视野辽阔,东邻广州大学,北与广州市肺——瀛洲万亩果园隔江相望。其占地面积 45 万平方米,建筑面积 13 万多平方米。它以"国内领先、国际一流"为建设目标,在建筑设计、施工技术、展示技术创新,新材料、新能源应用,贯彻绿色建筑和环保节能新理念,综合管理创新等方面取得了一系列重大科技成果,积累了一套大型综合性科技馆建设管理的经验,对促进社会文明,提高全民整体素质,推动广东经济社会发展,将产生积极的影响。本节将结合广东科学中心结构方案介绍,进一步阐述结构方案设计原则和基本要求。

广东科学中心建筑造型以广州市花——木棉花和神舟号飞船外型为特色,形如航空母舰,并以这一前进中的舰船造型寓意广东科技事业不断追求探索,高速奋进,一往无前。其构思与结构紧密结合,凸显建筑科技先锋和地域风华的领袖地位。从空中俯瞰,整个建筑如盛开的木棉花,与青山绿水相依,使整个岛屿顿显时代生机;从远处侧看,犹如奋发的旗舰,立于潮头,成为广州大学城、广州地区乃至广东省的形象标志之一。广东科学中心创造的体现"自然、人类、科学、文明"主题的"木棉科技航母"的大型科技馆建筑设计方案,将广东科学中心建筑和环境景观融入展示内容(图 0-8),在国际招标设计竞赛 20 家设计单位提供的 36 个设计方案中脱颖而出,该建筑设计平面分区突破了一般科技馆的布局方式,采用新颖的放射状向心式设置,从而使建筑的室内空间使用效率大幅提高;在竖向分区中,设计了明确的分区和内部流线组织,为营运管理带来便利。因此,从建筑学的角度,广东科学中心的建筑方案达到了造型美观、功能适用、布局灵活、满足科学展览和经济要求的目的。

视频 0-4 广东科学中心

图 0-8 广东科学中心实景照片

为了实现上述建筑设计目标,结构工程师在进行方案设计时需要进一步探讨安全、合理、经济、有效的结构方案。

建筑地基作为结构的载体,其性能的差异将对结构设计产生重大影响,必要时可采用地基处理措施。广东科学中心建设场地原始地块内分布了较多的鱼塘与河涌,鱼塘与河涌底部覆盖有较厚的淤泥,平均厚度为 500~600 mm,局部地区可达 800 mm,存在高压缩性、承载力较低及深部砂层液化等问题,若不处理,将对主体场馆的安全和基坑的开挖支护等产生重大影响。工程中采用"吹砂填淤、动静结合、分区处理,少击多遍、逐级加能、双向排水"的饱和软土地基预处理技术进行预处理后,达到了提高软土地基承载力、减少工后沉降、降低能耗和节约工程造价的目的,经过桩基工程、基坑开挖工程及上部巨型钢结构的吊装施工证明,采用上述地基预处理技术,工期短且效果好,经济效益和社会效益显著,使总桩数由原设计1 500条桩基减为1 096条。

按建筑抗震概念设计的要求,结构的平、立面布置宜规则,各部分的质量和刚度宜均匀、连续。广东科学中心中标建筑方案平面和立面均不规则,主体建筑平面分为A、B、C、D、E、F、G七个区(图0-9),因此在结构设计时,各区之间通过合理的设置结构缝,以控制不利因素的影响位置,消除混凝土收缩、温度变化、基础不均匀沉降、刚度突变、应力集中等不利影响,达到结构抗震、防连续倒塌的目的。

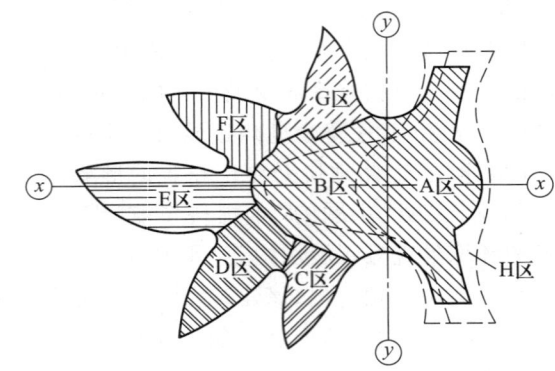

图0-9 结构分区平面示意图

结构应该具有合理的结构体系、构件形式和布置,构件传力途径应简捷、明确,竖向构件宜连续贯通、对齐,宜采用超静定结构,重要构件和关键传力部位应增加冗余约束或有多条传力途径。钢筋混凝土结构具有极好的经济性,是目前结构设计时最常用的结构类型,因此在广东科学中心建设过程中也得以大量使用。如A、B区作为连接各展厅的公共区域,其楼板结构横向尺寸约200 m,纵向约230 m,均超长不设缝。该区域中部开洞较大,周边凹槽、缺口及转折较多,因此,结构设计考虑设置后浇带、膨胀加强带;为减小温度作用的不利影响,对地下室顶板等处采用了现浇预应力钢筋混凝土结构。

为满足建筑造型及功能的要求,广东科学中心C、D、E、F区(展厅部分)建筑平面设计呈"花瓣"状,展厅立面造型为航行中的"船","船头"外挑。以E区为例,建筑面积约2万平方米,平面为不规则的花瓣状,总长约165 m,最宽处约55 m,"船头"外挑达45 m;其架空层(底层)层高为9 m,二层层高12 m,顶层屋面倾斜,最高处层高约22 m,最低处12 m。一艘"船"仅靠6个格构式钢巨柱(4 m×9 m)支撑,巨柱净间距达40 m,因此,结构设计时通过利用纵向巨型桁架和横向桁架与格构式巨柱构成巨型钢框架结构,形成良好的抗侧力体系及承重体系,楼屋面板采用压型钢板组合楼板。采用这种结构体系,既实现了建筑造型及经济指标,又实现了多层展厅室内无柱大空间。

E区作为广东科学中心最重要的展厅区,要求实现"小震不坏、中震不坏、大震也不坏"的抗震设防目标。因此,根据结构性能化抗震设计的要求,在该区巨型钢框架结构柱底部设置了由隔震支座(含阻尼器、抗风装置)组成的隔震层,隔震层与上部巨型钢结构共同形成了巨型钢结构隔震体系。实践证明隔震层合理的设置,使结构在地震作用下呈现整体平动,起到了保证大震下结构和室内展项、人员、设备安全的效果。

G区作为影视区,主体结构采用经济效益显著的现浇钢筋混凝土结构(大跨梁采用预应力梁),局部采用钢骨混凝土及钢结构,其中外层球壳为钢结构。

广东科学中心主体结构跨度大,因此其屋盖采用了网壳结构形式。在风负压作用下,屋盖大网壳易使支承柱的顶部支座产生很大的拉力。为避免混凝土柱被拉断,在柱中设置竖向预应力直线束钢筋。

结构方案设计时还应考虑"四节一环保"技术的要求。广州市属于Ⅲ类太阳能辐射地区,年辐射总量 5 016～5 852 MJ/m²,全年日照时数 2 200～3 000 h,是典型的冬暖夏热地区,在结构方案设计时应综合考虑充分利用其气候条件和大型科技场馆的建筑特点,寻找合适的绿色建筑设计和建造技术。广东科学中心结构设计时利用建筑能耗模拟计算等方法,研究了增加广东科学中心非透明幕墙比例、加厚非透明幕墙及屋面保温材料厚度对建筑节能的效果,并在结构方案设计中综合采用 Low-E 玻璃、彩釉中空玻璃、共享中庭强化自然通风、冰蓄冷技术、变风量低温送风系统、大温差水系统、热回收系统、过渡季节全新风运行系统、大型蒸发式冷凝空调系统、光纤照明、高效变压器、LED 路灯、太阳能风帆、光电幕墙屋面和雨水收集系统等建筑节能新技术,实现了建筑"四节一环保"技术在大型科技场馆的应用,既节省了工程投资,又有效地降低了建筑能耗,并提高了建筑的舒适性。

结构方案设计还需考虑抗震、防灾、耐久性等要求。为了全面解决广东科学中心这一类大型科技场馆建筑与结构防灾减灾设计的矛盾,根据性能化设计的要求,形成了大型科技场馆性能化抗震设计、性能化防火设计、性能化地基处理设计和性能化抗风设计成套土木建筑防灾减灾技术,并将其成功应用于广东科学中心的结构方案设计,为我国大型科技场馆建设提供了成功经验。

0.6　本书内容和学习要点

本书主要内容有:

① 介绍了混凝土梁板结构,重点介绍了整体式单向板梁结构装配式单向板梁结构、装配整体式单向板梁结构、整体式双向板梁结构、整体式无梁楼盖以及各类楼梯和雨篷的设计方法。

② 结合单层厂房结构,介绍了排架结构设计。重点介绍了单层厂房的结构类型和结构体系、结构组成、荷载传递、结构布置、构件选型和截面尺寸的确定、排架结构内力分析、柱的设计和吊车梁设计要点等内容,并给出了单层厂房结构设计实例。

③ 介绍了广泛采用的混凝土框架结构。重点介绍了结构布置方法、截面尺寸估计、计算简图的确定、荷载和内力计算、内力组合、侧移验算、多高层框架结构基础设计以及结构的配筋和构造要求等,并给出多层框架结构计算实例。

本书学习要点主要包括:①了解各类结构特性,以便正确选用;②熟悉结构布置方法,确保结构荷载传递路线明确、安全可靠、经济合理和整体性好;③掌握结构计算简图确定方法、构件截面尺寸的估算方法和各种荷载的计算方法;④掌握结构在各种荷载作用下的内力计算和内力组合方法;⑤掌握结构的配筋计算和构造要求。

混凝土结构设计的先修课程是混凝土结构设计原理以及其他相关的专业和技术基础课程。混凝土结构设计是土木工程专业学生的主干专业课,由于该课程综合性较强,为了能较好地掌握混凝土结构的设计方法,要求学生不仅要熟练地掌握混凝土结构设计原理以及材料力学、结构力学等相关课程的基本理论,对土力学、基础工程和高层建筑结构等课程与混凝土结构设计的关系也应有一定了解,特别注意相关规范的区别和联系,以便在实际工作中能灵活、综合地应用各种知识。此外,由于本课程的应用性较强,应与相应的课程设计配合学习。

当前,计算机技术的发展使得在结构设计中越来越多重复性、机械性的工作正在逐步被计算机取代,结构设计程序化的程度越来越高。因此,本书在介绍传统结构分析方法的同时,特别介绍了结构设计程序化技术在结构分析中的应用(如结构力学求解器),其目的在于改变传统设计观念,使新一代结构工程师从繁重的重复性和机械性的工作中解放出来,积极从事创造型的结构设计工作。

思 考 题

1. 建筑与结构的关系如何?
2. 结合工程实例谈谈如何在工程设计中充分发挥结构工程师的主动性和创造性。
3. 什么是结构体系?各结构体系的作用如何?
4. 如何确定结构的计算简图,通过工程实例说明确定结构计算简图的方法。
5. 结构分析有哪些基本理论,各有何特点?
6. 《规范》根据工程实际对各种结构分析方法适用范围有何规定?
7. 你认为建筑工业化在发展过程中会遇到哪些问题?应如何解决?

第 1 章

梁板结构

课件 1-1
概述

1.1 概　　述

梁板结构是土木工程中常见的结构形式,广泛应用于楼(屋)盖、楼梯、阳台、雨篷、地下室底板和挡土墙等(图 1-1)建筑结构中,还用于桥梁的桥面结构,特种结构中水池的顶盖、池壁和底板等。楼盖是建筑结构的重要组成部分,混凝土楼盖在整个房屋的材料用量和造价方面所占的比例是相当大的,因此合理选择楼盖的形式,正确地进行设计计算,将对整个房屋的使用和技术经济指标具有一定的影响。本章着重讲述建筑结构中的楼(屋)盖设计。

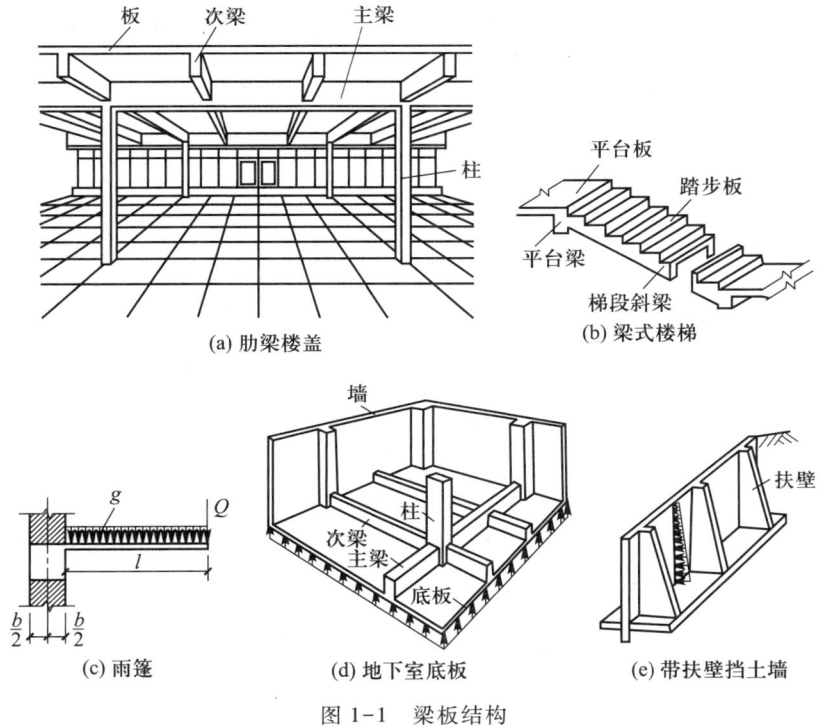

视频 1-1
楼盖施工过程

图 1-1 梁板结构

1.1.1 楼盖类型

1. 按施工方法分

混凝土楼盖按施工方法可分为现浇式、装配式和装配整体式楼盖。

（1）现浇式楼盖分为实心和空心两种,现浇式楼盖整体性好、刚度大、防水性好、抗震性强,并能适应于房间的平面形状、设备管道、荷载或施工条件比较特殊的情况。其缺点是费工、费模板、工期长、施工受季节的限制,故现浇式楼盖通常用于建筑平面布置不规则的局部楼面或运输吊装设备不足的情况。

现浇混凝土空心楼盖是用轻质材料以一定规则排列并替代实心楼盖一部分混凝土,使之形成空腔与暗肋。空间蜂窝状受力结构是空心楼盖技术中的一种。现浇混凝土空心楼盖技术减轻了楼盖自重,又保持了楼盖的大部分刚度与强度,是我国建筑结构领域的一项重大创新,是一种性能价格比较优越的高技术水平的建筑结构体系,具有巨大的社会经济价值。

（2）装配式楼盖,即楼板采用混凝土预制构件,便于工业化生产,在多层民用建筑和多层工业厂房中得到广泛应用。但是,这种楼面由于整体性、防水性和抗震性较差,不便于开设孔洞,故对于高层建筑、有抗震设防要求的建筑以及使用上要求防水和开设孔洞的楼面,均不宜采用。

（3）装配整体式楼盖,其整体性较装配式的好,又较现浇式的节省模板和支撑。但这种楼盖需要进行混凝土的二次浇筑,有时还需增加焊接工作量,故对施工进度和造价都带来一些不利影响。因此,这种楼盖仅适用于荷载较大的多层工业厂房、高层民用建筑及有抗震设防要求的建筑。采用装配式楼盖可以克服现浇楼盖的缺点,而装配整体式楼盖则兼具现浇式楼盖和装配式楼盖的优点。

2. 按预加应力分

混凝土楼盖按预加应力情况可分为钢筋混凝土楼盖和预应力混凝土楼盖。预应力混凝土楼盖用得最普遍的是无粘结预应力混凝土平板楼盖,当柱网尺寸较大时,它可有效减小板厚,降低建筑层高。

3. 按结构形式分

混凝土楼盖按结构形式可分为单向板肋梁楼盖、双向板肋梁楼盖、井式楼盖、密肋楼盖和无梁楼盖(又称板柱楼盖),如图1-2所示。

（1）肋梁楼盖:如图1-2(a)(b)所示,一般由板、次梁和主梁组成。其主要传力途径为板→次梁→主梁→柱或墙→基础→地基。肋梁楼盖的特点是用钢量较低,楼板上留洞方便,但支模较复杂。肋梁楼盖是现浇楼盖中使用最普遍的一种。

（2）井式楼盖:如图1-2(c)所示,两个方向的柱网及梁的截面相同,由于是两个方向受力,梁的高度比肋梁楼盖小,故宜用于跨度较大且柱网呈方形的结构。

（3）密肋楼盖:如图1-2(d)所示,由于梁肋的间距小,板厚很小,梁高也较肋梁楼盖小,结构自重较轻。双向密肋楼盖近年来采用预制塑料模壳克服了支模复杂的缺点而应用增多。

（4）无梁楼盖:如图1-2(e)所示,板直接支承于柱上,其传力途径是荷载由板传至柱或墙。无梁楼盖的结构高度小,净空大,支模简单,但用钢量较大,常用于仓库、商店等

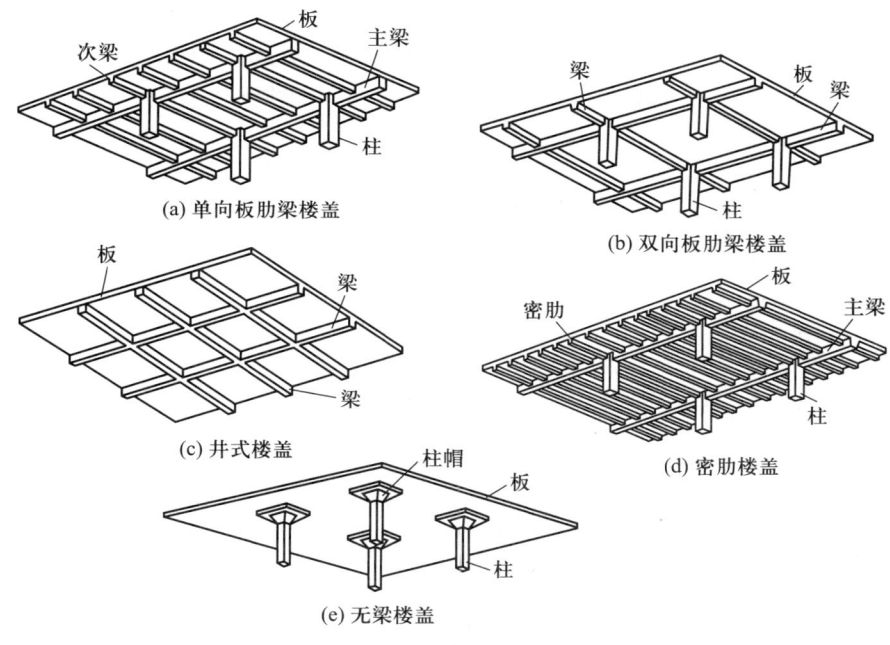

图 1-2 楼盖的结构形式

柱网布置接近方形的建筑。当柱网较小时(3~4 m),柱顶可不设柱帽;当柱网较大(6~8 m)且荷载较大时,柱顶设柱帽以提高板的抗冲切能力。

在具体的实际工程中究竟采用何种楼盖形式,应根据房屋的性质、用途、平面尺寸、荷载大小、采光以及技术经济等因素进行综合考虑。

1.1.2 单向板和双向板

肋梁楼盖中每一区格的板一般在四边都有梁或墙支承,形成四边支承板,荷载将通过板的双向受弯作用传到四边支承的构件(梁或墙)上,荷载向两个方向传递的多少,将随着板区格的长边与短边长度的比值而变化。

根据板的支承形式及在长、短两个长度上的比值,板可以分为单向板和双向板两个类型,其受力性能及配筋构造都各有其特点。

在荷载作用下,只在一个方向弯曲或者主要在一个方向弯曲的板,称为单向板;在荷载作用下,在两个方向弯曲,且不能忽略任一方向弯曲的板,称为双向板。为方便设计,混凝土板应按下列原则进行计算:

(1) 两对边支承的板和单边嵌固的悬臂板,应按单向板计算。

(2) 四边支承的板(或邻边支承或三边支承)应按下列规定计算:

① 当长边与短边长度之比大于或等于 3 时,可按沿短边方向受力的单向板计算;

② 当长边与短边长度之比小于或等于 2 时,应按双向板计算;

③ 当长边与短边长度之比介于 2 和 3 之间时,宜按双向板计算;当按沿短边方向受力的单向板计算时,应沿长边方向布置足够数量的构造钢筋。

1.2 现浇单向板肋梁楼盖

单向板肋梁楼盖的设计步骤为：
(1) 结构平面布置，并对梁板进行分类编号，初步确定板厚和主、次梁的截面尺寸；
(2) 确定板和主、次梁的计算简图；
(3) 梁、板的内力计算及内力组合；
(4) 截面配筋计算及构造措施；
(5) 绘制施工图。

1.2.1 结构平面布置

在肋梁楼盖中，结构布置包括柱网、承重墙、梁格和板的布置。单向板肋梁楼盖中，次梁的间距决定了板的跨度，主梁的间距决定了次梁的跨度，柱距则决定了主梁的跨度。进行结构平面布置时，应综合考虑建筑功能、造价及施工条件等，合理确定梁的平面布置。根据工程实践，单向板、次梁和主梁的常用跨度为：

单向板 1.7~2.5 m，荷载较大时取较小值，一般不宜超过 3 m；
次梁   4~6 m；
主梁   5~8 m。

1. 单向板肋梁楼盖结构平面布置

通常有以下三种方案，如图 1-3 所示。
(1) 主梁横向布置，次梁纵向布置。

如图 1-3(a)所示，其优点是主梁和柱可形成横向框架，房屋的横向刚度大，而各榀横向框架之间由纵向次梁相连，故房屋的纵向刚度亦大，整体性较好。此外，由于主梁与外纵墙垂直，在外纵墙上可开较大的窗口，对室内采光有利。

(2) 主梁纵向布置，次梁横向布置。

如图 1-3(b)所示，这种布置适用于横向柱距比纵向柱距大得多的情况。它的优点是减小了主梁的截面高度，增大了室内净高。

(3) 只布置次梁，不设主梁。

如图 1-3(c)所示，它仅适用于有中间走道的楼盖。

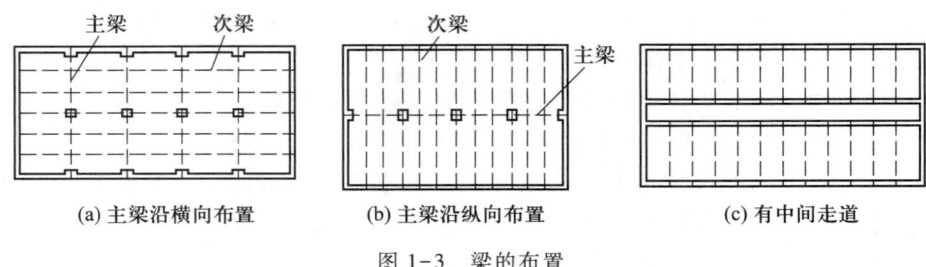

图 1-3 梁的布置

2. 进行楼盖的结构平面布置时应注意的问题

(1) 受力合理：荷载传递要简捷，梁宜拉通；主梁跨间最好不要只布置 1 根次梁，以减小主梁跨间弯矩的不均匀;尽量避免把梁,特别是主梁搁置在门、窗过梁上;在楼、屋面上有机器设备、冷却塔、悬挂装置等荷载比较大的地方,宜设次梁;楼板上开有较大尺寸(大于800 mm)的洞口时,应在洞口周边设置加劲的小梁。

(2)满足建筑要求:不封闭的阳台、厨房和卫生间的楼板面标高宜低于其他部位30~50 mm(目前,有室内地面装修的,也常做平);当不做吊顶时,一个房间平面内不宜只放1根梁。

(3)方便施工:梁的截面种类不宜过多,梁的布置尽可能规则,梁截面尺寸应考虑方便模板设置,特别是采用钢模板时。

1.2.2 计算简图

结构构件的计算简图包括计算模型和计算荷载两个方面。

1. 计算模型及简化假定

(1)计算模型。

在现浇单向板肋梁楼盖中,板、次梁和主梁的计算模型一般为连续板或连续梁。其中,板一般可视为以次梁和边墙(或梁)为铰支承的多跨连续板;次梁一般可视为以主梁和边墙(或梁)为铰支承的多跨连续梁;对于支承在混凝土柱上的主梁,其计算模型应根据梁柱线刚度比而定。当主梁与柱的线刚度比大于等于3时,主梁可视为以柱和边墙(或梁)为铰支承的多跨连续梁,否则应按梁、柱刚接的框架模型(框架梁)计算主梁。

课件1-2
单向板肋
楼盖1

(2)简化假定。

① 支座可以自由转动,但没有竖向位移;

② 在确定板传给次梁的荷载以及次梁传给主梁的荷载时,分别忽略板、次梁的连续性,按简支构件计算竖向反力;

③ 跨数超过五跨的连续梁、板,当各跨荷载相同,且跨度相差不超过10%时,可按五跨的等跨连续梁、板计算,如图1-4所示;当连续梁、板跨数小于等于五跨时,应按实际跨数计算。

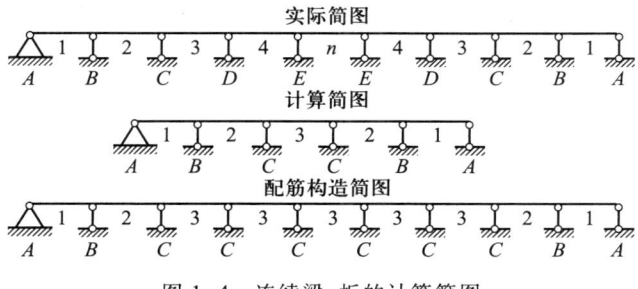

图1-4 连续梁、板的计算简图

2. 计算单元

结构内力分析时,为减少计算工作量,一般不是对整个结构进行分析,而是从实际结构中选取有代表性的一部分作为计算的对象,称为计算单元。

对于单向板,可取1 m宽度的板带作为其计算单元,在此范围内,如图1-5(a)所示中用阴影线表示的楼面均布荷载便是该板带承受的荷载,这一负荷范围称为从属面积,即计算构件负荷的楼面面积。

楼盖中部主、次梁截面形状都是两侧带翼缘(板)的 T 形截面,楼盖周边处的主、次梁则是一侧带翼缘的。每侧翼缘板的计算宽度取与相邻梁中心距的一半。次梁承受板传来的均布线荷载,主梁承受次梁传来的集中荷载,由上述假定②可知,一根次梁的负荷范围以及次梁传给主梁的集中荷载范围如图 1-5(a) 所示。

由于主梁的自重所占比例不大,为了计算方便,可将其换算成集中荷载加到次梁传来的集中荷载内。所以从承受荷载的角度看,板和次梁主要承受均布线荷载,主梁主要承受集中荷载。

单向板、次梁及主梁的计算简图如图 1-5(b)、1-5(c) 及 1-5(d) 所示。

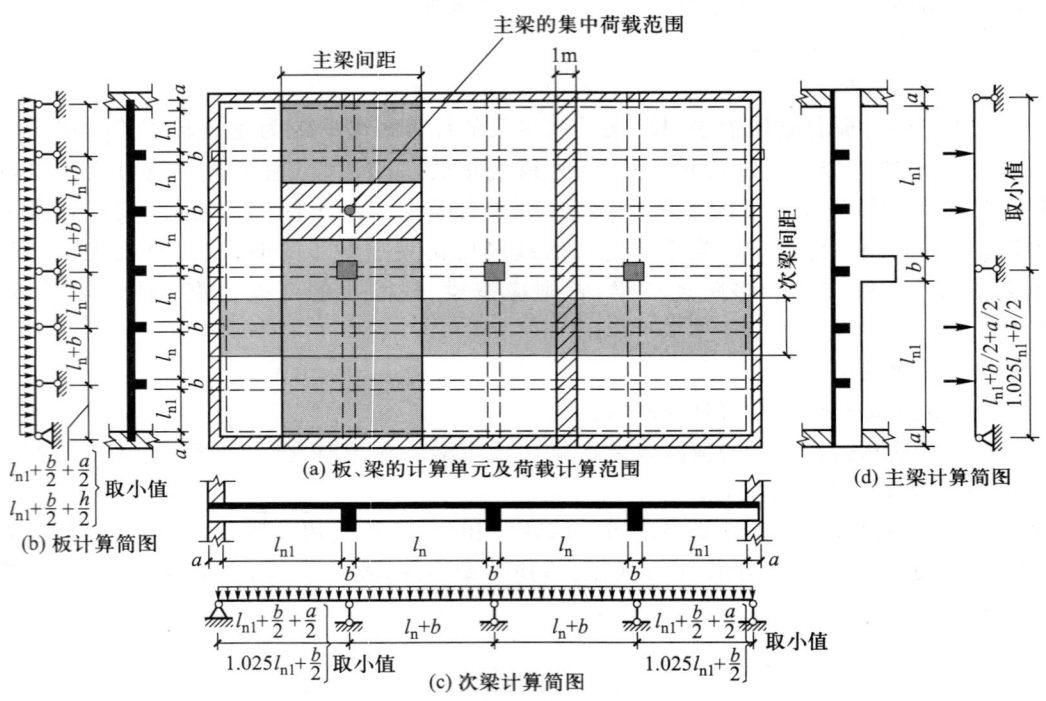

图 1-5 单向板肋梁楼盖的计算简图

3. 计算跨度

梁、板的计算跨度是指在计算弯矩时所采用的跨间长度。从理论上讲,某一跨的计算跨度应取该跨两端支座处转动点之间的距离。

(1) 当按弹性理论计算时,计算跨度一般取两支座反力之间的距离,即中间各跨取支承中心线之间的距离;边跨由于端支座情况有差别,与中间跨的取值方法不同,如图 1-6 所示。

① 当板、梁边跨端部搁置在支承构件上

中间跨: $l_0 = l_n + b$ (板和梁) (1-1)

边跨: $l_{01} = l_{n1} + \dfrac{b}{2} + \dfrac{a}{2} \leq l_{n1} + \dfrac{b}{2} + \dfrac{h}{2}$ (板) (1-2)

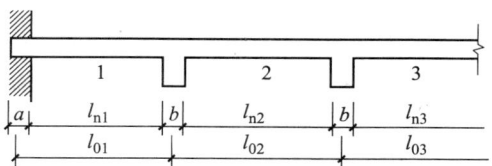

图 1-6 按弹性理论计算的计算跨度

$$l_{01} = l_{n1} + \frac{b}{2} + \frac{a}{2} \leqslant 1.025 l_{n1} + \frac{b}{2} \quad (梁) \tag{1-3}$$

② 当板、梁边跨端部与支承构件整浇时

中间跨：$\qquad l_0 = l_n + b \quad$（板和梁）

边跨：$\qquad l_{01} = l_{n1} + \frac{b}{2} + \frac{a}{2} \quad$（板和梁） $\tag{1-4}$

式中 l_n、l_{n1}——板、梁中间跨的净跨长、边跨的净跨长；

a——板、梁端部支承长度；

b——中间支座或第一内支座的宽度；

h——板厚。

（2）当按塑性理论计算时，计算跨度由塑性铰的位置确定，如图 1-7 所示。

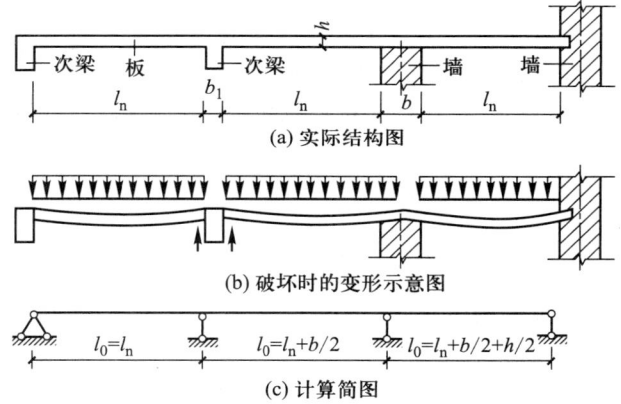

图 1-7 按塑性理论计算的计算跨度

梁、板计算跨度的取值方法见表 1-1。

表 1-1 梁、板的计算跨度

按弹性理论计算	单跨	两端搁置	$l_0 = l_n + a \leqslant l_n + h \quad$（板） $l_0 = l_n + a \leqslant 1.05 l_n \quad$（梁）
		一端搁置、一端与支承构件整浇	$l_0 = l_n + a/2 \leqslant l_n + h/2 \quad$（板） $l_0 = l_n + a/2 + b/2 \leqslant 1.025 l_n + b/2 \quad$（梁）
		两端与支承构件整浇	$l_0 = l_n \quad$（板） $l_0 = l_c \quad$（梁）

			续表
按弹性理论计算	多跨	两端搁置	$l_0 = l_n + a \leq l_n + h$ （板） $l_0 = l_n + a \leq 1.05 l_n$ （梁）
		一端搁置、一端与支承构件整浇	$l_0 = l_n + b/2 + a/2 \leq l_n + b/2 + h/2$ （板） $l_0 = l_n + b/2 + a/2 \leq 1.025 l_n + b/2$ （梁）
		两端与支承构件整浇	$l_0 = l_c$ （板和梁）
按塑性理论计算	多跨	两端搁置	$l_0 = l_n + a \leq l_n + h$ （板） $l_0 = l_n + a \leq 1.05 l_n$ （梁）
		一端搁置、一端与支承构件整浇	$l_0 = l_n + a/2 \leq l_n + h/2$ （板） $l_0 = l_n + a/2 \leq 1.025 l_n$ （梁）
		两端与支承构件整浇	$l_0 = l_n$ （板和梁）

注：l_0——板、梁的计算跨度；l_c——支座中心线间距离；l_n——板、梁的净跨；h——板厚；a——板、梁端搁置的支承长度；b——中间支座宽度或与构件整浇的端支承长度。

4. 荷载取值

（1）楼盖上的荷载有永久荷载和可变荷载两类。

永久荷载包括结构自重、构造层重和固定设备等。可变荷载包括人群、堆料和临时设备等，对于屋盖还有雪荷载和积灰荷载等。

（2）承载能力极限状态的荷载效应组合的设计值 S_d。

对于承载能力极限状态，结构构件应按荷载效应的基本组合或偶然组合，并应采用下列设计表达式进行设计：

$$\gamma_0 S_d \leq R_d \tag{1-5}$$

$$R_d = R_d(f_c, f_s, a_k, \cdots)/\gamma_{Rd} = R_d(\cdot)/\gamma_{Rd} \tag{1-6}$$

对于基本组合，荷载效应组合的设计值 S_d 应从下列组合值中取最不利值确定：

1）由可变荷载效应控制的组合：

$$S_d = \sum_{j=1}^{m} \gamma_{G_j} S_{G_j k} + \gamma_{Q_1} \gamma_{L_1} S_{Q_1 k} + \sum_{i=2}^{n} \gamma_{Q_i} \gamma_{L_i} \psi_{c_i} S_{Q_i k} \tag{1-7}$$

式中 ψ_{c_i}——第 i 个可变荷载的组合值系数，其值不应大于 1.0。

2）由永久荷载效应控制的组合：

$$S_d = \sum_{j=1}^{m} \gamma_{G_j} S_{G_j k} + \sum_{i=1}^{n} \gamma_{Q_i} \gamma_{L_i} \psi_{c_i} S_{Q_i k} \tag{1-8}$$

基本组合的荷载分项系数，应按下列规定采用。

永久荷载的分项系数 γ_{G_j}：

① 当其效应对结构不利时，对可变荷载效应控制的组合，应取 1.2；对永久荷载效应控制的组合，应取 1.35；

② 当其效应对结构有利时，不应大于 1.0。

可变荷载的分项系数 γ_{Q_i}：

一般情况下应取 1.4；对标准值大于 4 kN/mm² 的工业房屋楼面结构的可变荷载应取 1.3。

（3）折算荷载。

上述将与板（或梁）整体联结的支承视为铰支座的假定,对于等跨连续板（或梁）,当荷载沿各跨均为满布时（如只有永久荷载）,是可行的。因为此时板或梁在中间支座发生的转角很小（$\theta \approx 0$）,按铰支简图计算与实际情况相差很小。但是,当可变荷载隔跨布置时,情况则不相同。现以支承在次梁上的连续板为例来说明。如图 1-8(a) 所示的连续板,当按铰支简图计算时,板绕支座的转角 θ 值较大。实际上,由于板与次梁整浇在一起,当板受荷载弯曲在支座发生转动时,将带动次梁一起转动。同时,次梁具有一定的抗扭刚度,且两端又受主梁约束,将阻止板自由转动,使板在支承处的转角由铰支承时的 θ 减小为 θ',如图 1-8(b) 所示,使板的跨内弯矩有所降低,支座负弯矩相应地有所增加,但不会超过两相邻跨满布可变荷载时的支座负弯矩。类似的情况也发生在次梁与主梁之间。为了使板、次梁的内力计算值更接近于实际,可以进行适当的调整。考虑到板、次梁在支承处的转动主要是由可变荷载的不利布置产生的,因此,比较简便的修正方法是在保持总荷载不变的条件下,增大永久荷载,减小可变荷载,即在计算板和次梁的内力时,采用折算荷载。如图 1-8(c) 所示,由于次梁仅一侧板上有可变荷载而产生的板的支座转角 θ 减小到 θ',相当于考虑次梁抗扭刚度的影响。

连续板 $$g' = g + \frac{q}{2}, \quad q' = \frac{q}{2} \tag{1-9}$$

连续次梁 $$g' = g + \frac{q}{4}, \quad q' = \frac{3q}{4} \tag{1-10}$$

式中　g、q——单位长度上永久荷载、可变荷载设计值;

　　　　g'、q'——单位长度上折算永久荷载、折算可变荷载设计值。

当板或梁搁置在砌体或钢结构上时,则荷载不作调整。

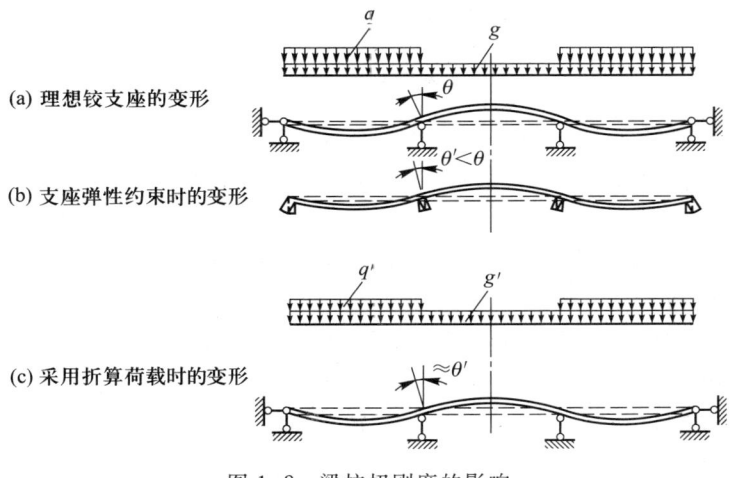

图 1-8　梁抗扭刚度的影响

1.2.3　连续梁、板按弹性理论方法的内力计算

1. 可变荷载的最不利布置

楼盖所受荷载包括永久荷载和可变荷载两部分,其中可变荷载的位置是变化的。

对于单跨梁,当全部永久荷载和可变荷载同时作用时将产生最大内力;但对于多跨连续梁的某一指定截面,当所有荷载同时布满梁上各跨时引起的内力未必为最大。欲使设计的连续梁在各种可能的荷载布置下都能可靠使用,就必须求出在各截面上可能产生的最不利内力,即必须考虑可变荷载的最不利布置。

如图1-9所示为五跨连续梁在不同跨间布置荷载时梁的弯矩图和剪力图,从中可以看出内力变化规律。例如当可变荷载作用在某跨时,该跨跨中为正弯矩,邻跨跨中为负弯矩,然后正负弯矩相间。分析其变化规律和不同组合后的效果,可以得出连续梁各截面可变荷载最不利布置的原则:

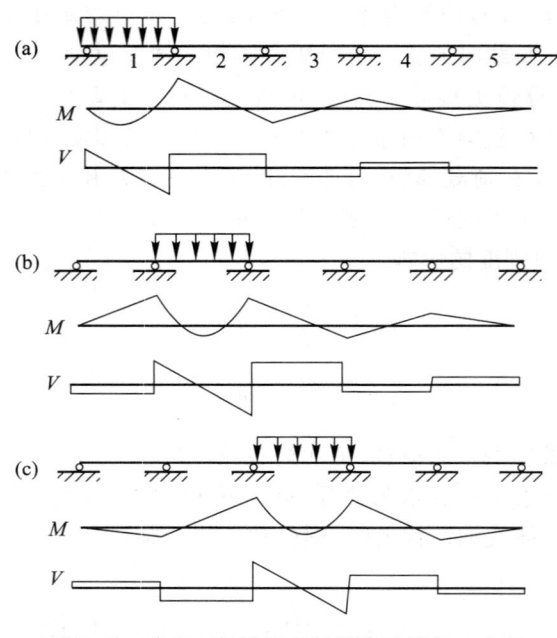

图1-9 荷载在不同跨布置时连续梁的内力图

① 求某跨跨内最大正弯矩时,应在本跨布置可变荷载,然后隔跨布置;
② 求某跨跨内最大负弯矩时,本跨不布置可变荷载,而在其左右邻跨布置,然后隔跨布置;
③ 求某支座最大负弯矩或支座左、右截面最大剪力时,应在该支座左右两跨布置可变荷载,然后隔跨布置。

以五跨连续梁为例,说明该连续梁可变荷载最不利布置方式的种类,如图1-10所示。

情况1:$g+q(1,3,5)$——产生M_{1max}、M_{3max}、M_{5max}、M_{2min}、M_{4min}、V_{ARmax}、V_{FLmax};
情况2:$g+q(2,4)$——产生M_{2max}、M_{4max}、M_{1min}、M_{3min}、M_{5min};
情况3:$g+q(1,2,4)$——产生M_{Bmax}、V_{BLmax}、V_{BRmax};
情况4:$g+q(2,3,5)$——产生M_{Cmax}、V_{CLmax}、V_{CRmax};
情况5:$g+q(1,3,4)$——产生M_{Dmax}、V_{DLmax}、V_{DRmax};
情况6:$g+q(2,4,5)$——产生M_{Emax}、V_{ELmax}、V_{ERmax};

2. 荷载的最不利组合及内力计算

根据以上原则可以确定可变荷载最不利布置的各种情况,它们分别与永久荷载组合在一起,就得到荷载的最不利组合,即可按结构力学的方法进行内力计算。结构力学求解器(SM Solver for Windows,简称求解器)是一个方便好用的计算机辅助分析计算软件,其求解内容涵盖了包括二维平面结构(体系)的几何组成、静定、超静定、位移、内力、影响线、自由振动、弹性稳定、极限荷载等几乎所有问题。结构力学求解器采用精确算法给出精确解答,有利于实现"把繁琐交给求解器,我们留下创造力"的目标,结构力学求解器应用详见附录5。

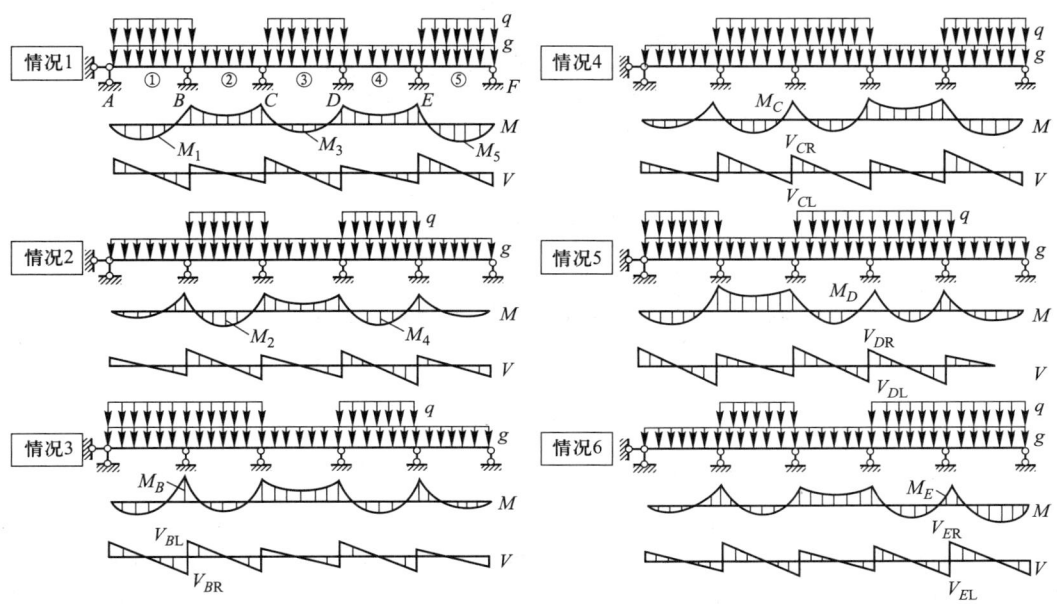

图1-10 五跨连续梁六种荷载的最不利组合及内力图

对于等跨连续梁、板,也可由附录1查出相应的弯矩、剪力系数,利用下列公式计算跨内或支座截面的最大内力。

（1）在均布及三角形荷载作用下：

$$M = k_1 g l^2 + k_2 q l^2 \tag{1-11}$$

$$V = k_3 g l + k_4 q l \tag{1-12}$$

（2）在集中荷载作用下：

$$M = k_5 G l + k_6 Q l \tag{1-13}$$

$$V = k_7 G + k_8 Q \tag{1-14}$$

式中　　g、q ——单位长度上的均布永久荷载设计值、均布可变荷载设计值；

　　　　G、Q ——集中永久荷载设计值、集中可变荷载设计值；

　　　　　l ——计算跨度；

　　k_1、k_2、k_5、k_6 ——附录1附表1-1～附表1-4相应栏中的弯矩系数；

　　k_3、k_4、k_7、k_8 ——附录1附表1-1～附表1-4相应栏中的剪力系数。

对于跨度相对差值小于10%的不等跨连续梁、板,其内力也可近似按等跨度结构进行分析。计算跨内截面弯矩时,采用各自跨的计算跨度；而计算支座截面弯矩时,采用相邻两跨计算跨度的平均值。

3. 内力包络图

将同一结构在各种荷载的最不利组合作用下的内力图（弯矩图或剪力图）叠画在同一张图上，其外包线所形成的图形称为内力包络图，它反映出各截面可能产生的最大内力值，是设计时选择截面和布置钢筋的依据。图 1-11 所示为承受均布荷载的五跨连续梁的弯矩包络图和剪力包络图。

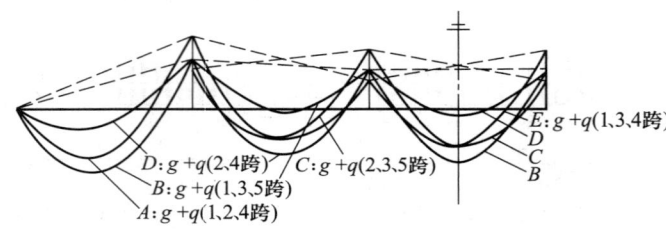

(a) 弯矩包络图

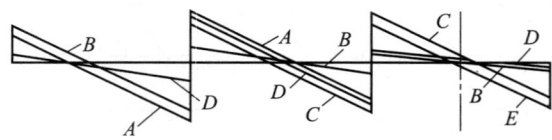

(b) 剪力包络图

图 1-11　均布荷载作用下五跨连续梁的内力包络图

4. 支座弯矩和剪力设计值——支座宽度的影响

按弹性理论计算连续梁、板内力时，中间跨的计算跨度取支座中心线间的距离，这样求出的支座弯矩和支座剪力都是指支座中心处的。当梁、板与支座整浇时，支座边缘处的截面高度比支座中心处的小得多，因此控制截面应在支座边缘处。为了使梁、板结构的设计更加合理，可取支座边缘的内力作为设计依据，并按以下公式计算（图 1-12）。

弯矩设计值：
$$M = M_c - V_c \cdot \frac{b}{2} \approx M_c - V_0 \cdot \frac{b}{2} \tag{1-15}$$

剪力设计值：均布荷载
$$V = V_c - (g+q) \cdot \frac{b}{2} \tag{1-16}$$

集中荷载
$$V = V_c \tag{1-17}$$

式中　M、V——支座边缘处的弯矩、剪力设计值；

M_c、V_c——支座中心处的弯矩、剪力设计值；

V_0——按简支梁计算的支座中心处的剪力设计值，取绝对值；

b——支座宽度。

1.2.4　连续梁、板按塑性理论方法的内力计算

1. 超静定结构的塑性内力重分布

（1）内力重分布与应力重分布。

超静定结构的内力不仅与荷载有关，而且还与结构的计算简图以及各部分抗弯刚度的比值有关。如果计算简图或抗弯刚度的比值发生变化，内力也要随之变化。

1）内力重分布。

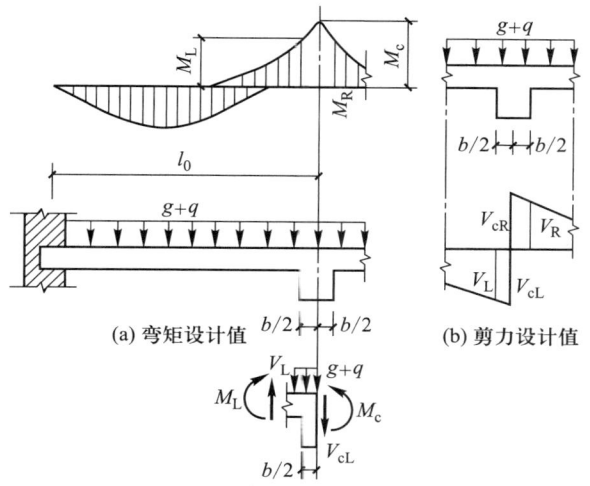

图 1-12 内力设计值的修正

混凝土连续梁、板按弹性理论方法设计时,存在两个主要问题:一是当计算简图和荷载确定以后,截面的内力与荷载呈线性关系,即各截面间弯矩、剪力等内力的分布规律始终是不变的;二是只要任何一个截面的内力达到其内力设计值时,就认为整个结构达到其承载能力。

事实上,混凝土连续梁、板是超静定结构,在其加载的全过程中,由于材料的非弹性性质,截面的内力与荷载成非线性关系,即各截面间内力的分布规律是变化的,这种情况称为内力重分布或塑性内力重分布(即超静定结构的内力相对于线弹性分布发生的变化);另外,由于是超静定结构,即使某一截面达到其内力设计值,只要整个结构还是几何不变的,仍具有一定的承载能力。

2) 应力重分布。

这里需要注意内力重分布与应力重分布的区别。如图 1-13 所示,应力重分布是指由于混凝土的非弹性性质,使截面上的应力沿截面高度分布不再服从线弹性分布规律,并且不论对静定的还是超静定混凝土结构都存在;内力重分布则是指由于超静定结构材料的

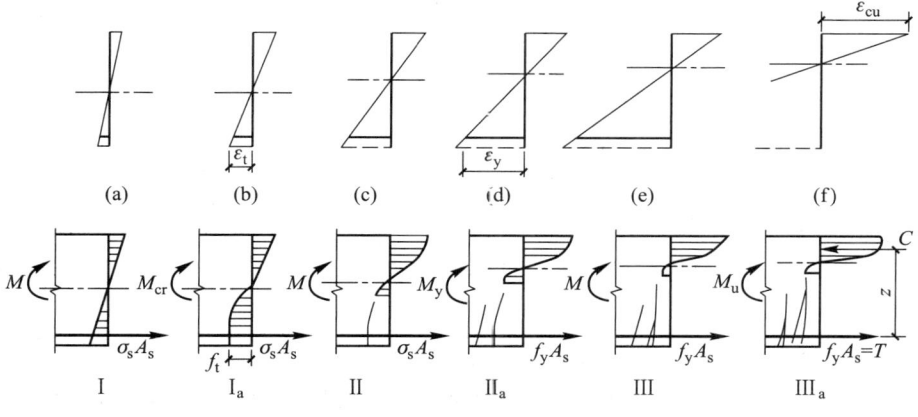

图 1-13 梁在各受力阶段的应力、应变图

非弹性性质,使各截面内力之间的关系不再服从线弹性分布规律,并且只有超静定混凝土结构才具有内力重分布现象,对静定结构是不存在的,因为静定结构的内力与截面抗弯刚度无关。

由于内力重分布,超静定混凝土结构的实际承载能力往往比按弹性理论方法分析的高,所以按塑性理论方法设计(考虑内力重分布的方法设计),可进一步发挥结构的承载力储备,节约材料,方便施工;同时研究和掌握内力重分布的规律,能更好地确定结构在正常使用阶段的变形和裂缝开展值,以便更合理地评估结构使用阶段的性能。

(2) 混凝土受弯构件的塑性铰。

1) 塑性铰。

如图 1-14 所示,一配筋适当的钢筋混凝土简支梁,在跨中施加集中荷载 P。图 1-14(c)为跨中截面弯矩 M 与曲率 ϕ 的关系曲线:在裂缝出现前,M-ϕ 关系呈直线;随着裂缝出现,M-ϕ 关系渐呈曲线;当受拉纵筋达到屈服(A 点)后,M-ϕ 曲线的斜率急剧减小,这意味着在截面弯矩 M 增加很少的情况下,截面曲率 ϕ 激增,形成截面受弯"屈服"现象。构件中塑性变形较集中的区域(相应于图 1-14(b)中 $M>M_y$ 的部分)表现得犹如一个能够转动的"铰",称之为塑性铰,如图 1-14(e) 所示。塑性铰的形成主要是由于纵筋屈服后的塑性变形,而塑性铰的转动能力则取决于混凝土的变形能力。当 ϕ 增加到使混凝土受压边缘的应变 ε 达到其极限压应变 ε_u,混凝土压坏,截面到达其极限弯矩 M_u,这时的截面曲率为 ϕ_u。

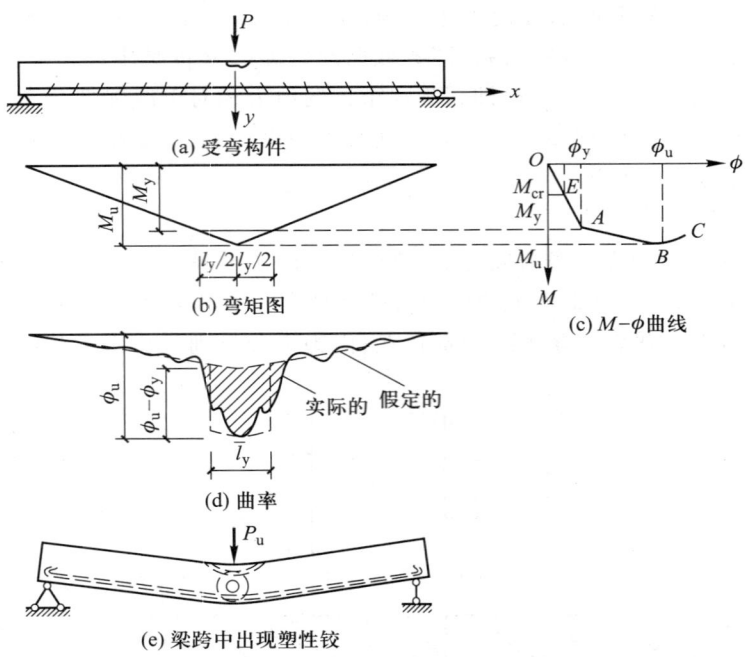

图 1-14 混凝土受弯构件的塑性铰

塑性铰形成于截面应力状态的第 II_a 阶段,转动终止于第 III_a 阶段。

塑性铰区处于梁跨中最大截面($M=M_u$)两侧 $l_y/2$ 的范围内,l_y 称为塑性铰长度,如图 1-14(b)所示。图 1-14(d)中实线为曲率的实际分布,虚线为计算时假定的曲率分布,将曲率分为弹性部分和塑性部分(图中的阴影部分)。塑性铰的转角 θ 理论上可由塑性曲率的积分来计算,若将其分布用等效矩形来代替,其高度为塑性曲率($\phi_u - \phi_y$),则宽度(或等效区域长度)$\overline{l_y} < l_y$,塑性铰的转角 θ 为

$$\theta = (\phi_u - \phi_y) \overline{l_y} \qquad (1-18)$$

式中　ϕ_y——截面钢筋屈服时曲率;
　　　ϕ_u——截面的极限曲率。

影响 $\overline{l_y}$ 的因素很多,要得到实用而足够准确的计算公式,还要做进一步的工作。

2) 塑性铰与理想铰的区别。

① 理想铰不能承受任何弯矩,而塑性铰则能承受一定的弯矩($M_y \leq M \leq M_u$);

② 理想铰集中于一点,塑性铰则有一定的长度;

③ 理想铰在两个方向都可产生无限的转动,而塑性铰则是有限转动的单向铰,只能在弯矩作用方向作有限的转动。

3) 塑性铰的分类。

① 钢筋铰:对于配置具有明显屈服点钢筋的适筋梁,塑性铰形成的起因是受拉钢筋屈服,故称为钢筋铰。

② 混凝土铰:当截面配筋率大于界限配筋率,此时钢筋不会屈服,转动主要由受压区混凝土的非弹性变形引起,故称为混凝土铰。它的转动量很小,截面破坏突然。

钢筋铰出现在受弯构件的适筋截面或大偏心受压构件中,混凝土铰大都出现在受弯构件的超筋截面或小偏心受压构件中。

(3) 内力重分布的过程。

为了说明内力重分布的概念,现以承受集中荷载的两跨连续梁为例,研究其从开始加载直到破坏的全过程。假定支座截面和跨内截面的截面尺寸和配筋相同,梁的受力全过程大致可分为三个阶段,如图 1-15 所示。

1) 弹性阶段:当集中力 F 很小,混凝土尚未开裂,整个梁接近于弹性体系,各部分截面抗弯刚度的比值未改变,弯矩分布由弹性理论方法确定,如图 1-15(b)所示。故弯矩的实测值与按弹性梁的计算值非常接近,图中观察不到内力重分布的现象,如图 1-16 所示。

2) 弹塑性阶段:当加载至 B 支座截面受拉区混凝土先开裂,截面抗弯刚度降低,但跨内截面 1 尚未开裂。此时从图 1-16 中可观察到内力重分布,由于支座与跨内截面抗弯刚度的比值 B_B/B_1 降低,使 B 支座截面弯矩 M_B 的增长率减小,跨内弯矩 M_1 的增长率加

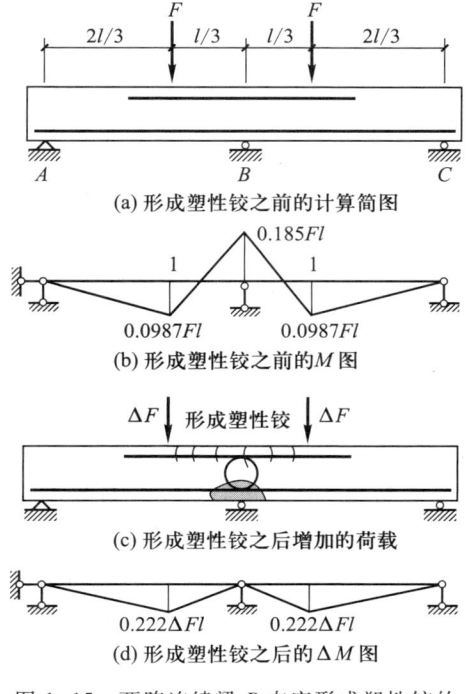

图 1-15　两跨连续梁 B 支座形成塑性铰的内力重分布

大。继续加载,当跨内截面 1 也出现裂缝时,B 支座截面的受拉钢筋屈服前,截面抗弯刚度的比值有所回升,从图 1-16 中又可观察到 M_B 的增长率增加,而 M_1 的增长率减小(引起截面之间相对刚度发生变化,但不显著)。

3) 塑性阶段:当加载至 B 支座截面受拉钢筋屈服,支座形成塑性铰,塑性铰能承担的弯矩为 M_{Bu},相应的荷载值为 F_1,再继续加载时,梁从一次超静定连续梁转变成了两根简支梁,如图 1-15(d)所示。此时从图 1-16 中可观察到明显的内力重分布,B 支座截面弯矩 M_B 增加缓慢,跨内弯矩 M_1 增加加快,由于跨内截面承载力尚未耗尽,因此还可继续

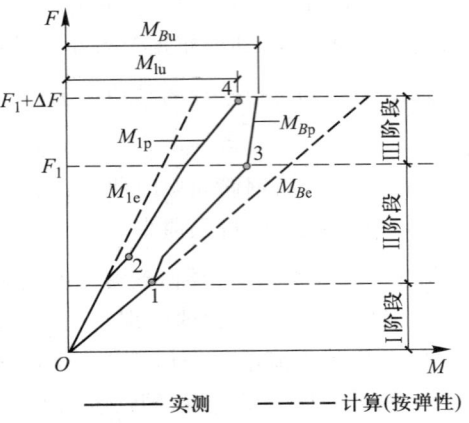

图 1-16　F-M 关系曲线
1—支座混凝土开裂;2—跨中混凝土开裂;3—支座出现塑性铰;4—跨中出现塑性铰

增加荷载,直至跨内受拉钢筋屈服,即跨内截面 1 也出现塑性铰,梁成为几何可变体系而告破坏。设后加的那部分荷载为 ΔF,则梁承受的总荷载为 $F = F_1 + \Delta F$(支座开始出现塑性铰,引起各截面的相对刚度发生显著变化)。

在 ΔF 作用下,应按简支梁计算跨内弯矩,其支座弯矩 M_B 不增加,维持在 M_{Bu},故图 1-16 中 M_B 出现了竖直段,而跨内弯矩 M_1 却成倍地增加。若按弹性理论方法计算,M_B 和 M_1 的大小始终与外荷载呈线性关系,在 M-F 图上应为两条虚直线,但梁的实际弯矩分布却如图 1-16 中实线所示,即出现了内力重分布。

从试验中不难发现,在 $M_{Be} > M_{1e}$ 的情况下,尽管从加载到破坏支座弯矩与跨内弯矩的比值在不断变化,但与弹性弯矩相比,内力重分布的最后结果是:支座弯矩减小,跨内弯矩增加。

超静定混凝土结构的内力重分布可概括为两个过程:

第一过程发生在受拉区混凝土开裂到第一个塑性铰形成以前,主要是由于结构各部分抗弯刚度比值的改变而引起内力重分布,称为弹塑性内力重分布。

第二过程发生于第一个塑性铰形成以后直到形成几何可变体系结构破坏,由于结构计算简图的改变而引起的内力重分布,称为塑性内力重分布。

从上述例子中,可得出一些具有普遍意义的结论:

1) 对静定混凝土结构,塑性铰出现即导致结构破坏。但对于超静定混凝土结构,某一截面出现塑性铰并不一定表明该结构丧失承载能力,只有当结构上出现足够数目的塑性铰,以致使结构成为几何可变体系或局部破坏,整个结构才丧失承载能力。

2) 在形成破坏机构时,结构的内力分布规律和塑性铰出现前按弹性理论方法计算的内力分布规律不同。也就是在塑性铰出现后的加载过程中,结构的内力经历了一个重新分布的过程,这个过程称为"塑性内力重分布"。

3) 按弹性理论方法计算,上述连续梁所承受的极限荷载为 F_1;但考虑塑性内力重分布后,结构的极限荷载增大为 $F = F_1 + \Delta F$。这表明超静定混凝土结构从出现第一个塑性铰到破坏机构形成,其间还有相当的承载潜力可以利用,在设计中利用这部分承载储备,

可以取得一定的经济效益。

4) 按弹性理论方法计算,连续梁的内支座截面弯矩通常较大,造成配筋拥挤,施工不便。考虑内力重分布方法设计,可降低支座截面弯矩的设计值。若按降低的支座弯矩选择受力钢筋,则将使支座配筋拥挤的状况得到改善而便于施工。

目前在超静定混凝土结构设计中,结构的内力分析与构件的截面设计是不相协调的:结构的内力分析采用弹性理论方法,而构件的截面设计考虑了材料的塑性性能按极限状态设计的原则。但是超静定混凝土结构在承受荷载过程中,由于混凝土的非弹性变形、裂缝的出现和发展、钢筋的锚固滑移以及塑性铰的形成和转动等因素的影响,结构构件的刚度在各受力阶段不断发生变化,从而使结构的实际内力与变形和按刚度不变的弹性理论算得的结果明显不同。所以在设计混凝土连续梁、板时,恰当地考虑结构的内力重分布,可以使结构的内力分析与截面设计相协调。

(4) 影响内力重分布的因素。

1) 充分的和不充分的内力重分布。

若超静定结构中各塑性铰都具有足够的转动能力,保证结构加载后能按照预期的顺序,先后形成足够数目的塑性铰,以致最后形成机动体系而破坏,这种情况称为充分的内力重分布。

但是,塑性铰的转动能力是有限的,受到截面配筋率和材料极限应变值的限制。如果完成充分的内力重分布过程所需要的转角超过了塑性铰的转动能力,则在尚未形成预期的破坏机构以前,早出现的塑性铰已经因为受压区混凝土达到极限压应变值而"过早"被压碎,这种情况属于不充分的内力重分布。另外,如果在形成破坏机构之前,截面因受剪承载力不足而破坏,内力也不可能充分地重分布。

例如,上述连续梁,若 B 支座截面的塑性铰缺乏足够的转动能力,混凝土发生"过早"压碎致使结构破坏,这时跨内截面 l 的承载能力尚未被完全利用,这就是不充分的内力重分布;又如,多跨连续梁中,在使连续梁整体形成机动体系的最后一个塑性铰形成以前,如果某一跨的左、右支座截面和跨内截面都出现了塑性铰,于是该跨已成为机动体系,造成结构的局部破坏,这也属于不充分的内力重分布。因此,要实现充分的内力重分布,除了塑性铰要有足够的转动能力外,还要求塑性铰出现的先后顺序不会导致结构的局部破坏。此外,在设计中除了要考虑承载能力极限状态外,还要考虑正常使用极限状态。结构在正常使用阶段,裂缝宽度和挠度也不宜过大。

2) 影响内力重分布的因素。

① 塑性铰的转动能力:塑性铰的转动能力主要取决于纵向钢筋的配筋率、钢材的品种和混凝土的极限压应变。

截面的极限曲率 $\phi_u = \varepsilon_u / x$,配筋率越低,受压区高度 x 就越小,故 ϕ_u 越大,塑性铰转动能力越大;混凝土的极限压应变 ε_u 越大,ϕ_u 大,塑性铰转动能力也越大。混凝土强度等级高时,极限压应变 ε_u 减小,转动能力下降;普通热轧钢筋具有明显的屈服台阶,延伸率较大,塑性铰转动能力也越大。

② 斜截面承载能力:要想实现预期的内力重分布,其前提条件之一是在破坏机构形成前,不能发生因斜截面承载力不足而引起的破坏,否则将阻碍内力重分布继续进行。国内外的试验研究表明,支座出现塑性铰后,连续梁的受剪承载力比不出现塑性铰的梁低。

加载过程中,连续梁首先在中间支座和跨内出现垂直裂缝,随后在梁的中间支座两侧出现斜裂缝。一些破坏前支座已形成塑性铰的梁,在中间支座两侧的剪跨段,纵筋和混凝土之间的粘结有明显破坏,有的甚至还出现沿纵筋的劈裂裂缝;剪跨比越小,这种现象越明显。试验测量表明,随着荷载增加,梁上反弯点两侧原处于受压工作状态的钢筋,将会由受压状态变为受拉,这种因纵筋和混凝土之间粘结破坏所导致的应力重分布,使纵向钢筋出现了拉力增量,而此拉力增量只能依靠增加梁截面剪压区的混凝土压力来维持平衡,这样,势必会降低梁的受剪承载力。因此,为了保证连续梁内力重分布能充分发展,结构构件必须要有足够的受剪承载能力。

③ 正常使用条件:如果最初出现的塑性铰转动幅度过大,塑性铰附近截面的裂缝就可能开展过宽,结构的挠度过大,不能满足正常使用的要求。因此,在考虑内力重分布时,应对塑性铰的允许转动量予以控制,也就是要控制内力重分布的幅度。一般要求在正常使用阶段不应出现塑性铰。

(5) 考虑内力重分布的适用范围。

考虑内力重分布的计算方法是以形成塑性铰为前提的,因此下列情况不宜采用:

1) 在使用阶段不允许出现裂缝或对裂缝开展控制较严的混凝土结构;
2) 处于严重侵蚀性环境中的混凝土结构;
3) 直接承受动力和重复荷载的混凝土结构;
4) 要求有较高承载力储备的混凝土结构;
5) 配置延性较差的受力钢筋的混凝土结构。

2. 连续梁、板考虑塑性内力重分布的内力计算——弯矩调幅法

在大量的试验研究基础上,国内外学者曾先后提出过多种超静定混凝土结构考虑塑性内力重分布的计算方法,如极限平衡法、塑性铰法、变刚度法、强迫转动法、弯矩调幅法以及非线性全过程分析方法等。其中,弯矩调幅法最为实用、方便,因此一直为许多国家的设计规范所采用。我国颁布的《钢筋混凝土连续梁和框架考虑内力重分布设计规程》(CECS 51:93),也推荐用弯矩调幅法来计算混凝土连续梁、板和框架的内力。

(1) 弯矩调幅法的概念和原则。

1) 弯矩调幅法

弯矩调幅法简称调幅法,它是在弹性弯矩的基础上,根据需要,适当调整某些截面弯矩值。通常对那些弯矩绝对值较大的截面进行弯矩调整,然后按调整后的内力进行截面设计和配筋构造,是一种适用的设计方法。

截面弯矩调整的幅度用调幅系数 β 表示,则:

$$\beta = \frac{M_e - M_p}{M_e} \tag{1-19}$$

$$M_p = (1-\beta) M_e \tag{1-20}$$

式中 β——调幅系数;

M_e——按弹性方法计算的弯矩值;

M_p——调幅后的弯矩值。

例 1-1 已知一两跨矩形截面连续梁,如图 1-17 所示。在跨中作用集中荷载 P,截面尺寸 $b \times h = 200$ mm $\times 500$ mm,混凝土强度等级为 C25,钢筋采用 HRB400 级,中间支座及

跨中均配置 3⏀18 的受拉钢筋。求：

（1）按弹性理论方法计算时，该梁承受的极限荷载 P_1；
（2）按考虑塑性内力重分布方法计算时，该梁承受的极限荷载 P_u；
（3）支座的调幅系数 β。

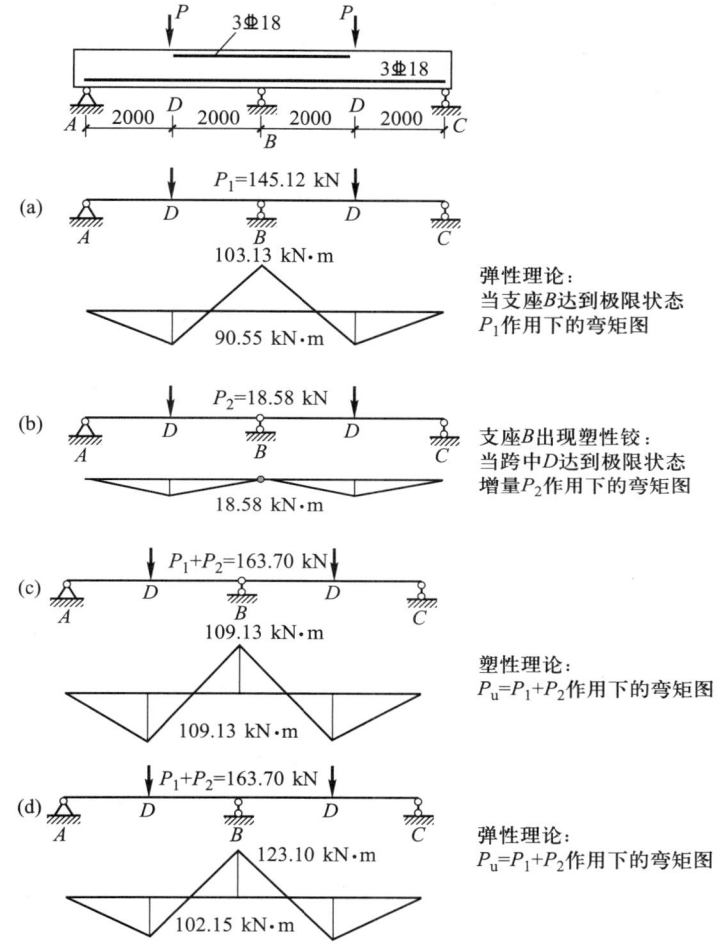

图 1-17 两跨连续梁的塑性内力重分布

解：(1) 设计参数

环境类别为一类，$c = 25$ mm，$a = 45$ mm，C25 混凝土强度 $f_c = 11.9$ N/mm², $f_t = 1.27$ N/mm²，$\alpha_1 = 1.0$，HRB400 级钢筋 $f_y = 360$ N/mm²，$\xi_b = 0.518$，$h_0 = (500-45)$ mm $= 455$ mm，3⏀18，$A_s = 763$ mm²。

（2）按弹性理论方法计算支座和跨中弯矩 M_B、M_D

由附表 1-1 可得支座弯矩系数为 -0.188，跨中弯矩系数为 0.156，则有：

支座弯矩：$M_B = -0.188 Pl = -0.752P$

跨中弯矩：$M_D = 0.156 Pl = 0.624P$

利用结构力学求解器，可求得计算支座和跨中弯矩 M_B、M_D 系数如图 1-17(e) 所示，

则有:

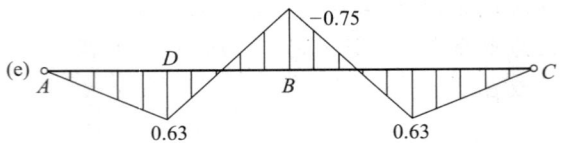

图 1-17(e)　结构构件弯矩系数图

支座弯矩:$M_B = -0.75P$

跨中弯矩:$M_D = 0.63P$

将系数法与结构力学求解器计算结果对比,系数法计算结果与精确解误差均控制在1%范围内。

(3) 支座和跨中的极限弯矩 M_{Bu}、M_{Du}

$$-M_{Bu} = M_{Du} = f_y A_s \left(h_0 - \frac{f_y A_s}{2\alpha_1 f_c b} \right) = 360 \times 763 \left(455 - \frac{360 \times 763}{2 \times 1.0 \times 11.9 \times 200} \right) \times 10^{-6} \text{ kN} \cdot \text{m}$$

$$= 109.13 \text{ kN} \cdot \text{m}$$

(4) 按弹性理论方法计算时,该梁承受的极限荷载 P_1 [图 1-17(a)]

当 $|M_B| = |M_{Bu}|$ 时,支座出现塑性铰,因为 $0.188 P_1 l = 109.13$ kN·m,则

$$P_1 = \frac{109.13}{0.188 \times 4} \text{ kN} = 145.12 \text{ kN}$$

此时跨中截面的弯矩为:

$$M_D = 0.156 P_1 l = 0.156 \times 145.12 \times 4 \text{ kN} \cdot \text{m} = 90.55 \text{ kN} \cdot \text{m} < M_{Du} = 109.13 \text{ kN} \cdot \text{m}$$

(5) 按考虑塑性内力重分布方法计算时,该梁承受的极限荷载 P_u

由于两跨连续梁为一次超静定结构,P_1 作用下 $|M_B| = |M_{Bu}|$,结构并未丧失承载力,只是在支座出现塑性铰,在继续加载下梁的受力相当于二跨简支梁,跨中还能承受的弯矩增量为 $M_{Du} - M_D = (109.13 - 90.55)$ kN·m $= 18.58$ kN·m,如图 1-17(b)所示。

设 P_2 为从支座出现塑性铰加载到跨中出现塑性铰的荷载增量,如图 1-17(b)所示:

$$M_{Du} - M_D = \frac{1}{4} P_2 l = 18.58 \text{ kN} \cdot \text{m} \text{ 则 } P_2 = 18.58 \text{ kN}$$

$$P_u = P_1 + P_2 = (145.12 + 18.58) \text{ kN} = 163.70 \text{ kN}$$

(6) 梁在极限荷载 P_u 作用下,按塑性理论计算时的弯矩图[图 1-17(c)]

$$-M_{Bu} = M_{Du} = f_y A_s \left(h_0 - \frac{f_y A_s}{2\alpha_1 f_c b} \right) = 360 \times 763 \left(455 - \frac{360 \times 763}{2 \times 1.0 \times 11.9 \times 200} \right) \times 10^{-6} \text{ kN} \cdot \text{m}$$

$$= 109.13 \text{ kN} \cdot \text{m}$$

(7) 梁在极限荷载 P_u 作用下,按弹性理论计算时的弯矩图[图 1-17(d)]

梁在极限荷载 P_u 作用下,按弹性理论计算的支座弯矩 M_{Be}、跨中弯矩 M_{De} 为:

$$M_{Be} = -0.188 P_u l = -0.188 \times 163.70 \times 4 \text{ kN} \cdot \text{m} = -123.10 \text{ kN} \cdot \text{m}$$

$$M_{De} = 0.156 P_u l = 0.156 \times 163.70 \times 4 \text{ kN} \cdot \text{m} = 102.15 \text{ kN} \cdot \text{m}$$

(8) 支座的调幅系数 β

梁按考虑塑性内力重分布方法计算时的支座弯矩:$M_{Bu} = -109.13$ kN·m,如图 1-17

(c)所示。

梁在极限荷载 P_u 作用下,按弹性理论计算的支座弯矩:$M_{Be}=123.10$ kN·m 如图 1-17(d)所示。

支座的调幅系数 β 为:

$$\beta=\frac{|M_{Be}|-|M_{Bu}|}{|M_{Be}|}=\frac{123.10-109.13}{123.10}=11.35\%$$

2) 设计原则。

根据理论和试验研究结果及工程实践,采用弯矩调幅法应遵循以下原则:

① 受力钢筋宜采用 HRB400 级、HRB335 级热轧钢筋,混凝土强度等级宜在 C20~C45 范围;截面的相对受压区高度 ξ 应满足 $0.1\leq\xi\leq0.35$。

② 为了避免塑性铰出现过早、转动幅度过大,使梁的裂缝宽度及变形过大,应控制支座截面的弯矩调整幅度,调幅系数 β 不宜超过 0.2。

③ 连续梁、板各跨中截面的弯矩不宜调整,其弯矩设计值 M 可取考虑荷载最不利布置并按弹性方法计算的结构的弯矩设计值和按下列公式计算的弯矩设计值的较大者:

$$M=1.02M_0-\left|\frac{M_l+M_r}{2}\right| \quad (1-21)$$

式中　M_0——按简支梁计算的跨中弯矩设计值;

M_l、M_r——连续梁或连续单向板的左、右支座截面弯矩调幅后的设计值。

④ 调幅后支座和跨中截面的弯矩值均不宜小于 M_0 的 1/3。

⑤ 各控制截面的剪力设计值按荷载最不利布置和调幅后的支座弯矩由静力平衡条件计算确定。

⑥ 弯矩调幅后引起结构内力图形和正常使用状态的变化,应进行验算,并有构造措施加以保证。

(2) 弯矩调幅法计算步骤。

1) 用弹性方法计算在荷载最不利布置条件下结构支座截面的弯矩最大值 M_e。

2) 采用调幅系数 β(一般不宜超过 0.2)降低各支座截面弯矩,即弯矩设计值 $M=(1-\beta)M_e$。

3) 按调幅降低后的支座弯矩值计算跨中弯矩值。

4) 校核调幅以后支座和跨中弯矩值应不小于某个限值,以控制调幅程度。

5) 按最不利荷载布置和调幅后的支座弯矩,由平衡条件求得控制截面的剪力设计值。

例 1-2　两跨连续梁如图 1-18(a)所示,梁上作用集中永久荷载设计值 $G=40$ kN,集中可变荷载设计值 $Q=80$ kN,试求:

(1) 按弹性理论计算的弯矩包络图;

(2) 按考虑塑性内力重分布,中间支座弯矩调幅 20% 后的弯矩包络图。

解:(1) 按弹性理论计算的弯矩包络图(图 1-19)

1) 可变荷载布置在 AB、BC 两跨

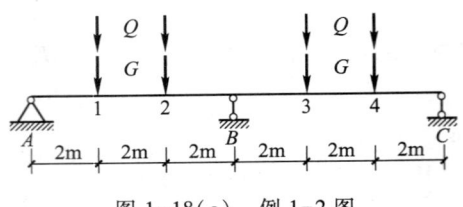

图 1-18(a) 例 1-2 图

$$M_{Be,\max} = -0.333(G+Q)l_0 = -0.333 \times (40+80) \times 6 \text{ kN} \cdot \text{m} = -239.76 \text{ kN} \cdot \text{m}$$

$$M_{1e} = M_{4e} = 0.222(G+Q)l_0 = 0.222 \times (40+80) \times 6 \text{ kN} \cdot \text{m} = 159.84 \text{ kN} \cdot \text{m}$$

$$V_A = 0.667(G+Q) = 0.667 \times (40+80) \text{ kN} = 80.04 \text{ kN}$$

$$M_{2e} = M_{3e} = V_A \times \frac{2l_0}{3} - (G+Q) \times \frac{l_0}{3} = 80.04 \times 4 \text{ kN} \cdot \text{m} - (40+80) \times 2 \text{ kN} \cdot \text{m} = 80.16 \text{ kN} \cdot \text{m}$$

利用结构力学求解器求解可变荷载布置在 AB、BC 两跨结构构件弯矩图,如图 1-18(b)所示。

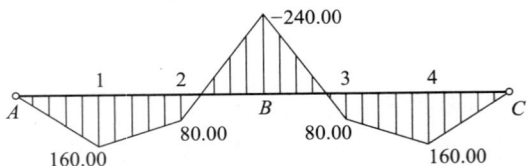

图 1-18(b) 可变荷载布置在 AB、BC 两跨结构构件弯矩图(单位:kN·m)

将系数法与结构力学求解器计算结果对比揭示,系数法计算结果与精确解误差均控制在 0.2% 范围内。

2) 可变荷载布置在 AB 跨

$$M_{Be} = -0.333Gl_0 - 0.167Ql_0 = -0.333 \times 40 \times 6 \text{ kN} \cdot \text{m} - 0.167 \times 80 \times 6 \text{ kN} \cdot \text{m}$$
$$= -160.08 \text{ kN} \cdot \text{m}$$

$$M_{1e,\max} = 0.222Gl_0 + 0.278Ql_0 = 0.222 \times 40 \times 6 \text{ kN} \cdot \text{m} + 0.278 \times 80 \times 6 \text{ kN} \cdot \text{m}$$
$$= 186.72 \text{ kN} \cdot \text{m}$$

$$V_A = 0.667G + 0.833Q = 0.667 \times 40 \text{ kN} + 0.833 \times 80 \text{ kN} = 93.32 \text{ kN}$$

$$V_C = -0.667G + 0.167Q = -0.667 \times 40 \text{ kN} + 0.167 \times 80 \text{ kN} = -13.32 \text{ kN}(向上)$$

$$M_{2e} = V_A \times \frac{2l_0}{3} - (G+Q)\frac{l_0}{3} = 93.32 \times 4 \text{ kN} \cdot \text{m} - (40+80) \times 2 \text{ kN} \cdot \text{m} = 133.28 \text{ kN} \cdot \text{m}$$

$$M_{3e} = |V_C| \times \frac{2l_0}{3} - G \times \frac{l_0}{3} = 13.32 \times 4 \text{ kN} \cdot \text{m} - 40 \times 2 \text{ kN} \cdot \text{m} = -26.72 \text{ kN} \cdot \text{m}$$

$$M_{4e} = |V_C| \times \frac{l_0}{3} = 13.32 \times 2 \text{ kN} \cdot \text{m} = 26.64 \text{ kN} \cdot \text{m}$$

利用结构力学求解器求解可变荷载布置在 AB 跨结构构件弯矩图,如图 1-18(c)所示。

将系数法与结构力学求解器计算结果对比,系数法计算结果与精确解误差均控制在 0.5% 范围内。

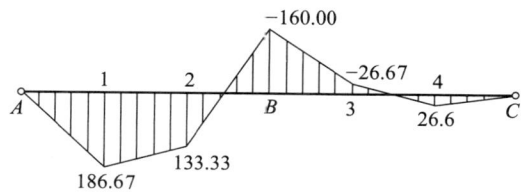

图 1-18(c)　可变荷载布置在 AB 跨结构构件弯矩图(单位：kN·m)

（2）按考虑塑性内力重分布，中间支座弯矩调幅20%后的弯矩包络图（图1-19）

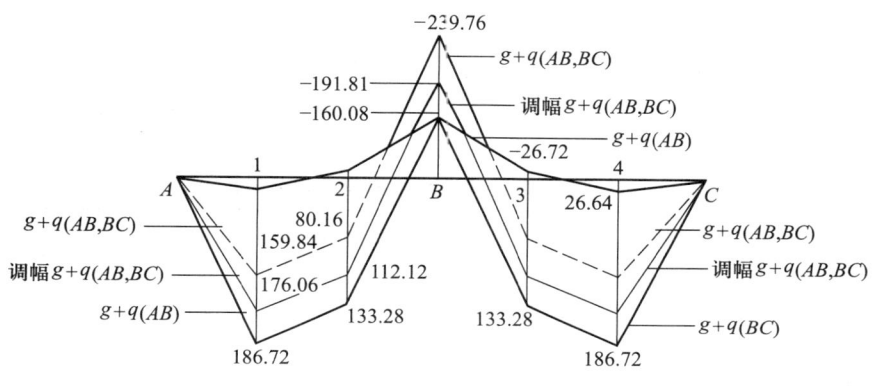

图 1-19　弯矩包络图(单位：kN·m)

$\beta_B = 0.2$

$M_B = (1-\beta_B) M_{Be,\max} = (1-0.2) \times (-239.76) \text{ kN·m} = -191.81 \text{ kN·m}$

$V_A = \dfrac{(G+Q)l_0 - |M_B|}{l_0} = (40+80) \text{ kN} - \dfrac{191.81}{6} \text{ kN} = 88.03 \text{ kN}$

$M_1 = M_4 = V_A \times \dfrac{l_0}{3} = 88.03 \times 2 \text{ kN·m} = 176.06 \text{ kN·m}$

$M_2 = M_3 = V_A \times \dfrac{2l_0}{3} - (G+Q)\dfrac{l_0}{3} = 88.03 \times 4 \text{ kN·m} - (40+80) \times 2 \text{ kN·m} = 112.12 \text{ kN·m}$

（3）用弯矩调幅法计算等跨连续梁、板。

按弹性理论，多跨连续梁、板的弯矩和剪力设计值可用结构力学求解器直接计算出精确解。考虑塑性内力重分布时，可用调幅法将中间支座弯矩调幅 β。为了方便计算，对工程中常用的承受均布荷载或间距相同、大小相等的集中荷载的等跨连续梁或等跨连续单向板，用调幅法导出的内力系数，设计时可直接查表得出控制截面的内力系数并按下列公式计算弯矩设计值 M 和剪力设计值 V。

1）等跨连续梁。

承受均布荷载时：

$$M = \alpha_M (g-q) l_0^2 \tag{1-22}$$

$$V = \alpha_V (g+q) l_n \tag{1-23}$$

承受间距相同、大小相等的集中荷载时：

$$M = \eta \alpha_M (G+Q) l_0 \tag{1-24}$$

$$V = n \alpha_V (G+Q) \tag{1-25}$$

2) 等跨连续板。

$$M = \alpha_M (g+q) l_0^2 \tag{1-26}$$

式中 α_M ——连续梁、板的弯矩计算系数,按表1-2取值;
         α_V ——连续梁的剪力计算系数,按表1-3取值;
         $g、q$ ——分别为作用在梁、板上的均布永久荷载和可变荷载设计值;
         $G、Q$ ——分别为作用在梁上的一个集中永久荷载和可变荷载设计值;
         l_0 ——计算跨度,按塑性理论方法计算时的计算跨度见表1-1;
         l_n ——净跨度;
         η ——集中荷载修正系数,按表1-4采用;
         n ——跨内集中荷载的个数。

表中 A,B,C 和 $1,2,3$ 分别为从连续梁两端支座截面和边跨跨中截面算起的截面代号。

表 1-2   连续梁和连续单向板的弯矩计算系数 α_M

支承情况		截面位置					
		端支座	边跨跨中	离端第二支座	离端第二跨中	中间支座	中间跨中
		A	1	B	2	C	3
梁、板搁置在墙上		0	$\dfrac{1}{11}$				
板	与梁整浇连接	$-\dfrac{1}{16}$	$\dfrac{1}{14}$	2跨连续:$-\dfrac{1}{10}$	$\dfrac{1}{16}$	$-\dfrac{1}{14}$	$\dfrac{1}{16}$
梁		$-\dfrac{1}{24}$		3跨以上连续:$-\dfrac{1}{11}$			
梁与柱整浇连接		$-\dfrac{1}{16}$					

注:1. 表中系数适用于荷载比 $q/g>0.3$ 的等跨连续梁和连续单向板。
    2. 连续梁或连续单向板的各跨长度不等,但相邻两跨的长跨与短跨之比值小于1.10时,仍可采用表中弯矩系数值;计算支座弯矩时,应取相邻两跨中的较大值,计算跨中弯矩时,应取本跨长度。

表 1-3   连续梁的剪力计算系数 α_V

支承情况	截面位置				
	端支座内侧 A_{in}	离端第二支座		中间支座	
		外侧 B_{ex}	内侧 B_{in}	外侧 C_{ex}	内侧 C_{in}
搁置在墙上	0.45	0.60	0.55	0.55	0.55
与梁或柱整浇连接	0.50	0.55	0.55	0.55	0.55

表 1-4 集中荷载修正系数 η

荷载情况	截面位置					
	A	1	B	2	C	3
当在跨中中点处作用一个集中荷载时	1.5	2.2	1.5	2.7	1.6	2.7
当在跨中三分点处作用两个集中荷载时	2.7	3.0	2.7	3.0	2.9	3.0
当在跨中四分点处作用三个集中荷载时	3.8	4.1	3.8	4.5	4.0	4.8

下面举例说明，根据上述原则用弯矩调幅法如何确定表 1-2 的弯矩计算系数 α_M。

例 1-3 有一承受均布荷载的五跨等跨连续梁，如图 1-20 所示，两端搁置在墙上，其可变荷载与永久荷载之比 $q/g=3$，用调幅法确定各跨的跨中和支座截面的弯矩设计值。

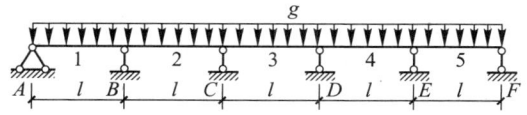

图 1-20 五跨连续梁

解：(1) 折算荷载

$$\frac{q}{g}=3, \quad g=\frac{1}{4}(g+q)=0.25(g+q), \quad q=\frac{3}{4}(g+q)=0.75(g+q)$$

折算永久荷载
$$g'=g+\frac{q}{4}=0.4375(g+q)$$

折算可变荷载
$$q'=\frac{3q}{4}=0.5625(g+q)$$

(2) 支座 B 弯矩

连续梁按弹性理论计算，当支座 B 产生最大负弯矩时，可变荷载应布置在 1, 2, 4 跨，故：

$$M_{B\max}=-0.105g'l^2-0.119q'l^2$$
$$=-0.105\times0.4375(g+q)l^2-0.119\times0.5625(g+q)l^2$$
$$=-0.1129(g+q)l^2$$

考虑调幅 20%，即 $\beta=0.2$，则：

$$M_B=(1-\beta)M_{B\max}=0.8M_{B\max}=0.8[-0.1129(g+q)l^2]=-0.0903(g+q)l^2$$

实际取 $M_B=-\frac{1}{11}(g+q)l^2=-0.0909(g+q)l^2$，因此 $\alpha_{MB}=-\frac{1}{11}$。

(3) 边跨跨中弯矩

对应于 $M_B=-\frac{1}{11}(g+q)l^2$，边支座 A 的反力为 $0.409(g+q)l$，边跨跨内最大弯矩在离 A 支座 $x=0.409l$ 处，其值为：

$$M_1=\frac{1}{2}\times0.409(g+q)l\times0.409l=0.0836(g+q)l^2$$

按弹性理论计算,当可变荷载布置在 1,3,5 跨时,边跨跨内出现最大弯矩,则:

$$M_{1\max} = 0.078g'l^2 + 0.1q'l^2 = 0.0904(g+q)l^2 > M_1 = 0.0836(g+q)l^2$$

说明按 $M_{1\max} = 0.0904(g+q)l^2$ 计算是安全的。为便于记忆及计算,取 $M_{1\max} = \frac{1}{11}(g+q)l^2 = 0.0909(g+q)l^2$,因此,$\alpha_{M1} = \frac{1}{11}$。

其余截面的弯矩设计值和弯矩计算系数可按类似方法求得,不赘述。

(4) 用弯矩调幅法计算不等跨连续梁、板。

对于不等跨连续梁、板或各跨荷载相差较大的等跨连续梁、板按弯矩调幅法计算步骤进行。

1.2.5 单向板肋梁楼盖的截面设计与构造要求

1. 单向板的截面设计与构造要求

(1) 截面设计。

1) 板的计算单元通常取为 1 m,按单筋矩形截面设计;

2) 板一般能满足斜截面受剪承载力要求,设计时可不进行受剪承载力验算;

3) 板的内拱作用。

连续板受荷进入极限状态时,支座截面在负弯矩作用下上部开裂,而跨内截面则由于正弯矩的作用在下部开裂,这就使板中未开裂部分形如拱状,如图 1-21 所示,从支座到跨中各截面受压区合力作用点形成具有一定拱度的压力线。当板的周边具有足够的刚度(如板四周有限制水平位移的边梁)时,在竖向荷载作用下,周边将对它产生水平推力,该推力可减少板中各计算截面的弯矩,其减少程度则视板的边长比及边界条件而异。

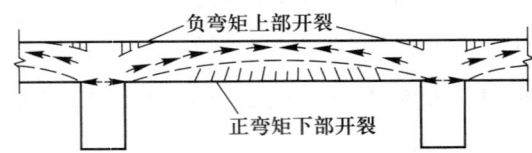

图 1-21 连续板的内拱作用

对四周与梁整体连接的单向板(现浇连续板的内区格就属于这种情况),其中间跨的跨中截面及中间支座截面的计算弯矩可减少 20%,其他截面则不予降低(如板的角区格、边跨的跨中截面及第一支座截面的计算弯矩则不折减),如图 1-22 所示。

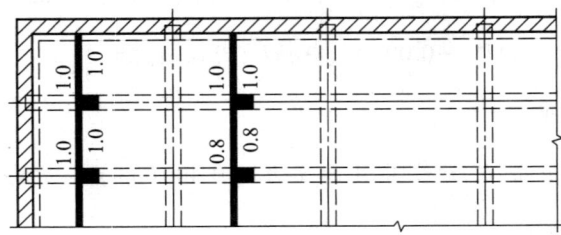

图 1-22 板的弯矩折减系数

(2) 构造要求。

1) 板的跨厚比:钢筋混凝土单向板不大于 30,双向板不大于 40;无梁支承的有柱帽板不大于 35,无梁支承的无柱帽板不大于 30。预应力板可适当增加;当板的荷载、跨度较大时宜适当减小。

2) 板的厚度:应满足表 1-5 的规定,板的配筋率一般为 0.4%~0.8%。

3) 板的支承长度:应满足其受力钢筋在支座内锚固的要求,且一般不小于板厚,现浇板在砌体墙上的支承长度不宜小于 120 mm。

4) 简支板或连续板下部纵向受力钢筋伸入支座的锚固长度不应小于 $5d$,d 为下部纵向受力钢筋的直径。当连续板内温度、收缩应力较大时,伸入支座的锚固长度宜适当增加。

表 1-5 混凝土梁、板截面的常规尺寸

构件种类		高跨比(h/l)	备注

单向板		≥1/30	最小板厚:
			  屋面板 当 $l<1.5$ m 时 $h≥50$ mm
			         当 $l≥1.5$ m 时 $h≥60$ mm
			  民用建筑楼板 $h≥60$ mm
			  工业建筑楼板 $h≥70$ mm
			  行车道下的楼板 $h≥80$ mm

双向板		≥1/40 (按短向跨度)	板厚一般取 80 mm≤h≤160 mm

密肋板	单跨简支
	多跨连续
		≥1/20
		≥1/25
		(h 为肋高)
			板厚:
			  当肋间距≤700 mm 时 $h≥40$ mm
			  当肋间距>700 mm 时 $h≥50$ mm

悬臂板		≥1/12	板的悬臂长度≤500 mm 时 $h≥60$ mm 板的悬臂长度>500 mm 时 $h≥80$ mm
无梁楼板	无柱帽 有柱帽	≥1/30 ≥1/35	$h≥150$ mm 柱帽宽度 $c=(0.2~0.3)l$
多跨连续次梁 多跨连续主梁 单跨简支梁		1/18~1/12 1/14~1/8 1/14~1/8	最小梁高:次梁 $h≥l/25$ 主梁 $h≥l/15$ 宽高比(b/h)一般为 1/3~1/2,并以 50 mm 为模数

5) 板中受力钢筋。

① 钢筋的直径:受力钢筋一般采用 HPB300(Ⅰ级)和 HRB400(Ⅲ级)钢筋,直径通常采用 8~12 mm,当板厚较大时,钢筋直径可用 14~18 mm。对于支座负钢筋,为便于施工架立,宜采用较大直径。

② 钢筋的间距:为了便于浇注混凝土,保证钢筋周围混凝土的密实性,板内钢筋间距不宜太密。为了使板能正常地承受外荷载,也不宜过稀。钢筋的间距一般为 70~200 mm;当板厚 $h≤150$ mm 时,不宜大于 200 mm;当板厚 $h>150$ mm 时,不宜大于 1.5h,且不宜大于 250 mm。

③ 配筋方式：由于板在跨中一般承受正弯矩而在支座处承受负弯矩，因此在板跨中须配底部钢筋，而在支座处往往配板面钢筋，从而有两种配筋方式。

弯起式配筋：将一部分跨中正弯矩钢筋在适当的位置（反弯点附近）弯起，并伸过支座后作负弯矩钢筋使用；延伸长度应满足覆盖负弯矩图和锚固的要求，如图 1-23(a)、(b) 所示。由于施工比较麻烦，目前弯起式配筋已很少应用。

弯起式配筋可先按跨内正弯矩的需要确定所需钢筋的直径和间距，然后在支座附近弯起 1/2（隔一弯一）以承受负弯矩，但最多不超过 2/3（隔一弯二）。如果弯起钢筋的截面面积还不满足支座负钢筋的需要，可另加直钢筋；通常取相同的钢筋间距。弯起角一般为 30°，当板厚>120 mm 时，可采用 45°。采用弯起式配筋，应注意相邻两跨跨中及中间支座钢筋直径和间距互相配合，间距变化应有规律，钢筋直径种类不宜过多，以利施工。

为了保证锚固可靠，板内伸入支座的下部正钢筋采用半圆弯钩。对于上部负钢筋，为了保证施工时钢筋的设计位置，宜做成直抵模板的直钩。因此，直钩部分的钢筋长度为板厚减净保护层厚。

分离式配筋：跨中正弯矩钢筋宜全部伸入支座锚固；而在支座处另配负弯矩钢筋，其范围应能覆盖负弯矩区域并满足锚固要求，如图 1-23(c) 所示。由于施工方便，分离式配筋已成为工程中主要采用的配筋方式。

④ 钢筋的弯起和截断：对承受均布荷载的等跨连续单向板或双向板，受力钢筋的弯起和截断的位置一般可按图 1-23 直接确定。

采用弯起式配筋时，跨中正弯矩钢筋可在距支座边 $l_0/6$ 处弯起 1/2~2/3，以承受支座上的负弯矩。

支座处的负弯矩钢筋，可在距支座边不小于 a 的距离处截断，其取值如下：

当 $q/g \leq 3$ 时，$a = l_0/4$；

当 $q/g > 3$ 时，$a = l_0/3$。

式中　g,q——永久荷载及可变荷载设计值；

　　　l_0——板的计算跨度。

图 1-23 所示的配筋要求，适用于承受均布荷载的等跨或相邻跨度相差不大于 20% 的多跨连续板，可不必绘制弯矩包络图进行钢筋布置。如果板相邻跨度差超过 20%，或各跨荷载相差较大时，受力钢筋的弯起和截断的位置则应按弯矩包络图确定。

6) 板中构造钢筋。

① 分布钢筋：当按单向板设计时，除沿受力方向布置受力钢筋外，尚应在垂直受力方向布置分布钢筋，分布钢筋应布置在受力钢筋的内侧，如图 1-24 所示。它的作用是：与受力钢筋组成钢筋网，便于施工中固定受力钢筋的位置；承受由于温度变化和混凝土收缩所产生的内力；承受并分布板上局部荷载产生的内力；对四边支承板，可承受在计算中未计及但实际存在的长跨方向的弯矩。

分布钢筋宜采用 HPB300 的钢筋，常用直径是 8 mm 和 10 mm。《规范》规定：单位长度上分布钢筋的截面面积不宜小于单位宽度上受力钢筋截面面积的 15%，且不宜小于该方向板截面面积的 0.15%；分布钢筋的间距不宜大于 250 mm，直径不宜小于 6 mm；对集中荷载较大的情况，分布钢筋的截面面积应适当增加，其间距不宜大于 200 mm。当有实践经验或可靠措施时，预制单向板的分布钢筋可不受以上限制。

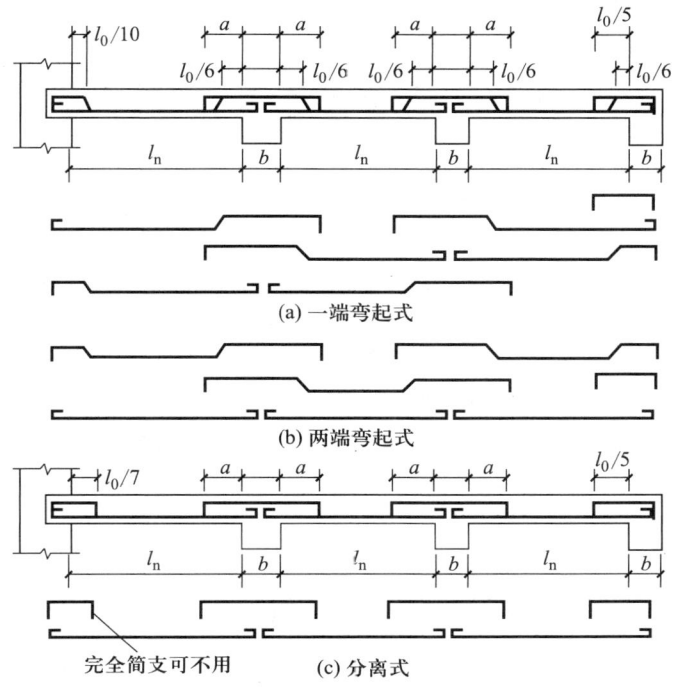

图 1-23 连续单向板的配筋方式

在温度、收缩应力较大的现浇板区域,应在板的表面双向配置防裂构造钢筋。配筋率均不宜小于 0.10%,间距不宜大于 200 mm。防裂构造钢筋可利用原有钢筋贯通布置,也可另行设置钢筋并与原有钢筋按受拉钢筋的要求搭接或在周边构件中锚固。

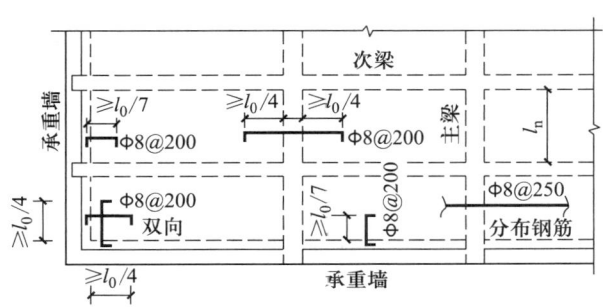

图 1-24 板的构造钢筋

② 垂直于主梁的板面构造钢筋:当现浇板的受力钢筋与梁平行时,例如单向板肋梁楼盖的主梁,此时靠近主梁梁肋的板面荷载将直接传给主梁而引起负弯矩,这样将引起板与主梁相接的板面产生裂缝,有时甚至开展较宽。

因此《规范》规定:应沿主梁长度方向配置间距不大于 200 mm 且与主梁垂直的上部构造钢筋,其直径不宜小于 8 mm,且单位长度内的总截面面积不宜小于板中单位宽度内受力钢筋截面面积的 1/3。该构造钢筋伸入板为的长度从梁边算起每边不宜小于板计算跨度 l_0 的 1/4,如图 1-25 所示。

③ 嵌入承重墙内的板面构造钢筋:嵌固在承重墙内的单向板,由于墙的约束作用,板

在墙边也会产生一定的负弯矩；垂直于板跨度方向，部分荷载将就近传给支承墙，也会产生一定的负弯矩，使板面受拉开裂，如图 1-26 所示。在板角部分，除因传递荷载使板在两个正交方向引起负弯矩外，由于温度收缩影响产生的角部拉应力，也促使板角发生斜向裂缝。

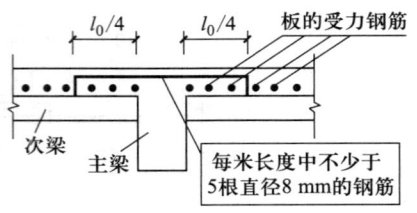

图 1-25　与主梁垂直的构造钢筋

为避免这种裂缝的出现和开展，《规范》规定，对于嵌固在承重砌体墙内的现浇混凝土板，应

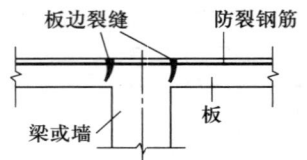 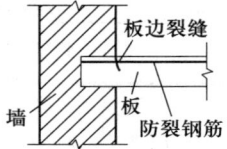

图 1-26　约束边缘的裂缝

沿支承周边配置上部构造钢筋，其直径不宜小于 8 mm，间距不宜大于 200 mm，其伸入板内的长度，从墙边算起不宜小于板短边跨度的 1/7；在两边嵌固于墙内的板角部分，应配置双向上部构造钢筋，该钢筋伸入板内的长度从墙边算起不宜小于板短边跨度的 1/4；沿板的受力方向配置的上部构造钢筋，其截面面积不宜小于该方向跨中受力钢筋截面面积的 1/3；沿非受力方向配置的上部构造钢筋，可根据经验适当减少，如图 1-24 所示。

7）板的温度、收缩钢筋：在温度、收缩应力较大的现浇板区域内，钢筋间距宜取为 150~200 mm，并应在板的未配筋表面布置温度收缩钢筋。板的上、下表面沿纵、横两个方向的配筋率均不宜小于 0.1%。

温度收缩钢筋可利用原有钢筋贯通布置，也可另行设置构造钢筋网，并与原有钢筋按受拉钢筋的要求搭接或在周边构件中锚固。

2. 次梁的截面设计与构造要求

（1）截面设计

1）次梁的截面形式：T 形截面。

2）按正截面受弯承载力确定纵向受拉钢筋时，通常跨中按 T 形截面计算，其翼缘计算宽度 b'_f 可按《混凝土结构设计原理》第 3 章有关规定确定；支座因翼缘位于受拉区，按矩形截面计算。

3）按斜截面受剪承载力确定横向钢筋，当荷载、跨度较小时，一般只利用箍筋抗剪；当荷载、跨度较大时，宜在支座附近设置弯起钢筋，以减少箍筋用量。

4）当次梁考虑塑性内力重分布时，调幅截面的相对受压区高度应满足 $0.1 \leqslant \xi \leqslant 0.35$。

5）考虑弯矩调整后，连续梁和框架梁在斜截面受剪承载力计算中，为避免因出现剪切破坏而影响其内力重分布，在下列区段内应将计算所需的箍筋面积增大 20%：对集中荷载，取支座边至最近一个集中荷载之间的区段；对均布荷载，取支座边至距支座边为 $1.05h_0$ 的区段，此处 h_0 为梁截面有效高度。此外，箍筋的配箍率 ρ_{sv} 不应小于 $0.3 f_t/f_{yv}$。

6）当次梁的截面尺寸满足表 1-5 的要求时，一般不必作使用阶段的挠度和裂缝宽度验算。

(2) 构造要求。

1) 截面尺寸:次梁的跨度 $l=4\sim 6$ m,梁高 $h=(1/18\sim 1/12)l$,梁宽 $b=(1/3\sim 1/2)h$,应满足表 1-5 的规定。纵向钢筋的配筋率一般为 0.6%~1.5%。

2) 次梁在砌体墙上的支承长度 $a \geqslant 240$ mm。

3) 钢筋的直径:梁的纵向受力钢筋及架立钢筋的直径不宜小于表 1-6 的规定。对钢筋直径的要求出于混凝土结构截面受力的需要。混凝土结构中,受力钢筋的尺寸应与截面高度及跨度有一定的比例,过于纤细的钢筋难以起到应有的承载受力和构造的作用。

表 1-6 梁内纵向钢筋的最小直径

钢筋类型	受力钢筋		架立钢筋		
条件	$h<300$ mm	$h \geqslant 300$ mm	$l<4$ m	$4 \text{ m} \leqslant l \leqslant 6 \text{ m}$	$l>6$ m
直径 d/mm	8	10	8	10	12

注:表中 h 为梁高;l 为梁的跨度。

4) 钢筋的间距:钢筋混凝土结构中钢筋能够与混凝土协同工作,是由于它们之间存在着粘结锚固作用。因此,受力钢筋周围应有一定厚度的混凝土层握裹。对于构件边缘的钢筋,表现为保护层厚度;而对于构件内部的钢筋,则表现为钢筋的间距。钢筋间距还应考虑施工时浇筑混凝土操作的方便。梁纵向钢筋的净间距不应小于表 1-7 的规定。

表 1-7 梁纵向钢筋的最小净间距

间距类型	水平净距		垂直净距(层距)
钢筋类型	上部钢筋	下部钢筋	25 mm 且 d
最小净距	30 mm 且 1.5d	25 mm 且 d	

注:1. 净间距为相邻钢筋外边缘之间的最小距离。
2. 当梁的下部钢筋配置多于二层时,两层以上水平方向中距应比下边两层的中距增大 1 倍。

5) 梁侧的纵向构造钢筋:由于混凝土收缩量的增大,近年在梁的侧面产生收缩裂缝的现象时有发生。裂缝一般呈枣核状,两头尖而中间宽,向上伸至板底,向下至于梁底纵筋处,截面较高的梁,情况更为严重,如图 1-27(a)所示。

《规范》规定,当梁的腹板高度 $h_w \geqslant 450$ mm 时,在梁的两个侧面沿高度配置纵向构造钢筋(腰筋),每侧纵向构造钢筋(不包括梁上、下部受力钢筋及架立钢筋)的截面面积不应小于腹板截面面积 bh_w 的 0.1%,且其间距 S 不宜大于 200 mm。此处,腹板高度 h_w,矩形截面为有效高度;对 T 形截面,取有效高度减去翼缘高度;对 I 形截面,取腹板净高。

6) 对钢筋混凝土薄腹梁或需作疲劳验算的钢筋混凝土梁,应在下部 1/2 梁高的腹板内沿两侧配置直径为 8~14 mm、间距为 100~150 mm 的纵向构造钢筋,并应按下密上疏的方式布置。在上部 1/2 梁高的腹板内,纵向构造钢筋按上述第"5)"条的规定配置。

7) 配筋方式:对于相邻跨度相差不超过 20%,且均布可变荷载和永久荷载的比值 $q/g \leqslant 3$ 的连续次梁,其纵中向受力钢筋的弯起和截断,可按图 1-28 进行,否则应按弯矩

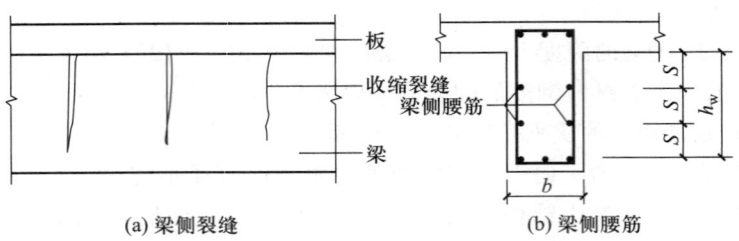

图 1-27 梁侧防裂的纵向构造钢筋

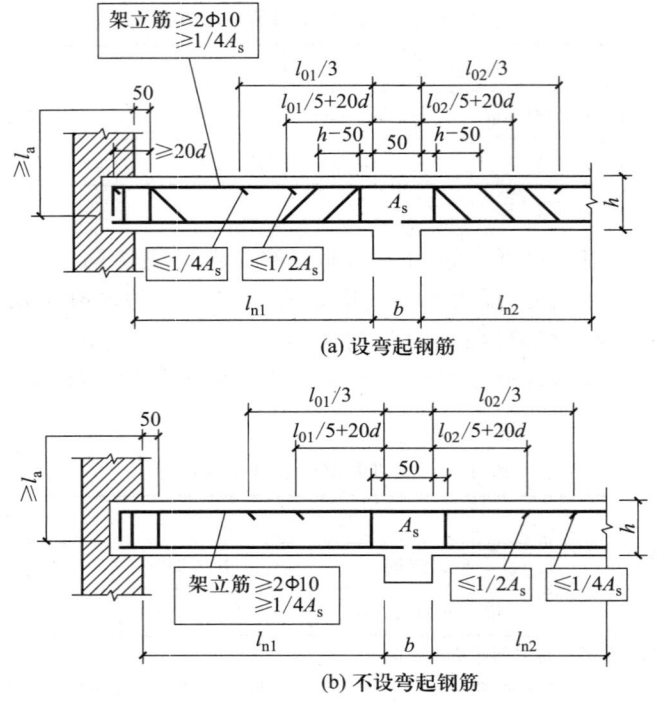

图 1-28 次梁配筋示意图

包络图确定。

按图 1-28(a),中间支座负钢筋的弯起,第一排的上弯点距支座边缘为 50 mm;第二排、第三排上弯点距支座边缘分别为 h 和 $2h$。

支座处上部受力钢筋总面积为 A_s,则第一批截断的钢筋面积不得超过 $A_s/2$,延伸长度从支座边缘起不小于 $l_0/5+20d$(d 为截断钢筋的直径);第二批截断的钢筋面积不得超过 $A_s/4$,延伸长度不小于 $l_0/3$。所余下的纵筋面积不小于 $A_s/4$,且不少于两根,可用来承担部分负弯矩并兼作架立钢筋,其伸入边支座的锚固长度不得小于 l_a。

位于次梁下部的纵向钢筋除弯起的外,应全部伸入支座,不得在跨间截断。下部纵筋伸入边支座和中间支座的锚固长度详见《混凝土结构设计原理》。

连续次梁因截面上、下均配置受力钢筋,所以一般均沿梁全长配置封闭式箍筋,第一根箍筋可距支座边 50 mm 处开始布置,同时在简支端的支座范围内,一般宜布置一根箍筋。

3. 主梁的截面设计与构造要求

（1）截面设计

1）主梁的截面形式：T 形截面。

2）按正截面受弯承载力确定纵向受拉钢筋时，通常跨中按 T 形截面计算，其翼缘计算宽度 b_f' 可按《混凝土结构设计原理》第 3 章有关规定确定；支座因翼缘位于受拉区，按矩形截面计算。

3）斜截面受剪承载力确定横向钢筋，当荷载、跨度较小时，一般只利用箍筋抗剪；当荷载、跨度较大时，宜在支座附近设置弯起钢筋，以减少箍筋用量。

4）主梁支座截面的有效高度 h_0。在主梁支座处，由于板、次梁和主梁截面的上部纵向钢筋相互交叉重叠，如图 1-29 所示，且主梁负筋位于板和次梁的负筋之下，因此主梁支座截面的有效高度减小。在计算主梁支座截面纵筋时，截面有效高度 h_0 可取为：

单排钢筋时　$h_0 = h - (60 \sim 70)$ mm；
双排钢筋时　$h_0 = h - (80 \sim 90)$ mm。

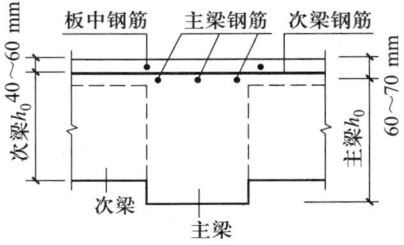

图 1-29　主梁支座处截面的有效高度

5）主梁的内力计算通常按弹性理论方法进行，不考虑塑性内力重分布。

这是因为主梁是比较重要的构件，需要有较大的承载力储备，并希望在使用荷载下的挠度及裂缝控制较严。如果主梁作为框架结构的横梁，它除受弯外，还承受轴向压力，而轴向压力会降低截面塑性转动能力。因此，主梁在计算内力时一般不宜考虑塑性内力重分布。

6）当主梁的截面尺寸满足表 1-5 的要求时，一般不必作使用阶段的挠度和裂缝宽度验算。

（2）构造要求

1）截面尺寸：主梁的跨度 $l = 5 \sim 8$ m，梁高 $h = (1/14 \sim 1/8)l$，梁宽 $b = (1/3 \sim 1/2)h$，应满足表 1-5 的规定。纵向钢筋的配筋率一般为 0.6% ~ 1.5%。

2）主梁在砌体墙上的支承长度 $a \geq 370$ mm。

3）钢筋的直径：其要求同次梁。

4）钢筋的间距：其要求同次梁。

5）主梁纵向受力钢筋的弯起和截断，原则上应按弯矩包络图确定，并满足有关构造要求。

6）主梁附加横向钢筋：主梁和次梁相交处，在主梁高度范围内受到次梁传来的集中荷载的作用，其腹部可能出现斜裂缝，如图 1-30(a) 所示。因此，应在集中荷载影响区 s 范围内加设附加横向钢筋（箍筋、吊筋）以防止斜裂缝出现而引起局部破坏。位于梁下部或梁截面高度范围内的集中荷载，应全部由附加横向钢筋承担，并应布置在长度为 $s = 2h_1 + 3b$ 的范围内。附加横向钢筋宜优先采用箍筋，如图 1-30(b) 所示。当采用吊筋时，其弯起段应伸至梁上边缘，且末端水平段长度在受拉区不应小于 $20d$，在受压区不应小于 $10d$，此处 d 为吊筋的直径。

附加箍筋和吊筋的总截面面积按下式计算：
$$F \leqslant 2f_y A_{sb} \sin \alpha + m \times n \times f_{yv} A_{sv1} \tag{1-27}$$

式中　F——由次梁传递的集中力设计值；
　　　f_y——附加吊筋的抗拉强度设计值；
　　　f_{yv}——附加箍筋的抗拉强度设计值；
　　　A_{sb}——1根附加吊筋的截面面积；
　　　A_{sv1}——附加单肢箍筋的截面面积；
　　　n——在同一截面内附加箍筋的肢数；
　　　m——附加箍筋的排数；
　　　α——附加吊筋与梁轴线间的夹角,一般为 45°,当梁高 $h>800$ mm 时,采用 60°。

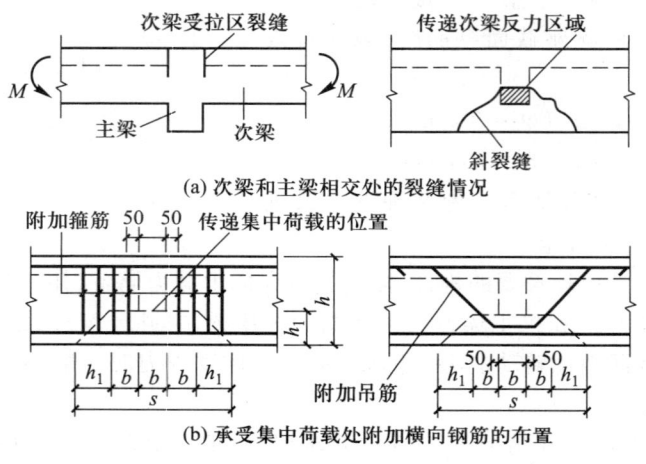

图 1-30　附加横向钢筋的布置

在设计中,不允许用布置在集中荷载影响区内的受剪箍筋代替附加横向钢筋。此外,当传入集中力的次梁宽度 b 过大时,宜适当减小由 $s=2h_1+3b$ 所确定的附加横向钢筋布置宽度。当次梁与主梁高度差 h_1 过小时,宜适当增大附加横向钢筋的布置宽度。当主、次梁均承担由上部墙、柱传来的竖向荷载时,附加横向钢筋宜在本规定的基础上适当增大。

1.3　现浇单向板肋梁楼盖设计实例

某厂房用楼盖,平面尺寸为 33 m×20.7 m,层高 4.5 m,四周为承重墙,室内设置 8 个立柱(柱截面尺寸取为 400 mm×400 mm),楼盖平面图如图 1-31 所示,楼盖做法见图 1-32,楼盖采用现浇的钢筋混凝土单向板肋梁楼盖,试设计之。

设计要求:(1)板、次梁内力按塑性内力重分布方法计算;(2)主梁内力按弹性理论计算;(3)绘出结构平面布置图,板、次梁和主梁的模板及配筋图。

进行钢筋混凝土现浇单向板肋梁楼盖设计主要解决的问题有:(1)计算简图;(2)内力分析;(3)截面配筋计算;(4)构造要求;(5)施工图绘制。

课程设计
1-1 现浇单向板肋梁楼盖设计

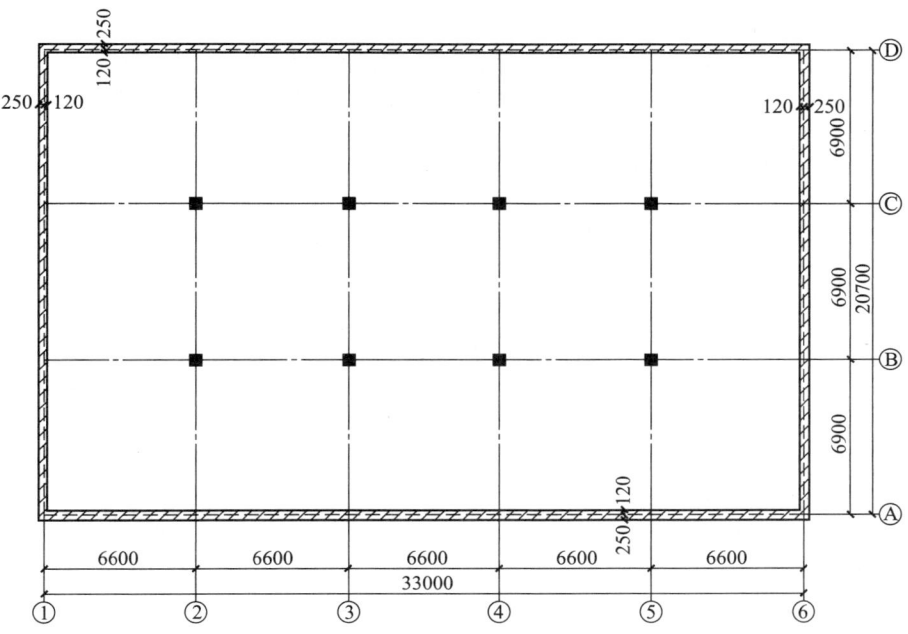

图 1-31 楼盖平面图

整体式单向板肋梁楼盖设计步骤如下：

1. 设计资料

其中荷载及材料如下：

（1）楼盖均布可变荷载标准值：$q_k = 5 \text{ kN/m}^2$

（2）楼盖做法如图 1-32 所示：楼盖面层用 20 mm 厚水泥砂浆抹面（$\gamma = 20 \text{ kN/m}^3$），板底及梁用 15 mm 厚石灰砂浆抹底（$\gamma = 17 \text{ kN/m}^3$）；

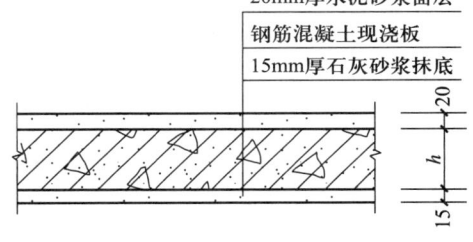

图 1-32 楼盖做法详图

（3）材料强度等级：混凝土强度等级采用 C25，主梁和次梁的纵向受力钢筋采用 HRB400，板钢筋、主次梁的箍筋采用 HPB300。

2. 楼盖梁格布置及截面尺寸确定

（1）确定主梁的跨度为 6.9 m，次梁的跨度为 6.6 m，主梁每跨内布置两根次梁，板的跨度为 2.3 m。

（2）按高跨比条件要求，板的厚度 $h \geq l/40 = 2\,300 \text{ mm}/40 = 57.5 \text{ mm}$；对工业建筑的楼板，要求 $h \geq 70 \text{ mm}$，所以板厚取 $h = 80 \text{ mm}$。

（3）次梁截面高度应满足：$h = l/18 \sim l/12 = (6\,600/18 \sim 6\,600/12) \text{ mm} = 367 \sim 550 \text{ mm}$，取 $h = 450 \text{ mm}$，截面宽度 $b = (1/2 \sim 1/3)h$，取 $b = 200 \text{ mm}$。

（4）主梁截面高度应满足：$h = l/14 \sim l/8 = (6\,900/14 \sim 6\,900/8) \text{ mm} = (493 \sim 863) \text{ mm}$，取 $h = 650 \text{ mm}$，截面宽度取为 $b = 250 \text{ mm}$。

楼盖结构平面布置图如图 1-33 所示。

3. 板的设计——按考虑塑性内力重分布的方法设计

（1）板的计算简图。

取 1 m 板宽作为计算单元，由板的实际结构如图 1-34(a)可知：次梁截面为 $b = 200 \text{ mm}$，

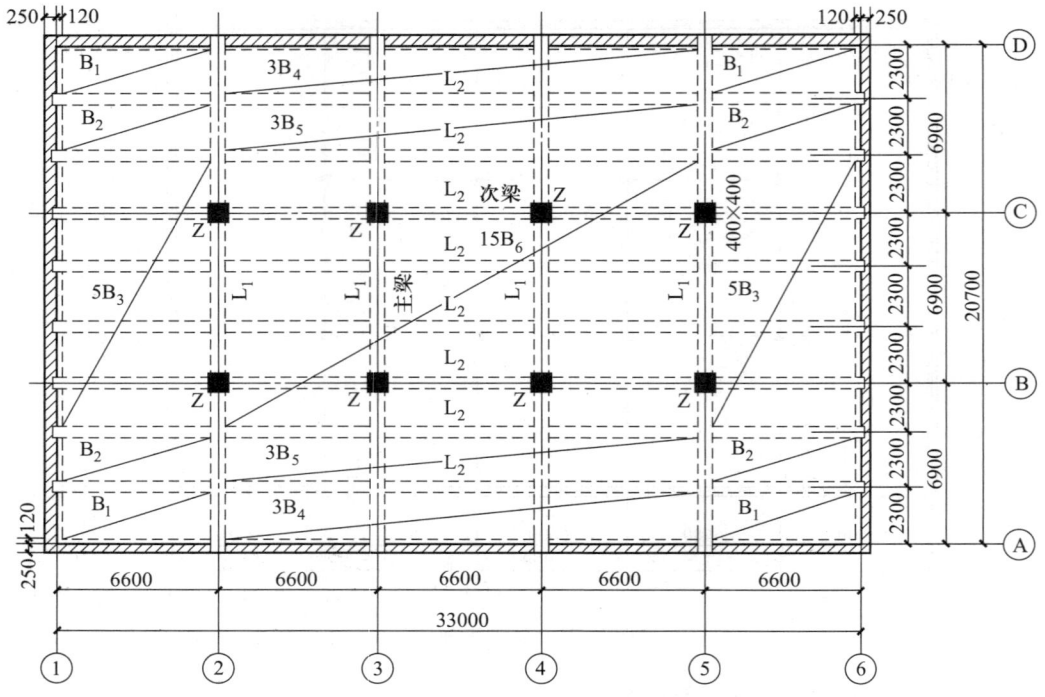

图 1-33 楼盖结构平面布置

现浇板在墙上的支承长度为 $a=120$ mm，板厚 $h=80$ mm，按塑性内力重分布设计，板的计算跨度（按表 1-1）确定如下：

边跨按 $l_n + \dfrac{a}{2} = \left[\left(2\,300 - 120 - \dfrac{200}{2}\right) + \dfrac{120}{2}\right]$ mm $= 2\,140$ mm

中跨 $l_{01} = l_n = (2\,300 - 200)$ mm $= 2\,100$ mm

板的计算简图如 1-34（b）所示。

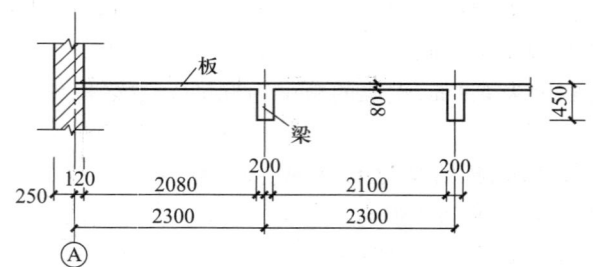

图 1-34（a） 板的实际结构图

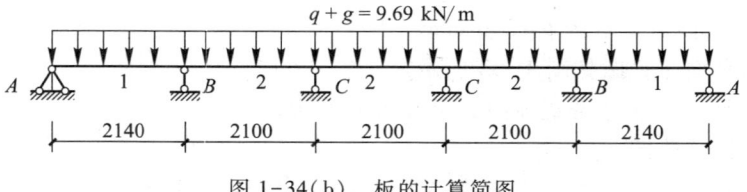

图 1-34（b） 板的计算简图

1.3 现浇单向板肋梁楼盖设计实例

（2）板承受的荷载。

永久荷载标准值

20 mm 水泥砂浆面层：0.02×20 kN/m² = 0.4 kN/m²

80 mm 钢筋混凝土板：0.08×25 kN/m² = 2 kN/m²

15 mm 板底石灰砂浆：0.015×17 kN/m² = 0.255 kN/m²

小计 2.655 kN/m²

可变荷载标准值： 5 kN/m²

因为可变荷载较大,可变荷载起控制作用,永久荷载的分项系数取 1.2；因为是工业建筑且楼面可变荷载标准值大于 4.0 kN/m²,所以可变荷载分项系数取 1.3。

永久荷载设计值：$g = 2.655 \times 1.2$ kN/m² = 3.19 kN/m²

可变荷载设计值：$q = 5 \times 1.3$ kN/m² = 6.5 kN/m²

荷载总设计值：$g+q = (3.19+6.5)$ kN/m² = 9.69 kN/m²,则 1 m 板宽为计算单元时,板上荷载 $g+q = 9.69$ kN/m。

（3）板的内力——弯矩设计值的计算。

因边跨与中跨的计算跨度相差 $\frac{2\,140 - 2\,100}{2\,100} = 1.9\%$ 小于 10%,可按等跨连续板计算。由表 1-2 可查得板的弯矩系数 α_M,板的弯矩设计值计算过程见表 1-8。

表 1-8 板的弯矩设计值的计算

截面位置	计算跨度 l_0	弯矩系数 α_M	$M = \alpha_M (g+q) l_0^2$
1（边跨跨中）	$l_{01} = 2.14$ m	1/11	9.69×2.14^2 kN·m/11 = 4.04 kN·m
B（离端第二支座）	$l_{01} = 2.14$ m	−1/11	-9.69×2.14^2 kN·m/11 = −4.04 kN·m
2（中间跨跨中）	$l_{02} = 2.10$ m	1/16	9.69×2.10^2 kN·m/16 = 2.67 kN·m
C（中间支座）	$l_{02} = 2.10$ m	−1/14	-9.69×2.1^2 kN·m/14 = −3.05 kN·m

（4）板配筋计算——正截面受弯承载力计算。

板厚 80 mm,保护层 $c = 20$ mm,$h_0 = (80-25)$ mm = 55 mm,$b = 1\,000$ mm,C25 混凝土,$a_1 = 1.0$,$f_c = 11.9$ N/mm²；$f_t = 1.27$ N/mm²；HPB300 钢筋,$f_y = 270$ N/mm²。

对轴线②~⑤间的板带,考虑起拱作用,其跨内 2 截面和支座 C 截面的弯矩设计值可折减 20%,板配筋计算过程见表 1-9。

表 1-9 板的配筋计算过程

截面位置	M/(kN·m)	$\alpha_s = M/\alpha_1 f_c b h_0^2$	$\xi = 1 - \sqrt{1-2\alpha_s}$	$A_s = \xi b h_0 \alpha_1 f_c / f_y$ /mm²	实际配筋
1（边跨跨中）	4.04	0.112	0.119	288	φ8@170 $A_s = 295$ mm²
B（离端第二支座）	−4.04	0.112	0.119	288	φ8@170 $A_s = 295$ mm²

截面位置		$M/(kN \cdot m)$	$\alpha_s = M/\alpha_1 f_c bh_0^2$	$\xi = 1-\sqrt{1-2\alpha_s}$	$A_s = \xi bh_0 \alpha_1 f_c / f_y /mm^2$	实际配筋
2 中间跨跨中	①~② 轴线⑤~⑥	2.67	0.074	0.077	186	φ8@200 $A_s = 251\ mm^2$
	轴线②~⑤	2.67×0.8	0.06	0.06	145	φ8@200 $A_s = 251\ mm^2$
C 中间支座	①~② 轴线⑤~⑥	−3.05	0.085	0.089	215	φ8@200 $A_s = 251\ mm^2$
	轴线②~⑤	−3.05×0.8	0.068	0.07	196	φ8@200 $A_s = 251\ mm^2$

配筋率验算 $\rho = \dfrac{A_s}{bh} = \dfrac{251}{1\ 000 \times 80} = 0.314\% > \rho_{min} = \max\left(\dfrac{0.45f_t}{f_y} = \dfrac{0.45 \times 1.27}{270} = 0.21\%, 0.2\%\right)$

(5) 板配筋图。

板中除配置计算钢筋外,还应配置构造钢筋如分布钢筋和嵌入墙内的板的附加钢筋,板的配筋图如图 1-34(c)所示。

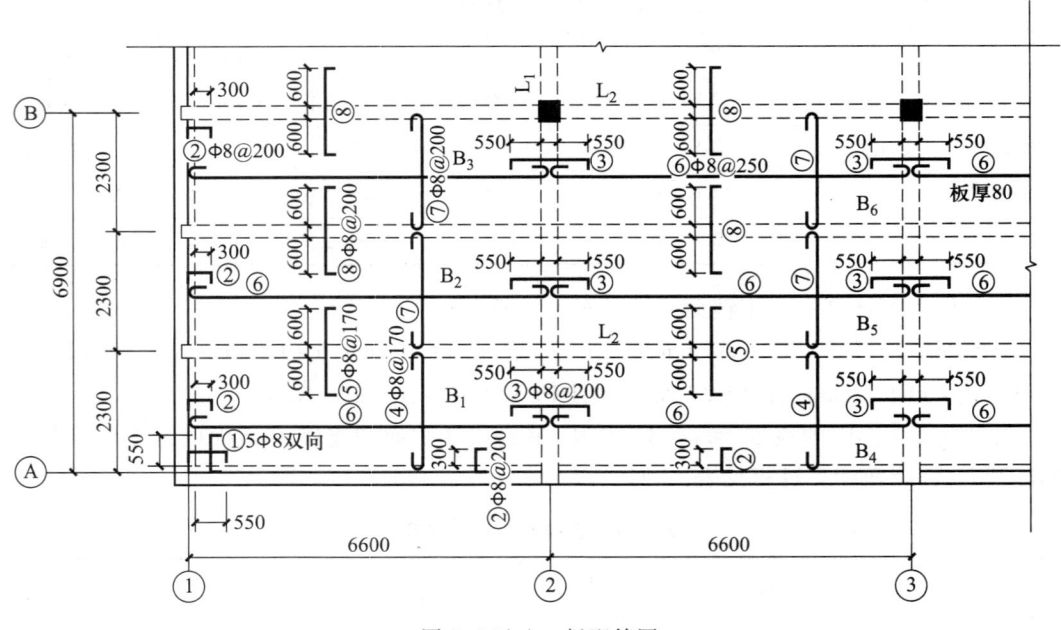

图 1-34(c)　板配筋图

4. 次梁的设计——按考虑塑性内力重分布设计

(1) 次梁的计算简图确定。

由次梁实际结构图[图 1-35(a)]可知,次梁在墙上的支承长度为 $a=240\ mm$,主梁宽度为 $b=250\ mm$。按表 1-1 确定计算简图:

边跨 $l_{01}=l_n+a/2=(6\ 600-120-250/2)\ \text{mm}+240\ \text{mm}/2=6\ 475\ \text{mm}$

中间跨 $l_{02}=l_n=6\ 600\ \text{mm}-250\ \text{mm}=6\ 350\ \text{mm}$

计算简图如图 1-35(b)所示。

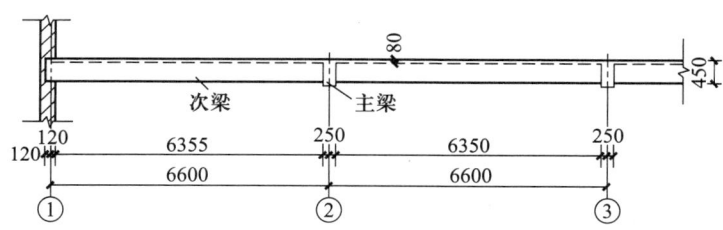

图 1-35(a) 次梁的实际结构图

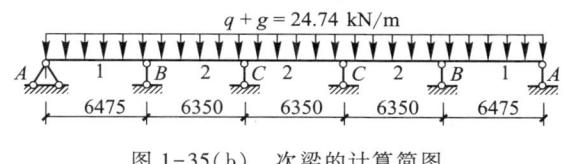

图 1-35(b) 次梁的计算简图

(2) 次梁的荷载设计值计算。

永久荷载设计值

板传来的永久荷载:$3.19\times2.3\ \text{kN/m}=7.34\ \text{kN/m}$

次梁自重:$0.20\times(0.45-0.08)\times25\times1.2\ \text{kN/m}=2.22\ \text{kN/m}$

次梁粉刷:$2\times0.015\times(0.45-0.08)\times17\times1.2\ \text{kN/m}=0.23\ \text{kN/m}$

小计 $g=9.79\ \text{kN/m}$

可变荷载设计值:$q=6.5\times2.3\ \text{kN/m}=14.95\ \text{kN/m}$

荷载总设计值:$q+g=(14.95+9.79)\ \text{kN/m}=24.74\ \text{kN/m}$

(3) 次梁的内力计算——弯矩设计值和剪力设计值的计算。

因边跨和中间跨的计算跨度相差 $\dfrac{6\ 475-6\ 350}{6\ 350}=2.0\%$,小于10%,可按等跨连续梁计算。由表 1-2、1-3 可分别查得弯矩系数 α_M 和剪力系数 α_V。次梁的弯矩设计值和剪力设计值的计算见表 1-10 和表 1-11。

表 1-10 次梁的弯矩设计值的计算

截面位置	计算跨度 l_0	弯矩系数 α_M	$M=\alpha_M(g+q)l_0^2$
1(边跨跨中)	$l_{01}=6.475\ \text{m}$	1/11	$24.74\times6.475^2\ \text{kN}\cdot\text{m}/11=94.29\ \text{kN}\cdot\text{m}$
B(离端第二支座)	$l_{01}=6.475\ \text{m}$	-1/11	$-24.74\times6.475^2\ \text{kN}\cdot\text{m}/11=-94.29\ \text{kN}\cdot\text{m}$
2(中间跨跨中)	$l_{02}=6.35\ \text{m}$	1/16	$24.74\times6.35^2\ \text{kN}\cdot\text{m}/16=62.35\ \text{kN}\cdot\text{m}$
C(中间支座)	$l_{02}=6.35\ \text{m}$	-1/14	$-24.74\times6.35^2\ \text{kN}\cdot\text{m}/14=-71.26\ \text{kN}\cdot\text{m}$

表 1-11 次梁的剪力设计值的计算

截面位置	计算跨度 l_n	剪力系数 α_V	$V=\alpha_V(g+q)l_n$
A 边支座	$l_{n1}=6.355$ m	0.45	$0.45\times24.74\times6.355$ kN $=70.75$ kN
B(左)(离端第二支座)	$l_{n1}=6.355$ m	0.60	$0.6\times24.74\times6.355$ kN $=94.33$ kN
B(右)(离端第二支座)	$l_{n2}=6.35$ m	0.55	$0.55\times24.74\times6.35$ kN $=86.4$ kN
C(中间支座)	$l_{n2}=6.35$ m	0.55	$0.55\times24.74\times6.35$ kN $=86.40$ kN

(4) 次梁的配筋计算。

① 次梁正截面抗弯承载力计算——纵筋的确定。

次梁跨中正弯矩按 T 形截面进行承载力计算,其翼缘宽度取下面两项的较小值:

$$b'_f = l_0/3 = 6\,350 \text{ mm}/3 = 2\,117 \text{ mm}$$

$$b'_f = b+S_n = 200 \text{ mm}+2\,300 \text{ mm}-200 \text{ mm}=2\,300 \text{ mm}$$

故取 $b'_f=2\,117$ mm。

C25 混凝土:$\alpha_1=1.0$,$f_c=11.9$ N/mm^2,$f_t=1.27$ N/mm^2。

纵向钢筋采用 HRB400,$f_y=300$ N/mm^2;箍筋采用 HPB300,$f_{yv}=270$ N/mm^2。

保护层厚度 $c=25$ mm,$h_0=(450-45)$ mm $=405$ mm

判别跨中截面属于哪一类 T 形截面:

$$\alpha_1 f_c b'_f h'_f (h_0-h'_f/2) = 1.0\times11.9\times2\,117\times80\times(405-40) \text{ N}\cdot\text{mm}=735.62 \text{ kN}\cdot\text{m}>M_1>M_2$$

支座截面按矩形截面计算,正截面承载力计算过程列于表 1-12。

表 1-12 次梁正截面受弯承载力计算

截面位置	$M/$(kN·m)	$b(b'_f)/$ mm	$\alpha_s=M/\alpha_1 f_c bh_0^2$	$\xi=1-\sqrt{1-2\alpha_s}$	$A_s=\xi bh_0\alpha_1 f_c/f_y$	实际配筋
1 边跨跨中	94.29	2 117	$\dfrac{94.29\times10^6}{1.0\times11.9\times2\,117\times405^2}$ $=0.023$	0.023	$\dfrac{0.023\times2\,117\times405\times1.0\times11.9}{360}$ mm^2 $=651.85$ mm^2	3 Φ 18 $A_s=763$ mm^2
B 离端第二支座	-94.29	200	$\dfrac{94.29\times10^6}{1.0\times11.9\times200\times405^2}$ $=0.242$	0.282	$\dfrac{0.282\times200\times405\times1.0\times11.9}{360}$ mm^2 $=755.06$ mm^2	2 Φ 20+1 Φ 14 $A_s=781.9$ mm^2
2(中间跨跨中)	62.35	2 117	$\dfrac{62.35\times10^6}{1.0\times11.9\times2\,117\times405^2}$ $=0.015$	0.015	$\dfrac{0.015\times2\,117\times405\times1.0\times11.9}{360}$ mm^2 $=425.12$ mm^2	2 Φ 18 $A_s=509$ mm^2
C 中间支座	-71.26	200	$\dfrac{71.26\times10^6}{1.0\times11.9\times200\times405^2}$ $=0.183$	0.204	$\dfrac{0.2\times200\times405\times1.0\times11.9}{360}$ mm^2 $=546.21$ mm^2	2 Φ 22 $A_s=628$ mm^2

支座截面 $0.1<\xi<0.35$,跨中截面 $\xi<\xi_b=0.518$

配筋率验算 $\rho=\dfrac{A_s}{bh}=\dfrac{509}{200\times450}=0.59\%>\rho_{min}=\max\left(\dfrac{0.45f_t}{f_y}=\dfrac{0.45\times1.27}{360}=0.16\%,0.2\%\right)$

② 次梁斜截面受剪承载力计算（包括复核截面尺寸、腹筋计算和最小配箍率验算）。
复核截面尺寸：

$h_w = h_0 - h'_f = 415$ mm，且 $h_w/b = 325/200 = 1.625 < 4$，故截面尺寸按下式验算：

$0.25\beta_c f_c b h_0 = 0.25 \times 1.0 \times 11.9 \times 200 \times 405$ N $= 241.0 > V_{max} = 94.33$ kN

故截面尺寸满足要求。

$0.7 f_t b h_0 = 0.7 \times 1.27 \times 200 \times 405$ N $= 72.0 \times 10^3$ N $= 72.0$ kN $> V_A = 70.75$ kN $< V_B$ 和 V_C。

所以 B 和 C 支座均需要按计算配置箍筋，A 支座只需要按构造配置箍筋。
采用 φ6 双肢箍筋，计算 B 支座左侧截面（梁内最大剪力）。

$V_{cs} = 0.7 f_t b h_0 + f_{yv} \dfrac{A_{sv}}{s} h_0$，可得箍筋间距

$$s = \dfrac{f_{yv} A_{sv} h_0}{V_{BL} - 0.7 f_t b h_0} = \dfrac{270 \times 56.6 \times 405}{94.33 \times 10^3 - 0.7 \times 1.27 \times 200 \times 405} \text{ mm} = 277 \text{ mm}$$

调幅后受剪承载力应加强，梁局部范围内将计算的箍筋面积增加 20%。现调整箍筋间距，$s = 0.8 \times 277$ mm $= 222$ mm，为满足最小配筋率的要求，最后箍筋间距 $s = 200$ mm。沿梁长不变，取双肢 φ6@200。

配箍率验算：

弯矩调幅时要求配筋率下限为 $0.3 \dfrac{f_t}{f_{yv}} = 0.3 \times \dfrac{1.27}{270} = 1.41 \times 10^{-3}$。

实际配箍率 $\rho_{sv} = \dfrac{A_{sv}}{bs} = \dfrac{56.6}{200 \times 200} = 1.42 \times 10^{-3} > 1.41 \times 10^{-3}$，满足要求。

（5）次梁施工图的绘制。

次梁配筋图如 1-35（c）图所示，其中次梁纵筋锚固长度确定。

伸入墙支座时，梁顶面纵筋的锚固长度按下式确定：

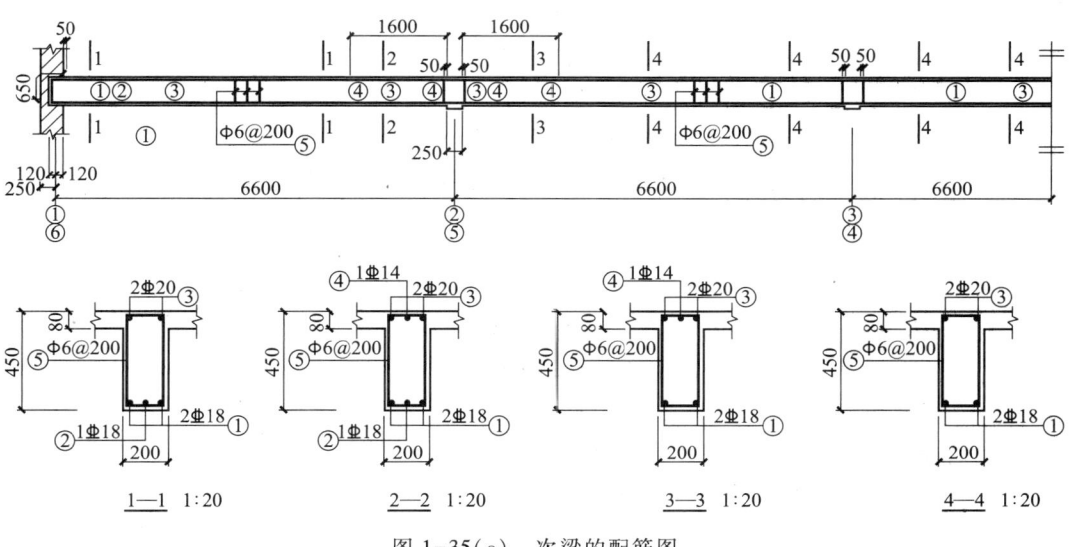

图 1-35（c） 次梁的配筋图

$$l = l_a = \alpha \frac{f_y}{f_t} d = 0.14 \times \frac{360}{1.27} \times 20 \text{ mm} = 793.7 \text{ mm}, 取 650 \text{ mm}(此时钢筋没有达到钢材的抗拉强度设计值)。$$

伸入墙支座时,梁底面纵筋的锚固长度:$l = 12d = 12 \times 18$ mm $= 216$ mm,取 240 mm。

梁底面纵筋伸入中间支座的长度应满足 $l > 12d = 12 \times 18$ mm $= 216$ mm,取 300 mm。

纵筋的截断点距支座的距离:

$$l = l_n/5 + 20d = 6\,355/5 \text{ mm} + 20 \times 14 \text{ mm} = 1\,551 \text{ mm}, 取 l = 1\,600 \text{ mm}。$$

5. 主梁设计

(1) 主梁的计算简图。

主梁的实际结构如图 1-36(a) 所示,由图可知,主梁端部支承在墙上的支承长度 $a = 370$ mm,中间支承在 400 mm×400 mm 的混凝土柱上,其计算跨度按以下方法确定:

边跨 $l_{n1} = (6\,900 - 200 - 120)$ mm $= 6\,580$ mm,因为 $0.025 l_{n1} = 164.5$ mm $< a/2 = 185$ mm,所以边跨取 $l_{01} = 1.025 l_{n1} + b/2 = 1.025 \times 6\,580$ mm $+ 200$ mm $= 6\,944.5$ mm,近似取 $l = 6\,945$ mm,中跨 $l = 6\,900$ mm。

计算简图如图 1-36(b) 所示。

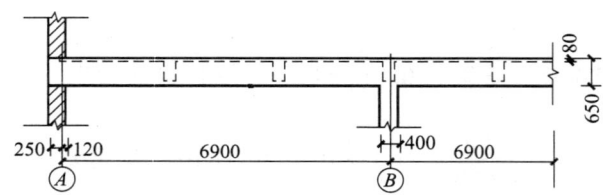

图 1-36(a) 主梁的实际结构

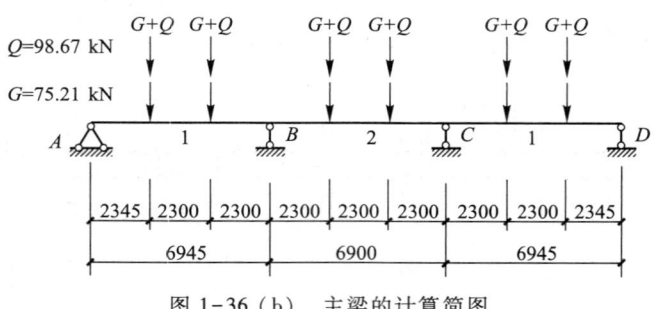

图 1-36(b) 主梁的计算简图

(2) 主梁的荷载设计值计算(为简化计算,将主梁的自重等效为集中荷载)。

次梁传来的永久荷载:9.79×6.6 kN $= 64.61$ kN

主梁自重(含粉刷):$[(0.65 - 0.08) \times 0.25 \times 2.3 \times 25 + 2 \times (0.65 - 0.08) \times 0.015 \times 17 \times 2.3] \times 1.2$ kN $= 10.6$ kN

永久荷载:$G = 64.61$ kN $+ 10.6$ kN $= 75.21$ kN

可变荷载:$Q = 14.95 \times 6.6$ kN $= 98.67$ kN

(3) 主梁的内力计算。

因跨度相差不超过 10%,可按等跨连续梁计算(若不满足要求,可采用结构力学求解器直接求解)。

① 主梁弯矩值计算。

利用系数法，主梁弯矩：$M = k_1 Gl + k_2 Ql$，式中 k_1 和 k_2 由附表 1-2 查得，也可直接利用结构力学求解器，计算结果如表 1-13 所示（表中弯矩图为结构力学求解器计算结果）。

表 1-13 主梁的弯矩设计值计算   kN·m

项次	荷载简图	$\dfrac{k}{M_1}$	$\dfrac{k}{M_a}$	$\dfrac{k}{M_B}$	$\dfrac{k}{M_2}$	$\dfrac{k}{M_b}$	$\dfrac{k}{M_C}$	备注
① 永久荷载		$\dfrac{0.244}{127.45}$	$\dfrac{0.155*}{80.96}$	$\dfrac{-0.267}{-139.46}$	$\dfrac{0.067}{34.77}$	$\dfrac{0.067*}{34.77}$	$\dfrac{-0.267}{-139.46}$	系数法与结构力学求解器计算的精确解误差均控制在±2.78%范围内
② 可变荷载		$\dfrac{0.289}{198.04}$	$\dfrac{0.244*}{167.20}$	$\dfrac{-0.133}{-91.14}$	$\dfrac{-0.133}{-91.14}$	$\dfrac{-0.133}{-91.14}$	$\dfrac{-0.133}{-91.14}$	系数法与结构力学求解器计算的精确解误差均控制在±0.956%范围内
③ 可变荷载		$\dfrac{-0.044*}{-30.15}$	$\dfrac{-0.089*}{-60.99}$	$\dfrac{-0.133}{-91.14}$	$\dfrac{0.200}{136.16}$	$\dfrac{0.200}{136.16}$	$\dfrac{-0.133}{-91.40}$	系数法与结构力学求解器计算的精确解误差均控制在±1.04%范围内
④ 可变荷载		$\dfrac{0.229}{156.93}$	$\dfrac{0.126*}{86.34}$	$\dfrac{-0.311}{-213.12}$	$\dfrac{0.096*}{65.36}$	$\dfrac{0.17}{115.74}$	$\dfrac{-0.089}{-60.99}$	系数法与结构力学求解器计算的精确解误差均控制在±1.65%范围内
⑤ 可变荷载		$\dfrac{0.089/3*}{-20.33}$	$\dfrac{-0.059*}{-40.43}$	$\dfrac{-0.089}{-60.99}$	$\dfrac{0.17}{115.74}$	$\dfrac{0.096*}{65.36}$	$\dfrac{-0.311}{-213.12}$	系数法与结构力学求解器计算的精确解误差均控制在±1.65%范围内
内力组合	①+②	325.49	248.16	-230.6	-56.37	-56.37	-230.6	*此处的弯矩可通过取脱离体，由力的平衡条件确定，如图 1-37 所示
	①+③	97.3	19.97	-230.6	170.93	170.93	-230.6	
	①+④	284.38	167.3	-352.58	100.13	150.51	-200.45	
	①+⑤	107.12	40.53	-200.45	150.51	100.13	-352.58	

续表

项次		荷载简图	$\dfrac{k}{M_1}$	$\dfrac{k}{M_a}$	$\dfrac{k}{M_B}$	$\dfrac{k}{M_2}$	$\dfrac{k}{M_b}$	$\dfrac{k}{M_C}$	备注
最不利内力		组合项次	①+③	①+③	①+④	①+②	①+②	①+⑤	*此处的弯矩可通过取脱离体,由力的平衡条件确定,如图1-37所示
	$M_{\min}/(kN \cdot m)$		97.3	19.97	-352.58	-57.37	-57.37	-352.58	
		组合项次	①+②	①+②	①+⑤	①+③	①+③	①+④	
	$M_{\max}/(kN \cdot m)$		325.49	248.16	-200.45	170.93	170.93	-200.45	

应该指出,跨中任意截面的弯矩可通过取脱离体,由力的平衡条件确定,如图1-37所示。

② 剪力设计值:可利用结构力学求解器直接计算,也可查附表1-2得到。不同截面的剪力值经过计算如表1-14所示。

利用系数法,主梁剪力:$V = k_3 G + k_4 Q$,式中 k_3 和 k_4 由附表1-2查得,也可直接利用结构力学求解器求解。不同截面的剪力值经过计算如表1-14所示(表中剪力图为结构力学求解器计算结果)。

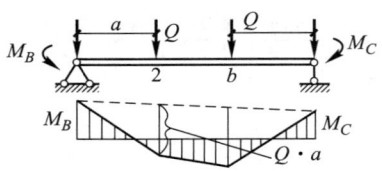

图1-37 主梁取脱离体时弯矩图

表1-14 主梁的剪力计算　　　　　　　　　　　　kN

项次	荷载简图	$\dfrac{k}{V_A}$	$\dfrac{k}{V_{BL}}$	$\dfrac{k}{V_{BR}}$	备注
① 永久荷载		$\dfrac{0.733}{55.13}$	$\dfrac{-1.267}{-95.29}$	$\dfrac{1.00}{75.21}$	系数法与结构力学求解器计算的精确解误差均控制在±2.5%范围内
② 可变荷载		$\dfrac{0.866}{85.45}$	$\dfrac{-1.134}{-111.89}$	$\dfrac{0}{0}$	系数法与结构力学求解器计算的精确解误差均控制在±0.79%范围内
④ 可变荷载		$\dfrac{0.689}{67.98}$	$\dfrac{-1.311}{-129.36}$	$\dfrac{1.222}{120.57}$	系数法与结构力学求解器计算的精确解误差均控制在±0.94%范围内

项次	荷载简图	$\dfrac{k}{V_A}$	$\dfrac{k}{V_{BL}}$	$\dfrac{k}{V_{BR}}$	备注
⑤ 可变荷载	(图：A 1 a 2 B b C a 1 D，Q↓↓QQ↑↑Q)	$\dfrac{-0.089}{-8.78}$ $A\ -8.64\ -8.64\ B$	$\dfrac{-0.089}{-8.78}$ $76.48\ \ 129.99$ $-22.19\ C$ -120.86	$\dfrac{0.778}{76.77}$ 31.32 $D\ -67.3$	系数法与结构力学求解器计算的精确解误差均控制在±0.94%范围内
内力组合	①+②	140.58	−207.18	75.21	注： （1）剪力的单位：kN （2）跨中剪力值由静力平衡确定
	①+④	123.11	−224.65	195.78	
	①+⑤	46.35	104.07	152.14	
最不利内力	组合项次	①+②	①+④	①+④	
	$\|V\|_{max}/kN$	140.58	224.65	195.78	

③ 弯矩、剪力包络图绘制。

主梁的弯矩和剪力包络图见图 1-38。

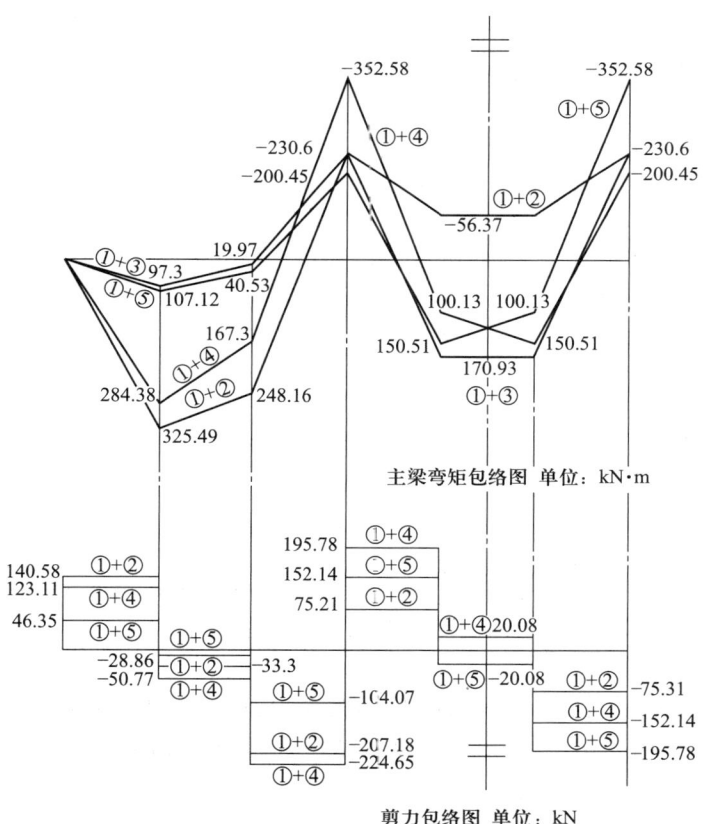

图 1-38 主梁弯矩包络图和剪力包络图

(4) 主梁的承载力及配筋计算。

C25 混凝土：$a_1 = 1.0, f_c = 11.9 \text{ N/mm}^2, f_t = 1.27 \text{ N/mm}^2$；纵向钢筋 HRB400，其中 $f_y = 360 \text{ N/mm}^2$；箍筋采用 HPB300，$f_{yv} = 270 \text{ N/mm}^2$。

① 主梁正截面受弯承载力计算及纵筋计算。

跨中正弯矩按 T 形截面计算，因

$$h'_f / h_0 = 80/580 = 0.14 > 0.10$$

翼缘计算宽度按 $l_0/3 = 6.9 \text{ m}/3 = 2.3 \text{ m}$ 和 $b + S_n = 6.6 \text{ m}$ 中较小值确定，取 $b'_f = 2\,300 \text{ mm}$。B 支座处的弯矩设计值：

$$M_B = M_{\max} - V\frac{b}{2} = -352.58 \text{ kN} \cdot \text{m} + 224.65 \times \frac{0.4}{2} \text{ kN} \cdot \text{m} = -307.88 \text{ kN} \cdot \text{m}。$$

判别跨中截面属于哪一类 T 形截面：

$$a_1 f_c b'_f h'_f (h_0 - h'_f/2) = 1.0 \times 11.9 \times 2\,300 \times 80 \times (580-40) \text{ N} \cdot \text{mm} = 1\,182.4 \text{ kN} \cdot \text{m} > M_1 > M_2$$

均属于第一类 T 形截面。

正截面受弯承载力的计算过程见表 1-15。

表 1-15 主梁正截面受弯承载力及配筋计算

截面		$M/$ $(\text{kN} \cdot \text{m})$	$b'_f(b)/$ mm	h_0	$\alpha_s = M/\alpha_1 f_c b h_0^2$	$\xi = 1-\sqrt{1-2\alpha_s}$	$A_s = \xi b h_0 \alpha_1 f_c / f_y$ $/\text{mm}^2$	实配钢筋
1 边跨中		325.49	2 300	580	$\dfrac{325.49 \times 10^6}{1.0 \times 11.9 \times 2\,300 \times 580^2}$ $= 0.035$	0.036	1 587	4 ⊈ 18+2 ⊈ 20（弯起） $A_s = 1\,645 \text{ mm}^2$
B 支座		-307.88	250	560	$\dfrac{307.88 \times 10^6}{1.0 \times 11.9 \times 250 \times 560^2}$ $= 0.33$	0.42	1 944	4 ⊈ 22+2 ⊈ 20 $A_s = 2\,148 \text{ mm}^2$
2 中间跨中		170.93	2 300	580	$\dfrac{170.93 \times 10^6}{1.0 \times 11.9 \times 2\,300 \times 580^2}$ $= 0.022$	0.019	838	3 ⊈ 20 $A_s = 942 \text{ mm}^2$
		-56.37	250	580	$\dfrac{56.37 \times 10^6}{1.0 \times 11.9 \times 250 \times 580^2}$ $= 0.056$	0.056	26 804	2 ⊈ 22 $A_s = 760 \text{ mm}^2$
$\xi < \xi_b = 0.518$ 配筋率验算 $\rho = \dfrac{A_s}{bh} = \dfrac{760}{250 \times 600} = 0.5\% > \rho_{\min} = \max\left(\dfrac{0.45 f_t}{f_y} = \dfrac{0.45 \times 1.27}{360} = 0.16\%, 0.2\%\right)$								

② 主梁箍筋计算——斜截面受剪承载力计算。

验算截面尺寸：

$h_w = h_0 - h'_f = 580 \text{ mm}$，且 $h_w/b = 580/250 = 2.32 < 4$，故截面尺寸按下式验算：

$$0.25 \beta_c f_c b h_0 = 0.25 \times 1.0 \times 11.9 \times 250 \times 580 \text{ N} = 431.4 \text{ kN} > V_{\max} = 224.65 \text{ kN}$$

可知截面尺寸满足要求。

验算是否需要计算配置箍筋：

$$0.7 f_t b h_0 = 0.7 \times 1.27 \times 250 \times 580 \text{ N} = 128.9 \text{ kN} < V$$

故支座 A,B 均需进配置箍筋计算。

计算所需腹筋,采用 $\phi 8@200$ 双肢箍。计算如下:

$$\rho_{sv} = \frac{A_{sv}}{bs} = \frac{50.3 \times 2}{250 \times 200} = 0.20\% > 0.24 \frac{f_t}{f_{yv}} = 0.113\%,满足要求。$$

$$V_{cs} = 0.7 f_t b h_0 + f_{yv} \frac{A_{sv}}{s} h_0$$

$$= 0.7 \times 1.27 \times 250 \times 580 \text{ N} + 270 \times \frac{50.3 \times 2}{200} \times 580 \text{ N}$$

$$= 207.7 \text{ kN} > (V_A = 140.58 \text{ kN} 和 V_{BR} = 195.78 \text{ kN}) < V_{BL} = 224.65 \text{ kN}$$

因此应在 B 支座截面左边应按计算配置弯起钢筋,主梁剪力图呈矩形,在 B 截面左边的 2.3 m 范围内需布置 2 排弯起钢筋才能覆盖此最大剪力区段,现先后弯起第一跨跨中的 2⊕20 和支座处的一根 1⊕20 鸭筋,$A_s = 314 \text{ mm}^2$,弯起角取 $\alpha_s = 45°$。

$$V_{sb} = 0.8 f_y A_{sb} \sin\alpha = 0.8 \times 360 \times 314 \text{ kN} \times \sin 45° = 63.9 \text{ kN}$$

$$V_{cs} + V_{sb} = 211.7 \text{ kN} + 63.9 \text{ kN} = 271.6 \text{ kN} > V_{max} = 224.65 \text{ kN}(满足要求)$$

③ 次梁两侧附加横向钢筋计算。

次梁传来的集中力 $F = G + Q = 64.61 \text{ kN} + 98.67 \text{ kN} = 163.28 \text{ kN}$

$h_1 = 650 \text{ mm} - 450 \text{ mm} = 200 \text{ mm}$,附加钢筋布置范围:

$$S = 2h_1 + 3b = 2 \times 200 \text{ mm} + 3 \times 200 \text{ mm} = 1\ 000 \text{ mm}$$

配吊筋 1⊕18 附加箍筋 $\phi 8@$ 双肢箍,则需要附加箍筋的排数为:

$$2 f_y A_s \sin\alpha + m n f_{yv} A_{sv1} \geqslant F$$

$$2 \times 300 \times 254.3 \times \sin 45° + m \times 2 \times 270 \times 50.3 \geqslant 163.28 \times 1\ 000, m \geqslant 2.4 \text{ 个}$$

因为附加箍筋需要对称布置,因此配置的附加箍筋为每侧 2 个 $\phi 8@100$,共 4 个,大于 2.4 个。

(5) 主梁正截面抗弯承载力图(材料图)、纵筋的弯起和截断。

① 按比例绘出主梁的弯矩包络图。

② 按同样比例绘出主梁的抗弯承载力图(材料图),并满足以下构造要求:

需要抗剪的弯起钢筋之间的间距不超过箍筋的最大容许间距 S_{max};钢筋的弯起点距充分利用点的距离应大于等于 $h_0/2$,如②和③号钢筋。

按第 3 章所述的方法绘材料图,并用每根钢筋的正截面抗弯承载力直线与弯矩包络图的交点,确定钢筋的理论截断点(即按正截面抗弯承载力计算不需要该钢筋的截面)。

当 $V > 0.7 f_t b h_0 = 128.9 \text{ kN}$ 时,且其实际截断点到理论截断点的距离不应小于等于 h_0 或 $20d$,钢筋的实际截断点到充分利用点的距离应大于等于 $1.2 l_a + h_0$。

若按以上方法确定的实际截断点仍位于负弯矩的受拉区,其实际截断点到理论截断点的距离不应小于等于 $1.3 h_0$ 或 $20d$。钢筋的实际截断点到充分利用点的距离应大于等于 $1.2 l_a + 1.7 h_0$。

如②号钢筋的截断计算:

因为剪力 $V = 224.65 \text{ kN} > 0.7 f_t b h_0 = 128.9 \text{ kN}$,且钢筋截断后仍处于负弯矩区,所以钢筋的截断点距充分利用点的距离应大于等于 $1.2 l_a + 1.7 h_0$,即:

$$1.2 \times l_a + 1.7 h_0 = 1.2 \times 0.14 \times \frac{360}{1.27} \times 20 \text{ mm} + 1.7 \times 560 \text{ mm} = 1\ 904 \text{ mm}$$

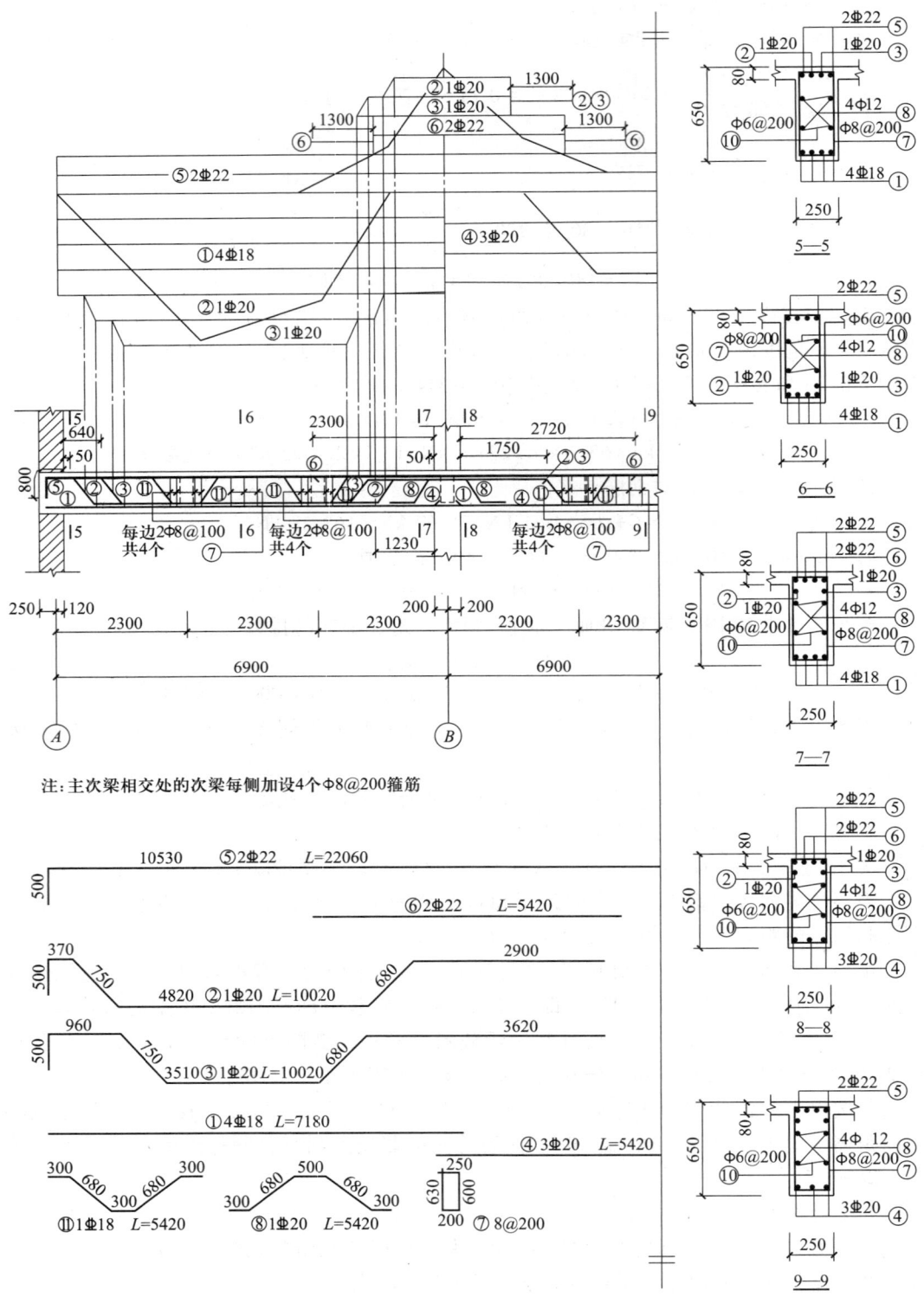

图 1-39 主梁材料图和实际配筋图

且距不需要点的距离应大于等于 $1.3h_0$ 或 $20d$，即：
$$1.3h_0 = 1.3 \times 560 \text{ mm} = 728 \text{ mm}$$
$$20d = 20 \times 20 \text{ mm} = 400 \text{ mm}$$

通过画图可知从 $(1.2l_a+1.7h_0)$ 中减去钢筋充分利用点与理论截断点（不需要点）的距离后的长度为 1 360 mm>(728 mm 和 400 mm)，现在取距离柱边 1 750 mm 处截断②号钢筋。其他钢筋的截断如图所示。

主梁纵筋伸入墙中的锚固长度的确定如下，

梁顶面纵筋的锚固长度：
$$l = l_a = \alpha \frac{f_y}{f_t}d = 0.14 \times \frac{360}{1.27} \times 20 \text{ mm} = 793 \text{ mm}，取 800 \text{ mm}$$

梁底面纵筋的锚固长度：$12d = 12 \times 20$ mm = 240 mm，取 300 mm

③ 检查正截面抗弯承载力图是否包住弯矩包络图和是否满足构造要求。

主梁的材料图和实际配筋图如图 1-39 所示。

楼盖结构平面布置及配筋图如图 1-40（书后附图）所示。

1.4 双向板肋梁楼盖

1.4.1 双向板的受力分析和试验研究

板在荷载作用下沿两个正交方向受力并且都不可忽略时称为**双向板**。

双向板可以为四边支承、三边支承或两邻边支承板，但在肋梁楼盖中每一区格板的四边一般都有梁或墙支承，是四边支承板，板上的荷载主要通过板的受弯作用传到四边支承的构件上。根据弹性薄板理论的分析，当区格板的长边与短边之比超过一定数值时，荷载主要通过沿板的短边方向的弯曲及剪切作用传递，沿长边方向传递的荷载可以忽略不计，这样的板称为"单向板"；否则，它将在两个方向的横截面上均作用有弯矩和剪力，沿长边方向和短边方向同时传递荷载，这样的板即为"双向板"。双向板的受力特征与单向板不同。

1. 双向板的受力分析

以均布荷载作用下四边简支的板为例进行内力的近似分析，如图 1-41 所示。在板中心点 A 处，取出两个单位宽度（板宽 $b = 1 000$ mm）的正交板带，板带的计算跨度分别为 l_{01} 和 l_{02}。

设单位面积总荷载为 p，沿 x 方向和 y 方向分配的荷载分别为 p_1 和 p_2，则：
$$p = p_1 + p_2 \tag{1-28}$$

忽略相邻的板带的影响，根据两个板带在跨中 A 处挠度相等的条件，可将板上的均布荷载在两个方向进行分配：
$$f_A = \frac{5p_1 l_{01}^4}{384 E_c I_1} = \frac{5p_2 l_{02}^4}{384 E_c I_2} \tag{1-29}$$

式中　p_1、p_2——分配给 l_{01} 和 l_{02} 方向板带的均布荷载；

　　　　I_1、I_2——l_{01} 和 l_{02} 方向板带的换算截面惯性矩。

若忽略钢筋在两个方向的位置高低及数量不同的影响，则 $I_1 = I_2 = I$。由式(1-29)得：

$$\frac{p_1}{p_2} = \left(\frac{l_{02}}{l_{01}}\right)^4 \quad (1-30)$$

解式(1-28)、(1-30)，得：

$$p_2 = \frac{p}{1+\left(\frac{l_{02}}{l_{01}}\right)^4} \quad (1-31)$$

$$p_1 = p - p_2 \quad (1-32)$$

分别取不同的 $\frac{l_{02}}{l_{01}}$ 值代入式(1-31)、(1-32)，计算 p_1、p_2：

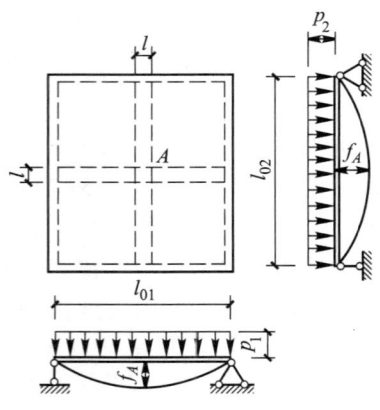

图 1-41 双向板受力的近似分析

① 当 $\frac{l_{02}}{l_{01}} = 1$ 时，得：$p_1 = p_2 = \frac{p}{2}$；

② 当 $\frac{l_{02}}{l_{01}} = 2$ 时，得：$p_2 = \frac{p}{17}$，$p_1 = \frac{16p}{17}$；

③ 当 $\frac{l_{02}}{l_{01}} = 3$ 时，得：$p_2 = \frac{p}{81}$，$p_1 = \frac{80p}{81}$。

由此可见，随着 $\frac{l_{02}}{l_{01}}$ 值的增大，大部分的荷载将沿板的短方向传递，主要在短跨方向发生弯曲变形，因此《规范》规定：当 $\frac{l_{02}}{l_{01}} > 3$ 时，按单向板计算；而当 $\frac{l_{02}}{l_{01}} < 2$ 时，按双向板计算。

2. 双向板的试验研究

四边简支的钢筋混凝土双向板（方板和矩形板），在均布荷载作用下的试验表明：在裂缝出现之前，板基本上处于弹性工作阶段。随着荷载的增加，方板沿板底对角线出现第一批裂缝，之后向两个正交的对角线方向发展且裂缝宽度不断加宽；继续增加荷载，钢筋应力达到屈服点，裂缝显著开展；即将破坏时，板顶面靠近四角处，出现垂直对角线方向、大体呈环状的裂缝，这种裂缝的出现，促使板底裂缝进一步开展；此后，板随即破坏。矩形板的第一批裂缝，出现在板底中部且平行于长边方向；随着荷载的不断增加，裂缝宽度不断开展，并分支向四角延伸，如图 1-42 所示，伸向四角的裂缝大体与板边成 45°；即将破坏时，板顶角区也产生与方板类似的环状裂缝。

双向板破坏时板底、板顶裂缝如图 1-43 所示。

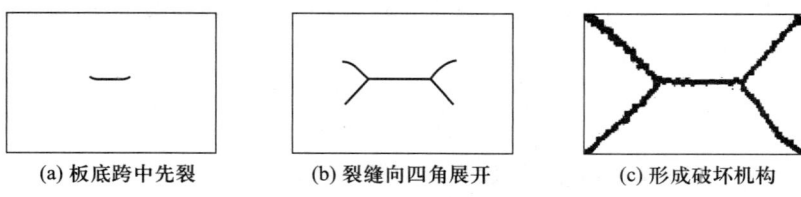

(a) 板底跨中先裂　　(b) 裂缝向四角展开　　(c) 形成破坏机构

图 1-42 简支矩形板破坏图形形成的过程

 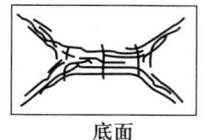  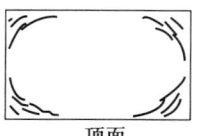

底面　　　　底面　　　　顶面　　　　顶面

图 1-43　双向板破坏时裂缝分布

简支方板或矩形板板面出现环状裂缝的原因，是因为板四角受到试验中拉杆的约束，不能自由翘起造成的。

双向板在弹性工作阶段，板的四角有翘起的趋势，若周边没有可靠固定，将产生如图 1-44 所示犹如碗形的变形，板传给支座的压力沿边长不是均匀分布的，而是在每边的中心处达到最大值，因此，在双向板肋形楼盖中，由于板顶面实际会受墙或支承梁约束，破坏时就会出现如图 1-45 所示的板底及板顶裂缝。

图 1-44　双向板的变形

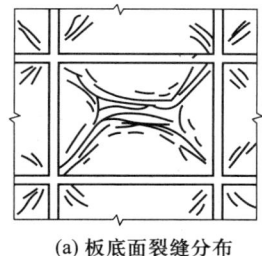 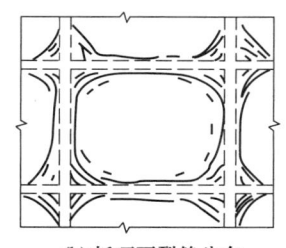

(a) 板底面裂缝分布　　　　(b) 板顶面裂缝分布

图 1-45　肋形楼盖中双向板的裂缝分布

1.4.2　双向板内力计算

双向板内力计算有两种方法：一种是按弹性理论计算；另一种是按塑性理论计算。按弹性理论计算双向板内力的实用方法简单，一般采用计算表格进行计算；按塑性理论计算双向板内力计算结果配筋，可节省钢筋、便于施工。

1. 按弹性理论方法计算双向板的内力

（1）单块双向板的内力计算

精确计算双向板的内力是比较复杂的。对于单块双向板，目前一般采用根据弹性薄板理论计算公式编制的实用计算表格进行计算。附录 2 中列出了六种不同边界条件的矩形板在均布荷载作用下的挠度及弯矩系数。计算时，取单位板宽 $b=1\,000$ mm，根据边界条件和短跨与长跨的比值，可直接查出弯矩系数，算得相应的弯矩值：

$$m = \alpha \cdot p \cdot l_0^2 \tag{1-33}$$

式中　m——跨中或支座单位板宽内的弯矩设计值（kN·m/m）；

　　　p——板上作用的均布荷载设计值（kN/m²），$p=g+q$；

　　　g——作用在板上的均布永久荷载设计值（kN/m²）；

　　　q——作用在板上的均布可变荷载设计值（kN/m²）；

l_0——短跨方向的计算跨度(m),计算方法与单向板的计算相同;
α——弯矩系数,查附录2附表2-1~附表2-6可得。

注意:附录2中的附表是根据材料的波泊松桑比 $\nu=0$ 制定的。当 $\nu \neq 0$ 时,可按下式计算跨中弯矩:

$$m_x^{(\nu)} = m_x + \nu m_y \tag{1-34}$$

$$m_y^{(\nu)} = m_y + \nu m_x \tag{1-35}$$

钢筋混凝土材料的泊松比 $\nu=0.2$,跨中弯矩的计算公式应为:

$$m_x^{(0.2)} = m_x + 0.2 m_y$$

$$m_y^{(0.2)} = m_y + 0.2 m_x$$

附录2中选列出的六种边界条件为:
① 四边简支;
② 一边固定,三边简支;
③ 两对边固定,两对边简支;
④ 四边固定;
⑤ 两临边固定,两邻边简支;
⑥ 三边固定,一边简支。

(2)连续双向板的内力计算

精确计算连续双向板内力通常相当复杂,因此工程中采用实用计算法,该法通过对双向板上可变荷载的最不利布置以及支承情况等的合理简化,将多区格连续板转化为单区格板,然后通过查内力系数表来进行计算,方法简单实用。

计算时采用的假定如下:
① 支承梁的抗弯刚度很大,其竖向变形可忽略不计;
② 支承梁的抗扭刚度很小,可以自由转动。

根据上述假定可将梁视为双向板的不动铰支座,从而使计算简化。

在确定可变荷载的最不利作用位置时,采用了既接近实际情况又便于利用单区格板计算表的布置方案:当求支座负弯矩时,楼盖各区格板均满布可变荷载;当求跨中正弯矩时,在该区格及其前后左右每隔一区格布置可变荷载,一般称此为棋盘形布置。如图1-46所示。

当连续双向板在同一方向相邻跨的最大跨度差不大于20%时,可按下述方法进行内力计算。

1)跨中最大弯矩

当求某区格板跨中最大弯矩时,可变荷载的最不利布置如图1-46所示,即所谓的棋盘形荷载布置。为了利用单区格双向板的内力计算系数表,将按棋盘形布置的可变荷载分解成各跨满布

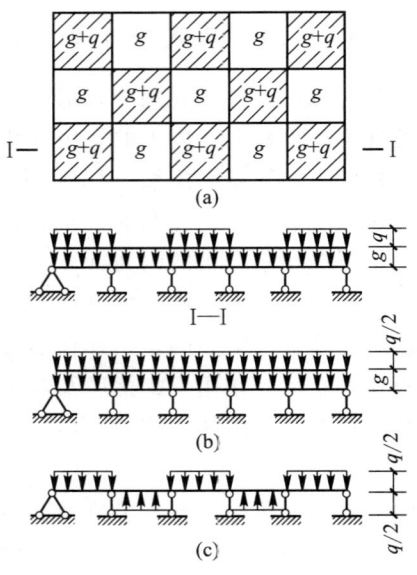

图1-46 双向板可变荷载的最不利布置

对称荷载 $q/2$ 和各跨向上向下相间作用的反对称荷载 $\pm q/2$，如图 1-46(c)、(d) 所示，按以下四步进行内力计算：

① 当多区格双向连续板在对称荷载 $g+q/2$ 作用下，可将所有中间支座近似的看作固定支座，所有中间区格均可视为四边固定的双向板。由于内区格板中间支座两边结构对称且中间支座两侧荷载相同，忽略远跨荷载的影响，可以近似地认为支座不转动或发生很小的转动，因此可将所有中间支座近似的看作固定支座，从而所有中间区格均可视为四边固定的双向板，这样即可利用附录 2 求其跨中弯矩。

② 当所求区格板作用有反对称荷载 $\pm q/2$ 时，相邻区格板在支座处的转角方向一致，大小相同，中间支座的弯矩为零或很小，可近似地将中间支座视为简支支座，中间各区格板均可视为四边简支板的双向板。

对上述两种情况，利用单块双向板的内力系数表可以方便地求出各区格板的跨中弯矩。

③ 将各区格板在两种荷载作用下的跨中弯矩相叠加，即得到各区格板的跨中最大弯矩。

④ 对边、角区格板，跨中最大弯矩仍采用上述方法计算，但外边界条件按实际情况确定。

2）支座最大弯矩

求支座最大弯矩时，为了简化计算，假定永久荷载和可变荷载都满布连续双向板所有区格，中间支座均视为固定支座，内区格板均可按四边固定的双向板计算其支座弯矩。对于边、角区格，外边界条件应按实际情况考虑。对中间支座，由相邻两个区格求出的支座弯矩值常常会不相等，在进行配筋计算时可近似地取其平均值。

3）支座处设计内力取值

连续梁、板按弹性理论计算时，计算跨度取自轴线尺寸，虽然在支座中心线处求得的内力可能是最大的，但此处的截面高度由于与支承梁（或柱）整体连接而增大，通常并不是最危险的截面，因此，计算时应采用支座边缘截面的内力 M_{cal}、V_{cal} 进行设计。

2. 塑性理论计算方法

钢筋混凝土双向板在均布荷载作用下，裂缝不断展开，最后破坏时的裂缝分布如图 1-43 所示。在最大裂缝线上，受拉钢筋达到屈服强度时，其承受的内力矩即为屈服弯矩或极限弯矩，同时，此裂缝线具有较强的转动能力，常称之为塑性铰线。由于钢筋混凝土双向板具有一定的塑性性质，所以可采用塑性理论进行计算，这样可节省钢筋，使配筋方便，易于施工。双向板为高次超静定结构，按塑性理论精确计算其内力是比较困难的，一般只能按塑性理论计算其上限解和下限解。常用的计算方法有极限平衡法和能量法（亦称虚功法和机动法）等。现介绍用"极限平衡法（塑性铰线法）"计算双向板极限承载力的方法。

课件 1-7
双向板肋
楼盖 2

（1）塑性铰线法

塑性铰线法是在塑性铰线位置确定的前提下，利用虚功原理建立外荷载与作用在塑性铰线上的弯矩二者间的关系式，从而求出各塑性铰线上的弯矩值，并依此对各截面进行配筋计算的一种方法。通常与"正弯矩"和"负弯矩"的名称相对应，也将位于板底和板面的塑性铰线分别称为"正塑性铰线"和"负塑性铰线"。

（2）基本假定

钢筋混凝土双向板按塑性铰线法计算时，需作如下基本假定：

① 板即将破坏时，"塑性铰线"发生在弯矩最大处；

② 形成塑性铰线的板是机动可变体系（破坏机构）；

③ 分布荷载作用下，塑性铰线为直线；

④ 塑性铰线将板分成若干个板块，并将各板块视为刚性，整个板的变形都集中在塑性铰线上，破坏时各板块都绕塑性铰线转动；

⑤ 板在理论上存在多种可能的塑性铰线形式，但只有相应于极限荷载为最小的塑性铰线形式才是最危险的；

⑥ 塑性铰线上只存在一定值的极限弯矩，其他内力可认为等于零。

（3）均布荷载作用下连续双向板按塑性铰线法的内力计算

四周固定双向板，承受永久均布荷载 g 和可变均布荷载 q 作用，设长向和短向跨度分别为 l_x 和 l_y。当不计四边支承矩形双向板的角部和边界效应时，其破坏模式主要有倒锥形、倒幕形和正幕形三种，倒锥形是最基本的破坏模式。为简化计算，可将倒锥形破坏模式近似看作对称的，跨中斜向塑性铰线与邻边夹角均取为 $45°$。简化后的倒锥形破坏模式如图 1-47 所示，其中在四周固定边处产生负塑性铰线，跨内产生正塑性铰线。一般双向板的破坏图式不仅与其平面形状、尺寸、边界条件、荷载形式有关，也与配筋方式和数量有关。

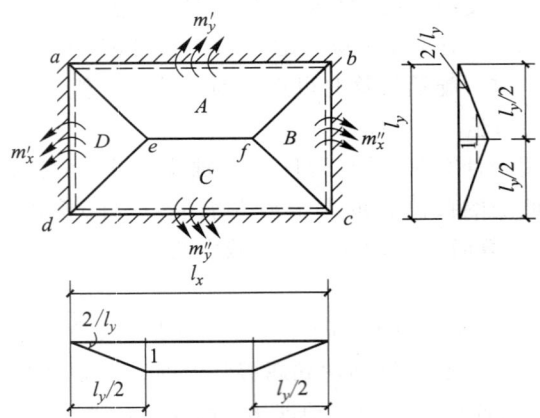

图 1-47 均布荷载作用下四边固定双向板的破坏图式

双向板配筋方式常用的有两种：分离式和弯起式。

① 采用通长钢筋。

假设板内配筋沿两个方向均等间距布置，沿短跨和长跨方向单位板宽的跨中极限弯矩分别为 m_x 和 m_y，支座弯矩分别为 m'_x、m''_x 和 m'_y，m''_y。

如果破坏机构在跨中发生向下的单位竖向位移 1，则均布荷载 $p=g+q$ 所做的外功为：

$$w_{ex} = p\left[\frac{1}{2} \cdot l_y \cdot 1 \cdot (l_x - l_y) + 2 \cdot \frac{1}{3} \cdot l_y \cdot \frac{l_y}{2} \cdot 1\right] = \frac{l_y}{6}(3l_x - l_y)p \tag{1-36}$$

根据图 1-47 所示的几何关系，负塑性铰线的转角均为 $2/l_y$；正塑性铰线 ef 上，板块 A

与 C 的相对转角为 $4/l_y$；斜向正塑性铰线沿长跨和短跨方向的转角均为 $2/l_y$。因此，由负塑性铰线上极限弯矩所做的内功为：

$$w_1 = [(m'_x + m''_x)l_y + (m'_y + m''_y)l_x]\frac{2}{l_y}$$

正塑性铰线 ef 上极限弯矩所做的内功为：

$$w_2 = m_y(l_x - l_y)\frac{4}{l_y}$$

四条斜向正塑性铰线沿长跨方向极限弯矩所做的内功为：

$$w_3 = 4m_x \frac{l_y}{2} \cdot \frac{2}{l_y} = 4m_x$$

同理，四条斜向正塑性铰线沿短跨方向极限弯矩所做的内功为：

$$w_4 = 4m_y \frac{l_y}{2} \cdot \frac{2}{l_y} = 4m_y$$

所以，由塑性铰线上极限弯矩所做的总内功为：

$$w_{in} = w_1 + w_2 + w_3 + w_4 \tag{1-37}$$

根据虚功原理，当形成破坏机构时，由极限均布荷载 $p = g + q$ 所做外功应等于由塑性铰上的极限弯矩所做的内功，即 $w_{ex} = w_{in}$。

设

$$M_x = m_x l_y, \quad M'_x = m'_x l_y, \quad M''_x = m''_x l_y$$
$$M_y = m_y l_x, \quad M'_y = m'_y l_x, \quad M''_y = m''_y l_x$$

则可得双向板按塑性铰线法计算的基本公式：

$$2M_x + 2M_y + M'_x + M''_x + M'_y + M''_y = \frac{1}{12}p(3l_x - l_y)l_y^2 \tag{1-38}$$

式中　　M_x、M_y——对应于 l_x，l_y 方向整块板内的跨中塑性铰线上总的极限弯矩；

M'_x、M''_x、M'_y、M''_y——对应于 l_x，l_y 方向整块板内两对支座塑性铰线上总的极限弯矩；

p——板上作用的均布荷载设计值；

l_y——双向板短跨长度；

l_x——双向板长跨长度。

利用式(1-38)具体计算时，有六个未知数 M_x、M_y、M'_x、M''_x、M'_y、M''_y，不可能求解，此时应事先选定各弯矩之间的比值。

设

$$\alpha = \frac{m_y}{m_x} = \frac{l_x^2}{l_y^2}, \quad \beta = \frac{m'_x}{m_x} = \frac{m''_x}{m_x} = \frac{m'_y}{m_y} = \frac{m''_y}{m_y} \tag{1-39}$$

β 值宜在 1.5~2.5 之间选用，通常取 $\beta = 2.0$。因此，式(1-38)中左边各项皆可通过 α、β 换算成 m_x 和 m_y，当已知 l_x，l_y 和 p 后，即可计算出 m_x 或 m_y，进而求出 m'_x、m''_x 和 m'_y、m''_y，然后作截面配筋计算。

当双向板周边为简支时，总的极限弯矩值按实际情况计算。

② 采用弯起钢筋。

为了充分利用钢筋,通常将两个方向承受跨中正弯矩的钢筋,在距支座不大于 $l_y/4$ 范围内将它们弯起,充当部分承受支座负弯矩的钢筋;此时在距支座 $l_y/4$ 以内的跨中塑性铰线上单位板宽的极限弯矩可分别取为 $m_x/2$ 和 $m_y/2$。

对连续双向板,可以首先从中间区格板开始,按四边固定的单区格板进行计算,则塑性铰线上总弯矩的计算公式为:

$$M_x = \frac{3}{4} m_x l_y$$

$$M_y = \alpha m_x \left(l_x - \frac{l_y}{4} \right)$$

$$M'_x = M''_x = \beta m_x l_y$$

$$M'_y = M''_y = \alpha \beta m_x l_x$$

将上述关系代入式(1-38),即可求得 m_x,然后代入关系式(1-39),进而求出 m'_x、m''_x、m'_y 和 m''_y。

对中间区格计算完毕后,可将中间区格板计算得出的各支座弯矩值,作为计算相邻区格板支座的已知弯矩值。这样,由内向外直至外区格依次解出。

对边、角区格板,按边界的实际支承情况进行计算。

比较弹性理论计算方法,用塑性铰线方法计算双向板一般可节省钢筋约 20%~30%。塑性铰线法在理论上属于上限解,即偏于"不安全"方面,但实际上由于起拱作用等的有利影响,所求得的值并非真的"上限值",可以保证一般工程结构的要求。

(4) 塑性理论计算方法的适用范围

由于按塑性理论计算方法的计算结果更符合结构的实际工作情况,且能节省材料,合理调整钢筋布置,克服了支座处钢筋的拥挤现象,故在设计混凝土连续梁、板时,应尽量采用这种方法。但塑性理论方法是以形成塑性铰或塑性铰线为前提的,因此,并不是在任何情况下都能适用。双向板塑性理论计算方法的适用范围同单向板。

1.4.3 双向板的截面设计与构造要求

1. 双向板的截面设计

(1) 截面弯矩设计值的确定

试验研究表明:双向板的实际承载能力往往大于其计算值。这主要是因为双向板的实际受力情况与计算简图并不完全一致,此外还有材料潜在强度较高等因素的影响。双向板在荷载作用下,裂缝不断地出现与展开,同时由于支座的约束,导致在板的平面内,逐渐产生相当大的水平推力,整块平板存在着起拱作用,即周边支承梁对板产生水平推力,使板的跨中弯矩减小,这就提高了板的承载力。因此截面设计时,为了考虑这一有利影响,《规范》规定:四边与梁整体连接板的弯矩可乘以下列折减系数:

① 连续板中间区格的跨中及中间支座截面,折减系数为 0.8。

② 边区格的跨中及自楼板边缘算起的第二支座截面,当 $l_b/l<1.5$ 时,折减系数为 0.8;当 $1.5 \leqslant l_b/l<2.0$ 时,折减系数为 0.9。l_b 为区格沿楼板边缘方向的跨度,l 为区格垂直于楼板边缘方向的跨度。

③ 角区格的各截面不折减。

课件 1-8
双向板肋
楼盖 3

(2) 截面有效高度的确定

考虑短跨方向的弯矩比长跨方向的大,因此一般应将短跨方向的跨中受拉钢筋放在长跨方向的外侧,以得到较大的截面有效高度。截面有效高度 h_0 通常分别取值如下:

短跨方向　　$h_0 = h - 20$ mm

长跨方向　　$h_0 = h - 30$ mm

式中　　h——板厚(mm)。

(3) 配筋计算

在求得板各跨跨中及各支座截面的弯矩设计值后,可根据正截面受弯承载力的计算来确定配筋。双向板在两个方向的配筋都应按计算确定。

板的计算宽度取 $b = 1\ 000$ mm,按单筋矩形截面设计。求截面配筋时,内力臂系数可近似地取 $\gamma = 0.90 \sim 0.95$。

2. 双向板的构造要求

(1) 双向板的厚度

一般不宜小于 80 mm,也不大于 160 mm。为了保证板的刚度,板的厚度 h 还应符合:

简支板　　$h > l_x/45$

连续板　　$h > l_x/50$

此处 l_x 是较小跨度。

(2) 钢筋的配置

受力钢筋沿纵横两个方向设置,此时应将弯矩较大方向的钢筋设置在外层,另一方向的钢筋设置在内层。

板的配筋形式类似于单向板,有弯起式与分离式两种。沿墙边及墙角的板内构造钢筋与单向板楼盖相同。

按弹性理论计算时,板跨中弯矩不仅沿板长变化,而且沿板宽向两边逐渐减小;而板底钢筋是按跨中最大弯矩求得的,故应在两边予以减少。将板按纵横两个方向各划分为两个宽为 $l_x/4$(l_x 为较小跨度)的边缘板带和一个中间板带(图 1-48)。边缘板带的配筋为中间板带配筋的 50%。连续支座上的钢筋,应沿全支座均匀布置。受力钢筋的直径、间距、弯起点及截断点的位置等均可参照单向板配筋的有关规定。

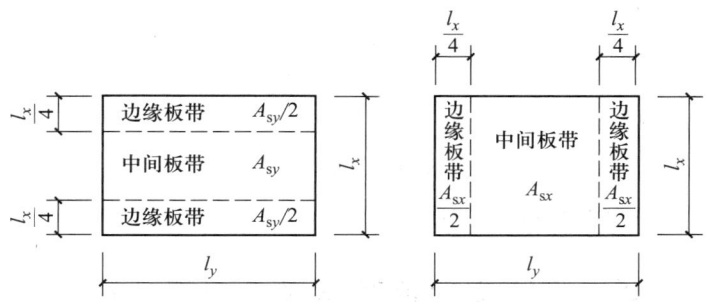

图 1-48　双向板配筋的分区和配筋量规定

按塑性铰线法计算时,板的跨中钢筋全板均匀配置;支座上的负弯矩钢筋按计算值沿支座均匀配置。沿墙边、墙角处的构造钢筋,与单向板楼盖相同。

1.4.4 双向板支承梁的设计

作用在双向板上的荷载一般会向最近的支座方向传递,对于支承梁承受的荷载范围,可近似认为,以45°等分角线为界,分别传至两相邻支座。这样,沿短跨方向的支承梁,承受板面传来的三角形分布荷载;沿长跨方向的支承梁,承受板面传来的梯形分布荷载,如图1-49所示。

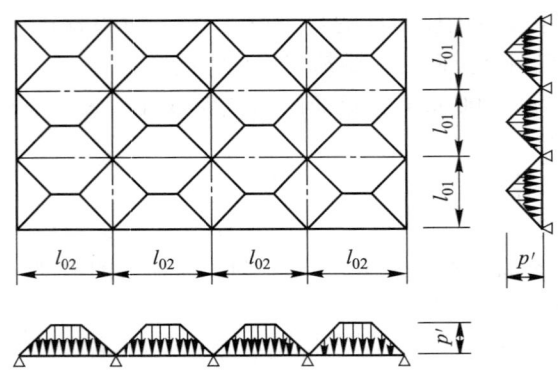

图1-49 双向板支承梁承受的荷载

(1) 按弹性理论计算时

可采用支座弯矩等效的原则,取等效均布荷载 p_e 代替三角形荷载和梯形荷载,计算支承梁的支座弯矩。p_e 的取值如下:

当三角形荷载作用时,
$$p_e = \frac{5}{8}p' \tag{1-40}$$

当梯形荷载作用时,
$$p_e = (1 - 2\alpha_1^2 + \alpha_1^3)p' \tag{1-41}$$

式中 p' —— $p' = p \cdot \dfrac{l_{01}}{2} = (g+q) \cdot \dfrac{l_{01}}{2}$;

α_1 —— $\alpha_1 = \dfrac{l_{01}}{2l_{02}}$;

g、q ——作用在板面的均布永久荷载和可变荷载;

l_{01}、l_{02} ——为双向板的长跨与短跨的计算跨度。

(2) 考虑塑性内力重分布计算时

可在弹性理论求得的支座弯矩基础上,进行调幅,选定支座弯矩(通常取支座弯矩绝对值降低25%),再按实际荷载求出跨中弯矩。

1.5 现浇双向板肋梁楼盖板设计实例

某厂房双向板肋梁楼盖的结构平面布置如图1-50所示。楼面可变荷载标准值为 6.0 kN/m², 混凝土强度级别为C30,钢筋采用HPB300钢筋(Ⅰ级钢)。板厚为100 mm,支承梁宽度为200 mm。试分别按弹性理论和塑性理论方法对楼板进行配筋设计。

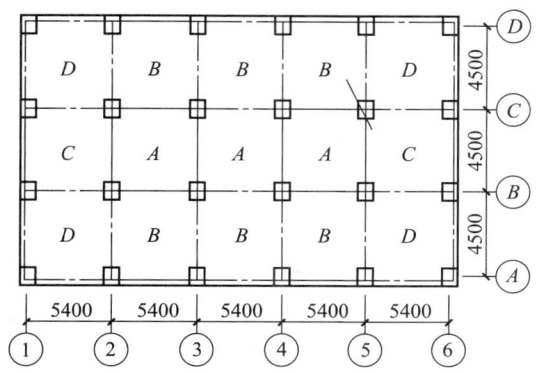

图 1-50 双向板肋梁楼盖结构平面布置图

1. 设计资料

① 楼面构造层做法:20 mm 厚水泥砂浆面层;15 mm 厚混合砂浆天棚抹灰。

② 楼面可变荷载标准值为 6.0 kN/m²。

③ 材料选用:

混凝土 采用 C30(f_c = 14.3 N/mm², f_t = 1.43 N/mm²);

钢筋 采用 HPB300 钢筋(Ⅰ级钢,f_y = 270 N/mm²)。

④ 截面尺寸:

柱 400 mm×400 mm。

梁 两个方向的梁宽均为 b = 200 mm;梁高分别 400 mm 和 500 mm。

板 板厚 h = 100 mm。

2. 荷载计算

20 mm 水泥砂浆面层	0.02×20 kN/m² = 0.40 kN/m²
100 mm 钢筋混凝土板	0.10×25 kN/m² = 2.50 kN/m²
15 mm 混合砂浆天棚抹灰	0.015×17 kN/m² = 0.26 kN/m²
	3.16 kN/m²
永久荷载设计值	g = 1.2×3.16 kN/m² = 3.79 kN/m²
可变荷载设计值	q = 1.3×6.0 kN/m² = 7.80 kN/m²
合计	11.59 kN/m²

3. 按弹性理论计算

(1) 求跨中最大正弯矩

跨中最大正弯矩发生在可变荷载为棋盘形布置区域。计算时简化为:

① 求内支座为固定,g' = $g+q/2$ 作用下的跨中弯矩;

② 求内支座为铰支,q' = $q/2$ 作用下的跨中弯矩;

③ 求以上两种情况所求的跨中弯矩之和,得各内板跨中最大正弯矩。

边跨板、角板,梁(边缘支座)对板的作用均视为铰支支座,计算方法同内板。

(2) 求支座最大负弯矩

按可变荷载满布时求得,即内支座为固定,求 $g+q$ 作用下的支座弯矩。边缘支座均视为铰支支座。对中间支座,由相邻两个区格求出的支座弯矩值不相等时,取其平均值进行配筋计算。

计算跨度:

纵向　中间跨　$l_0 = l_n = (5.4-0.2)\text{m} = 5.2 \text{ m}$;

　　　边　跨　$l_0 = l_n = (5.4+0.4/2-0.2-0.2/2)\text{m} = 5.3 \text{ m}$;

横向　中间跨　$l_0 = l_n = (4.5-0.2)\text{m} = 4.3 \text{ m}$;

　　　边　跨　$l_0 = l_n = (4.5+0.4/2-0.2-0.2/2)\text{m} = 4.4 \text{ m}$。

截面的有效高度 h_0:

对跨中截面　横向 $h_0 = (100-20)\text{mm} = 80 \text{ mm}$,纵向 $h_0 = (100-30)\text{mm} = 70 \text{ mm}$;

对支座截面均取　$h_0 = 80 \text{ mm}$。

按弹性理论计算的弯矩,见表1-16。

表1-16　按弹性理论计算弯矩　　　　　　　　　　　　　　　kN·m

计算内容		A 区格	B 区格	C 区格	D 区格
l_x/l_y		5.2/4.3	5.2/4.4	5.3/4.3	5.3/4.4
$\nu = 0$	m_x	$0.015 \times 7.69 \times 4.3^2 + 0.034\ 1 \times 3.9 \times 4.3^2 = 4.592$	$0.015\ 6 \times 7.69 \times 4.4^2 + 0.020\ 4 \times 3.9 \times 4.4^2 = 3.863$	$0.014\ 6 \times 7.69 \times 4.3^2 + 0.032\ 6 \times 3.9 \times 4.3^2 = 4.427$	$0.016 \times 7.69 \times 4.4^2 + 0.021\ 1 \times 3.9 \times 4.4^2 = 3.975$
	m_y	$0.025\ 9 \times 7.69 \times 4.3^2 + 0.053\ 3 \times 3.9 \times 4.3^2 = 7.526$	$0.024\ 6 \times 7.69 \times 4.4^2 + 0.040\ 0 \times 3.9 \times 4.4^2 = 6.683$	$0.026\ 6 \times 7.69 \times 4.3^2 + 0.041\ 2 \times 3.9 \times 4.3^2 = 6.753$	$0.025\ 6 \times 7.69 \times 4.4^2 + 0.032\ 8 \times 3.9 \times 4.4^2 = 6.288$
$\nu = 0.2$	m_x^y	6.097	5.200	5.778	5.233
	m_y^y	8.444	7.456	7.638	7.083
m_x'		$-0.055\ 5 \times 11.59 \times 4.3^2 = -11.89$	$-0.055\ 1 \times 11.59 \times 4.4^2 = -12.36$	$-0.055\ 7 \times 11.59 \times 4.3^2 = -11.94$	$-0.055\ 4 \times 11.59 \times 4.4^2 = -12.43$
m_y'		$-0.064\ 5 \times 11.59 \times 4.3^2 = -13.82$	$-0.062\ 6 \times 11.59 \times 4.4^2 = -14.05$	$-0.065\ 8 \times 11.59 \times 4.3^2 = -14.10$	$-0.063\ 4 \times 11.59 \times 4.4^2 = -14.23$

配筋计算结果略。

4. 按塑性铰线法设计

① 荷载设计值:$p = g+q = 11.59 \text{ kN/m}^2$。

② 板的配筋方式采用弯起式。

③ 按极限平衡法求塑性铰线上极限弯矩。

首先从中间区格 A 开始计算,之后依次求 B、C、D 区格的跨中及支座弯矩。

弯矩的计算结果及配筋计算结果见表1-17、1-18和图1-51。

1.5 现浇双向板肋梁楼盖板设计实例

表 1-17 按塑性铰线法计算弯矩 kN·m

计算内容	A 区格	B 区格	C 区格	D 区格
l_x/m	5.2	5.2	5.3	5.3
l_y/m	4.3	4.4	4.3	4.4
M_x	$3.225m_x$	$3.3m_x$	$3.225m_x$	$3.3m_x$
M_y	$6.032m_x$	$5.726m_x$	$6.419m_x$	$6.094m_x$
M'_x	$8.6m_x$	$8.8m_x$	$8.6m_x$(边)	$8.8m_x$(边)
M'_y	$15.21m_x$	$8.924×5.2=46.40$	$16.10m_x$	$9.148×5.3=48.48$
M''_x	$8.6m_x$	$8.8m_x$	$6.102×4.3=26.24$	$6.496×4.4=28.58$
M''_y	$15.21m_x$	$14.53m_x$(边)	$16.10m_x$	$15.38m_x$(边)
$m_x/(kN·m)$	3.051	3.248	3.011	3.211
$m_y/(kN·m)$	4.462	4.536	4.574	4.659
$m'_x/(kN·m)$	6.102	6.496	6.022	6.422
$m'_y/(kN·m)$	8.924	8.924	9.148	9.148
$m''_x/(kN·m)$	6.102	6.496	6.102	6.496
$m''_y/(kN·m)$	8.924	9.072	9.148	9.318

表 1-18 按塑性铰线法计算配筋

	截面		h_0/mm	$M/(kN·m)$	A_s/mm^2	选配钢筋	实际 A_s/mm^2
跨中	A 区格	l_x方向	70	3.051×0.8=2.441	143.5	$\phi8@200$	251
		l_y方向	80	4.462×0.8=3.570	183.6	$\phi8@200$	251
	B 区格	l_x方向	70	3.248×0.8=2.598	152.7	$\phi8@200$	251
		l_y方向	80	4.536×0.8=3.629	186.7	$\phi8@200$	251
	C 区格	l_x方向	70	3.011×0.8=2.409	134.2	$\phi8@200$	251
		l_y方向	80	4.574×0.8=3.569	183.6	$\phi8@200$	251
	D 区格	l_x方向	70	3.211	188.8	$\phi8@200$	251
		l_y方向	80	4.659	239.7	$\phi8@200$	251
支座	A-A		80	−6.102×0.8=−4.882	251.1	$\phi8@200$	251
	A-B		80	−8.924×0.8=−7.139	367.2	$\phi8@200+\phi8@400$	376.5
	A-C		80	−6.102×0.8=−4.882	251.1	$\phi8@200$	251
	B-B		80	−6.496×0.8=−5.197	226.4	$\phi8@200$	251
	B-D		80	−6.496	334.2	$\phi8@200+\phi8@400$	376.5
	C-D		80	−9.148	470.6	$\phi8@200+\phi8@200$	502
	B 边支座		80	−9.072	466.7	$\phi8@200+\phi8@200$	502
	C 边支座		80	−6.022	309.8	$\phi8@150$	335
	D 边支座(l_x方向)		80	−6.422	331.4	$\phi8@150$	335
	D 边支座(l_y方向)		80	−9.318	479.3	$\phi8@100$	502

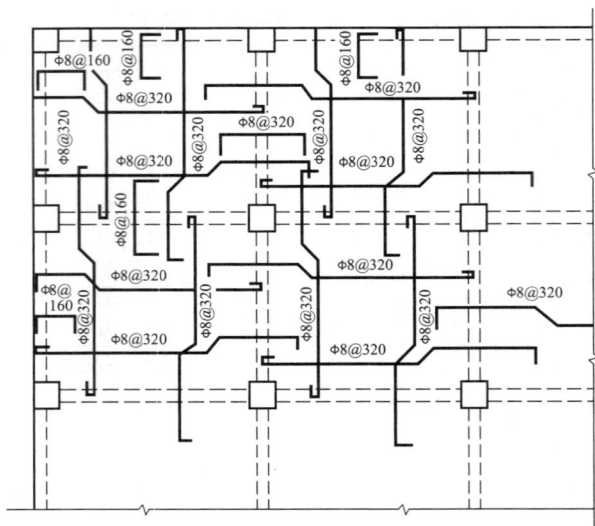

图 1-51 按塑性铰线法设计的板的配筋

1.6 装配式混凝土楼盖

课件 1-9
装配式楼盖

装配式混凝土楼盖主要由搁置在承重墙或梁上的预制混凝土铺板组成,故又称为装配式铺板楼盖。

设计装配式楼盖时,一方面应注意合理地进行楼盖结构布置和预制构件选型,另一方面要处理好预制构件间的连接以及预制构件和墙(柱)的连接。

装配式楼盖主要有铺板式、密肋式和无梁式等,其中铺板式应用最广。铺板式楼盖的主要构件是预制板和预制梁。各地大量采用的是本地区的通用定型构件,由各地预制构件厂供应,当有特殊要求,或施工条件受到限制时,才进行专用的构件设计。因此,本书着重介绍铺板的形式、优缺点及其适用范围。对这种楼盖的连接构造和装配式构件的计算特点也作扼要的介绍。

1.6.1 预制铺板的形式、特点及其适用范围

常用的预制铺板有实心板、空心板、槽形板、T 形板等,其中以空心板的应用最为广泛。我国各地区或省一般均有自编的标准图,其他铺板大多数也编有标准图。随着建筑业的发展,预制的大型楼板(平板式或双向肋形板)也日益增多。

1. 实心板

实心板[图 1-52(a)]上下表面平整,制作简单,但材料用量较多,适用于荷载及跨度较小的走道板、管沟盖板、楼梯平台板等。

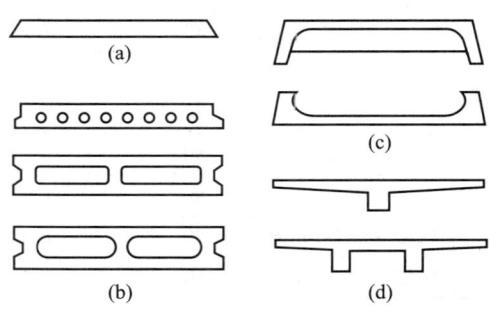

图 1-52 预制铺板的截面形式

常用板长 $l=1.8\sim2.4$ m，板厚 $h\geqslant l/30$，常用 $50\sim100$ mm；板宽 $B=500\sim1\,000$ mm。

2. 空心板

空心板自重比实心板轻，截面高度可取较实心板大，故其刚度较大，隔声、隔热效果亦较好，其顶棚或楼面均较槽形板易于处理，因而在装配式楼盖中应用甚为广泛。空心板的缺点是板面不能任意开洞，自重也较槽形板大。

空心板截面的孔型有圆形、方形、矩形或长圆形[图1-52(b)]，视截面尺寸及抽芯设备而定，孔数视板宽而定。扩大和增加孔洞对节约混凝土减轻自重和隔声有利，但若孔洞过大，其板面需按计算配筋时反而不经济，此外，大孔洞板在抽芯时，易造成尚未结硬的混凝土坍落。为避免空心板端部压坏，在板端应塞混凝土堵头。

空心板截面高度可取为跨度的 $l/25\sim l/20$（普通钢筋混凝土的）或 $l/35\sim l/30$（预应力混凝土的），其取值宜符合砖的模数，通常有 120 mm、180 mm、240 mm 几种。空心板的宽度主要根据当地制作、运输和吊装设备的具体条件而定，常用 500 mm、600 mm、900 mm、1 200 mm。应尽可能地采取宽板以加快安装进度。板的长度视房间或进深的大小而定，一般有 3.0 m、3.3 m、3.6 m，…，6 m，多数按 0.3 m 进级。目前，非预应力空心板的最大长度为 4.8 m，预应力的可达 7.5 m。

3. 槽形板

槽形板有肋向下（正槽板）和肋向上（倒槽板）两种[图1-52(c)]。正槽板可以较充分利用板面混凝土抗压，但不能直接形成平整的天棚，倒槽板则反之。槽形板较空心板轻，但隔声、隔热性能较差。

槽形板由于开洞较自由，承载能力较大，故在工业建筑中采用较多。此外，也可用于对天花板要求不高的民用建筑屋盖和楼面结构。

4. T形板

T形板有单T板和双T板两种[图1-52(d)]。这类板受力性能良好，布置灵活，能跨越较大的空间，且开洞也较自由，但整体刚度不如其他类型的板。双T板比单T板有较好的整体刚度，但自重较大，对吊装能力要求较高。T形板适用于板跨在 12 m 以内的楼面和屋盖结构。

T形板的翼缘宽度为 $1\,500\sim2\,100$ mm；截面高度为 $300\sim500$ mm。视其跨度大小而定。

1.6.2 楼盖梁

在装配式混凝土楼盖中，有时需设置楼盖梁。楼盖梁可为预制或现浇，视梁的尺寸和吊装能力而定。

一般混合结构房屋中的楼盖梁多为简支梁或带悬挑的简支梁，有时也做成连续梁。梁的截面多为矩形。当梁较高时，为满足建筑净空要求，往往做成花篮梁（十字梁）。此外，为便于布板和砌墙，还设计成T形梁和Γ形梁。

简支梁的高跨比一般为 $1/14\sim1/8$。

1.6.3 装配式构件的计算要点

装配式梁板构件，其使用阶段承载力、变形和裂缝开展验算与现浇整体式结构完全相同。但是,这种构件在制作、运输和吊装阶段的受力与使用阶段不同,故还需要进行施工阶段的验算(包括吊环、吊钩的计算)。

1. 施工阶段的验算

对于装配式钢筋混凝土梁板构件,必须进行运输和吊装验算。对于预应力混凝土构件。还应进行张拉(后张法构件)和放松(先张法构件)预应力钢筋时构件承载力和抗裂度的验算。这时,应注意下列各点:

① 按构件实际堆放情况和吊点位置确定计算简图。

② 考虑运输、吊装时的动力作用,对脱模、翻转、吊装、运输时,动力系数可取 1.5,临时固定时可取 1.2。

③ 对于预制楼板、挑檐板、雨篷板等构件,应考虑在其最不利位置作用 1 kN 的施工集中荷载(当计算挑檐、雨篷承载力时,沿板宽每隔 1 m 考虑一个集中荷载,在验算其倾覆时,沿板宽每隔 2.5~3 m 考虑一个集中荷载),该集中荷载与使用可变荷载不同时考虑。

2. 吊环的计算与构造

在吊装过程中,每个吊环可考虑两个截面受力,故吊环截面面积可按下式计算

$$A = \frac{G}{2m[\sigma_s]} \tag{1-42}$$

式中 G ——构件自重(不考虑动力系数)的标准值;

m ——受力吊环数,当构件设有 4 个吊环时,最多只能考虑 3 个,即取 $m=3$;

$[\sigma_s]$ ——吊环钢的容许设计应力,考虑动力作用之后,规范规定 $[\sigma_s] = 65$ N/mm²。

吊环应采用 HPB300 钢筋,并严禁冷拉,以保持吊环具有良好的塑性。吊环锚固深度应不小于 $30d$,并应焊接或绑扎在构件钢筋的骨架上,d 为吊环钢筋的直径。

1.6.4 装配式混凝土楼盖的连接构造

楼盖除承受竖向荷载外,还作为纵墙的支点,起着将水平荷载传递给横墙的作用。在这一传力过程中,楼盖在自身平面内,可视为支承在横墙上的深梁,其中将产生弯曲和剪切应力。因此,要求铺板与铺板之间、铺板与墙之间以及铺板与梁之间的连接应能承受这些应力,以保证这种楼盖在水平方向的整体性。此外,增强铺板之间的连接,也可增加楼盖在垂直方向受力时的整体性,改善各独立铺板的工作条件。因此,在装配式混凝土楼盖设计中,应处理好各构件之间的连接构造。

1. 板与板的连接

板与板的连接,一般采用强度等级不低于 C30 的细石混凝土灌缝[图 1-53(a)]。

当楼面有振动荷载或房屋有抗震设防要求时,板缝内应设置拉结钢筋[图 1-53(b)]。此时,板间缝应适当加宽。

2. 板与墙和板与梁的连接

板与墙和梁的连接,分支承与非支承两种情况。

板与其支承墙和梁的连接,一般采用在支座上坐浆(厚度约为 10~20 mm)。板在砖墙上支承宽应 ≥100 mm,在钢筋混凝土梁上支承宽应 ≥60~80 mm(图 1-54),方能保证可靠地连接。

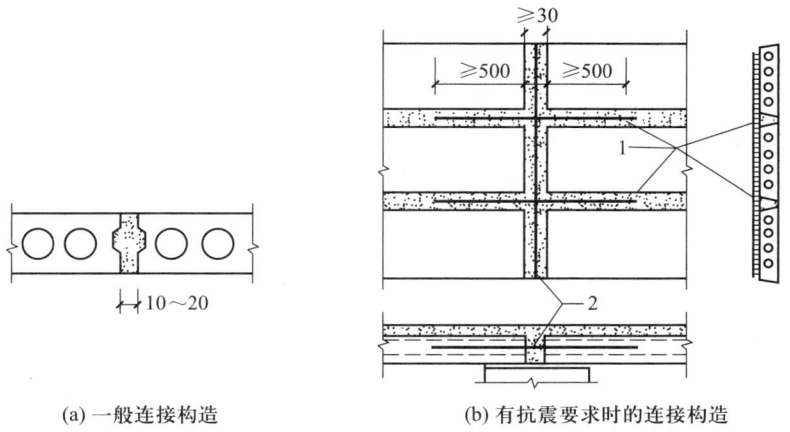

(a) 一般连接构造　　　　　　　(b) 有抗震要求时的连接构造

图 1-53　板与板的连接构造

1—拉结钢筋,间距≤2 000 mm;2—通长构造钢筋

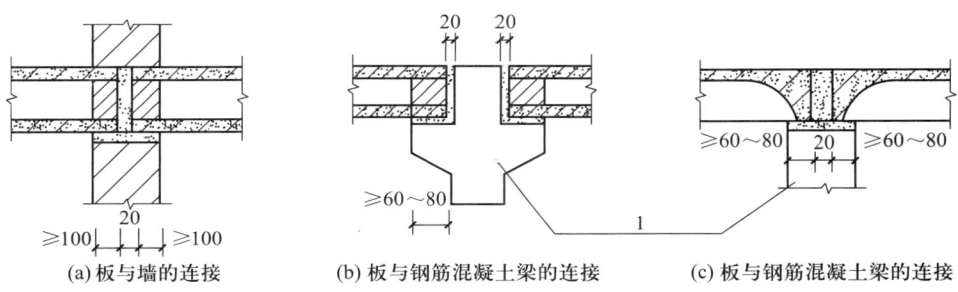

(a) 板与墙的连接　　　(b) 板与钢筋混凝土梁的连接　　(c) 板与钢筋混凝土梁的连接

图 1-54　板与支承墙和板与支承梁的连接构造

1—钢筋混凝土梁

板与非支承墙和梁的连接,一般采用细石混凝土灌缝[图 1-55(a)]。当板长≥5 m时,应在板的跨中设置两根直径为 8 mm 的连系筋[图 1-55(b)],或将钢筋混凝土圈梁设置于楼盖平面处[图 1-55(c)],以增强其整体性。

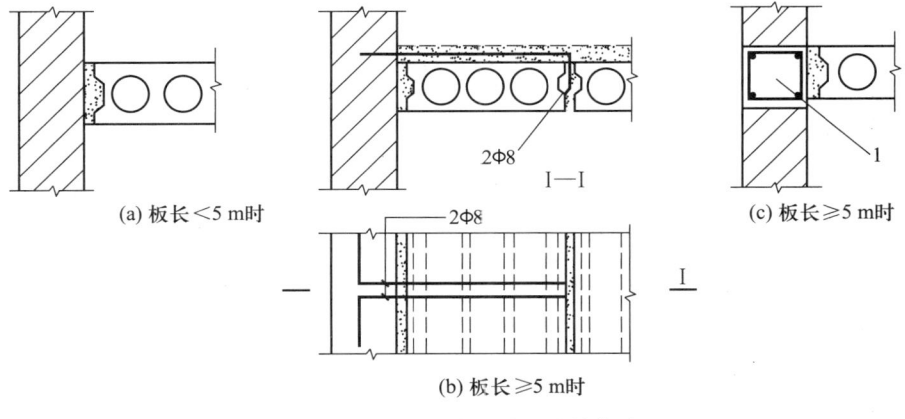

图 1-55　板与非支承墙的连接构造

1—钢筋混凝土圈梁

3. 梁与墙的连接

梁在砖墙上的支承长度,应满足梁内受力钢筋在支座处的锚固要求和支座处砌体局部抗压承载力的要求。当砌体局部抗压承载力不足时,应按砌体结构设计规范设置梁下垫块。

预制梁也应在支承处坐浆 10~20 mm;必要时,在梁端设置拉结钢筋。

4. 整体性要求较高的装配整体式楼盖、屋盖

应采用预制构件加现浇叠合层的形式;或在预制板侧间隔设置配筋混凝土后浇带,并在板端设置负弯矩钢筋、板的周边沿拼缝设置拉结钢筋与支座连接。

1.6.5 装配式单向板肋梁楼盖设计

课程设计 1-2 装配式混凝土楼盖板设计实例

某厂房用楼盖,平面尺寸为 33 m×20.7 m,层高 4.5 m,四周为承重墙,室内设置 8 个立柱(柱截面尺寸取为 400 mm×400 mm),楼盖平面图如图 1-56 所示,楼盖做法见图 1-57,楼盖采用装配式钢筋混凝土单向板肋梁楼盖,试设计之。

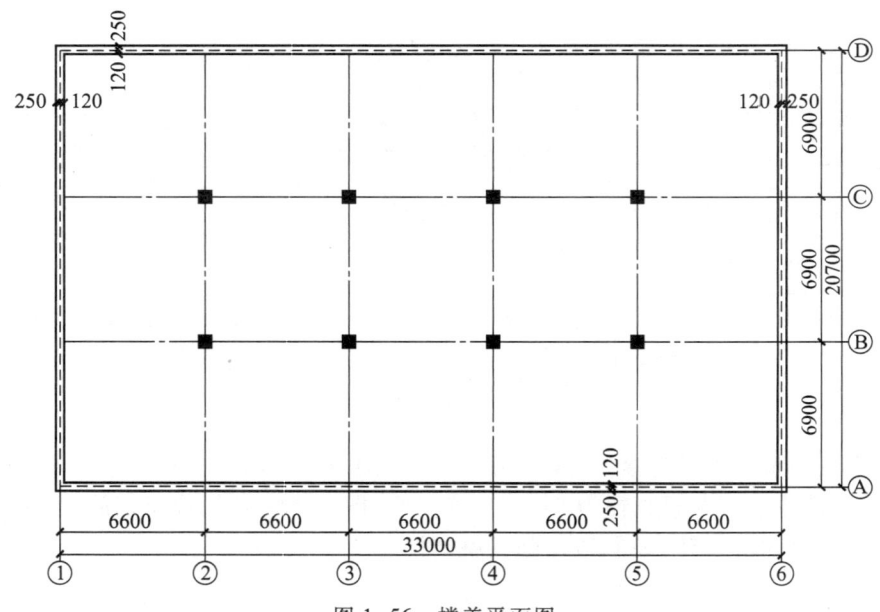

图 1-56 楼盖平面图

设计要求:(1)主梁、板、次梁内力按弹性理论计算;(2)绘出结构平面布置图,板、次梁和主梁的模板及配筋图。

进行钢筋混凝土现浇单向板肋梁楼盖设计主要解决的问题有:(1)计算简图;(2)内力分析;(3)截面配筋计算;(4)吊装验算;(5)构造要求;(6)施工图绘制。

整体式单向板肋梁楼盖设计步骤如下:

1. 设计资料

其中荷载及材料如下:

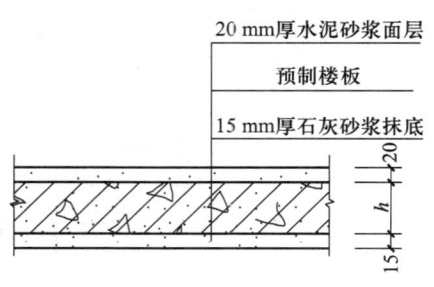

图 1-57 楼盖做法详图

(1) 楼盖均布可变荷载标准值:$q_k = 5 \text{ kN/m}^2$;

(2) 楼盖做法如图 1-57 所示:楼盖面层用 20 mm 厚水泥砂浆抹面($\gamma = 20 \text{ kN/m}^3$),板底及梁用 15 mm 厚石灰砂浆抹底($\gamma = 17 \text{ kN/m}^3$);

(3) 材料强度等级:混凝土强度等级采用 C30,主梁和次梁的纵向受力钢筋采用 HRB400,板钢筋、主次梁的箍筋采用 HPB300。

2. 楼盖梁格布置及截面尺寸确定

(1) 确定主梁的跨度为 6.9 m,次梁的跨度为 6.6 m,主梁每跨内布置两根次梁,板采用预制实心板,跨度为 2.3 m。

(2) 按高跨比条件要求:板的厚度 $h \geqslant l/30 = 2\ 200 \text{ mm}/30 = 73.3 \text{ mm}$,对工业建筑的楼板,要求 $h \geqslant 70 \text{ mm}$,所以板厚取 $h = 80 \text{ mm}$。

(3) 次梁截面高度应满足:$h = l/18 \sim l/12 = (6\ 600/18 \sim 6\ 600/12) \text{ mm} = 367 \sim 550 \text{ mm}$,取 $h = 450 \text{ mm}$,截面宽度 $b = (1/2 \sim 1/3)h$,取 $b = 200 \text{ mm}$。

(4) 主梁截面高度应满足:$h = l/14 \sim l/8 = (6\ 900/14 \sim 6\ 900/8) \text{ mm} = 493 \sim 863 \text{ mm}$,取 $h = 650 \text{ mm}$,截面宽度取为 $b = 250 \text{ mm}$。楼盖结构平面布置图如图 1-58 所示。

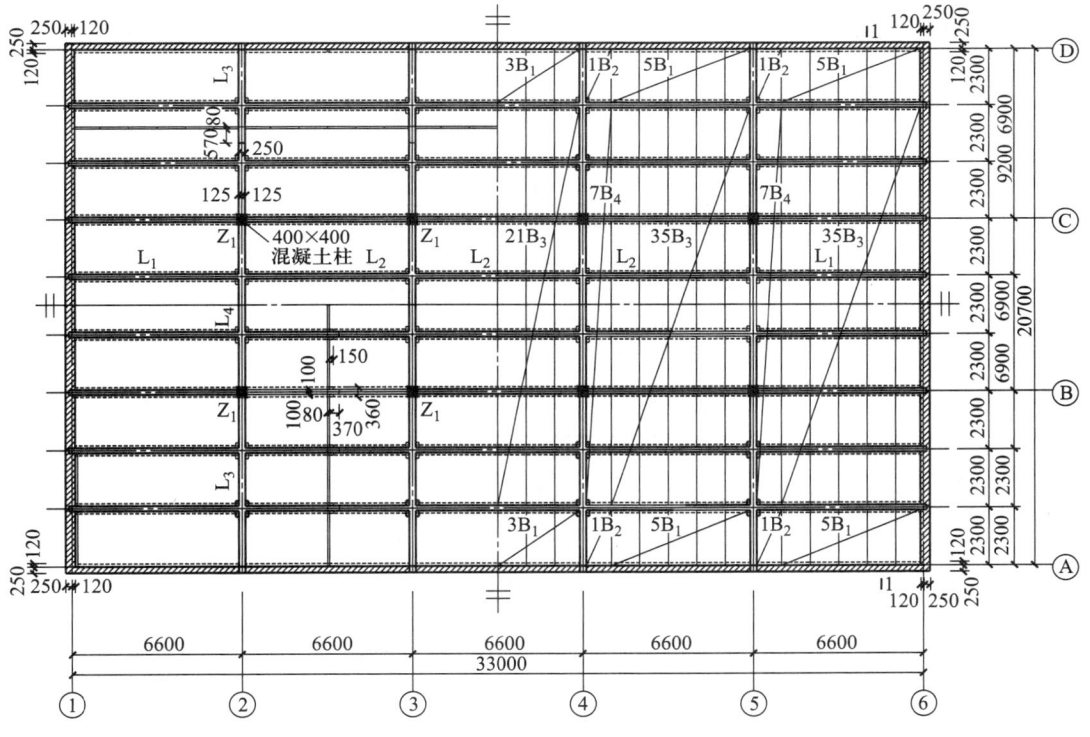

图 1-58 楼盖结构平面布置

3. 板的设计

(1) 板的构造布置

设计中采用装配式楼板,如图 1-59(a)所示。边跨预制板板长 (2.3-0.1-0.02) m = 2.18 m,0.02 m 为板端与梁、墙接缝下端长度;中跨预制板板长 (2.3-0.2-0.04) m = 2.06 m。每跨内预制板的横向布置如图 1-58 和图 1-59(b)所示,板 B_1、B_3 宽 1.1 m,板 B_2、B_4 宽 0.85 m。

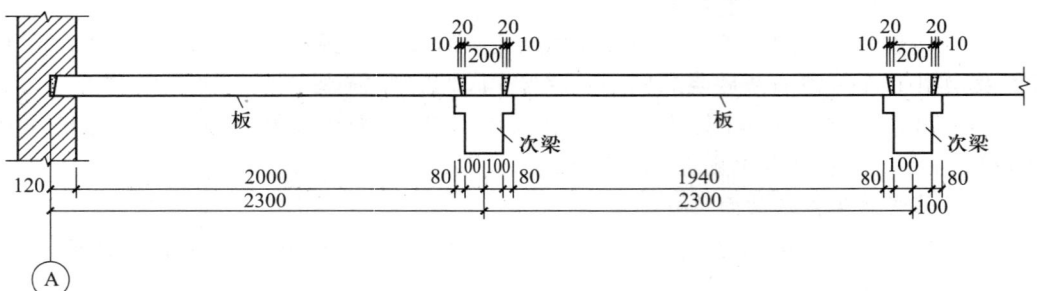

图 1-59(a) 板的实际结构图

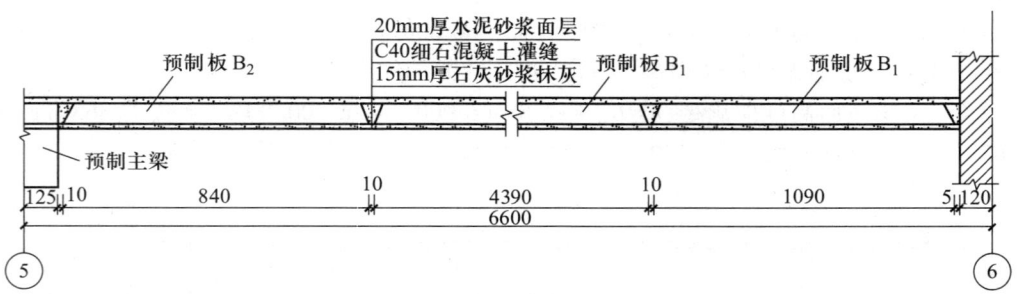

图 1-59(b) 预制板的横向布置图

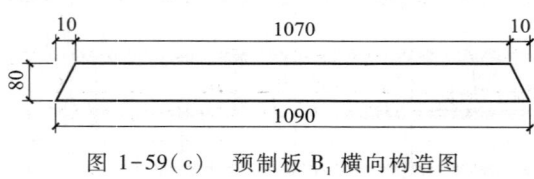

图 1-59(c) 预制板 B_1 横向构造图

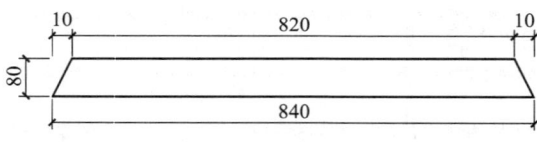

图 1-59(d) 预制板 B_2 横向构造图

(2) 板的计算简图

由板的实际结构[图 1-59(a)]可知:次梁截面 200 mm,伸出牛腿 80 mm,支承 $b=60$ mm。预制板在墙上的支承长度为 $a=120$ mm,板厚 $h=80$ mm,按简支板设计,板的计算跨度确定如下:

边跨:

$$l_{01} = \min\left(l_n + \frac{b}{2} + \frac{a}{2}, l_n + \frac{b}{2} + \frac{h}{2}\right) = \min(2\,000+30+60, 2\,000+30+40)\,\text{mm} = 2\,070\,\text{mm}$$

中跨:$l_{02} = (1\,940+80\times2-30\times2)\,\text{mm} = 2\,040\,\text{mm}$

板的计算简图如 1-59(e)所示。

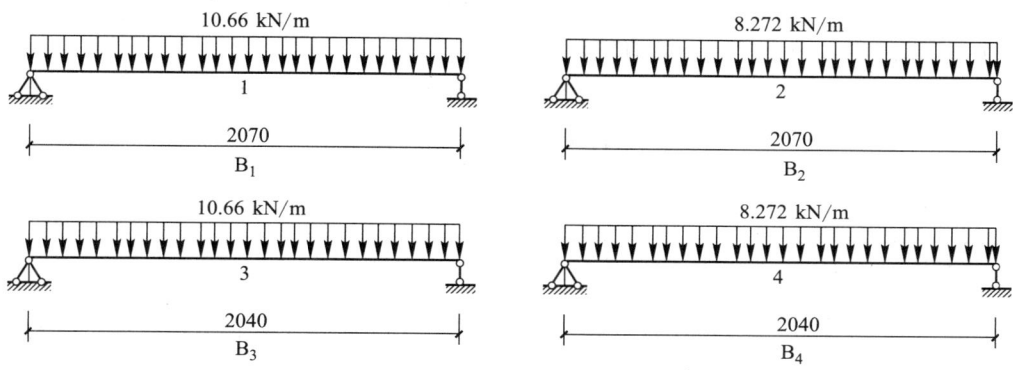

图 1-59(e)　板的计算简图

（3）板承受的荷载

① 永久荷载标准值

第一阶段板的自重

B_1、B_3：$g_1 = (1.09 \times 0.08 \times 25 - 0.08 \times 0.01 \times 25)$ kN/m $= 2.16$ kN/m

B_2、B_4：$g_2 = (0.84 \times 0.08 \times 25 - 0.08 \times 0.01 \times 25)$ kN/m $= 1.66$ kN/m

第二阶段永久荷载

B_1、B_3

铰缝：$g_{缝} = (0.08 \times 0.01 \times 25 + 0.08 \times 0.01 \times 25)$ kN/m $= 0.04$ kN/m

20 mm 水泥砂浆面层：$g_{面层} = 1.1 \times 0.02 \times 20$ kN/m $= 0.44$ kN/m

15 mm 板底石灰砂浆：$g_{抹灰} = 1.1 \times 0.015 \times 17$ kN/m $= 0.281$ kN/m

$$g_{II} = (0.04 + 0.44 + 0.281) \text{ kN/m} = 0.761 \text{ kN/m}$$

B_2、B_4

铰缝：$g'_{缝} = (0.08 \times 0.01 \times 25 + 0.08 \times 0.01 \times 25 + 0.08 \times 0.005 \times 25)$ kN/m $= 0.041$ kN/m

20 mm 水泥砂浆面层：$g'_{面层} = (0.85 + 0.005) \times 0.02 \times 20$ kN/m $= 0.342$ kN/m

15 mm 板底石灰砂浆：$g'_{抹灰} = (0.85 + 0.005) \times 0.015 \times 17$ kN/m $= 0.218$ kN/m

$$g'_{II} = (0.04 + 0.342 + 0.218) \text{ kN/m} = 0.6 \text{ kN/m}$$

小计　　　　$g_1 = (2.16 + 0.761)$ kN/m $= 2.921$ kN/m

$$g_2 = (1.66 + 0.6) \text{ kN/m} = 2.26 \text{ kN/m}$$

② 可变荷载

可变荷载标准值：　$q_1 = 5 \times 1.1$ kN/m $= 5.5$ kN/m

$$q_2 = 5 \times (0.85 + 0.005) \text{ kN/m} = 4.275 \text{ kN/m}$$

因为可变荷载较大,可变荷载起控制作用,永久荷载的分项系数取 1.2；因为是工业建筑且楼面可变荷载标准值大于 4.0 kN/m^2，所以可变荷载分项系数取 1.3。

永久荷载设计值：$g_1 = 2.921 \times 1.2$ kN/m $= 3.51$ kN/m

$$g_2 = 2.26 \times 1.2 \text{ kN/m} = 2.712 \text{ kN/m}$$

可变荷载设计值：$q_1 = 5.5 \times 1.3$ kN/m $= 7.15$ kN/m

$$q_2 = 4.275 \times 1.3 \text{ kN/m} = 5.56 \text{ kN/m}$$

荷载的总设计值：B_1、B_3：$g_1 + q_1 = (3.51 + 7.15)$ kN/m $= 10.66$ kN/m

B_2、B_4：$g_2+q_2 = (2.712+5.56)$ kN/m $= 8.272$ kN/m

(4) 板的内力——弯矩设计值的计算

按简支板计算，板的弯矩设计值计算过程见表 1-19。

表 1-19 板的弯矩设计值的计算

截面位置	计算跨度 l_0/m	$M = \frac{1}{8}(g+q)l_0^2$
1（B_1）	$l_{01} = 2.07$	10.66×2.07^2 kN·m/8 = 5.71 kN·m
2（B_2）	$l_{02} = 2.07$	8.272×2.07^2 kN·m/8 = 4.431 kN·m
3（B_3）	$l_{01} = 2.04$	10.66×2.04^2 kN·m/8 = 5.55 kN·m
4（B_4）	$l_{02} = 2.04$	8.272×2.04^2 kN·m/8 = 4.3 kN·m

(5) 板配筋计算——正截面受弯承载力计算

将预制板简化为矩形板计算，板 B_1B_3 宽取 1 070 mm，B_2B_4 取 820 mm，偏于安全，板厚 80 mm，保护层 $c = 20$ mm，$h_0 = (80-25)$ mm $= 55$ mm，C30 混凝土，$\alpha_1 = 1.0$，$f_c = 14.3$ N/mm²，$f_t = 1.43$ N/mm²，HPB300 钢筋，$f_y = 270$ N/mm²，$f'_y = 270$ N/mm²。

板配筋计算过程见表 1-20。

表 1-20 板的配筋计算过程

截面位置	M /(kN·m)	$\alpha_s = M/\alpha_1 f_c b h_0^2$	$\xi = 1-\sqrt{1-2\alpha_s}$	$A_s = \xi b h_0 \alpha_1 f_c / f_y$ /mm²	实际配筋
1（B_1）	5.71	0.123 4	0.132	411.4	$\phi 10@170$ $A_s = 462 \times 1.09$ mm² $= 503$ mm²
2（B_2）	4.431	0.125	0.134	320	$\phi 10@170$ $A_s = 462 \times 0.84$ mm² $= 388$ mm²
3（B_3）	5.55	0.12	0.128	399	$\phi 10@170$ $A_s = 462 \times 1.09$ mm² $= 503$ mm²
4（B_4）	4.3	0.121	0.129 4	309	$\phi 10@170$ $A_s = 462 \times 0.84$ mm² $= 388$ mm²

配筋率验算 $\rho = \dfrac{A_s}{bh} = \dfrac{503}{1\,090 \times 80} = 0.577\% > \rho_{\min} = \max\left(\dfrac{0.45f_t}{f_y} = \dfrac{0.45 \times 1.43}{270} = 0.238\%, 0.2\%\right)$

(6) 施工阶段验算

① 吊装验算

每块预制板在距板端 500 mm 处均预留 40 mm×50 mm 的吊装预留槽，由于安装时对构件进行吊装，故需对预制板验算吊装荷载，动力系数取 1.5，计算简图如图 1-59(f)所示。由结构力学求解器可以得出其弯矩图如图 1-59(g)所示。

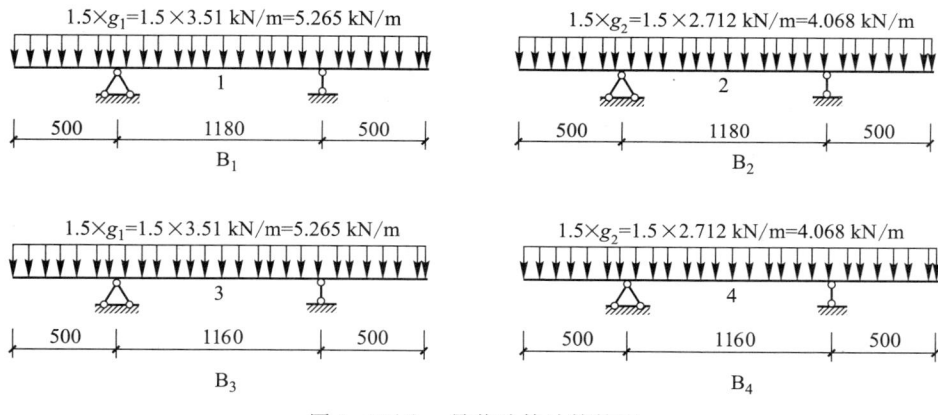

图 1-59(f) 吊装验算计算简图

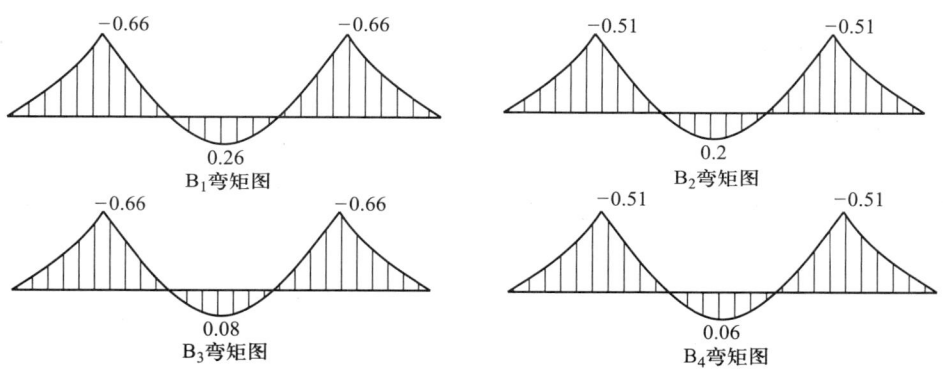

图 1-59(g) 吊装验算计算弯矩

从图 1-59(g)中可知,吊装时跨中弯矩远小于使用阶段的跨中弯矩,支座处出现的负弯矩较小,故无须验算。

② 安装验算

根据规范,安装时需要在预制构件加 1 kN/m² 荷载进行验算,由于 1 kN/m² ≤ 5 kN/m²,构件承受的内力小于可变荷载时内力,故无须验算。

③ 板配筋图

板中除配置计算钢筋外,还应配置构造钢筋如分布钢筋和嵌入墙内的板的附加钢筋,板的配筋图如图 1-59(h)所示。

4. 次梁的设计

(1) 次梁的计算简图确定

由次梁实际结构图(图 1-60(a))可知,次梁在墙上的支承长度为 $a = 240$ mm,主梁宽度为 $b = 250$ mm。按表 1-1 确定计算简图:

边跨 $l_{01} = l_n + a/2 = (6\,600 - 120 - 250/2)$ mm $+ 240$ mm$/2 = 6\,475$ mm

中间跨 $l_{02} = l_n = 6\,600$ mm $- 250$ mm $= 6\,350$ mm

计算简图如图 1-60(b)所示。

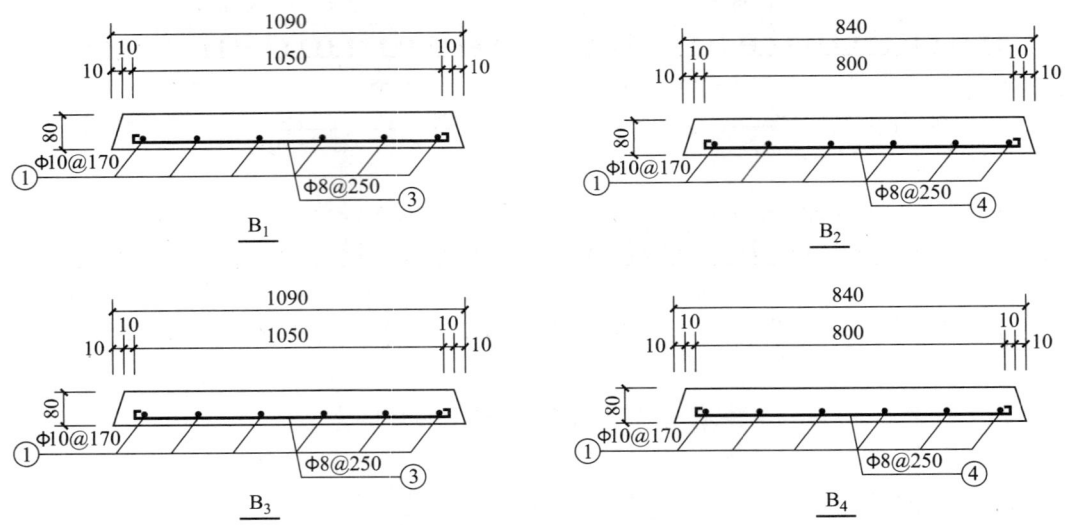

图 1-59(h) 板配筋图

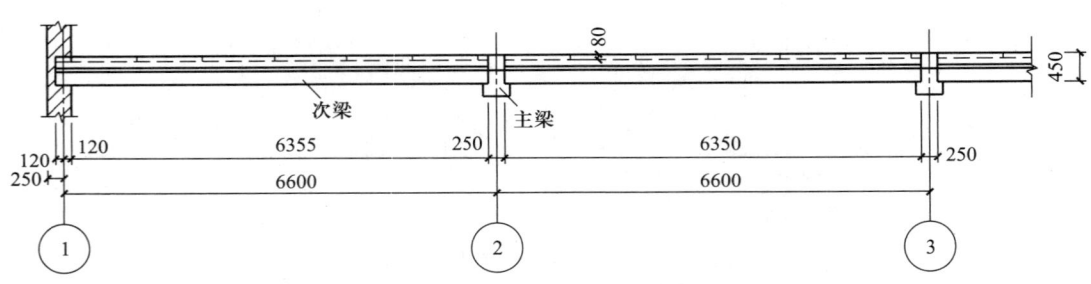

图 1-60(a) 次梁的实际结构图

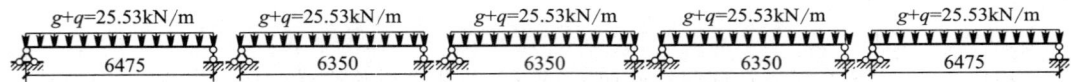

图 1-60(b) 次梁的计算简图

(2) 次梁的荷载设计值计算

永久荷载设计值

板传来的永久荷载:

$(0.08×25+0.02×20+0.015×17)×1.2×(2.3-0.2)$ kN/m = 6.93 kN/m

次梁自重:$[(0.2×0.45)+(0.08×0.15×2)]×25×1.2$ kN/m = 3.42 kN/m

次梁粉刷:$2×0.015×(0.45-0.08)×17×1.2$ kN/m = 0.23 kN/m

小计 $g = 10.58$ kN/m

可变荷载设计值:$q = 6.5×2.3$ kN/m = 14.95 kN/m

荷载总设计值:$q+g = (14.95+10.58)$ kN/m = 25.53 kN/m

(3) 次梁的内力计算——弯矩设计值和剪力设计值的计算

在装配式预制混凝土楼盖结构中,次梁直接支承在主梁的牛腿上,按单跨简支梁计算。

边跨：

跨中弯矩 $M_1 = \frac{1}{8}(g+q)l^2 = \frac{1}{8} \times 25.53 \times 6.475^2 \text{ kN} \cdot \text{m} = 133.80 \text{ kN} \cdot \text{m}$

剪力 $V_1 = \frac{1}{2}(g+q)l = \frac{1}{2} \times 25.53 \times 6.475 \text{ kN} = 82.65 \text{ kN}$

用结构力学求解器计算结构，如图 1-60(c) 所示。

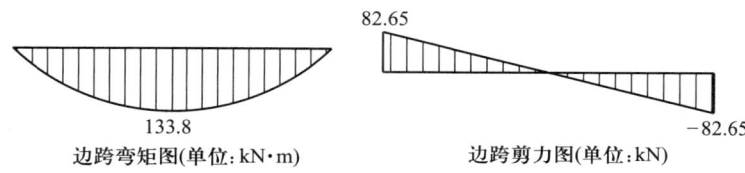

图 1-60(c) 次梁边跨弯矩图

中跨：

跨中弯矩 $M_2 = \frac{1}{8}(g+q)l^2 = \frac{1}{8} \times 25.53 \times 6.35^2 \text{ kN} \cdot \text{m} = 128.68 \text{ kN} \cdot \text{m}$

剪力 $V_2 = \frac{1}{2}(g+q)l = \frac{1}{2} \times 25.53 \times 6.35 \text{ kN} = 81.06 \text{ kN}$

用结构力学求解器计算结构，如图 1-60(d) 所示。

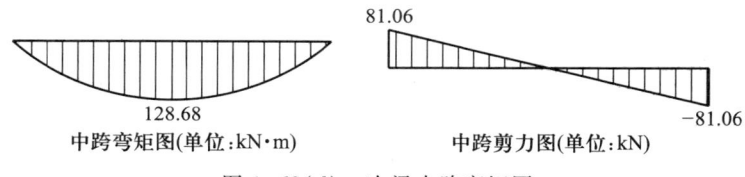

图 1-60(d) 次梁中跨弯矩图

(4) 次梁的配筋计算

① 次梁正截面抗弯承载力计算——纵筋的确定

次梁跨中正弯矩按矩形截面进行承载力计算：

C30 混凝土，$\alpha_1 = 1.0$，$f_c = 14.3 \text{ N/mm}^2$，$f_t = 1.43 \text{ N/mm}^2$；纵向钢筋采用 HRB400，$f_y = 360 \text{ N/mm}^2$；箍筋采用 HPB300，$f_{yv} = 270 \text{ N/mm}^2$；保护层厚度 $c = 25 \text{ mm}$，$h_0 = (450-45) \text{ mm} = 405 \text{ mm}$。

支座截面按矩形截面计算，正截面承载力计算过程如下。

边跨：

$$\alpha_s = \frac{M}{\alpha_1 f_c b h_0^2} = \frac{133.80 \times 10^6}{1.0 \times 14.3 \times 200 \times 405^2} = 0.29$$

$$\xi = 1 - \sqrt{1-2\alpha_s} = 1 - \sqrt{1-2\times 0.29} = 0.35 < 0.518$$

$$A_s = \frac{\xi b h_0 \alpha_1 f_c}{f_y} = \frac{0.35 \times 200 \times 405 \times 1.0 \times 14.3}{360} \text{ mm}^2 = 1\ 126.13 \text{ mm}^2$$

选用 3⊈22，$A_s = 1\ 140 \text{ mm}^2$

中跨：

$$\alpha_s = \frac{M}{\alpha_1 f_c b h_0^2} = \frac{128.68 \times 10^6}{1.0 \times 14.3 \times 200 \times 405^2} = 0.27$$

$$\xi = 1 - \sqrt{1 - 2\alpha_s} = 1 - \sqrt{1 - 2 \times 0.27} = 0.33 < \xi_b = 0.518$$

$$A_s = \frac{\xi b h_0 \alpha_1 f_c}{f_y} = \frac{0.33 \times 200 \times 405 \times 1.0 \times 14.3}{360} \text{ mm}^2 = 1\,061.78 \text{ mm}^2$$

选用 3 ⌀ 22, $A_s = 1\,140 \text{ mm}^2$

配筋率验算

$$\rho = \frac{A_s}{bh} = \frac{1\,140}{200 \times 450} = 1.27\% > \rho_{\min} = \max\left(\frac{0.45 f_t}{f_y} = \frac{0.45 \times 1.43}{360} = 0.18\%, 0.2\%\right)$$

② 次梁斜截面受剪承载力计算（包括复核截面尺寸、腹筋计算和最小配箍率验算）复核截面尺寸：

$h_w = h_0 = 405 \text{ mm}$，且 $h_w/b = 405/200 = 2.025 < 4$，故截面尺寸按下式验算。

$0.25\beta_c f_c b h_0 = 0.25 \times 1.0 \times 14.3 \times 200 \times 405 \text{ N} = 290 \times 10^3 \text{ N} = 290 \text{ kN} > V_{\max} = 82.65 \text{ kN}$

故截面尺寸满足要求。

$0.7 f_t b h_0 = 0.7 \times 1.43 \times 200 \times 405 \text{ N} = 81.0 \times 10^3 \text{ N} = 81.0 \text{ kN} < V_1$ 和 V_2

所以 A、B、C 支座均需要按计算配置箍筋。

$$V \leq V_{cs} = 0.7 f_t b h_0 + f_{yv} \frac{A_{sv}}{s} h_0$$

$$\frac{nA_{sv1}}{s} \geq \frac{V - 0.7 f_t b h_0}{f_{yv} h_0} = \frac{82.65 \times 10^3 - 0.7 \times 1.43 \times 200 \times 405}{270 \times 405} \text{ mm}^2/\text{mm} = 0.014 \text{ mm}^2/\text{mm}$$

选用 ⌀6 双肢箍, $A_{sv1} = 28.3, n = 2$，代入上式得 $s \leq \frac{nA_{sv1}}{0.014} = \frac{2 \times 28.3}{0.014} \text{ mm} = 4\,042.9 \text{ mm}$。为满足箍筋最小间距要求，$s = 200 \text{ mm}$，沿梁长不变，取双肢箍 ⌀6@200。

配箍率验算：

$$\rho_{sv} = \frac{A_{sv}}{bs} = \frac{56.6}{200 \times 200} = 1.42 \times 10^{-3} > \rho_{sv,\min} = 0.24 \frac{f_t}{f_{yv}} = 0.24 \times \frac{1.43}{270} = 1.27 \times 10^{-3}$$

满足要求。

③ 次梁牛腿配筋计算及验算

次梁与楼板相交处设置牛腿用于放置楼板，牛腿作为放置楼板的支座，承受楼板传来的荷载。

牛腿截面高度 $h = 150 \text{ mm}, h_0 = 110 \text{ mm}$，牛腿伸出次梁 80 mm，即牛腿截面宽度 $b = 6\,600 \text{ mm}$。

（a）牛腿截面高度验算。$\beta = 0.8, f_{tk} = 2.01 \text{ N/mm}^2, F_{hk} = 0$（牛腿顶面无水平荷载），$a = 80 \text{ mm}/2 = 40 \text{ mm}$。

F_{vk} 按下式确定：

$$F_{vk} = \frac{(6.93/1.2 + 6.5/1.3) \times 2.3}{2} \text{ kN} = 12.39 \text{ kN}$$

$$\beta\left(1 - 0.5\frac{F_{hk}}{F_{vk}}\right)\frac{f_{tk}bh_0}{0.5 + \frac{a}{h_0}} = 0.8 \times \frac{2.01 \times 6\ 600 \times 110}{0.5 + \frac{40}{110}} \text{ kN} = 1\ 351.76 \text{ kN} > F_{vk}$$

故截面高度满足要求。

（b）牛腿配筋计算。

$$A_s = \frac{F_v a}{0.85 f_y h_0} + 1.2\frac{F_h}{f_y} = \frac{1.2 \times 12.39 \times 10^3 \times 40}{0.85 \times 360 \times 110} \text{ mm}^2 = 17.7 \text{ mm}^2$$

根据构造要求，$A_s \geq \rho_{min} bh = 0.002 \times 6\ 600 \times 150 \text{ mm}^2 = 1\ 980 \text{ mm}^2$，且 $\frac{A_s \geq 0.45 f_t}{f_y bh} = (0.45 \times 1.43 \times 6\ 600 \times 150/360) \text{ mm}^2 = 1\ 769.625 \text{ mm}^2$，纵筋不宜少于 4 根，直径不宜少于 12 mm，所以选用 1 ⌀ 16，$A_s = 2\ 011 \text{ mm}^2$。

（5）次梁吊装阶段验算

对于装配式钢筋混凝土梁板构件，必须进行运输和吊装验算。考虑运输、吊装时的动力作用，构件自重采用设计值，再乘以动力系数：对脱模、翻转、吊装、运输时可取 1.5。对于长 6.6 m 的次梁，吊点设在距离端部 1 m 处。

① 预制梁施工吊环的计算。

在吊装过程，每个吊环可考虑两个截面受力，故吊环截面积可按下式计算

$$A = \frac{G}{2m[\sigma_s]}$$

式中　　G——预制构件自重（不考虑动力系数）的标准值；

　　　　m——受力吊环数，当构件设有 4 个吊环时，最多只能考虑 3 个，取 $m = 3$；

　　　　$[\sigma_s]$——吊环的容许设计应力，考虑动力作用之后，规范规定 $[\sigma_s] = 50 \text{ N/mm}^2$。

吊环取用 HPB300 钢筋，并严禁冷拉，以保持吊环具有良好的塑性。吊环锚深度不少于 $30d$，并宜焊接或绑扎在构件钢筋的骨架上。

预制框架次梁自重 $G = [(0.2 \times 0.45) + (0.08 \times 0.15 \times 2)] \times 25 \times 6.6 \text{ kN} = 18.81 \text{ kN}$

考虑动力系数取 $18.81 \times 1.5 \text{ kN} = 28.22 \text{ kN}$

吊环截面积取：

$$A = \frac{28.22 \times 10^3}{2 \times 2 \times 50} \text{ mm}^2 = 141.08 \text{ mm}^2$$

施工吊环选用 φ14，$A_s = 153.9 \text{ mm}^2 > 141.08 \text{ mm}^2$。

② 吊装阶段受弯承载力验算。

考虑动力系数后，预制框架次梁自重 $G_1 = 28.22 \text{ kN}$

吊装荷载设计值 $g_1 = (28.22/6.475) \text{ kN/m} = 4.36 \text{ kN/m}$

计算简图如图 1-60(e) 所示。

在上述荷载作用下，梁跨中最不利弯矩为

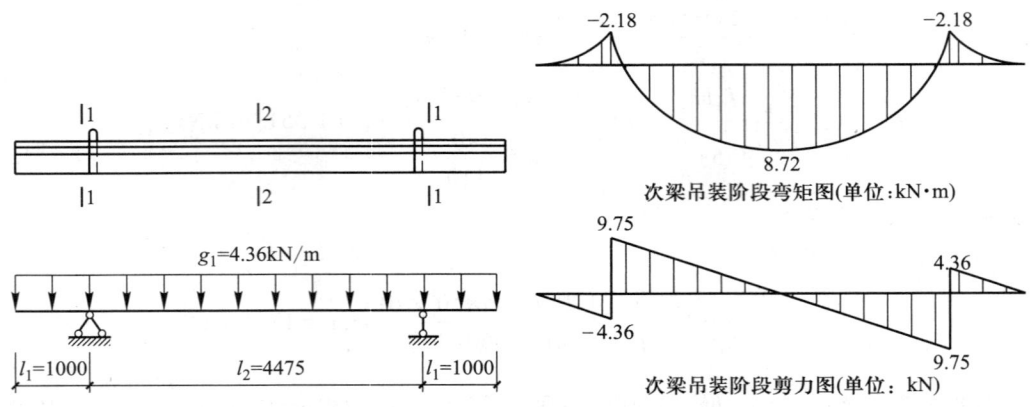

图 1-60(e) 次梁吊装阶段内力图

$$M_1 = \frac{1}{2}g_1 l_1^2 = \frac{1}{2} \times 4.36 \times 1^2 \text{ kN} \cdot \text{m} = 2.18 \text{ kN} \cdot \text{m}$$

$$M_2 = \frac{1}{2}G_1 \frac{l_2}{2} - \frac{1}{8}g_1 l^2 = \left(\frac{1}{2} \times 28.22 \times \frac{1}{2} \times 4.475 - \frac{1}{8} \times 4.36 \times 6.475^2\right) \text{ kN} \cdot \text{m} = 8.72 \text{ kN} \cdot \text{m}$$

1—1 截面：

$$\alpha_s = \frac{M_1}{a_1 f_c b h_0^2} = \frac{2.18 \times 10^6}{1 \times 14.3 \times 200 \times 405^2} = 0.005$$

$$\xi = 1 - \sqrt{1 - 2\alpha_s} = 1 - \sqrt{1 - 2 \times 0.005} = 0.005 < \xi_b = 0.518$$

$$A_s = \frac{a_1 f_c b h_0 \xi}{f_y} = \frac{1.0 \times 14.3 \times 200 \times 405 \times 0.005}{360} \text{ mm}^2 = 16 \text{ mm}^2$$

按最小配筋率计算的钢筋面积 $A_{\min} = 0.002 \times 200 \times 450 \text{ mm}^2 = 180 \text{ mm}^2$；实配钢筋 2 ⊕ 12，$A_s = 226 \text{ mm}^2 > 180 \text{ mm}^2$；满足要求。

2—2 截面：

$$\alpha_s = \frac{M_2}{a_1 f_c b h_0^2} = \frac{8.72 \times 10^6}{1 \times 14.3 \times 200 \times 405^2} = 0.018\ 6$$

$$\xi = 1 - \sqrt{1 - 2\alpha_s} = 1 - \sqrt{1 - 2 \times 0.018\ 6} = 0.018\ 8 < \xi_b = 0.518$$

$$A_s = \frac{a_1 f_c b h_0 \xi}{f_y} = \frac{1.0 \times 14.3 \times 200 \times 405 \times 0.018\ 8}{360} \text{ mm}^2 = 60.4 \text{ mm}^2$$

按最小配筋率计算的钢筋面积 $A_{\min} = 0.002 \times 200 \times 450 \text{ mm}^2 = 180 \text{ mm}^2$；实配钢筋 3 ⊕ 22，$A_s = 1\ 140 \text{ mm}^2 > 180 \text{ mm}^2$；满足要求。

（6）施工阶段挠度验算

规范规定，预制梁施工阶段挠度应满足 $f < l_0/200$。

$f_{tk} = 2.01 \text{ N/mm}^2$，$h_0 = 405 \text{ mm}$，$A_s = 1\ 140 \text{ mm}^2$，$E_s = 200 \text{ kN/mm}^2$，$E_c = 3.0 \times 10^4 \text{ N/mm}^2$，

$$\alpha_E = \frac{E_s}{E_c} = \frac{2.0 \times 10^5}{3.0 \times 10^4} = 6.67, \rho = \frac{A_s}{bh_0} = 0.014, \rho_{te} = \frac{A_s}{0.5bh} = 0.025\ 3$$

$$\sigma_{sq} = \frac{M_q}{0.87 h_0 A_s} = \left(\frac{32.88 \times 10^6}{0.87 \times 405 \times 1\,140}\right) \text{N/mm}^2 = 81.86 \text{ N/mm}^2。$$

$$\psi = 1.1 - \frac{0.65 f_{tk}}{\rho_{te} \sigma_{sq}} = 1.1 - \frac{0.65 \times 2.01}{0.025\,3 \times 81.86} = 0.47$$

$$B_s = \frac{E_s A_s h_0^2}{\psi/\eta + \alpha_E \rho/\zeta} = \frac{E_s A_s h_0^2}{1.15\psi + 0.2 + 6\alpha_E \rho} = \frac{2.0 \times 10^5 \times 1\,140 \times 405^2}{1.15 \times 0.47 + 0.2 + 6 \times 6.67 \times 0.014} \text{N} \cdot \text{mm}^2$$

$$= 2.875 \times 10^{13} \text{ N} \cdot \text{mm}^2$$

预制梁施工阶段挠度：$f_s = \dfrac{5 M_q l_0^2}{48 \times B_s} = \dfrac{5 \times 9.35 \times 10^6 \times 6\,600^2}{48 \times 2.875 \times 10^{13}}$ mm

$$= 1.48 \text{ mm} < l_0/200 = 6\,600 \text{ mm}/200 = 33 \text{ mm}$$

满足要求。

（7）次梁施工图的绘制

次梁配筋图如图 1-60（f）所示，其中次梁纵筋锚固长度确定；伸入墙支座时，梁顶面纵筋的锚固长度按下式确定：

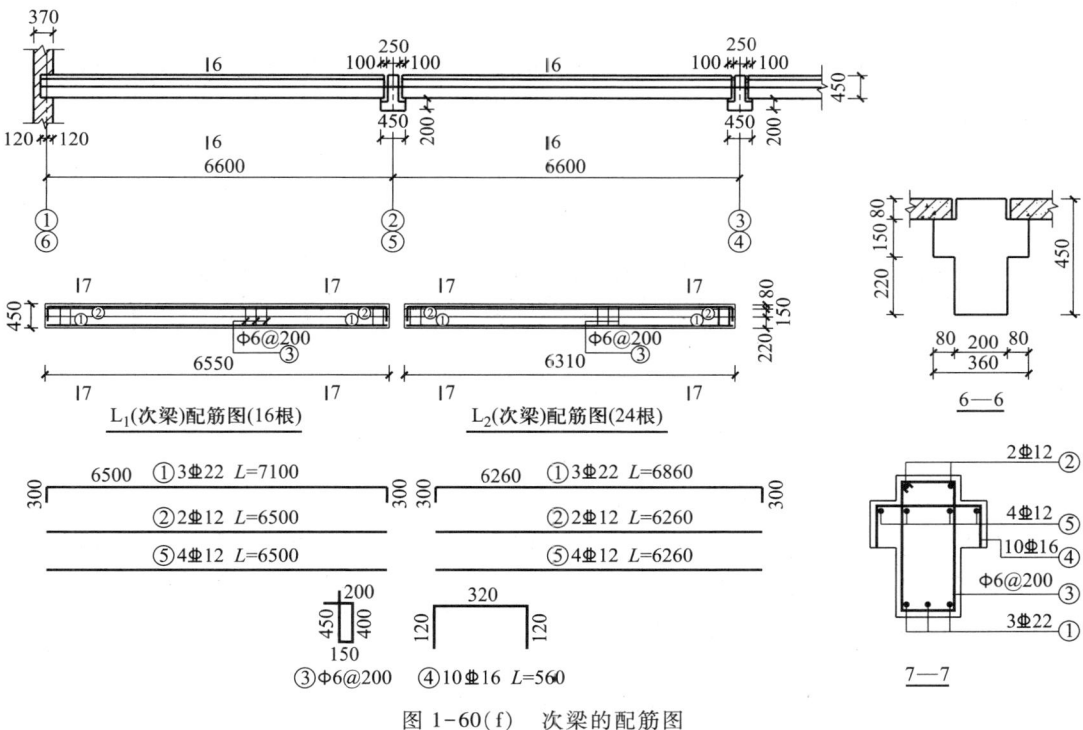

图 1-60（f） 次梁的配筋图

$$l = l_a = \alpha \frac{f_y}{f_t} d = 0.14 \times \frac{360}{1.43} \times 12 \text{ mm} = 422.9 \text{ mm}，取 500 \text{ mm}（此时钢筋没有达到钢材的抗拉强度设计值）。$$

伸入墙支座时，梁底面纵筋的锚固长度：$l = 12d = 12 \times 22$ mm $= 264$ mm，取 280 mm。牛腿的纵向受拉钢筋的一端沿牛腿外缘弯折，并伸入梁内 150 mm；另一端通长两边的牛腿。

5. 主梁的设计

(1) 主梁的计算简图

主梁的实际结构如图 1-61(a)所示,由图可知,主梁端部支承在墙上的支承长度 a 为 370 mm,中间支承在 400 mm×400 mm 的混凝土柱上,其计算跨度按以下方法确定:

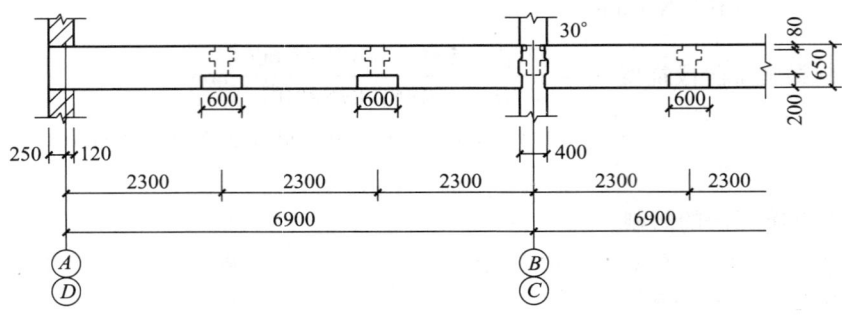

图 1-61(a) 主梁的实际结构

边跨 l_{n1} = (6 900−200−120) mm = 6 580 mm,因为 $0.05 l_{n1}$ = 329 mm > $a/2$ = 185 mm,所以边跨取 $l_{01} = l_{n1} + a$ = (6 580+370) mm = 6 950 mm,中跨 l = 6 950 mm。

计算简图如图 1-61(b)所示。

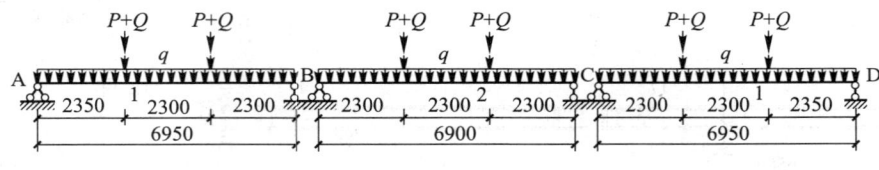

图 1-61(b) 主梁的计算简图

(2) 主梁的荷载设计值计算

永久荷载:

次梁传来的永久荷载(含牛腿)　　P = (10.58×6.6+0.6×0.2×0.1×25) kN = 70.13 kN

主梁自重(含粉刷)　q = (0.65×0.25×25+2×0.65×0.015×17)×1.2 kN/m = 5.27 kN/m

可变荷载:Q = 14.95×6.6 kN = 98.67 kN

(3) 主梁的内力计算

在装配式混凝土楼盖中,采用预制混凝土简支梁。

① 剪力设计值。主梁剪力可利用结构力学相关知识进行计算,也可直接利用结构力学求解器求解。手算过程如下:

$$V_{1\text{左}} = -\frac{\left[(70.13+98.67)\times 2.3\times 2 + (70.13+98.67)\times 2.3 + 5.27\times \dfrac{6.95^2}{2}\right]}{6.95}\text{kN}$$
$$= -185.90 \text{ kN}$$

$$V_{1\text{右}} = -\frac{\left[(70.13+98.67)\times (2.3+2.35) + (70.13+98.67)\times 2.3 + 5.27\times \dfrac{6.95^2}{2}\right]}{6.95}\text{kN}$$
$$= -187.11 \text{ kN}$$

$$V_2 = -\frac{\left[(70.13+98.67)\times 2.3\times 2 + (70.13+98.67)\times 2.3 + 5.27\times \dfrac{6.9^2}{2}\right]}{6.9}\text{kN} = -186.98 \text{ kN}$$

结构力学求解器计算结果如图 1-61(c)所示。

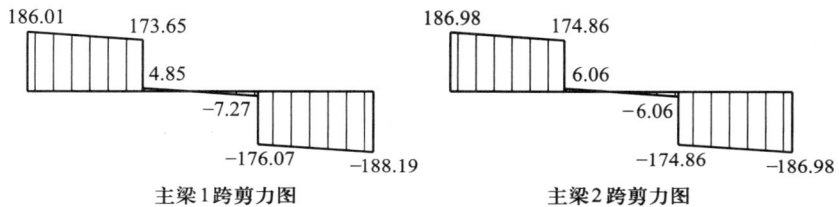

图 1-61(c) 主梁的剪力图

② 主梁弯矩值计算。可利用结构力学求解器直接计算[图 1-61(d)]。也可以用结构力学相关知识进行手算。

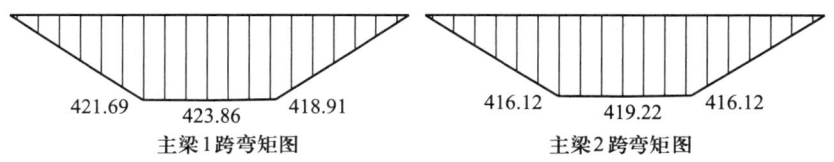

图 1-61(d) 主梁的弯矩图

$$M_1 = \left[\frac{1}{8}\times 5.27\times 6.95^2 + (70.13+98.67)\times \frac{2.3}{2} - 185.90\times \left(2.35+\frac{2.3}{2}\right)\right]\text{kN}\cdot\text{m}$$
$$= -424.71 \text{ kN}\cdot\text{m}$$
$$M_2 = \left[\frac{1}{8}\times 5.27\times 6.9^2 + (70.13+98.67)\times \frac{2.3}{2} - 186.98\times 2.3\times 1.5\right]\text{kN}\cdot\text{m}$$
$$= -419.58 \text{ kN}\cdot\text{m}$$

(4) 主梁的配筋计算承载力计算

C30 混凝土,$\alpha_1 = 1.0$,$f_c = 14.3 \text{ N/mm}^2$,$f_t = 1.43 \text{ N/mm}^2$;保护层厚 $c = 25$ mm,$h_0 = (650-70)$ mm $= 580$ mm,$b = 250$ mm;纵向钢筋采用 HRB400,其中 $f_y = 360 \text{ N/mm}^2$;箍筋采用 HPB300,$f_{yv} = 270 \text{ N/mm}^2$。

① 主梁正截面受弯承载力计算及纵筋的计算。

跨中正弯矩按单筋矩形截面梁计算,正截面受弯承载力的计算过程见表1-21。

表1-21 主梁正截面受弯承载力及配筋计算

截面	$M/$ (kN·m)	h_0	$\alpha_s = M/\alpha_1 f_c bh_0^2$	$\xi = 1-\sqrt{1-2\alpha_s}$	是否按构造配筋	$A_s = \xi bh_0 \alpha_1 f_c / f_y /\text{mm}^2$	实配钢筋
1 边跨中	424.71	580	$\dfrac{424.71\times10^6}{1.0\times14.3\times250\times580^2}=0.353$	0.458	是	2 638	6⊕25 $A_s=2\,945$
2 中间跨中	419.58	580	$\dfrac{419.58\times10^6}{1.0\times14.3\times250\times580^2}=0.349$	0.451	是	2 598	6⊕25 $A_s=2\,945$

配筋率验算:$\rho = \dfrac{A_s}{bh} = \dfrac{2\,945}{250\times610} = 1.93\% > \rho_{\min} = \max\left(\dfrac{0.45f_t}{f_y}, 0.2\%\right)$

② 主梁箍筋计算——斜截面受剪承载力计算。

$h_w = h_0 = 580$ mm,且 $h_w/b = 580/250 = 2.32 < 4$,故截面尺寸按下式验算:$0.25\beta_c f_c bh_0 = 0.25\times1.0\times14.3\times250\times580$ kN $= 518.38$ kN $> V_{\max} = 187.11$ kN

可知截面尺寸满足要求。

验算是否需要计算配置箍筋:

$$0.7f_t bh_0 = 0.7\times1.43\times250\times580 \text{ kN} = 145.15 \text{ kN} < V$$

故支座A,B均需进配置箍筋计算。

计算所需腹筋,采用 φ8@200 双肢箍。计算如下:

$$\rho_{sv} = \dfrac{A_{sv}}{bs} = \dfrac{50.3\times2}{250\times200} = 0.20\% > 0.24\dfrac{f_t}{f_{yv}} = 0.113\%,\text{满足要求。}$$

$$V_{cs} = 0.7f_t bh_0 + f_{yv}\dfrac{A_{sv}}{s}h_0$$

$$= \left(0.7\times1.43\times250\times580 + 270\times\dfrac{50.3\times2}{200}\times580\right) \text{kN}$$

$$= 223.91 \text{ kN} > V_{\max} = 190.17 \text{ kN}$$

因此不需要按计算配置弯起钢筋。

③ 次梁两侧附加横向钢筋计算。

次梁传来的集中力 $F = G+Q = (70.13+98.67)$ kN $= 168.80$ kN

$s = 2h_1 + 3b = (2\times200+3\times200)$ mm $= 1\,000$ mm

配吊筋 1φ18,附加箍筋 φ8@ 双肢箍,则需要附加箍筋的排数为:

$2f_y A_s \sin\alpha + mnf_{yv}A_{sv1} \geqslant F$

$2\times270\times254.3\times\sin45° + m\times2\times270\times50.3 \geqslant 168.80\times1\,000, m \geqslant 2.6$ 个。

因为附加箍筋需要对称布置,因此配置的附加箍筋为每侧 2 个 φ8@100,共 4 个,大于 2.6 个。

④ 主梁牛腿配筋计算及验算。

主梁与次梁相交处设置牛腿用于放置次梁,牛腿作为放置楼板的支座,承受楼板传来的荷载:

牛腿截面高度 $h = 200$ mm,$h_0 = 170$ mm,牛腿伸出次梁 100 mm,牛腿截面宽度 $b = 600$ mm。

(a) 牛腿截面高度验算。$\beta = 0.8$,$f_{tk} = 2.01$ N/mm²,$F_{hk} = 0$(牛腿顶面无水平荷载),$a = 100$ mm/2 = 50 mm。

F_{vk} 按下式确定:

$$F_{vk} = (70.13/1.2 + 98.67/1.3) \text{ kN} = 134.34 \text{ kN}$$

$$\beta\left(1-0.5\frac{F_{hk}}{F_{vk}}\right)\frac{f_{tk}bh_0}{0.5+\frac{a}{h_0}} = 0.8 \times \frac{2.01 \times 600 \times 170}{0.5+\frac{50}{170}} \text{kN} = 206.54 \text{ kN} > F_{vk}$$

故截面高度满足要求。

(b) 牛腿配筋计算。

$$A_s = \frac{F_v a}{0.85 f_y h_0} + 1.2\frac{F_h}{f_y} = \frac{1.2 \times 134.34 \times 10^3 \times 50}{0.85 \times 360 \times 170} \text{mm}^2 = 154.95 \text{ mm}^2$$

根据构造要求,$A_s \geq \rho_{min} bh = 0.002 \times 600 \times 200$ mm² = 240 mm²,且 $A_s \geq \frac{0.45 f_t}{f_y bh} = 0.45 \times 1.43 \times 600 \times 200$ mm²/360 = 214.5 mm²,纵筋不宜少于 4 根,直径不宜少于 12 mm,所以选用 4⌀12,$A_s = 452$ mm²。

(5) 吊装验算

根据《规范》,吊环的设置位置应能保证预制部分梁、板在吊装、运输过程中均匀受力,因此在距离梁两端 1 m 处设置吊环,并在吊点处混凝土进行承载力复核验算,根据《装配式混凝土结构技术规程》(JGJ 1—2014),吊装时荷载等于主梁自重乘以动力系数 1.5,所受弯矩、剪力用结构力学求解器,结果如图 1-61(e)所示。

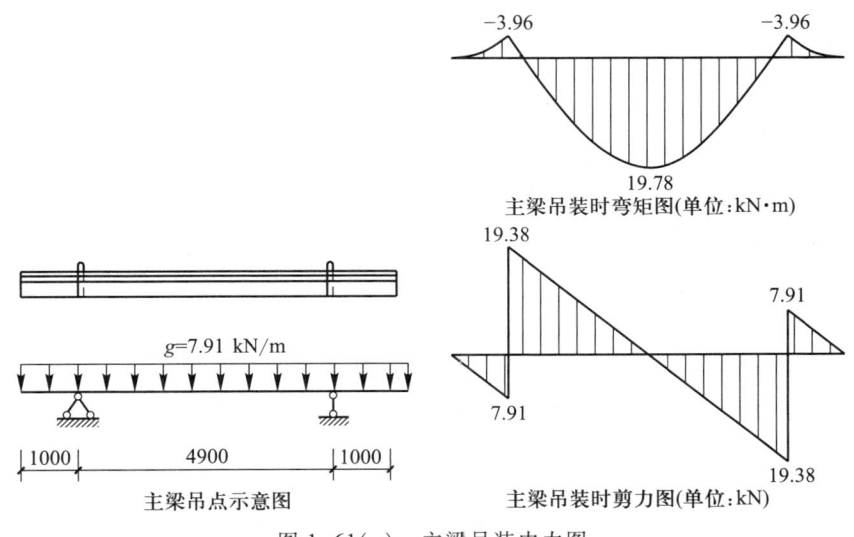

图 1-61(e) 主梁吊装内力图

① 受弯承载力验算：

$$\alpha_s = \frac{M_q}{a_1 f_c b h_0^2} = \frac{19.78 \times 10^6}{1 \times 14.3 \times 250 \times 580^2} = 0.016$$

$$\xi = 1 - \sqrt{1-2\alpha_s} = 1 - \sqrt{1-2\times 0.016} = 0.017 < \xi_b = 0.518$$

$$A_s = \frac{a_1 f_c b h_0 \xi}{f_y} = \frac{1.0 \times 14.3 \times 250 \times 580 \times 0.017}{360} \text{mm}^2 = 98 \text{ mm}^2$$

实配钢筋 6 ⏀ 25, A_s = 2 945 mm² > 98 mm²，满足要求。

由于吊装时主梁吊环处承受负弯矩，按构造配置上部通长钢筋 2 ⏀ 10。

② 受剪承载力验算。

根据上述受剪截面斜截面承载力计算得：

$$V_{cs} = 235.50 \text{ kN} > (19.38 + 7.91) \text{kN} = 27.29 \text{ kN}$$

箍筋承担最大剪力，满足要求。

③ 挠度验算。规范规定，预制梁施工阶段挠度应满足 $f < l_0/200$。

$f_{tk} = 2.01 \text{ N/mm}^2$, $h_0 = 610$ mm, $A_s = 2\ 945$ mm², $E_s = 200$ kN/mm²,

$E_c = 300$ kN/mm², $\alpha_E = E_s/E_c = 6.67$, $\rho = \dfrac{A_s}{bh_0} = 0.02$, $\rho_{te} = \dfrac{A_s}{0.5bh} = 0.036$

$$\sigma_{sq} = \frac{M_q}{0.87 h_0 A_s} = \frac{19.78 \times 10^6}{0.87 \times 580 \times 2\ 945} = 13.31 \text{ N/mm}^2$$

$$\psi = 1.1 - \frac{0.65 f_{tk}}{\rho_{te} \sigma_{sq}} = 1.1 - \frac{0.65 \times 2.01}{0.040 \times 13.31} = -1.63 < 0.2$$

当 $\psi < 0.2$ 时，应取 $\psi = 0.2$

$$B_s = \frac{E_s A_s h_0^2}{\psi/\eta + \alpha_E \rho/\zeta} = \frac{E_s A_s h_0^2}{1.15\psi + 0.2 + 6\alpha_E \rho} = \frac{2.0 \times 10^5 \times 2\ 945 \times 580^2}{1.15 \times 0.2 + 0.2 + 6 \times 6.67 \times 0.020} = 1.61 \times 10^{14}$$

预制梁施工阶段挠度：$f_s = \dfrac{5 M_q l_0^2}{48 \times B_s} = \dfrac{5 \times 19.78 \times 10^6 \times 6\ 900^2}{48 \times 1.61 \times 10^{14}}$ mm

$= 0.61 \text{ mm} < l_0/200 = 6\ 900 \text{ mm}/200 = 34.5 \text{ mm}$

满足要求。

④ 吊环验算。在吊装过程，每个吊环可考虑两个截面受力，故吊环截面积可按下式计算

$$A = \frac{G}{2m[\sigma_s]}$$

式中　G——预制构件自重（不考虑动力系数）的标准值；

　　　m——受力吊环数，当构件设有 4 个吊环时，最多只能考虑 3 个，取 m = 3；

　　　$[\sigma_s]$——吊环的容许设计应力，考虑动力作用之后，规范规定 $[\sigma_s]$ = 50 N/mm²。

吊环取用 HPB300 钢筋，并严禁冷拉，以保持吊环具有良好的塑性。吊环锚深度不少于 $30d$，并宜焊接或绑扎在构件钢筋的骨架上。

主梁考虑动力荷载自重 G = 7.91×6.9 kN = 54.58 kN

吊环截面积取

$$A = \frac{54.58 \times 10^3}{2 \times 2 \times 50} \text{mm}^2 = 273 \text{ mm}^2$$

施工吊环选用 $\phi 20$，$A_s = 314 \text{ mm}^2 > 273 \text{ mm}^2$。

主梁配筋图如图 1-61(f)所示。

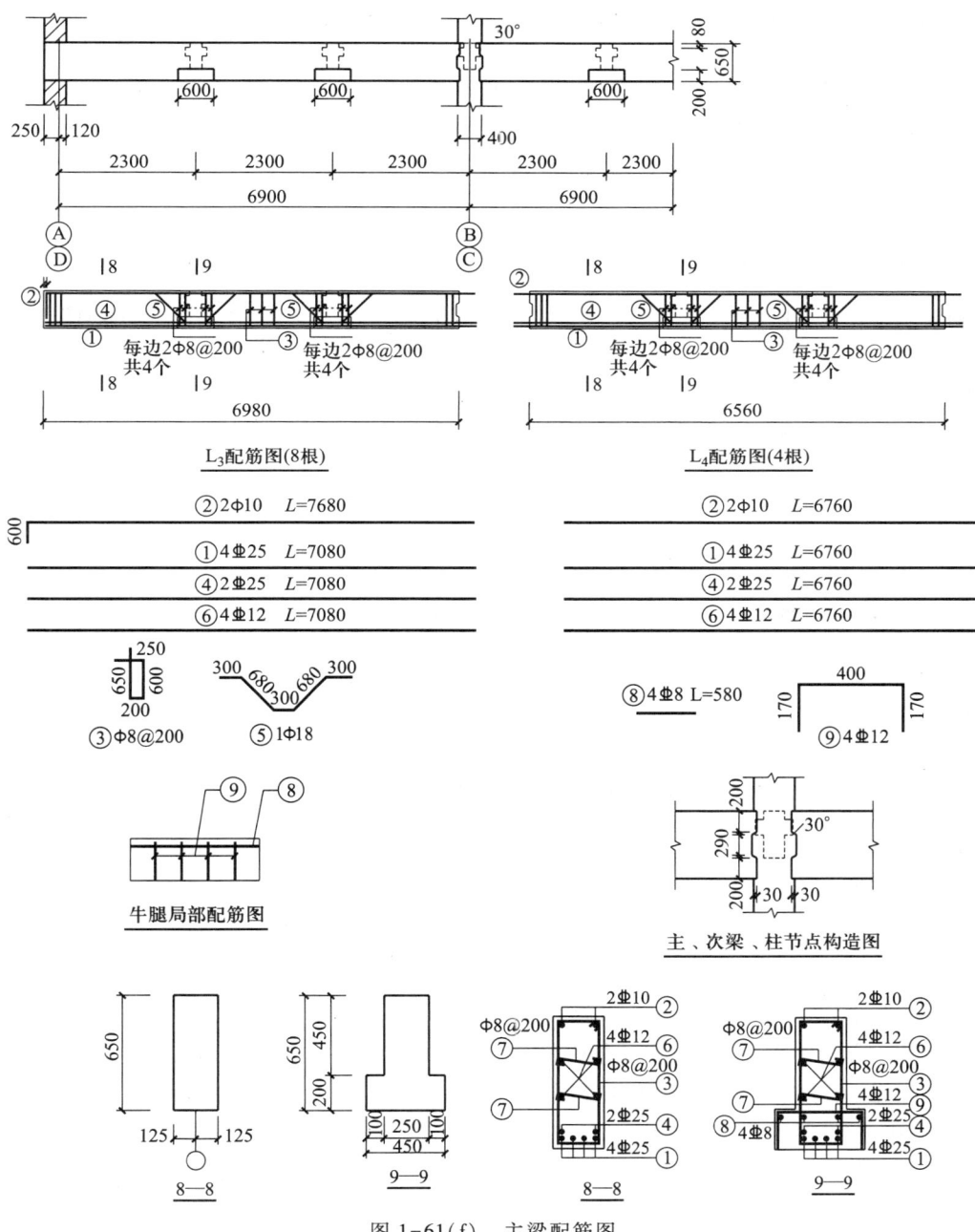

图 1-61(f) 主梁配筋图

(6) 主梁施工图绘制

伸入墙支座时，梁顶面的锚固长度按下式确定，即

$$l = l_a = \alpha \frac{f_y}{f_t} d = 0.14 \times \frac{360}{1.27} \times 24 \text{ mm} = 952 \text{ mm}, \quad 取 \ 1\ 000 \text{ mm}。$$

梁底面纵筋的锚固长度：$12d = 12 \times 24$ mm $= 288$ mm，取 300 mm。

楼盖结构平面布置及配筋图如图 1-62 所示（书后附图）。

1.6.6 装配整体式单向板肋梁楼盖设计

某厂房用楼盖，平面尺寸为 33 m×20.7 m，层高 4.5 m，四周为承重墙，室内设置 8 个立柱（柱截面尺寸取为 400 mm×400 mm），楼盖平面图如图 1-63 所示，楼盖做法见图 1-64，楼盖采用装配整体式的钢筋混凝土单向板肋梁楼盖，试设计之。

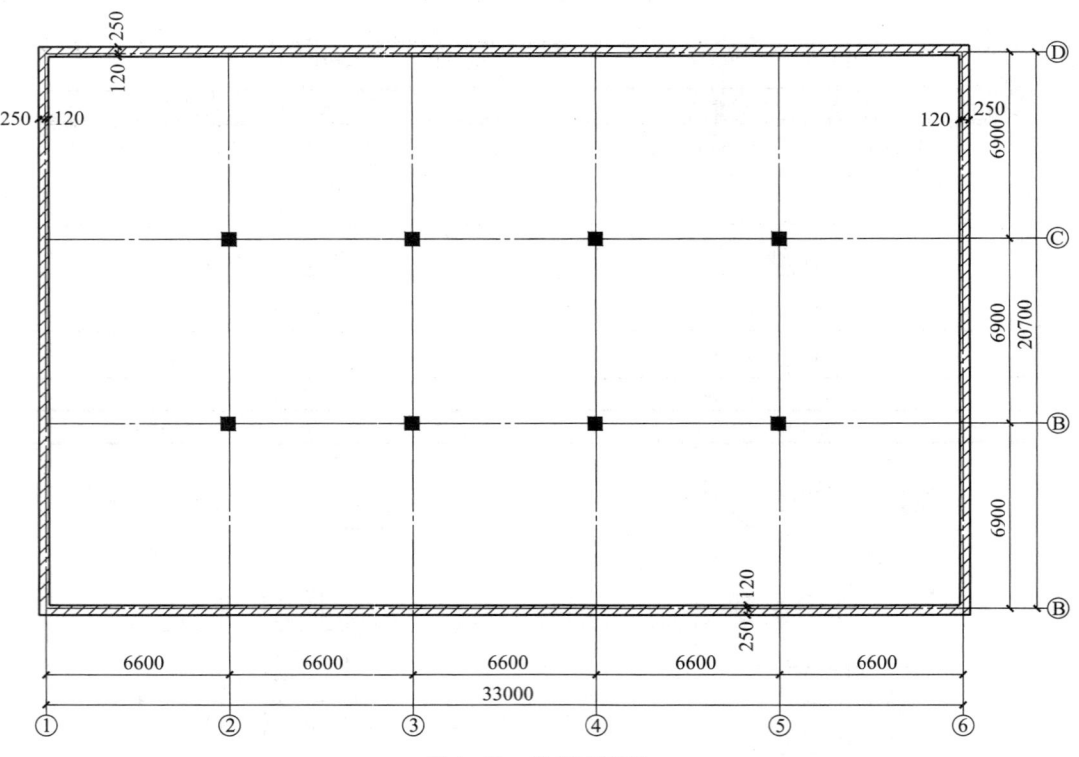

图 1-63 楼盖平面图

设计要求：（1）板、次梁内力按塑性内力重分布方法计算；（2）主梁内力按弹性理论计算；（3）绘出结构平面布置图、板、次梁和主梁的模板及配筋图。

进行钢筋混凝土装配整体式单向板肋梁楼盖设计主要解决的问题有：（1）计算简图；（2）整体内力分析；（3）预制构件内力分析；（4）截面配筋计算；（5）吊装验算；（6）施工阶段验算；（7）构造要求；

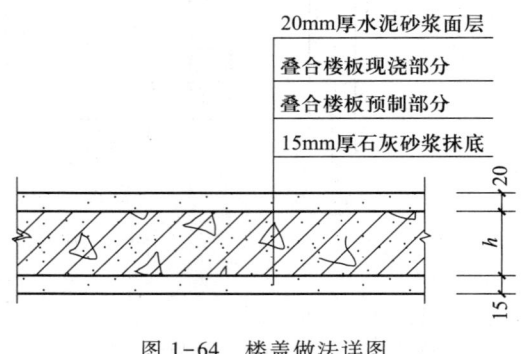

图 1-64 楼盖做法详图

(8)施工图绘制。

整体式单向板肋梁楼盖设计步骤如下：

1. 设计资料

其中荷载及材料如下：

(1) 楼盖均布可变荷载标准值：$q_k = 5 \text{ kN/m}^2$；

(2) 楼盖做法如图 1-64 所示：楼盖面层用 20 mm 厚水泥砂浆抹面（$\gamma = 20 \text{ kN/m}^3$），板底及梁用 15 mm 厚石灰砂浆抹底（$\gamma = 17 \text{ kN/m}^3$）；

(3) 材料强度等级：混凝土强度等级采用 C30，主梁和次梁的纵向受力钢筋采用 HRB400，板钢筋、主次梁的箍筋采用 HPB300。

2. 楼盖梁格布置及截面尺寸确定

(1) 确定主梁的跨度为 6.9 m，次梁的跨度为 6.6 m，主梁每跨内布置两根次梁，板的跨度为 2.3 m。

(2) 按高跨比条件要求板的厚度 $h \geq l/40 = 2\,300 \text{ mm}/40 = 57.5 \text{ mm}$，对工业建筑的叠合楼板，要求预制部分厚度 $h_1 \geq 60 \text{ mm}$，叠合部分 $h_2 \geq 60 \text{ mm}$ 所以板厚取 $h = 120 \text{ mm}$。

(3) 次梁截面高度应满足：$h = l/18 \sim l/12 = (6\,600/18 \sim 6\,600/12) \text{ mm} = 367 \sim 550 \text{ mm}$，取 $h = 450 \text{ mm}$，截面宽度 $b = (1/2 \sim 1/3)h$，取 $b = 200 \text{ mm}$。

(4) 主梁截面高度应满足：$h = l/14 \sim l/8 = (6\,900/14 \sim 6\,900/8) \text{ mm} = 493 \sim 863 \text{ mm}$，取 $h = 650 \text{ mm}$，截面宽度取为 $b = 250 \text{ mm}$。楼盖结构平面布置图如图 1-65 所示。

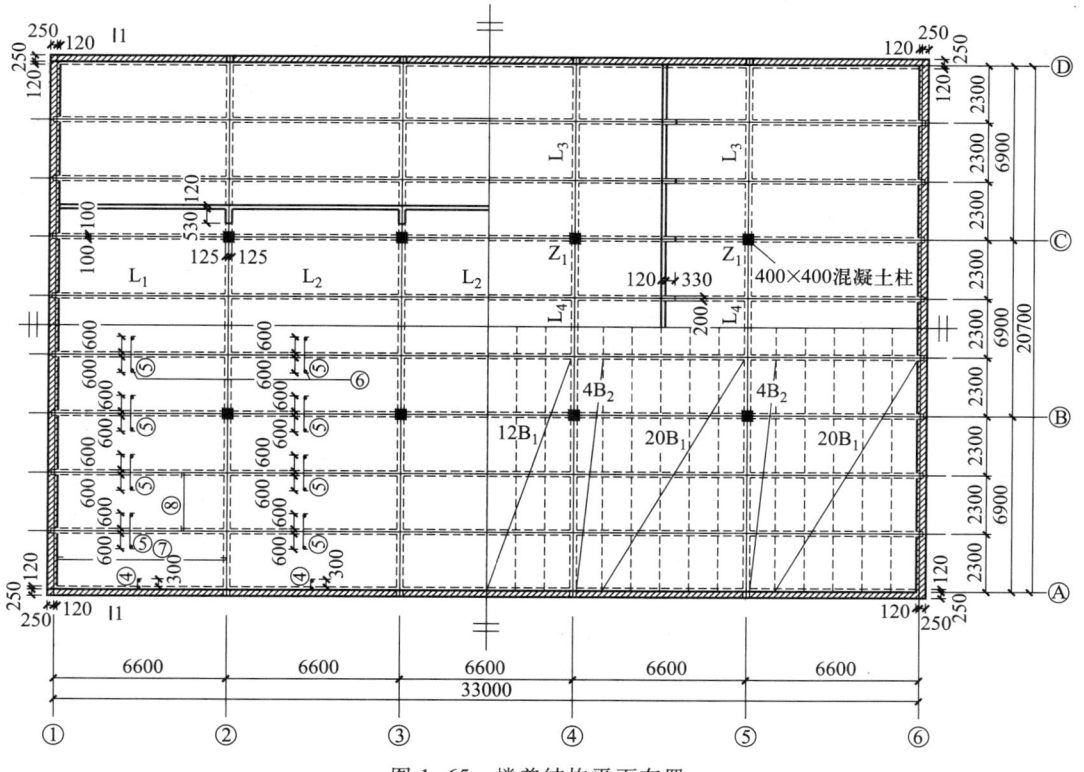

图 1-65 楼盖结构平面布置

3. 板的设计

(1) 预制部分板的计算简图

取 1.1 m 板宽作为计算单元,由板的实际结构图[图 1-66(a)]可知:次梁截面为 $b=200$ mm,叠合板在墙上的支承长度为 $a=120$ mm,板厚 $h=120$ mm,预制部分按简支板设计,板的计算跨度如下:

边跨:$l_{01}=(2\,300-60)$ mm $=2\,240$ mm

中跨:$l_{02}=2\,300$ mm

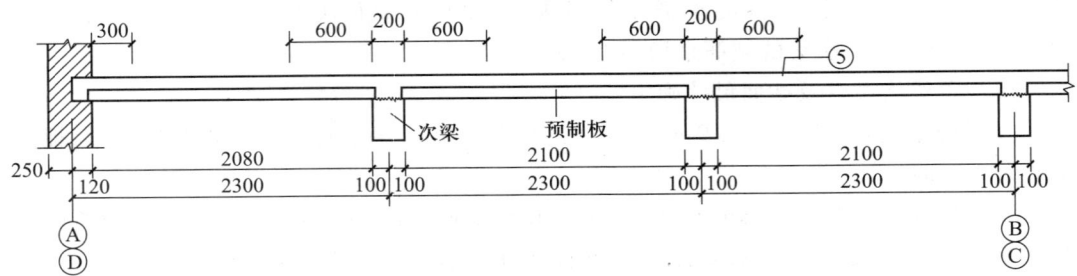

图 1-66(a) 板的实际结构图

板的计算简图如 1-66(b)所示。

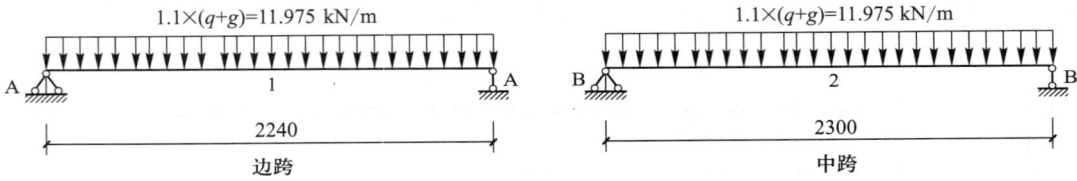

图 1-66(b) 叠合板预制部分的计算简图

(2) 板承受的荷载

永久荷载标准值

20 mm 水泥砂浆面层 0.02×20 kN/m² = 0.4 kN/m²

120 mm 钢筋混凝土板 0.12×25 kN/m² = 3 kN/m²

15 mm 混合砂浆天棚抹灰 0.015 kN/m²×17 = 0.255 kN/m²

小计   3.655 kN/m²

可变荷载标准值: 5 kN/m²

因为可变荷载较大,可变荷载起控制作用,永久荷载的分项系数取 1.2;因为是工业建筑且楼面可变荷载标准值大于 4.0 kN/m²,所以可变荷载分项系数取 1.3。

永久荷载设计值:$g=3.655\times 1.2$ kN/m² $=4.386$ kN/m²

可变荷载设计值:$q=5\times 1.3$ kN/m² $=6.5$ kN/m²

荷载总设计值:$g+q=(4.386+6.5)$ kN/m² $=10.886$ kN/m²,则 1.1 m 板宽为计算单元时,板上荷载 $1.1\times(g+q)=1.1\times(4.386+6.5)$ kN/m² $=11.975$ kN/m²。

(3) 板的内力——弯矩设计值的计算

叠合板预制部分按简支板计算,板的弯矩设计值计算如下:

边跨　$M = \dfrac{1}{8}ql^2 = \dfrac{1}{8} \times 11.975 \times 2.24^2 \text{ kN} \cdot \text{m} = 7.511 \text{ kN} \cdot \text{m}$

中跨　$M = \dfrac{1}{8}ql^2 = \dfrac{1}{8} \times 11.975 \times 2.3^2 \text{ kN} \cdot \text{m} = 7.919 \text{ kN} \cdot \text{m}$

（4）板预制部分配筋计算——正截面受弯承载力计算

将预制板简化为矩形板计算，板宽取 1 100 mm，偏于安全，板厚 120 mm，保护层 $c = 20$ mm，$h_0 = (120-25)$ mm $= 95$ mm；C30 混凝土，$\alpha_1 = 1.0$，$f_c = 14.3 \text{ N/mm}^2$，$f_t = 1.43 \text{ N/mm}^2$；HPB300 钢筋，$f_y = 270 \text{ N/mm}^2$，$f'_y = 270 \text{ N/mm}^2$。

板配筋计算过程见表 1-22(a)。

表 1-22(a)　板的配筋计算过程

截面位置	$M/(\text{kN} \cdot \text{m})$	$\alpha_s = M/\alpha_1 f_c b h_0^2$	$\xi = 1-\sqrt{1-2\alpha_s}$	$A_s = \xi b h_0 \alpha_1 f_c / f_y / \text{mm}^2$
1（边跨跨中）	7.511	0.053	0.054 5	302
2（中跨跨中）	7.919	0.056	0.057 7	**319**

（5）施工阶段计算

按照《建筑结构荷载规范》（GB 50009—2012）（后简称《荷载规范》），现浇楼板施工荷载取 1.0 kN/m²，对于预制楼板，将承受较大施工荷载，本工程取 2.0 kN/m²，楼板自重为 $g_k = 3.655 \times 1.2 \text{ kN/m}^2 = 4.386 \text{ kN/m}^2$，$q_k = 2 \text{ kN/m}^2$，板宽 $h = 1\,100$ mm，边跨 $l_{01} = 2\,240$ mm，中跨 $l_{02} = 2\,300$ mm，$h_0 = (60-25)$ mm $= 35$ mm。

板的跨中弯矩：

边跨　$M = \dfrac{1}{8}ql^2 = \dfrac{1}{8} \times (2+4.386) \times 1.1 \times 2.24^2 \text{ kN} \cdot \text{m} = 4.406 \text{ kN} \cdot \text{m}$

中跨　$M = \dfrac{1}{8}ql^2 = \dfrac{1}{8} \times (2+4.386) \times 1.1 \times 2.3^2 \text{ kN} \cdot \text{m} = 4.645 \text{ kN} \cdot \text{m}$

施工阶段所需钢筋面积计算过程见表 1-22(b)。

表 1-22(b)　板的配筋计算过程

截面位置	$M/(\text{kN} \cdot \text{m})$	$\alpha_s = M/\alpha_1 f_c b h_0^2$	$\xi = 1-\sqrt{1-2\alpha_s}$	$A_s = \xi b h_0 \alpha_1 f_c / f_y / \text{mm}^2$
1（边跨跨中）	4.406	**0.229**	0.264	**538**
2（中跨跨中）	4.645	0.241	0.280	**571**

可见截面位置为中跨跨中的板所承受的弯矩对于预制楼板施工阶段所需钢筋面积计算起控制作用。

选用 φ12@200，$A_s = 565 \times 1.1 \text{ mm}^2 = 621.5 \text{ mm}^2$。

施工阶段挠度验算：

规范规定，楼板跨度 $l_0 < 7.0$ m，挠度应满足 $f < \dfrac{l_0}{200}$，$f_{tk} = 2.01 \text{ N/mm}^2$，边跨和中跨截面相同，只需验算荷载较大的中跨。$h_0 = (60-25)$ mm $= 35$ mm，$A_s = 621.5 \text{ mm}^2$，$E_s = 200 \text{ kN/mm}^2$，$E_c = 30 \text{ kN/mm}^2$，$\alpha_E = E_s/E_c = 6.67$，

$$\rho = \frac{A_s}{bh_0} = \frac{621.5}{1\ 100\times 35} = 0.016\ 1,$$

$$\rho_{te} = \frac{A_s}{0.5bh_0} = \frac{621.5}{0.5\times 1\ 100\times 35} = 0.032\ 3$$

$$\sigma_{sq} = \frac{M_q}{0.87h_0 A_s} = \frac{4\ 645\ 000}{0.87\times 35\times 621.5}\text{N/mm}^2 = 245.45\ \text{N/mm}^2$$

$$\psi = 1.1 - 0.65\frac{f_{tk}}{\rho_{te}\sigma_{sq}} = 1.1 - 0.65\times\frac{2.01}{0.032\ 3\times 245.45} = 0.935$$

$$B_s = \frac{E_s A_s h_0^2}{\psi/\eta+\alpha_E\rho/\zeta} = \frac{E_s A_s h_0^2}{1.15\psi+0.2+6\alpha_E\rho} = \frac{200\ 000\times 621.5\times 35^2}{1.15\times 0.935+0.2+6\times 0.016\ 1\times 6.67}\text{N}\cdot\text{mm}^2$$

$$= 7.93\times 10^{10}\ \text{N}\cdot\text{mm}^2$$

$$f_s = \frac{5M_q l_0^2}{48B_s} = \frac{5\times 4\ 645\ 000\times 2\ 300}{48\times 7.9\times 10^{10}}\text{mm} = 32.4\ \text{mm} > \frac{l_0}{200}\text{mm} = 11.5\ \text{mm}$$

挠度不满足正常使用要求,根据《规范》,施工期间需要布置可靠支撑。

短方向按构造配筋,选用 φ8@200。

(6) 现浇部分楼板计算——按考虑塑性内力重分布方法计算

现浇部分在楼板上部,按连续板计算,配置钢筋承受支座负弯矩。

① 现浇部分板的计算简图。

取 1 m 板宽作为计算单元,由板的实际结构如图 1-66(a)可知:次梁截面为 $b = 200$ mm, 叠合板在墙上的支承长度为 $a = 120$ mm,现浇部分按连续板设计,板的计算跨度如下:

边跨 $l_n + \frac{a}{2} = \left(2\ 300-120-\frac{200}{2}\right)\text{mm} + \frac{120}{2}\text{mm} = 2\ 140\ \text{mm}$

中跨 $l_n + \frac{a}{2} = (2\ 300-200)\text{mm} = 2\ 100\ \text{mm}$

板的计算简图如图 1-66 (c)所示。

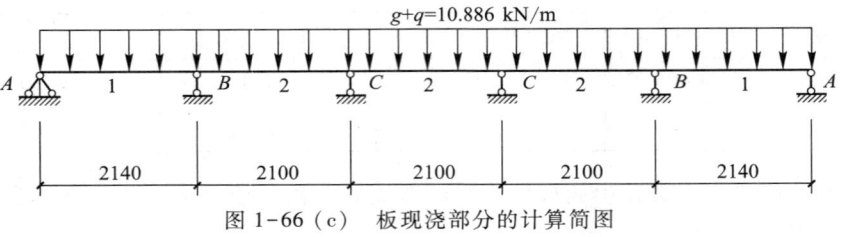

图 1-66 (c) 板现浇部分的计算简图

② 现浇部分板支座最大负弯矩。

因边跨与中跨的计算跨度相差 $\frac{2\ 140-2\ 100}{2\ 100} = 1.9\%$ 小于 10%,可按等跨连续板计算,由表 1-2 可查得板的弯矩系数 α_M,板的弯矩设计值计算过程见表 1-23(a)。

表1-23(a)　板的弯矩设计值的计算过程

截面位置	计算跨度 l_0/m	弯矩系数 α_M	$M = \alpha_M(g+q)l_0^2/(kN \cdot m)$
B(离端第二支座)	$l_{01} = 2.14$	$-1/11$	$-10.886 \times 2.14^2/11 = -4.532$
C(中间支座)	$l_{02} = 2.10$	$-1/14$	$-10.886 \times 2.1^2/14 = -3.429$

③ 板现浇部分配筋计算——支座受弯承载力计算。

将预制板简化为矩形板计算,板宽取1 000 mm,偏于安全,板厚120 mm,保护层$c = 20$ mm,$h_0 = (120-25)$ mm $= 95$ mm;C30混凝土,$\alpha_1 = 1.0$,$f_c = 14.3$ N/mm^2,$f_t = 1.43$ N/mm^2;HPB300钢筋,$f_y = 270$ N/mm^2,$f_y' = 270$ N/mm^2。

板配筋计算过程见表1-23(b)。

表1-23(b)　板的配筋计算过程

截面位置	M/(kN·m)	$\alpha_s = M/\alpha_1 f_c b h_0^2$	$\xi = 1-\sqrt{1-2\alpha_s}$	$A_s = \xi b h_0 \alpha_1 f_c/f_y/mm^2$	实际配筋
B(离端第二支座)	-4.532	**0.035 1**	0.036	**181**	选用
C(中间支座)	-3.429	0.026 6	0.027	**136**	φ8@200

(7) 板配筋图

板中除配置计算钢筋外,还应配置构造钢筋,如分布钢筋和嵌入墙内的板的附加钢筋,板的配筋图如图1-66(d)所示。

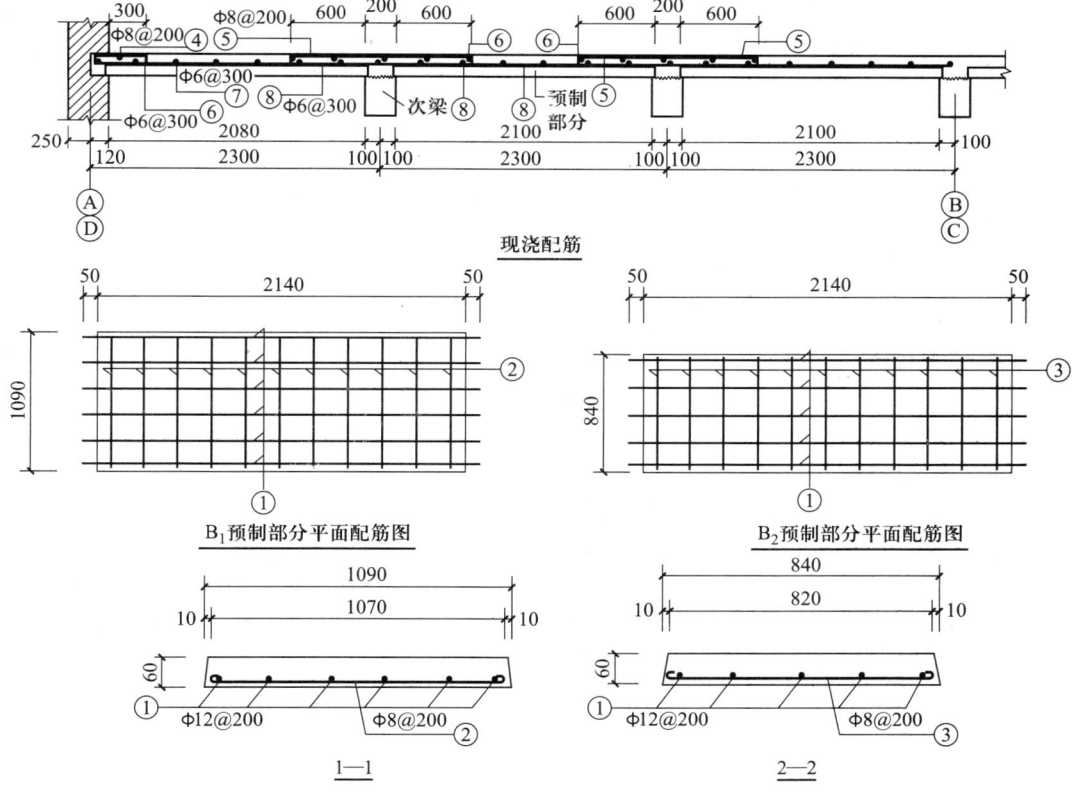

图1-66(d)　板配筋图

4. 次梁的设计——按考虑塑性内力重分布设计

(1) 次梁的计算简图确定

由次梁实际结构图[图 1-67(a)]可知,次梁在墙上的支承长度为 $a=240$ mm,主梁宽度为 $b=250$ mm。按表 1-1 确定计算简图:

边跨 $l_{01}=l_n+\dfrac{a}{2}=\left(6\,600-120-\dfrac{250}{2}\right)\text{mm}+\dfrac{240}{2}\text{mm}=6\,475$ mm

中跨 $l_{02}=l_n=6\,600\text{ mm}-250\text{ mm}=6\,350$ mm

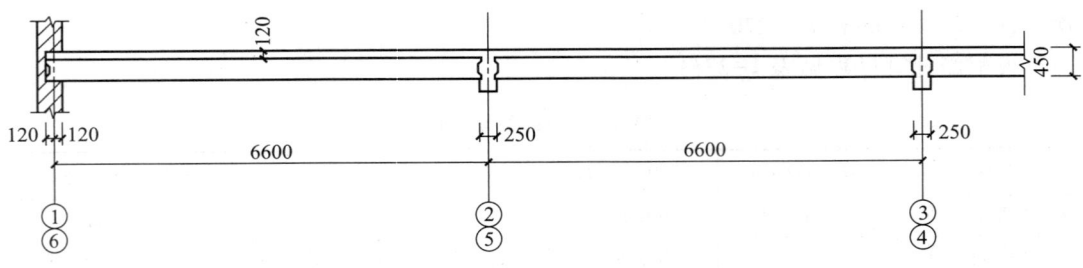

图 1-67(a) 次梁的实际结构图

计算简图如图 1-67(b)所示。

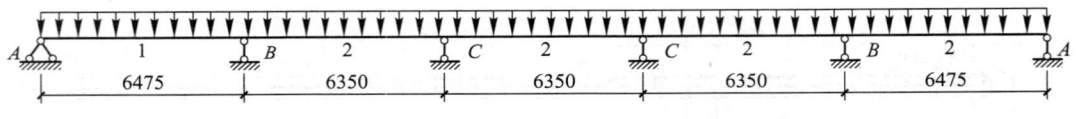

图 1-67(b) 次梁的计算简图

(2) 次梁的荷载设计值计算

永久荷载设计值

板传来的永久荷载:4.386×2.3 kN/m $=10.09$ kN/m

次梁自重:$0.2\times(0.45-0.12)\times25\times1.2$ kN/m $=1.98$ kN/m

次梁粉刷:$2\times0.015\times(0.45-0.12)\times17\times1.2$ kN/m $=0.20$ kN/m

小计 $g=12.27$ kN/m

可变荷载设计值:$q=6.5\times2.3$ kN/m $=14.95$ kN/m

荷载总设计值:$q+g=14.95$ kN/m $+12.27$ kN/m $=27.22$ kN/m

(3) 次梁的内力计算——弯矩设计值和剪力设计值的计算

因边跨和中间跨的计算跨度相差 $\dfrac{6\,475-6\,350}{6\,350}=2.0\%$ 小于 10%,可按等跨连续梁计算。由表 1-2、1-3 可分别查得弯矩系数 α_M 和剪力系数 α_V。次梁的弯矩设计值和剪力设计值的计算见表 1-24 和表 1-25。

表 1-24 次梁的弯矩设计值的计算

截面位置	计算跨度 l_0/m	弯矩系数 α_M	$M = \alpha_M(g+q)l_0^2/(\mathrm{kN \cdot m})$
1（边跨跨中）	$l_{01} = 6.475$	1/11	$27.22 \times 6.475^2/11 = 103.75$
B（离端第二支座）	$l_{01} = 6.475$	$-1/11$	$-27.22 \times 6.475^2/11 = -103.75$
2（中间跨跨中）	$l_{02} = 6.35$	1/16	$27.22 \times 6.35^2/16 = 68.60$
C（中间支座）	$l_{02} = 6.35$	$-1/14$	$-27.22 \times 6.35^2/14 = -78.40$

表 1-25 次梁的剪力设计值的计算

截面位置	计算跨度 l_0/m	剪力系数 α_V	$V = \alpha_V(g+q)l_n/\mathrm{kN}$
A 边支座	$l_{01} = 6.355$	0.45	$0.45 \times 27.22 \times 6.355 = 77.84$
B（左）（离端第二支座）	$l_{01} = 6.355$	0.6	$0.6 \times 27.22 \times 6.355 = 103.79$
B（右）离端第二支座	$l_{02} = 6.35$	0.55	$0.55 \times 27.22 \times 6.35 = 95.07$
C（中间支座）	$l_{02} = 6.35$	0.55	$0.55 \times 27.22 \times 6.35 = 95.07$

（4）次梁的配筋计算

① 次梁正截面抗弯承载力计算——纵筋的确定。

次梁跨中正弯矩按 T 形截面进行承载力计算,其翼缘宽度取下面两项的较小值:

$$b_f' = l_0/3 = 6\,350/3 \text{ mm} = 2\,117 \text{ mm}$$

$$b_f' = b + s_n = (200 + 2\,300 - 200) \text{ mm} = 2\,300 \text{ mm}$$

故取 $b_f' = 2\,117$ mm。

C30 混凝土:$\alpha_1 = 1.0$,$f_c = 14.3$ N/mm²,$f_t = 1.43$ N/mm²;纵向钢筋采用 HRB400,$f_y = 360$ N/mm²,箍筋采用 HPB300,$f_{yv} = 270$ N/mm²;保护层厚度 $c = 25$ mm,$h_0 = (450-45)$ mm = 405 mm。判别跨中截面属于哪一类 T 形截面:

$$\alpha_1 f_c b_f' h_f'(h_0 - h_f'/2) = 1.0 \times 14.3 \times 2\,117 \times 80 \times (405-40) \text{ N} \cdot \text{mm} = 883.97 \text{ kN} \cdot \text{m} > M_1 > M_2$$

支座截面按矩形截面计算,正截面承载力计算过程列于表 1-26。

表 1-26 次梁正截面受弯承载力计算

截面位置	$M/$ (kN·m)	$b(b_f')/$ mm	$\alpha_s = M/\alpha_1 f_c b h_0^2$	$\xi = 1 - \sqrt{1-2\alpha_s}$	$A_s = \xi b h_0 \alpha_1 f_c/f_y/$ mm²	实际配筋
1 边跨跨中	103.75	2 117	$\dfrac{103.75 \times 10^6}{1.0 \times 14.3 \times 2\,117 \times 405^2}$ $= 0.021$	0.021	$\dfrac{0.021 \times 2\,117 \times 405 \times 1.0 \times 14.3}{360}$ $= 715.2$	3 ⌀ 22 $A_s = 1\,140$ mm²
B 离端第二支座	-103.75	200	$\dfrac{103.75 \times 10^6}{1.0 \times 14.3 \times 200 \times 405^2}$ $= 0.221$	0.253	$\dfrac{0.025\,3 \times 200 \times 405 \times 1.0 \times 14.3}{360}$ $= 814.03$	2 ⌀ 20 + 1 ⌀ 16 $A_s = 829.1$ mm²
2 （中间跨跨中）	68.60	2 117	$\dfrac{68.60 \times 10^6}{1.0 \times 14.3 \times 2\,117 \times 405^2}$ $= 0.014$	0.014	$\dfrac{0.015 \times 2\,117 \times 405 \times 1.0 \times 14.3}{360}$ $= 510.86$	3 ⌀ 22 $A_s = 1\,140$ mm²

续表

截面位置	$M/$ $(kN \cdot m)$	$b(b'_f)/$ mm	$\alpha_s = M/\alpha_1 f_c bh_0^2$	$\xi = 1-\sqrt{1-2\alpha_s}$	$A_s = \xi bh_0 \alpha_1 f_c/f_y/$ mm²	实际配筋
C 中间支座	-78.40	200	$\dfrac{78.40 \times 10^6}{1.0 \times 14.3 \times 200 \times 405^2} = 0.167$	0.184	$\dfrac{0.184 \times 200 \times 405 \times 1.0 \times 14.3}{360} = 592.02$	2 ⊈ 20 $A_s = 628$ mm²

支座截面 $0.1 < \xi < 0.35$，跨中截面 $\xi < \xi_b = 0.518$

配筋率验算 $\rho = \dfrac{A_s}{bh} = \dfrac{628}{200 \times 450} = 0.70\% > \rho_{min} = \max\left(\dfrac{0.45 f_t}{f_y} = \dfrac{0.45 \times 1.27}{360} = 0.16\%, 0.2\%\right)$

② 次梁斜截面受剪承载力计算（包括复核截面尺寸、腹筋计算和最小配箍率验算）。

复核截面尺寸：

$h_w = h_0 - h'_f = 285$ mm，且 $h_w/b = 285/200 = 1.425 < 4$，故截面尺寸按下式验算：

$0.25 \beta_c f_c bh_0 = 0.25 \times 1.0 \times 14.3 \times 200 \times 405$ N $= 289.6 \times 10^3$ N $= 289.6$ kN $> V_{max}$
$= 103.79$ kN

$0.7 f_t bh_0 = 0.7 \times 1.43 \times 200 \times 405$ N $= 81.1 \times 10^3$ N
$= 81.1$ kN $> V_A = 77.84$ kN
$< V_B$ 和 V_C

所以 B 和 C 支座均需要按计算配置箍筋，A 支座只需要按构造配置箍筋。采用 $\phi 8$ 双肢箍筋，计算 B 支座左侧截面（梁内最大剪力）。$V_{cs} = 0.7 f_t bh_0 + f_{yv} \dfrac{A_{sv}}{s} h_0$，可得箍筋间距：

$$s = \dfrac{f_{yv} A_{sv} h_0}{V_{BL} - 0.7 f_t bh_0} = \dfrac{270 \times 100.6 \times 405}{103.79 \times 10^3 - 0.7 \times 1.43 \times 200 \times 405} \text{mm} = 484 \text{ mm}$$

调幅后受剪承载力应加强，梁局部范围内将计算的箍筋面积增加 20%，现调整箍筋间距，$s = 0.8 \times 484$ mm $= 387$ mm，为满足最小配筋率的要求，最后取箍筋间距 $s = 200$ mm。沿梁长不变，取双肢 $\phi 8 @ 200$。

配箍率验算：

弯矩调幅时要求配筋率下限为 $0.3 \dfrac{f_t}{f_{yv}} = 0.3 \times \dfrac{1.43}{270} = 1.59 \times 10^{-3}$

实际配箍率 $\rho_{sv} = \dfrac{A_{sv}}{bs} = \dfrac{100.6}{200 \times 200} = 2.52 \times 10^{-3} > 1.59 \times 10^{-3}$，满足要求。

③ 次梁施工阶段验算。

次梁预制部分高 330 mm，施工阶段仅预制部分承受施工荷载，受力情况按简支梁计算，梁截面按矩形截面计算。次梁预制部分宽 $b = 200$ mm，高 $h = 330$ mm，$h_0 = (330 - 40)$ mm $= 290$ mm。

（a）施工阶段受弯承载力验算。

施工荷载计算：

预制次梁的施工荷载为板传递给次梁的施工荷载与次梁自重之和,按照《装配式混凝土结构技术规程》(JGJ 1—2014),预制构件在翻转、运输、吊运、安装等短暂设计状况下的施工验算,应将构件自重标准值乘以动力系数后作为等效静力荷载标准值。构件运输、吊运时,动力系数宜取 1.5;构件翻转及安装过程中就位、临时固定时,动力系数可取 1.2。

楼板自重标准值为 3.655 kN/m²。

梁自重(标准值):

0.2×(0.45−0.12)×25 kN/m+2×0.015×(0.45−0.12)×17 kN/m=1.82 kN/m

梁施工总荷载:(1.82+3.655×2.3)×1.2 kN/m=12.27 kN/m

受弯承载力验算:

$$M_q = \frac{1}{8}ql^2 = \frac{1}{8} \times 12.27 \times 6.6^2 \text{ kN·m} = 66.81 \text{ kN·m}$$

$$\alpha_s = \frac{M_q}{a_1 f_c b h_0^2} = \frac{66.81 \times 10^6}{1 \times 14.3 \times 200 \times 290^2} = 0.278$$

$$\xi = 1 - \sqrt{1-2\alpha_s} = 1 - \sqrt{1-2\times 0.278} = 0.333 < \xi_b = 0.518$$

$$A_s = \frac{a_1 f_c b h_0 \xi}{f_y} = \frac{1.0 \times 14.3 \times 200 \times 290 \times 0.333}{360} \text{ mm}^2 = 767 \text{ mm}^2$$

实配钢筋 3⊈22,$A_s = 1\,140$ mm²。满足要求。

(b) 施工阶段挠度验算。

规范规定,预制梁施工阶段挠度应满足 $f < l_0/200$。

$f_{tk} = 2.01$ N/mm², $h_0 = 290$ mm, $A_s = 1\,140$ mm², $E_s = 200$ kN/mm², $E_c = 3.0 \times 10^4$ N/mm², $\alpha_E = E_s/E_c = 2.0 \times 10^5/3.0 \times 10^4 = 6.67$, $\rho = A_s/bh_0 = 0.019\,6$, $\rho_{te} = A_s/0.5bh = 0.034\,5$,

$$\sigma_{sq} = \frac{M_q}{0.87 h_0 A_s} = \left(\frac{66.81 \times 10^6}{0.87 \times 290 \times 1\,140}\right) \text{N/mm}^2 = 232.3 \text{ N/mm}^2$$

$$\psi = 1.1 - \frac{0.65 f_{tk}}{\rho_{te}\sigma_{sq}} = 1.1 - \frac{0.65 \times 2.01}{0.034\,5 \times 232.3} = 0.937$$

$$B_s = \frac{E_s A_s h_0^2}{\psi/\eta + \alpha_E \rho/\zeta} = \frac{E_s A_s h_0^2}{1.15\psi + 0.2 + 6\alpha_E \rho} = \frac{2.0 \times 10^5 \times 1\,140 \times 290^2}{1.15 \times 0.937 + 0.2 + 6 \times 6.67 \times 0.019\,7} \text{N/mm}^2$$

$$= 9.28 \times 10^{12} \text{ N·mm}^2$$

预制梁施工阶段挠度:$f_s = \frac{5 M_q l_0^2}{48 \times B_s} = \frac{5 \times 66.81 \times 10^6 \times 6\,600^2}{48 \times 9.28 \times 10^{12}}$ mm

$= 32.67$ mm $< l_0/200 = 6\,600$ mm$/200 = 33$ mm

满足要求。

④ 次梁吊装阶段验算。

(a) 预制次梁施工吊环的计算。

在吊装过程,每个吊环可考虑两个截面受力,故吊环截面积可按下式计算

$$A = \frac{G}{2m[\sigma_s]}$$

式中 G——预制构件自重(不考虑动力系数)的标准值;

m——受力吊环数,当构件设有 4 个吊环时,最多只能考虑 3 个,取 $m=3$;

$[\sigma_s]$——吊环的容许设计应力,考虑动力作用之后,规范规定$[\sigma_s]=50 \text{ N/mm}^2$。

吊环取用 HPB300 钢筋,并严禁冷拉,以保持吊具有良好的塑性。吊环锚深度不少于 $30d$,并宜焊接或绑扎在构件钢筋的骨架上。

框架梁预制部分自重 $G=0.2\times0.33\times25\times6.6 \text{ kN}=10.89 \text{ kN}$

考虑动力系数取 $10.89\times1.5 \text{ kN}=16.34 \text{ kN}$

吊环截面积取

$$A_s = \frac{16.34\times10^3}{2\times2\times50}\text{mm}^2 = 81.7 \text{ mm}^2$$

施工吊环选用 $\phi12$,$A_s=113.1 \text{ mm}^2 > 81.7 \text{ mm}^2$。

(b) 预制次梁施工阶段受弯承载力验算。

框架梁预制部分自重 $g=0.2\times0.33\times25 \text{ kN/m}=1.65 \text{ kN/m}$

考虑动力系数取 $g_1=1.65\times1.5 \text{ kN/m}=2.475 \text{ kN/m}$

计算简图如图 1-67(c)所示。

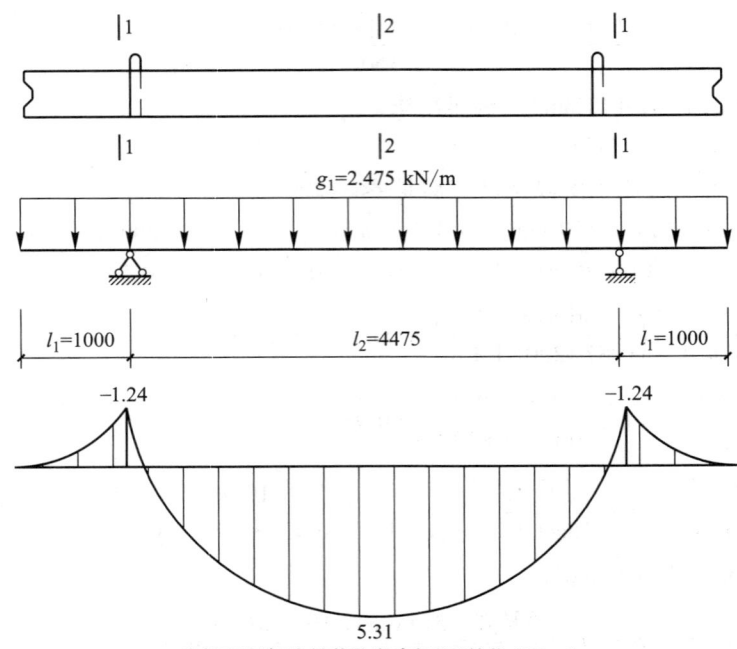

次梁预制部分吊装阶段弯矩图(单位:kN·m)

图 1-67(c) 次梁吊装内力图

在上述荷载作用下,柱各控制截面的弯矩为

$$M_1 = \frac{1}{2}g_1 l_1^2 = \frac{1}{2}\times2.475\times1^2 \text{ kN}\cdot\text{m} = 1.24 \text{ kN}\cdot\text{m}$$

$$M_2 = \frac{1}{2}g_1 l \frac{l_2}{2} - \frac{1}{8}g_1 l^2 = \frac{1}{4}\times2.475\times6.6\times4.6 \text{ kN}\cdot\text{m} - \frac{1}{8}\times2.475\times6.6^2 \text{ kN}\cdot\text{m}$$

$$= 5.31 \text{ kN}\cdot\text{m}$$

1—1 截面：
$$\alpha_s = \frac{M_1}{a_1 f_c b h_0^2} = \frac{1.24 \times 10^6}{1 \times 14.3 \times 200 \times 290^2} = 0.005$$
$$\xi = 1 - \sqrt{1-2\alpha_s} = 1 - \sqrt{1-2 \times 0.005} = 0.005 < \xi_b = 0.518$$
$$A_s = \frac{a_1 f_c b h_0 \xi}{f_y} = \frac{1.0 \times 14.3 \times 200 \times 290 \times 0.005}{360} \text{mm}^2 = 11.5 \text{ mm}^2$$

按最小配筋率计算的钢筋面积 $A_{min} = 0.002 \times 200 \times 330 \text{ mm}^2 = 132 \text{ mm}^2$

预制部分实配钢筋 2 ⊈ 14，$A_s = 308 \text{ mm}^2 > 132 \text{ mm}^2$。满足要求。

2—2 截面：
$$\alpha_s = \frac{M_2}{a_1 f_c b h_0^2} = \frac{5.31 \times 10^6}{1 \times 14.3 \times 200 \times 290^2} = 0.022$$
$$\xi = 1 - \sqrt{1-2\alpha_s} = 1 - \sqrt{1-2 \times 0.022} = 0.022$$
$$A_s = \frac{a_1 f_c b h_0 \xi}{f_y} = \frac{1.0 \times 14.3 \times 200 \times 290 \times 0.022}{360} \text{mm}^2 = 50.69 \text{ mm}^2$$

按最小配筋率计算的钢筋面积 $A_{min} = 0.002 \times 200 \times 330 \text{ mm}^2 = 132 \text{ mm}^2$

实配钢筋 2 ⊈ 22，$A_s = 760 \text{ mm}^2 > 132 \text{ mm}^2$。满足要求。

(5) 次梁施工图的绘制

次梁配筋图如图 1-67(d) 所示，其中次梁纵筋锚固长度确定。

伸入墙支座时，梁顶面纵筋的锚固长度按下式确定：

$$l = l_a = \alpha \frac{f_y}{f_t} d = 0.14 \times \frac{360}{1.27} \times 20 \text{ mm} = 793.7 \text{ mm}，取 650 \text{ mm}（此时钢筋没有达到钢材的抗拉强度设计值）。$$

伸入墙支座时，梁底面纵筋的锚固长度：$l = 12d = 12 \times 18 \text{ mm} = 216 \text{ mm}$，取 240 mm。

梁底面纵筋伸入中间支座的长度应满足 $l > 12d = 12 \times 18 \text{ mm} = 216 \text{ mm}$，取 250 mm。

纵筋的截断点距支座的距离：

$$l = l_n/5 + 20d = 6\,355/5 \text{ mm} + 20 \times 14 \text{ mm} = 1\,551 \text{ mm}，取 l = 1\,600 \text{ mm}。$$

5. 主梁设计

(1) 主梁的计算简图

主梁的实际结构如图 1-68(a) 所示，由图可知，主梁端部支承在墙上的支承长度 a 为 370 mm，中间支承在 400 mm×400 mm 的混凝土柱上，其计算跨度按以下方法确定：

边跨 $l_{n1} = (6\,900 - 200 - 120) \text{ mm} = 6\,580 \text{ mm}$，因为 $0.025 l_{n1} = 164.5 \text{ mm} < a/2 = 185 \text{ mm}$，所以边跨取 $l_{01} = 1.025 l_{n1} + b/2 = (1.025 \times 6\,580 + 200) \text{ mm} = 6\,944.5 \text{ mm}$，近似取 $l = 6\,945 \text{ mm}$，中跨 $l = 6\,900 \text{ mm}$。计算简图如图 1-68(b) 所示。

(2) 主梁的荷载设计值计算（为简化计算，将主梁的自重等效为集中荷载）

次梁传来的永久荷载：$12.27 \times 6.6 \text{ kN} = 80.98 \text{ kN}$

主梁自重（含粉刷）：

$$[(0.65-0.08) \times 0.25 \times 2.3 \times 25 + 2 \times (0.65-0.08) \times 0.015 \times 17 \times 2.3] \text{ kN} \times 1.2 = 10.6 \text{ kN}$$

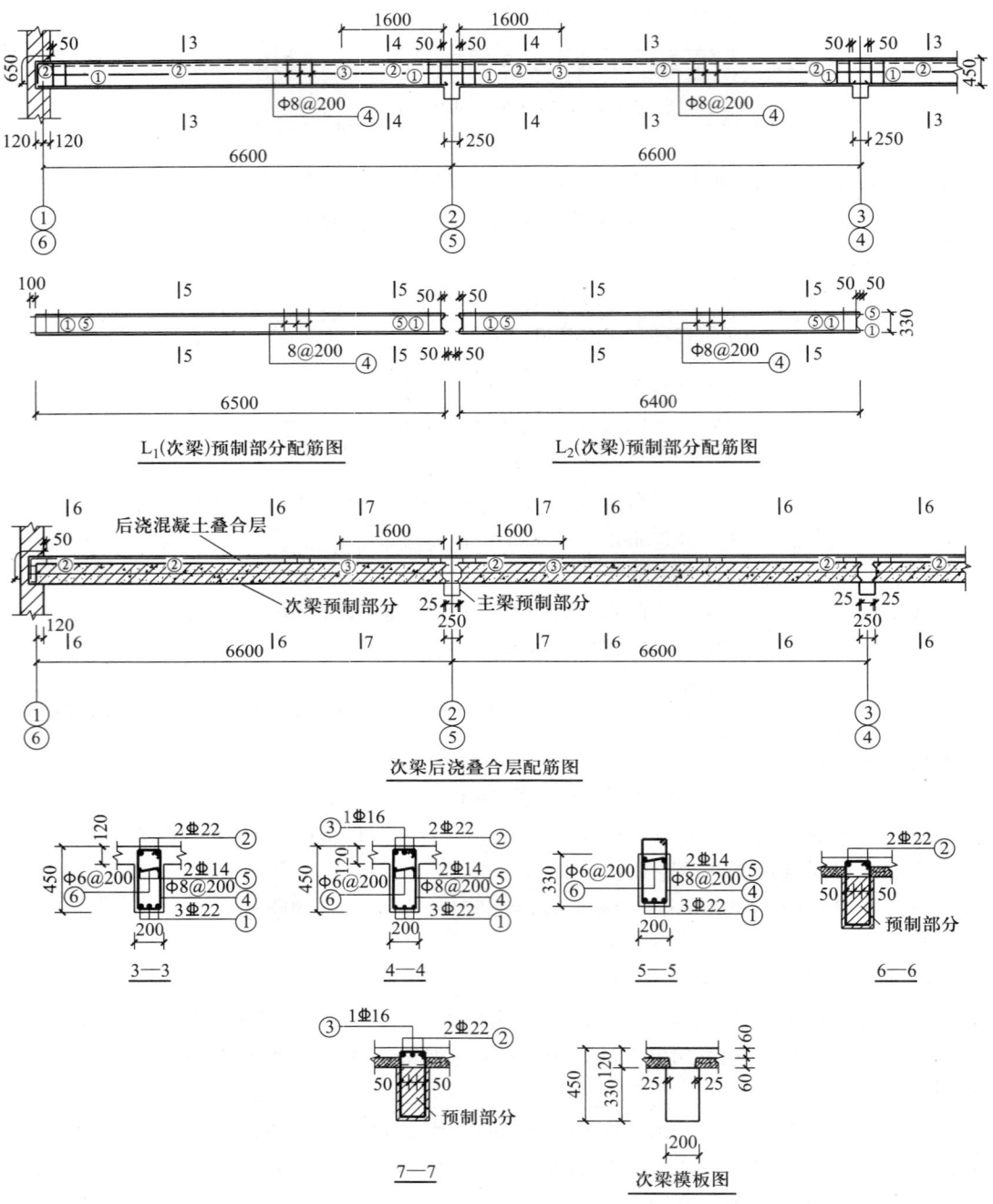

图 1-67(d) 次梁的配筋图

1.6 装配式混凝土楼盖

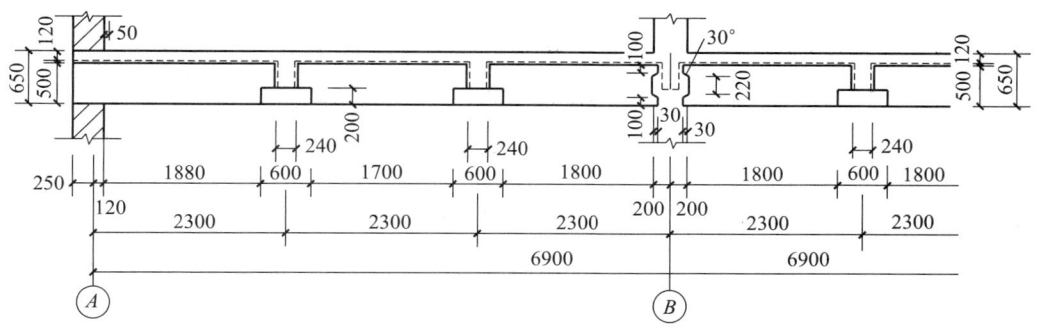

图 1-68(a) 主梁的实际结构

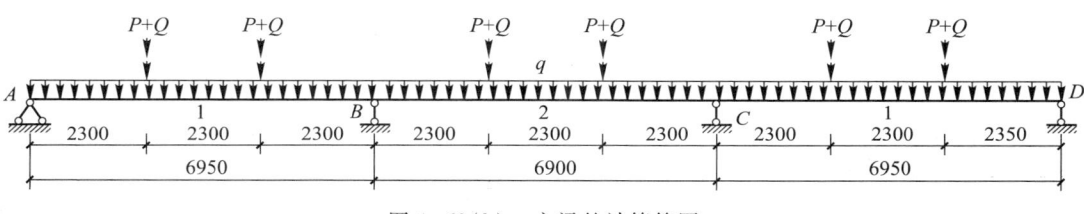

图 1-68(b) 主梁的计算简图

永久荷载：$G = (80.98 + 10.6)\text{kN} = 91.58\text{ kN}$

可变荷载：$Q = (14.95 \times 6.6)\text{kN} = 98.67\text{ kN}$

（3）主梁的内力计算

因跨度相差不超过 10%，可按等跨连续梁计算（若不满足要求，可采用结构力学求解器直接求解）：

① 主梁弯矩值计算。

利用系数法，主梁弯矩：$M = k_1 Gl + k_2 Ql$，式中 k_1 和 k_2 由附表 1-2 查得，也可直接利用结构力学求解器，计算结果如表 1-27 所示（表中弯矩图为结构力学求解器计算结果）。

表 1-27 主梁的弯矩设计值计算　　　　　　　　　　　　　　　　　kN·m

项次	荷载简图	$\dfrac{k}{M_1}$	$\dfrac{k}{M_a}$	$\dfrac{k}{M_B}$	$\dfrac{k}{M_2}$	$\dfrac{k}{M_b}$	$\dfrac{k}{M_C}$	备注
①恒载		$\dfrac{0.244}{155.19}$	$\dfrac{0.155*}{98.58}$	$\dfrac{-0.267}{-169.82}$	$\dfrac{0.067}{42.61}$	$\dfrac{0.067*}{42.61}$	$\dfrac{-0.267}{-169.82}$	系数法与结构力学求解器计算的精确解误差均控制在 ±2.78% 范围内

弯矩图值：−169.44, −169.44, 156.15, 98.67, 41.19, 98.67, 156.15

续表

项次	荷载简图	$\dfrac{k}{M_1}$	$\dfrac{k}{M_a}$	$\dfrac{k}{M_B}$	$\dfrac{k}{M_2}$	$\dfrac{k}{M_b}$	$\dfrac{k}{M_C}$	备注
② 活载	(Q Q ↓↓ Q Q ↓↓ on spans 1-2-1)	$\dfrac{0.289}{198.04}$	$\dfrac{0.244*}{167.20}$	$\dfrac{-0.133}{-91.14}$	$\dfrac{-0.133}{-91.14}$	$\dfrac{-0.133}{-91.14}$	$\dfrac{-0.133}{-91.14}$	系数法与结构力学求解器计算的精确解误差均控制在±0.956%范围内
③ 活载	(Q ↓ Q ↓ on middle span 2)	$\dfrac{-0.044*}{-30.15}$	$\dfrac{-0.089*}{-60.99}$	$\dfrac{-0.133}{-91.14}$	$\dfrac{0.200}{136.16}$	$\dfrac{0.200}{136.16}$	$\dfrac{-0.133}{-91.40}$	系数法与结构力学求解器计算的精确解误差均控制在±1.04%范围内
④ 活载	(Q↓ QQ↓↓ Q on spans 1,2)	$\dfrac{0.229}{156.93}$	$\dfrac{0.126*}{86.34}$	$\dfrac{-0.311}{-213.12}$	$\dfrac{0.096*}{65.36}$	$\dfrac{0.17}{115.74}$	$\dfrac{-0.089}{-60.99}$	系数法与结构力学求解器计算的精确解误差均控制在±1.65%范围内
⑤ 活载	(Q↓ QQ↓↓ Q on spans 2,1)	$\dfrac{0.089/3*}{-20.33}$	$\dfrac{-0.059*}{-40.43}$	$\dfrac{-0..089}{-60.99}$	$\dfrac{0.17}{115.74}$	$\dfrac{0.096*}{65.36}$	$\dfrac{-0.311}{-213.12}$	系数法与结构力学求解器计算的精确解误差均控制在±1.65%范围内
内力组合	①+②	353.23	265.78	-260.96	-48.53	-48.53	-260.96	*此处的弯矩可通过取脱离体,由力的平衡条件确定,如图1-69所示
	①+③	125.04	37.59	-260.96	178.77	178.77	-260.96	
	①+④	312.12	184.92	-382.94	107.97	158.35	-230.81	
	①+⑤	134.86	58.15	-230.81	158.35	107.97	-382.94	
最不利内力	组合项次	①+③	①+③	①+④	①+②	①+②	①+⑤	
	$M_{\min}/(\text{kN}\cdot\text{m})$	125.04	37.59	-382.94	-48.53	-48.53	-382.94	
	组合项次	①+②	①+②	①+⑤	①+③	①+③	①+④	
	$M_{\max}/(\text{kN}\cdot\text{m})$	353.23	265.78	-230.81	178.77	178.77	-230.81	

应该指出,跨中任意截面的弯矩可通过取脱离体,由力的平衡条件确定,如图1-69所示。

② 剪力设计值。可利用结构力学求解器直接计算,也可查附表1-2得到。不同截面的剪力值经过计算如表1-28所示。

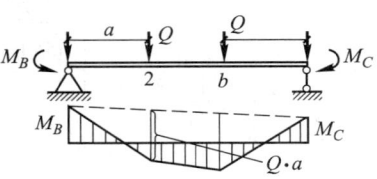

图1-69 主梁取脱离体时弯矩图

表 1-28 主梁的剪力计算 kN

项次	荷载简图	$\dfrac{k}{V_A}$	$\dfrac{k}{V_{BL}}$	$\dfrac{k}{V_{BR}}$	备注
① 恒载	(G荷载简图)	$\dfrac{0.733}{67.13}$ 剪力图：66.59, -24.99, -116.57	$\dfrac{-1.267}{-116.03}$ 剪力图：91.58, -91.58	$\dfrac{1.00}{91.58}$ 剪力图：116.57, 24.99, -66.59	系数法与结构力学求解器计算的精确解误差均控制在±2.5%范围内
② 活载	(Q荷载简图)	$\dfrac{0.866}{85.45}$ 剪力图：84.78, -13.89	$\dfrac{-1.134}{-111.89}$ 剪力图：-112.56	$\dfrac{0}{0}$ 剪力图：112.56, 13.89, -84.78	系数法与结构力学求解器计算的精确解误差均控制在±0.79%范围内
③ 活载	(Q荷载简图)	$\dfrac{0.689}{67.98}$ 剪力图：67.35, -31.32	$\dfrac{-1.311}{-129.36}$ 剪力图：120.86, -129.99	$\dfrac{1.222}{120.57}$ 剪力图：22.19, -76.48, 8.64, 8.64	系数法与结构力学求解器计算的精确解误差均控制在±0.94%范围内
④ 活载	(Q荷载简图)	$\dfrac{-0.089}{-8.78}$ 剪力图：-8.64	$\dfrac{-0.089}{-8.78}$ 剪力图：-8.64, -22.19	$\dfrac{0.778}{76.77}$ 剪力图：76.48, 129.99, 31.32, -120.86, -67.35	系数法与结构力学求解器计算的精确解误差均控制在±0.94%范围内
内力组合	①+②	152.58	-227.92	91.58	注： (1) 剪力的单位：kN (2) 跨中剪力值由静力平衡确定
内力组合	①+④	135.11	-245.39	212.15	
内力组合	①+⑤	58.35	-124.81	168.35	
最不利内力	组合项次	①+②	①+④	①+④	
最不利内力	$\|V\|_{max}$/kN	152.58	245.39	212.15	

利用系数法，主梁剪力：$V=k_3 G+k_4 Q$，式中 k_3 和 k_4 由附表 1-2 查得，也可直接利用结构力学求解。不同截面的剪力值经过计算如表 1-28 所示（表中剪力图为结构力学求解器计算结果）。

③ 弯矩、剪力包络图绘制。

主梁的弯矩、剪力包络图见图 1-70。

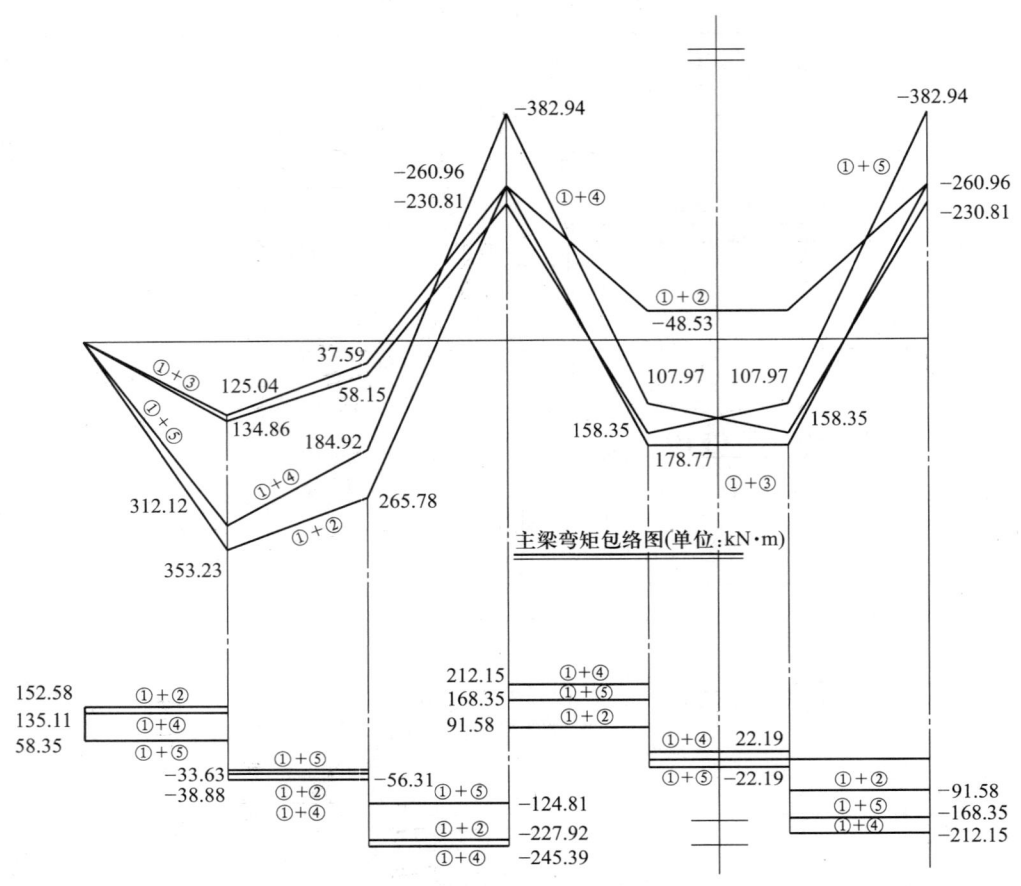

图 1-70 主梁弯矩包络图和剪力包络图

(4) 主梁的配筋计算、承载力计算

C30 混凝土：$\alpha_1 = 1.0, f_c = 14.3 \text{ N/mm}^2, f_t = 1.43 \text{ N/mm}^2$；纵向钢筋 HRB400，其中 $f_y = 360 \text{ N/mm}^2$；箍筋采用 HPB300；$f_{yv} = 270 \text{ N/mm}^2$。

① 主梁正截面受弯承载力计算及纵筋的计算。

跨中正弯矩按 T 形截面计算，因 $h_f'/h_0 = 120/580 = 0.21 > 0.10$，翼缘计算宽度按 $l_0/3 = 6.9 \text{ m}/3 = 2.3 \text{ m}$ 和 $b + s_n = 6.6 \text{ m}$ 中较小值确定，取 $b_f' = 2\,300 \text{ mm}$。B 支座处的弯矩设计值：

$$M_B = M_{\max} - V\frac{b}{2} = \left(-382.94 + 245.39 \times \frac{0.4}{2}\right) \text{kN} \cdot \text{m} = -333.86 \text{ kN} \cdot \text{m}$$

判别跨中截面属于哪一类 T 形截面：

$\alpha_1 f_c b_f' h_f'(h_0 - h_f'/2) = [1.0 \times 14.3 \times 2\,300 \times 120 \times (580-60)] \text{kN} \cdot \text{m} = 2\,052.34 \text{ kN} \cdot \text{m} > M_1 > M_2$ 均属于第一类 T 形截面。

正截面受弯承载力的计算过程见表 1-29。

表 1-29 主梁正截面受弯承载力及配筋计算

截面	$M/$ $(kN\cdot m)$	$b_f'(b)/$ mm	h_0	$\alpha_s = M/\alpha_1 f_c b_f h_0^2$	$\xi = 1-\sqrt{1-2\alpha_s}$	$A_s = \dfrac{\alpha_1 f_c b_f' h_0 \xi}{f_y}$ /mm²	实配钢筋
1 边跨中	353.23	2 300	580	$\dfrac{353.23\times 10^6}{1.0\times 14.3\times 2\,300\times 580^2}$ $= 0.032$	0.032	1 696	6 ⊕ 20 $A_s = 1\,884$ mm²
B 支座	-333.86	250	580	$\dfrac{333.86\times 10^6}{1.0\times 14.3\times 250\times 580^2}$ $= 0.28$	0.337	1 941	4 ⊕ 22 +2 ⊕ 20 $A_s = 2\,148$ mm²
2 中间跨中	178.77	2 300	580	$\dfrac{178.77\times 10^6}{1.0\times 14.3\times 2\,300\times 580^2}$ $= 0.016$	0.016	848	6 ⊕ 20 $A_s = 1\,884$ mm²
	-48.53	250	580	$\dfrac{48.53\times 10^6}{1.0\times 14.3\times 250\times 580^2}$ $= 0.040$	0.041	236.15	2 ⊕ 22 $A_s = 760$ mm²

$\xi < \xi_b = 0.518$

配筋率验算 $\rho = \dfrac{A_s}{bh} = \dfrac{760}{250\times 600} = 0.5\% > \rho_{\min} = \max\left(\dfrac{0.45 f_t}{f_y} = \dfrac{0.45\times 1.43}{360} = 0.18\%, 0.2\%\right)$

② 主梁箍筋计算——斜截面受剪承载力计算。

验算截面尺寸：

$h_w = h_0 - h_f' = 580$ mm。且 $h_w/b = 580/250 = 2.32 < 4$，故截面尺寸按下式验算：

$0.25\beta_c f_c b h_0 = 0.25\times 1.0\times 14.3\times 250\times 580$ kN $= 518.4$ kN $> V_{\max} = 245.39$ kN

可知截面尺寸满足要求。

验算是否需要计算配置箍筋：

$0.7 f_t b h_0 = 0.7\times 1.43\times 250\times 580$ kN $= 145.2$ kN $< V$

故支座 A、B 均需进配置箍筋计算。

计算所需腹筋。计算如下：

$\dfrac{nA_{sv1}}{s} \geq \dfrac{V - 0.7 f_c b h_0}{f_y h_0} = \dfrac{245.93\times 10^3 - 0.7\times 1.43\times 250\times 580}{270\times 580}$ mm²/mm $= 0.64$ mm²/mm

采用 φ8 双肢箍，$A_{sv1} = 50.3$ mm²，$n = 2$，代入上式得 $s = \dfrac{nA_{sv1}}{0.64} = \dfrac{2\times 50.3}{0.64}$ mm $= 157.19$ mm，取 $s = 150$ mm $< s_{\max} = 200$ mm。

验算配箍率：

$\rho_{sv} = \dfrac{nA_{sv1}}{bs} = \dfrac{2\times 50.3}{250\times 150} = 0.27\% > \rho_{sv\min} = 0.24 f_t/f_{yv} = 0.113\%$

配箍率满足要求，且所选箍筋直径和间距均符合构造要求，配筋图如图 1-71 所示。

③ 次梁两侧附加横向钢筋计算。

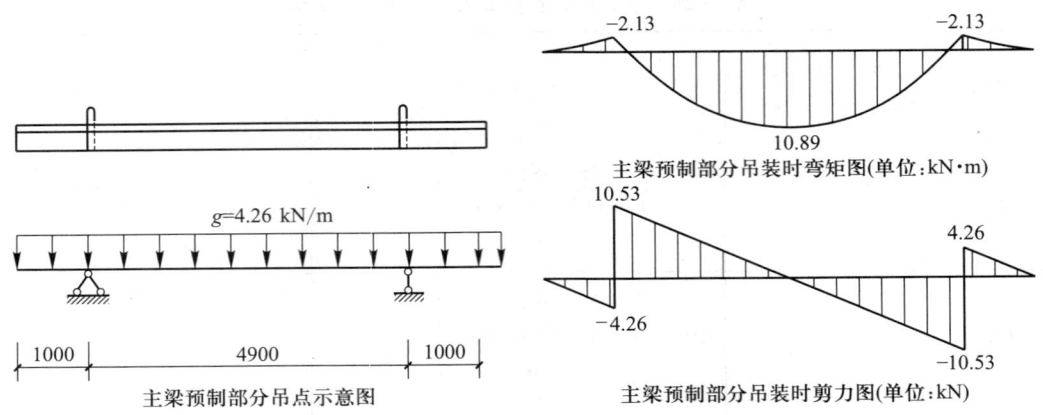

图 1-71 主梁吊装时的内力图

次梁传来的集中力 $F=G+Q=(91.58+98.67)\text{kN}=190.25\text{ kN}$

$h_1=(650-450)\text{mm}=200\text{ mm}$，附加钢筋布置范围：

$$S=2h_1+3b=(2\times200+3\times200)\text{mm}=1\ 000\text{ mm}$$

附加箍筋采用⊈8@双肢箍，则需要附加箍筋的排数为：

$$mnf_{yv}A_{sv1}\geqslant F$$

$$m\times2\times360\times50.3\geqslant190.25\times1\ 000,\quad m\geqslant5.25$$

因为附加箍筋需要对称布置，因此配置的附加箍筋为每侧 3 个⊈8@100，共 6 个，大于 5.25 个。

（5）吊装验算

框架梁预制部分高 500 mm，根据《规范》，吊环的设置位置应能保证预制部分梁、板在吊装、运输过程中均匀受力，因此在距离梁两端 1 m 处设置吊环，并在吊点处混凝土进行承载力复核验算，根据《装配式混凝土结构技术规程》（JGJ 1—2014），吊装时荷载等于主梁自重乘以动力系数 1.5：

$G=[(0.5-0.08)\times0.25\times25+2\times(0.5-0.08)\times0.015\times17]\times1.5\text{ kN/m}=4.26\text{ kN/m}$，所受弯矩、剪力用结构力学求解器求解，结果如下：

① 受弯承载力验算：

$$\alpha_s=\frac{M_q}{a_1f_cbh_0^2}=\frac{10.89\times10^6}{1\times14.3\times250\times460^2}=0.014$$

$$\xi=1-\sqrt{1-2\alpha_s}=1-\sqrt{1-2\times0.014}=0.015<\xi_b=0.518$$

$$A_s=\frac{a_1f_cbh_0\xi}{f_y}=\frac{1.0\times14.3\times250\times460\times0.015}{360}\text{mm}^2=69\text{ mm}^2$$

实配钢筋取梁预制部分上部钢筋 2⊈12，$A_s=226\text{ mm}^2>69\text{ mm}^2$；满足要求。

② 吊环计算。在吊装过程，每个吊环可考虑两个截面受力，故吊环截面积可按下式计算

$$A=\frac{G}{2m[\sigma_s]}$$

式中 G——预制构件自重(不考虑动力系数)的标准值;

m——受力吊环数,当构件设有 4 个吊环时,最多只能考虑 3 个,取 $m=3$;

$[\sigma_s]$——吊环的容许设计应力,考虑动力作用之后,规范规定 $[\sigma_s]=50\ \text{N/mm}^2$。

吊环取用 HPB300 钢筋,并严禁冷拉,以保持吊具有良好的塑性。吊环锚深度不少于 $30d$,并宜焊接或绑扎在构件钢筋的骨架上。

主梁考虑动力荷载自重 $G=4.26\times6.9\ \text{kN}=29.39\ \text{kN}$,吊环截面积取:

$$A=\frac{29.39\times10^3}{2\times2\times50}\text{mm}^2=147\ \text{mm}^2$$

施工吊环选用 $\phi 20$, $A_s=314\ \text{mm}^2>147\ \text{mm}^2$。

(6) 框架梁预制部分施工阶段验算

施工阶段仅预制部分承受施工荷载,根据《装配式混凝土结构技术规程》(JGJ 1—2014),预制构件在翻转、运输、吊运、安装等短暂设计状况下的施工验算,应将构件自重标准值乘以动力系数后作为等效静力荷载标准值,构件运输、吊运时,动力系数取 1.5;构件翻转及安装过程中就位、临时固定时,动力系数取 1.2。受力情况按简支梁计算,梁截面按矩形截面计算。$b=250\ \text{mm}$,$h_0=(500-40)\ \text{mm}=460\ \text{mm}$。

① 施工阶段受弯承载力验算。

施工荷载计算

梁自重:

$[(0.65-0.08)\times0.25\times25+2\times(0.65-0.08)\times0.015\times17]\text{kN/m}=3.85\ \text{kN/m}$

次梁传来的永久荷载:80.98 kN

梁施工总荷载:

均布荷载:$3.85\times1.5\ \text{kN/m}=5.78\ \text{kN/m}$

集中力:$80.98\times1.5\ \text{kN}=121.47\ \text{kN}$

受弯承载力验算:

$$M_q=\left[\frac{1}{2}\times\frac{1}{2}\times(5.78\times6.9+121.47\times2)\times6.9-\frac{1}{2}\times5.78\times6.9^2-\frac{1}{2}\times121.47\times2.3\right]\text{kN}\cdot\text{m}$$

$$=210.58\ \text{kN}\cdot\text{m}$$

$$\alpha_s=\frac{M_q}{\alpha_1 f_c b h_0^2}=\frac{210.58\times10^6}{1\times14.3\times250\times460^2}=0.278$$

$$\xi=1-\sqrt{1-2\alpha_s}=1-\sqrt{1-2\times0.278}=0.334$$

$$A_s=\frac{\alpha_1 f_c b h_0 \xi}{f_y}=\frac{1.0\times14.3\times250\times460\times0.334}{360}\text{mm}^2=1\ 526\ \text{mm}^2$$

实配钢筋 6⊈20,$A_s=1\ 884\ \text{mm}>1\ 526\ \text{mm}$,满足要求。

② 施工阶段挠度验算:

规范规定,预制梁施工阶段挠度应满足 $f<l_0/200$。

$f_{tk}=2.0\ \text{N/mm}^2$, $h_0=460\ \text{mm}$, $A_s=1\ 884\ \text{mm}^2$, $E_s=200\ \text{kN/mm}^2$, $E_c=300\ \text{kN/mm}^2$, $\alpha_E=E_s/E_c=6.67$, $\rho=\frac{A_s}{bh_0}=0.016$, $\rho_{te}=\frac{A_s}{0.5bh_0}=0.033$,

$$\sigma_{sq} = \frac{M_q}{0.87 h_0 A_s} = \frac{210.58 \times 10^6}{0.87 \times 460 \times 1\,884} \text{N/mm}^2 = 279.3 \text{ N/mm}^2$$

$$\psi = 1.1 - \frac{0.65 f_{tk}}{\rho_{te} \sigma_{sq}} = 1.1 - \frac{0.65 \times 2.01}{0.033 \times 279.3} = 0.96$$

$$B_s = \frac{E_s A_s h_0^2}{\psi/\eta + \alpha_E \rho/\xi} = \frac{E_s A_s h_0^2}{1.15\psi + 0.2 + 6\alpha_E \rho} = \frac{2.0 \times 10^5 \times 1\,884 \times 460^2}{1.15 \times 0.96 + 0.2 + 6 \times 6.67 \times 0.016}$$

$$= 4.101 \times 10^{13}$$

预制梁施工阶段挠度:

$$f_s = \frac{5 M_q l_0^2}{48 \times B_s} = \frac{5 \times 210.58 \times 10^6 \times 6\,900^2}{48 \times 4.101 \times 10^{13}} \text{mm}$$

$$= 25.5 \text{ mm} < l_0/200 = 6\,900 \text{ mm}/200 = 34.5 \text{ mm}$$

满足要求。

(7) 主梁正截面抗弯承载力图(材料图)、纵筋的弯起和截断

① 按比例绘出主梁的弯矩包络图。

② 按同样比例绘出主梁的抗弯承载力图(材料图),并满足以下构造要求:

基本锚固长度 $l_a = l_{ab} = \alpha \dfrac{f_y}{f_t} d = 0.14 \times \dfrac{360}{1.43} \times 22 \text{ mm} = 775 \text{ mm}$

由于 $V > 0.7 f_t b h_0$,所以钢筋强度充分利用截面伸出的长度不应小于 $1.2 l_a + h_0 = 1\,510 \text{ mm}$,若截断点仍位于负弯矩受拉区内,则应延伸至正截面受弯承载力计算不需要该钢筋的截面以外不小于 $1.3 h_0 = 754 \text{ mm}$,且不小于 $20d = 440 \text{ mm}$ 处截断,且从该钢筋强度充分利用截面伸出的延伸长度不应小于 $1.2 l_a + 1.7 h_0 = 1\,916 \text{ mm}$。

③ 检查正截面抗弯承载力图是否包住弯矩包络图和是否满足构造要求。

主梁的材料图和实际配筋图如图 1-72 所示(书后附图)。

楼盖结构平面布置及配筋图如图 1-73 所示(书后附图)。

1.7 无梁楼盖

课件 1-10
无梁楼盖 1

1.7.1 概述

所谓无梁楼盖,就是在楼盖中不设梁肋,而将板直接支承在柱上。

无梁楼盖是一种双向受力楼盖,楼面荷载直接传给柱子,再传给基础,因此,它的柱网都采用正方形或矩形,以正方形最为经济,板内钢筋沿两个方向布置。楼盖的四周可支承在墙上或边梁上,或悬臂伸出边柱以外。悬臂板挑出适当的距离,能减小边跨的跨中弯矩。

无梁楼盖的特点是传力体系简化,又没有梁,因此扩大了楼层净空,并且底面平整,模板简单,便于施工。根据经验,当楼面可变荷载标准值在 5 kN/m² 以上、跨度在 6 m 以内时,无梁楼盖较肋梁楼盖经济。因而无梁楼盖常用于多层厂房、商场、库房等建筑。

无梁楼盖的主要缺点是由于取消了肋梁,无梁楼盖的抗弯刚度减小、挠度增大;柱子周边的剪应力高度集中,可能会引起局部板的冲切破坏。

通过在柱的上端设置柱帽、托板(图1-74)可以减小板的挠度,提高板柱连接处的受冲切承载力;当不设置柱帽、托板时,一般需在板柱连接处配置剪切钢筋来满足受冲切承载力的要求。通过施加预应力或采用密肋板也能有效地增加刚度、减小板的挠度,而不增加自重。

无梁板与柱构成的板柱结构体系,由于侧向刚度较差,只有在层数较少的建筑中才靠板柱结构本身来抵抗水平荷载。当层数较多或要求抗震时,一般需设剪力墙来增加侧向刚度,构成板柱-剪力墙结构。

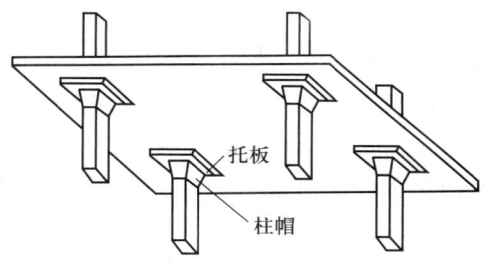

图1-74 设置柱帽、托板的无梁楼盖

无梁楼盖按楼面结构形式分为平板和密肋板。按有无柱帽分为无柱帽轻型无梁楼盖和有柱帽无梁楼盖。按施工程序分为现浇式无梁楼盖和装配整体式无梁楼盖。采用升板法施工的无梁楼盖即为装配整体式的一种。

1.7.2 无梁楼盖的内力计算

1. 破坏特征

图1-75所示为有柱帽无梁楼盖在破坏时的裂缝分布。试验中观察到,在均布荷载作用下,第一批裂缝出现在柱帽顶面上;继续加载,在板顶出现沿柱列轴线的裂缝。随着荷载的不断增加,顶板裂缝不断发展,在板底跨中约1/3跨度内成批地出现互相垂直且平行于柱列轴线的裂缝。当即将破坏时,在柱帽顶面上和柱列轴线的顶板以及跨中板底的裂缝中出现一些特别大的主裂缝。在这些裂缝处,受拉钢筋达到屈服,受压区混凝土被压碎,此时楼板即告破坏。

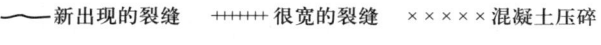

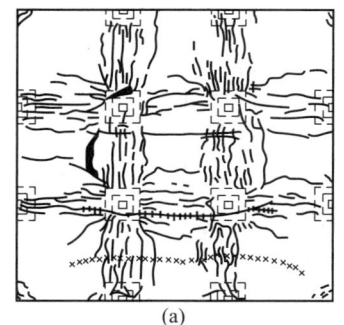 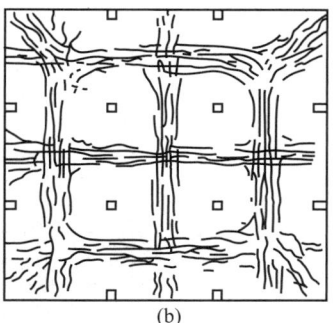

图1-75 无梁楼盖的破坏裂缝

2. 受力特点

直接支承于柱的无梁板(亦称平板)是双向受力的。为了更清楚地了解无梁板的受力特点,先将其与前面介绍过的单向板、双向板做个比较。图1-76中的正方形无梁板、单向板和双向板都是在四个角点用柱支承,如果板上的面荷载为q,不难知道,单向板跨中弯矩与柱支承平板的跨中弯矩一样,都等于$\frac{1}{8}ql_yl_x^2$。双向板两侧有梁支承,梁的反力在板内引起的弯矩与荷载引起的弯矩抵消一部分,使得板的跨中弯矩要小于$\frac{1}{8}ql_yl_x^2$。于是,可以得到这样的结论:无梁板虽然是双向受力,但其受力特点却更接近于单向板,只不过单向板是一向由板受弯、另一向由梁受弯;而无梁板在两个方向都是由板受弯。与单向板不同的是,在无梁板计算跨度内的任一截面,内力与变形沿宽度方向是处处不同的。

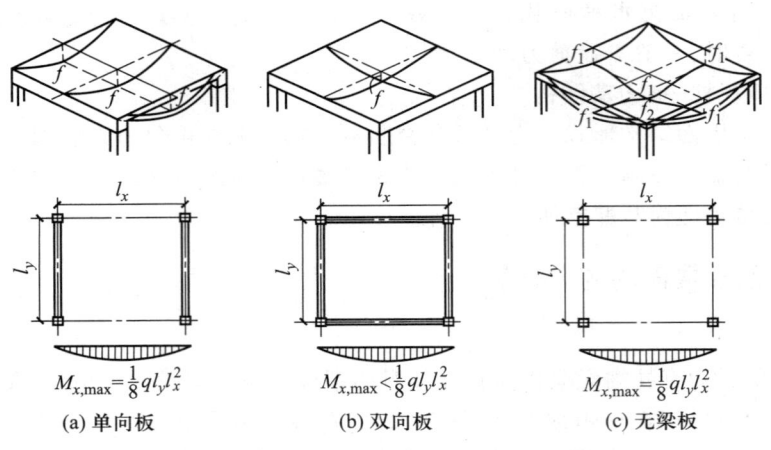

图 1-76 单向板、双向板和无梁板的受力比较

无梁楼盖可按柱网划分成若干区格,将其视为由支承在柱上的"柱上板带"和弹性支承于柱上板带的"跨中板带"组成的水平结构,如图 1-77 所示。柱中心线两侧各 1/4 跨度范围内的板带称为柱上板带,跨中板带是柱上板带之间的部分,其宽度是跨度的 1/2。考虑到钢筋混凝土板具有内力重分布的能力,可以假定在同一种板带宽度内,内力的数值

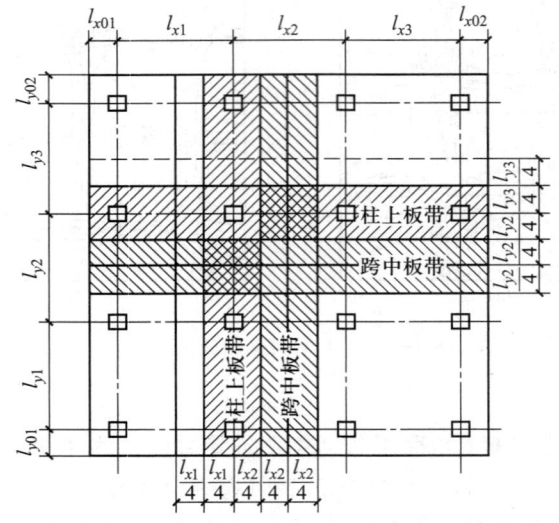

图 1-77 无梁楼盖柱上板带的划分

是均匀的,钢筋也可以均匀地布置。

3. 内力计算

无梁楼盖既可按弹性理论计算,也可按塑性理论计算。下面介绍的是两种应用较广的弹性理论计算方法:弯矩系数法和等代框架法。

(1) 弯矩系数法

弯矩系数法是在弹性薄板理论的分析基础上,给出柱上板带和跨中板带在跨中截面、支座截面上的弯矩计算系数;计算时,先算出总弯矩,再乘以相应的弯矩计算系数即可得到各截面的弯矩。

对单跨的柱支承平板,按弹性薄板理论分析可得 x 向的跨中弯矩 M_x 沿 y 向宽度内的分布,如图 1-78 所示。可以看到 M_x 在板宽内的分布是不均匀的,如果将板任意一点单位宽度的跨中弯矩($kN \cdot m$)表示为

$$M_x = \alpha_x q l_x^2$$

式中,α_x 为弯矩系数。图 1-78 中标明了在均布荷载 q 作用下每 $l_y/8$ 处的弯矩系数 α_x 值。在实际工程中,假设柱上板带的弯矩由柱上板带配筋负担,跨中板带的弯矩由跨中板带配筋负担,设计时取同一板带内的平均弯矩值进行计算。

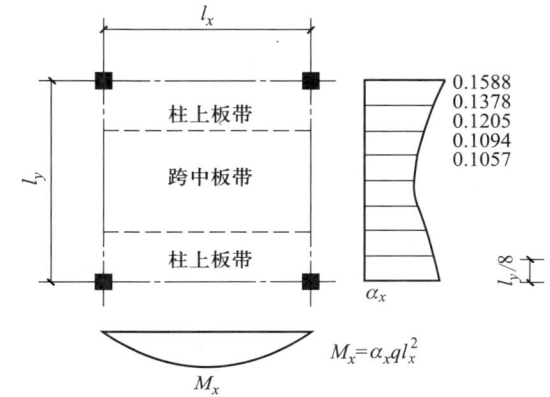

图 1-78 单跨平板跨中弯矩 M_x 的分布

由图 1-78,可得柱上板带正弯矩为

$$\sum \left(M_x \frac{l_y}{8} \right) = \sum \left(\alpha_x q l_x^2 \frac{l_y}{8} \right) = \frac{1}{8} q l_y l_x^2 \sum \alpha_x$$

$$= \frac{1}{8} q l_y l_x^2 (0.158\,8 + 2 \times 0.137\,8 + 0.120\,5)$$

$$= 0.555 \times \frac{1}{8} q l_y l_x^2 \approx 0.55 M_0$$

式中,$M_0 = \frac{1}{8} q l_y l_x^2$,是简支梁跨中弯矩,或称总弯矩,0.55 就是柱上板带跨中正弯矩计算系数。类似地,可得跨中板带正弯矩计算系数为 0.45。

表 1-30 汇总了无梁板在不同截面的弯矩计算系数,它可用于承受均布荷载的钢筋混凝土连续平板的计算。

表 1-30 无梁板的弯矩计算系数

截面位置	端跨			内跨	
	边支座	跨中	内支座	跨中	支座
柱上板带	−0.48	0.22	−0.50	0.18	−0.50
跨中板带	−0.05	0.18	−0.17	0.15	−0.17

注:1. 表中系数可用于长跨和短跨之比小于 1.5;
2. 端跨外有悬臂板且悬臂板端部的负弯矩大于端跨边支座弯矩时,需考虑悬臂弯矩对边支座和内跨弯矩的影响。

采用弯矩系数法时,必须符合下列条件:
① 每个方向至少有三个连续跨;
② 任一区格板的长跨和短跨之比值不大于 1.5;
③ 同方向相邻跨度的差值不超过较长跨度的 1/3;
④ 可变荷载与永久荷载设计值之比值 $q/g \leqslant 3$。

用该法计算时,板面荷载取全部均布荷载,而不必考虑可变荷载的不利组合。

在一个区格板中,两个方向的总弯矩设计值分别为

$$M_{0x} = \frac{1}{8}(g+q)l_y\left(l_x - \frac{2}{3}c\right)^2$$
$$M_{0y} = \frac{1}{8}(g+q)l_x\left(l_y - \frac{2}{3}c\right)^2$$

(1-43)

式中　g,q——板面永久荷载和可变荷载设计值(kN/m^2);
　　　l_x,l_y——沿纵、横两个方向的柱网轴线尺寸;
　　　c——柱帽计算宽度,按图 1-79 确定。

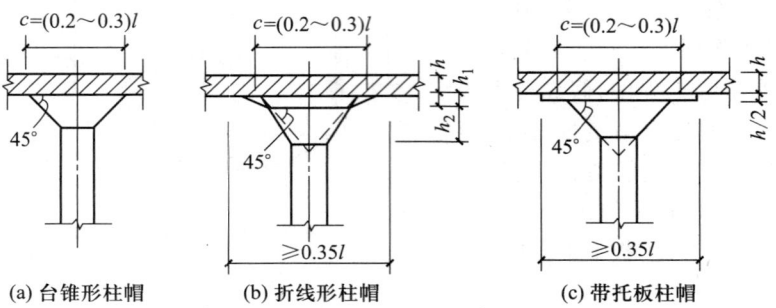

图 1-79　各种形式的柱帽和有效跨度

(2) 等代框架法

等代框架法是把整个结构分别沿纵、横柱列划分为具有"等代框架柱"和"等代框架梁"的纵向等代框架和横向等代框架。等代框架与普通框架有所不同。在普通框架中,梁和柱可直接传递内力(弯矩、剪力和轴力)。而在等代框架中,在竖向荷载作用下,等代框架梁的宽度取与梁跨方向相垂直的板跨中心线间的距离,其值大大超过柱宽,故仅有一部分竖向荷载(大体相应于柱或柱帽的那部分荷载)产生的弯矩可以通过板直接传递给柱,其余都要通过扭矩进行传递。这时可以假设两端与柱(或柱帽)等宽的板为扭臂,如图 1-80 所示,柱(或柱帽)宽以外的那部分荷载使扭臂受扭,并将扭矩传递给柱,使柱受弯。因此,在无梁楼盖等代框架中的柱应该是包括柱(柱帽)和两侧扭臂在内的等代柱,它的刚度应为考虑柱的受弯刚度和扭臂的受扭刚度后的等代刚度。至于柱本身和等代梁的截面和跨度的确定,则要考虑板柱节点处柱帽的影响。柱帽既加强了等代柱,也加强了等代梁,因而等代梁端和等代柱端往往有一个刚度为无穷大的区段,它对等代框架梁的跨度、柱高、刚度以及用力矩分配法计算时的弯矩传递系数等都会产生影响。等代框架的划分见图 1-81。采用等代框架计算时,可采用如下假定:

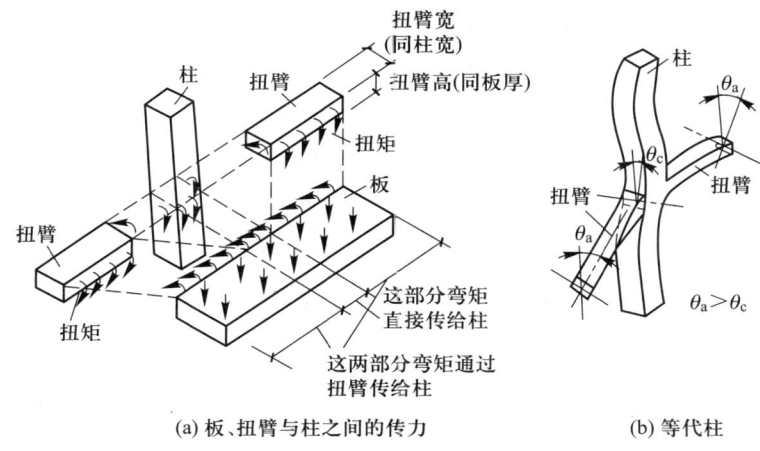

(a) 板、扭臂与柱之间的传力　　　　　(b) 等代柱

图 1-80　等代框架的受力分析

① 等代框架梁的高度取板厚。等代框架梁的宽度在竖向荷载作用下取与梁跨方向相垂直的板跨中心线间的距离,在水平荷载作用下,则取为板跨中心线间距离的一半。这是因为竖向荷载作用下,主要靠板带的弯曲将荷载传给柱,使两者共同工作构成等代框架;而水平荷载作用下,主要由柱的弯曲把水平荷载传给板带,而柱的受弯刚度比板带的小,所以能与柱一起工作的板带宽度要小些。等代框架梁的跨度,在两个方向分别取 $l_x - \frac{2}{3}c$

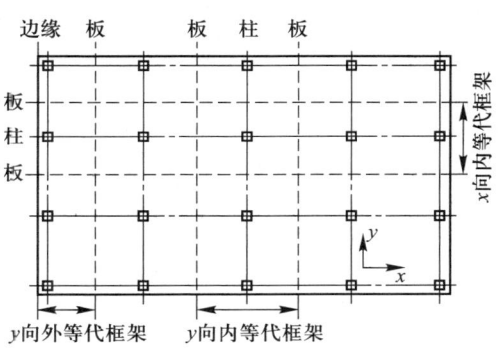

图 1-81　等代框架的划分

与 $l_y - \frac{2}{3}c$,c 是柱帽的计算宽度。

② 等代框架柱的截面取柱本身的截面。柱的计算高度,对于一般层,取层高减去柱帽的高度,对于底层,取基础顶面至底层楼面的高度减去柱帽高度。

③ 当仅有竖向荷载作用时,框架可按分层法简化计算,即所计算的上、下层楼板均视作上层柱与下层柱的固定远端。

按等代框架计算时,应考虑可变荷载的最不利布置。但当可变荷载值不超过永久荷载值的 75% 时,可变荷载可按各跨满布考虑。

按框架内力分析得出的柱内力,可以直接用于柱的截面设计。对于梁的内力,还需分配给不同的板带。当区格板的边长比 $l_x/l_y \leq 1.5$ 时,可将计算所得的等代框架梁中各截面的弯矩值按表 1-31 所列的分配比值分配给柱上板带和跨中板带。但严格地说,当 $l_x/l_y \neq 1.5$ 时,就应采用表 1-32 所列的分配比值。

表 1-31　等代框架计算的弯矩分配比值

项目	端跨			内跨	
	边支座	跨中	内支座	跨中	支座
柱上板带	0.90	0.55	0.75	0.55	0.75
跨中板带	0.10	0.45	0.25	0.45	0.25

注:本表适用于周边连续板。

表 1-32　不同边长比时柱上板带和跨中板带的弯矩分配比值

l_x/l_y	负弯矩		正弯矩	
	柱上板带	跨中板带	柱上板带	跨中板带
0.5~0.6	0.55	0.45	0.50	0.50
0.6~0.75	0.65	0.35	0.55	0.45
0.75~1.33	0.70	0.30	0.60	0.40
1.33~1.67	0.80	0.20	0.75	0.25
1.67~2.0	0.85	0.15	0.85	0.15

注:1. 本表适用于周边连续板。
2. 对有柱帽的平板,表中的分配比值应作如下修正:
　　负弯矩　柱上板带+0.05,跨中板带-0.05;
　　正弯矩　柱上板带-0.05,跨中板带+0.05。
3. 在保持总弯矩值不变的情况下,允许在板带之间或支座弯矩与跨中弯矩之间相应调幅10%。

　　按照弹性薄板解得的弯矩横向分布状况并不完全符合实际,在钢筋混凝土平板中内力的塑性重分布现象也是存在的。鉴于柱上板带负弯矩分配较多可能造成配筋过密,不便于施工,允许在保持总弯矩值不变的情况下,将柱上板带负弯矩的10%分配给跨中板带负弯矩。

　　对设置柱帽的无梁楼盖,考虑到楼盖中存在的穹隆作用(拱作用),可参照前述对肋梁楼盖中与梁整体连接的板的规定,对计算所得的弯矩值予以折减。

1.7.3　板柱节点设计

1. 冲切破坏特征

课件 1-12 无梁楼盖3

国内外已对混凝土板的冲切问题进行过大量的试验研究。在图 1-82 所示的板柱连接试件中,在集中的柱反力作用下,柱子面积内的板面向内凹陷,而板的另面则向外隆起。当达到极限承载力时,隆起部分的边界形成环状的裂缝,仿佛板的局部被"冲"出,通常将这种局部破坏称作冲切破坏,"冲出"部分则称作冲切破坏锥。对于平板,实测的冲切破坏锥斜面的倾角(简称冲切角)一般为 20°~30°。但事实上冲切破坏面是比较复杂的、呈凹形的曲面,冲切角沿板的

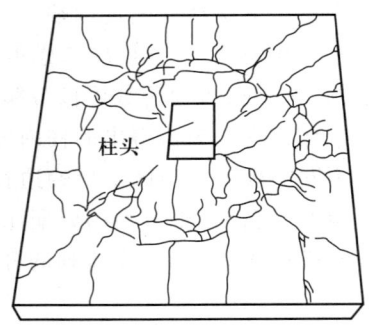
图 1-82　板柱节点的冲切破坏形态

厚度是处处不同的,靠近柱根处冲切角约为45°。

2. 受冲切承载力计算公式

在局部荷载或集中反力作用下的混凝土板可能会发生冲切破坏,根据混凝土板中心冲切的试验结果并参考了国外的有关资料,我国《规范》对混凝土板的受冲切承载力计算做出了如下规定:

① 对不配置受冲切箍筋或弯起钢筋的混凝土板,其受冲切承载力可按下列公式计算:

$$F_l \leq (0.7\beta_h f_t + 0.25\sigma_{pc,m})\eta u_m h_c \tag{1-44}$$

公式(1-44)中的系数 η 应按下列两个公式计算,并取其中较小值:

$$\eta_1 = 0.4 + \frac{1.2}{\beta_s} \tag{1-45}$$

$$\eta_2 = 0.5 + \frac{\alpha_s h_0}{4u_m} \tag{1-46}$$

式中 F_l——局部荷载设计值或集中反力设计值(当计算无梁楼盖柱帽处的受冲切承载力时,取柱所受的轴向力设计值的层间差值减去柱顶冲切破坏锥体范围内板所承受的荷载设计值)。

β_h——截面高度影响系数,当 $h \leq 800$ mm 时,取 $\beta_h = 1.0$;当 $h \geq 2\,000$ mm 时,取 $\beta_h = 0.9$,其间按线性内插法取用。

f_t——混凝土轴心抗拉强度设计值。

$\sigma_{pc,m}$——计算截面周长上两个方向混凝土有效预压应力按长度的加权平均值,其值宜控制在 $1.0 \sim 3.5$ N/mm² 范围内;对于非预应力混凝板,取 $\sigma_{pc,m} = 0$。

u_m——计算截面的周长,取距离局部荷载或集中反力作用面积周边 $h_0/2$ 处板垂直截面的最不利周长(图1-83)。

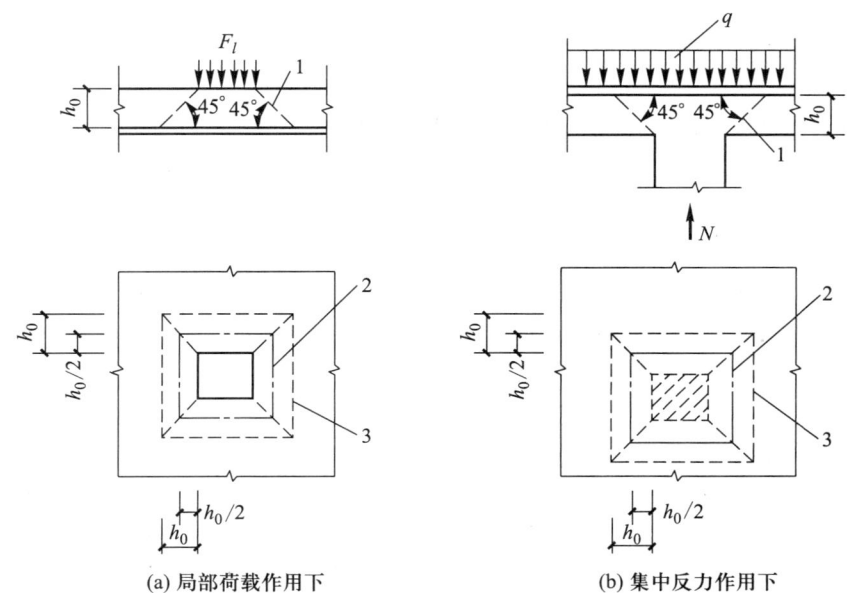

(a) 局部荷载作用下 (b) 集中反力作用下

图1-83 《规范》采用的假想冲切锥

1—冲切破坏锥体的斜截面;2—计算截面的周长;3—冲切破坏锥体的底面线

当板中开孔位于距局部荷载或集中反力作用面积边缘的距离不大于6倍板有效高度时,从局部荷载或集中反力作用面积中心至开孔外边上、下两条切线之间所包含的长度应予扣除(图1-84);当$l_1>l_2$时,孔洞边长l_2应用$\sqrt{l_1 l_2}$代替;当单个孔洞中心靠近柱边且孔洞最大宽度小于1/4柱宽或1/2板厚中的较小者时,该孔洞对周长u_m的影响可略去不计。

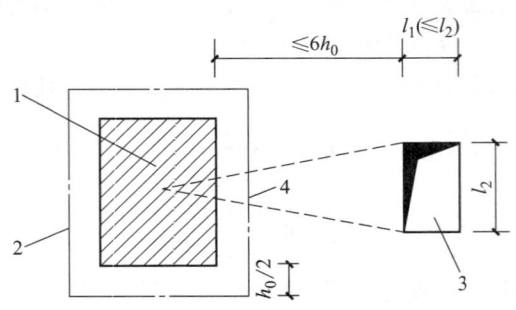

图1-84 邻近空洞时的计算截面周长
1—局部荷载或集中反力作用面;2—计算截面周长;3—孔洞;4—应扣除的长度

h_0——截面有效高度,取两个配筋方向的截面有效高度的平均值。

η_1——局部荷载或集中反力作用面积形状的影响系数。

η_2——计算截面周长与板截面有效高度之比的影响系数。

β_s——局部荷载或集中反力作用面积为矩形时的长边与短边尺寸的比值,β_s不宜大于4;当$\beta_s<2$时,取$\beta_s=2$;对圆形冲切面时,取$\beta_s=2$。

α_s——柱位置的影响系数,对中柱,取$\alpha_s=40$;对边柱,取$\alpha_s=30$;对角柱,取$\alpha_s=20$。

② 在局部荷载或集中反力作用下,当受冲切承载力不满足式(1-44)的要求且板厚受到限制时,可配置箍筋或弯起钢筋。此时,受冲切截面应符合下列条件:

$$F_l \leq 1.2 f_t \eta u_m h_0 \qquad (1-47)$$

对配置箍筋和弯起钢筋的板,其受冲切承载力可按下列公式计算:

$$F_l \leq (0.5 f_t + 0.25 \sigma_{pc,m}) \eta u_m h_0 + 0.8 f_{yv} A_{svu} + 0.8 f_y A_{sbu} \sin \alpha \qquad (1-48)$$

式中 A_{svu}——与呈45°冲切破坏锥体斜截面相交的全部箍筋截面面积;

A_{sbu}——与呈45°冲切破坏锥体斜截面相交的全部弯起钢筋截面面积;

f_{yv}——箍筋抗拉强度设计值;

f_y——弯起钢筋抗拉强度设计值;

α——弯起钢筋与板底面的夹角。

3. 冲切钢筋

混凝土板中配置抗冲切箍筋或弯起钢筋时,应符合下列构造要求:

① 板的厚度不应小于150 mm。

② 按计算所需的箍筋及相应的架立钢筋应配置在与45°冲切破坏锥面相交的范围内,且从集中荷载作用面或柱截面边缘向外的分布长度不应小于$1.5h_0$[图1-85(a)];箍筋应做成封闭式,直径不应小于6 mm,间距不应大于$h_0/3$,且不应大于100 mm。

③ 按计算所需弯起钢筋的弯起角度可根据板的厚度在30°~45°之间选取;弯起钢筋的

倾斜段应与冲切破坏锥面相交[图1-85(b)],其交点应在集中荷载作用面或柱截面边缘以外$(1/2\sim1/3)h$的范围内。弯起钢筋直径不宜小于12 mm,且每一方向不宜少于3根。

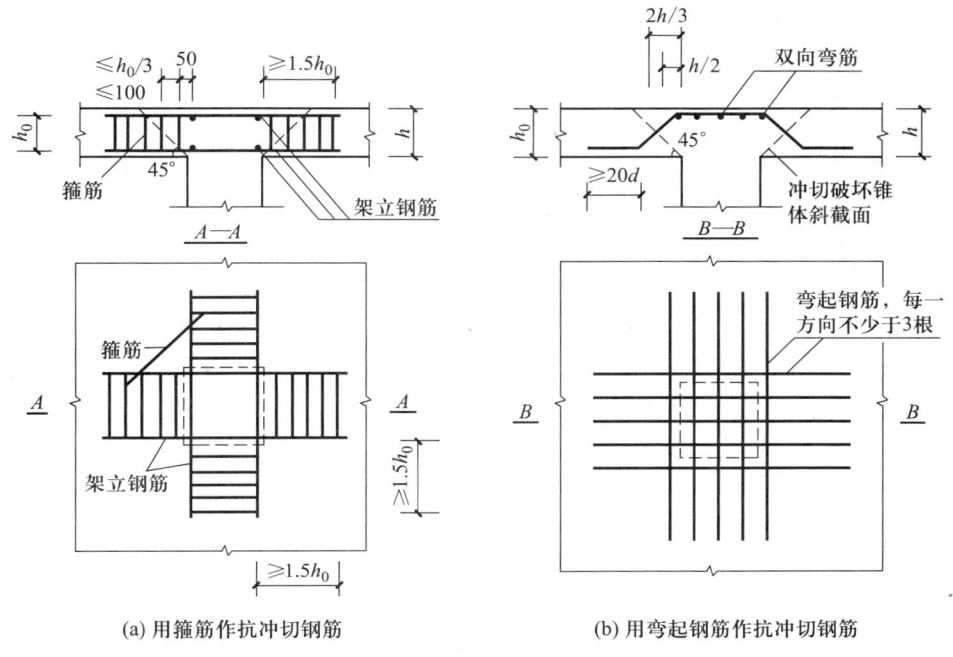

(a) 用箍筋作抗冲切钢筋　　　　　　(b) 用弯起钢筋作抗冲切钢筋

图1-85　板中抗冲切钢筋布置

研究与工程实践表明,在混凝土板内配置抗剪锚栓、扁钢U形箍、型钢(如工字钢、槽钢)等也能有效地提高冲切承载力。

对配置受冲切钢筋的板,冲切破坏锥体很可能在已配置受冲切钢筋区域以外的板内形成。此时,可以将受冲切钢筋在底部锚固范围内的面积视作局部荷载或集中反力作用面积,并取该面积以外$0.5h_0$处最不利的周长作为u_m,按不配置受冲切钢筋的情况,用式(1-44)进行受冲切承载力验算。

4. 柱帽

在无梁板下层柱的顶端设置柱帽,可以增大板柱连接面积,提高板的冲切承载力。设置柱帽还可以减小板的计算跨度和柱的计算长度。但是设置柱帽可能会减少室内的有效空间,给施工也带来诸多不便。

常用柱帽有三种形式(图1-86):①台锥形柱帽;②折线形柱帽;③带托板柱帽。还可将柱帽做成各种艺术形式。柱帽的计算宽度按45°压力线确定,一般取$c=(0.2\sim0.3)l$,l为板区格的边长,柱帽的高度不应小于板的厚度h;托板宽度一般取$a\geqslant 0.35l$,托板厚度不应小于$h/4$,一般取板厚的一半,柱帽或托板在平面两个方向上的尺寸均不宜小于同方向上柱截面宽度b和$4h$的和。

柱帽内的应力值通常很小,钢筋按构造要求配置即可(图1-86)。

对设置柱帽的板,按式(1-46)计算受冲切承载力时,将集中荷载的边长取为柱帽计算宽度c。由于集中荷载面积成倍放大,通常不配置受冲切钢筋即可满足受冲切承载力的要求。

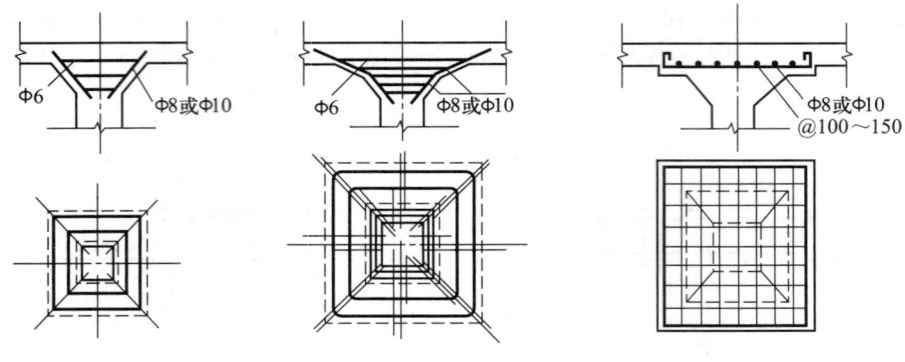

图 1-86 柱帽的配筋布置

1.7.4 无梁楼盖的配筋和构造

1. 板的厚度

精确计算无梁楼盖的挠度是比较复杂的,当板厚 h 的取值符合表 1-5 的规定时,一般可不予计算。

当采用无柱帽时,柱上板带可适当加厚,加厚部分的宽度可取相应板跨的 0.3 倍左右。

2. 板的配筋

根据柱上和跨中板带截面弯矩算得的钢筋,可沿纵、横两个方向均匀布置于各自的板带上。钢筋的直径和间距,与一般双向板的要求相同,对于承受负弯矩的钢筋,其直径不宜小于 12 mm,以保证施工时具有一定的刚性。

无梁楼盖中的配筋形式也有弯起式和分离式两种。钢筋弯起或切断的位置应满足图 1-87 所示的要求。如果将柱网轴线上一定数量的钢筋连通起来,对于防止因整块板掉落而引起的结构连续性倒塌是有利的。

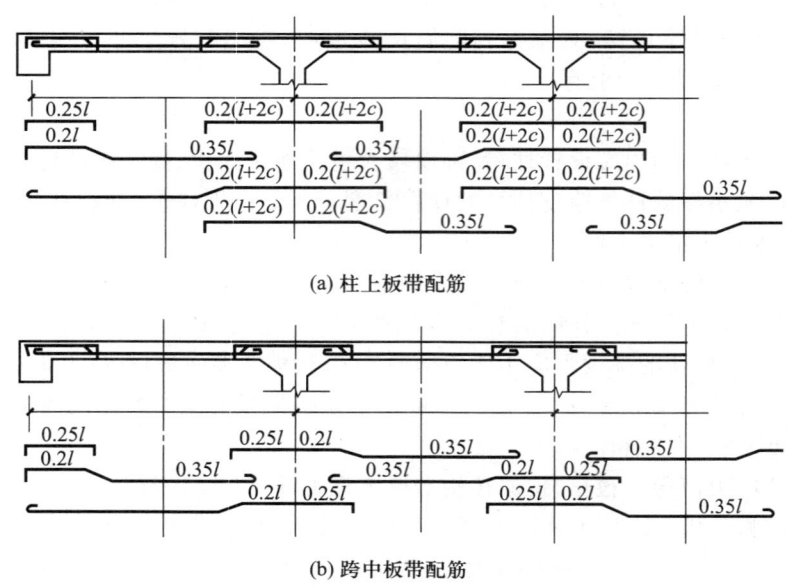

图 1-87 无梁楼盖的配筋构造

3. 边梁

无梁楼盖的周边应设置边梁，其截面高度应不小于板厚的 2.5 倍，与板形成倒 L 形截面。边梁除了与边柱上的板带一起承受弯矩外，还要承受垂直于边梁轴线方向的扭矩，所以应配置必要的抗扭构造钢筋。

1.8 无粘结预应力混凝土楼盖

1.8.1 概述

在无粘结预应力混凝土中，允许配置的预应力筋在张拉后与周围混凝土产生相对滑动。无粘结预应力筋一般由钢丝束或钢绞线涂上润滑油脂，外加注塑成型的聚乙烯塑料套管而构成。施工时，将无粘结预应力筋像普通的钢筋一样，浇筑在混凝土内，当混凝土达到规定强度后，用千斤顶张拉，两端用锚具锚固。无粘结预应力混凝土不需预留管道、穿筋和灌浆，简化了施工工艺。无粘结预应力筋易于形成连续的多波形状，受到的摩擦力也很小，因此特别适合需要复杂的连续曲线配筋的多跨楼盖结构。

无粘结预应力混凝土是以采用高强钢材、先进的预应力工艺和现代的设计方法为特征，非常适用于建造大柱网、大开间、大空间的多、高层及超高层建筑楼盖。

我国在无粘结预应力混凝土的设计计算理论、材料加工、锚具系统和工艺设备、施工操作等方面已取得大量的研究成果和实践经验，还专门制定颁布了一系列技术规程和产品标准，如《无粘结预应力混凝土结构技术规程》(JGJ 92—2016)、《无粘结预应力钢绞线》(JG 161—2004)、《预应力筋用锚具、夹具和连接器应用技术规程》(JGJ 85—2010)等。

1.8.2 预应力楼盖的截面设计与构造

1. 预应力楼盖的尺寸

预应力楼盖的截面高度与其跨度、形式、荷载情况等有关，同时必须满足各种截面承载能力、挠度、裂缝、防火及钢筋防腐蚀等方面的要求。根据我国的工程经验，预应力楼盖的跨高比和跨度可参照表 1-33 取用。

表 1-33 预应力混凝土梁板的跨高比及经济跨度

结构形式	跨高比	经济跨度/m	结构形式	跨高比	经济跨度/m
单向梁	16~25	8~15	单向板	35~45	6~9
扁梁	20~25	9~18	双向板	40~50	7~10
框架梁	12~18	15~25	密肋板	30~35	10~15
井字梁	20~25	16~32	悬臂板	≤16	—
悬臂梁	≤10	—			

2. 无粘结预应力筋应力设计值

《无粘结预应力混凝土结构技术规程》(JGJ 92—2016)和《规范》均规定，无粘结预应力矩形截面受弯构件，在进行正截面承载力计算时，无粘结预应力筋的应力设计值 σ_{pu} 宜按下列公式计算：

$$\sigma_{pu} = \sigma_{pe} + \Delta\sigma_p \tag{1-49}$$

$$\Delta\sigma_p = (240 - 335\xi_p)\left(0.45 + 5.5\frac{h}{l_0}\right)\frac{l_2}{l_1} \tag{1-50}$$

$$\xi_p = \frac{\sigma_{pe}A_p + f_y A_s}{f_c b h_p} \tag{1-51}$$

对于跨数不少于 3 跨的连续梁、连续单向板及连续双向板，$\Delta\sigma_p$ 取值不应小于 50 N/mm²。

此时，应力设计值 σ_{pu} 尚应符合下列条件：

$$\sigma_{pu} \leqslant f_{py} \tag{1-52}$$

式中　σ_{pe}——扣除全部预应力损失后，无粘结预应力筋中的有效预应力(N/mm²)；

　　　$\Delta\sigma_p$——无粘结预应力筋中的应力增量(N/mm²)；

　　　ξ_p——综合配筋指标，不宜大于 0.4；对于连续梁、板，取各跨内支座和跨中截面综合配筋指标的平均值；

　　　h——受弯构件截面高度；

　　　h_p——无粘结预应力筋合力点至截面受压边缘的距离；

　　　l_1——连续无粘结预应力筋两个锚固端间的总长度；

　　　l_2——与 l_1 相关的由活荷载最不利布置图确定的荷载跨长度之和。

翼缘位于受压区的 T 形、I 形截面受弯构件，当受压区高度大于翼缘高度时，综合配筋指标 ξ_p 可按下式计算：

$$\xi_p = \frac{\sigma_{pe}A_p + f_y A_s - f_c(b_f' - b)h_f'}{f_c b h_p} \tag{1-53}$$

此处，h_f' 为 T 形、I 形截面受压区的翼缘高度；b_f' 为 T 形、I 形截面受压区的翼缘计算宽度。

3. 无梁板内预应力筋的布置

无梁板两个方向的预应力筋用量确定后，可采用以下两种布置方式：

① 在两个方向按柱上板带和跨中板带布置[图 1-88(a)]，其中柱上板带占 60%~

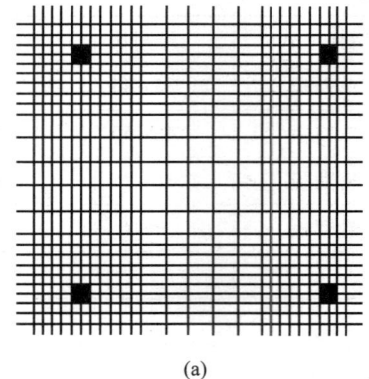
(a)

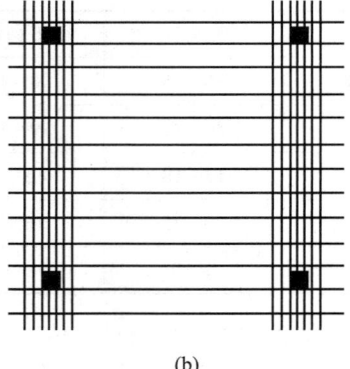
(b)

图 1-88　无梁板中无粘结预应力筋的布置

75%,相应地跨中板带占 25%～40%。这种布置方式比较符合板的受力状态,缺点是要将两个方向的抛物线形预应力筋交织成网,施工上诸多不便。

② 无粘结预应力筋在一向集中布置,在另一向均匀布置[图 1-88(b)]。集中布置的无粘结预应力筋应分布在各离柱两边 1.5 倍板厚的范围内;均匀布置的无粘结预应力筋的间距不得超过 6 倍的板厚,且不宜大于 1 m。这种布置方式易于保证无粘结筋的曲线形状。

以上两种布置方式中,每一方向穿过柱子的无粘结预应力筋不得少于 2 根。

4. 非预应力筋的配置

现代预应力混凝土结构中通常都配置适当数量的有粘结的非预应力钢筋,这样能防止受拉区混凝土突然开裂,而且能使裂缝分布均匀,破坏时有预兆。

如果配置的预应力筋数量不能满足承载力要求,可用非预应力钢筋予以补充。

截面中最大配筋率与最小配筋率应符合有关规定的要求。

① 单向板纵向普通钢筋的截面面积 A_s 应符合下式规定:

$$A_s \geqslant 0.002bh \tag{1-54}$$

式中　b——截面宽度;

　　　h——截面高度。

且纵向普通钢筋直径不应小于 8 mm,间距不应大于 200 mm。

② 梁中受拉区配置的纵向普通钢筋的最小截面面积 A_s 应取下列两式计算结果的较大值:

$$A_s \geqslant \frac{1}{3}\left(\frac{\sigma_{pu}h_p}{f_y h_s}\right)A_p \tag{1-55}$$

$$A_s \geqslant 0.003bh \tag{1-56}$$

式中　h_s——纵向受拉普通钢筋的合力点至截面受压边缘的距离。

上述要求的纵向普通钢筋直径不宜小于 14 mm,且宜均匀分布在梁的受拉边缘。

1.9　楼梯、雨篷计算与构造

楼梯、雨篷、阳台等是建筑物中的重要组成部分,本节主要讲述楼梯和雨篷的结构计算及构造要点。

1.9.1　楼梯

楼梯的平面布置、踏步尺寸、栏杆形式等由建筑设计确定。板式楼梯和梁式楼梯是最常见的现浇楼梯,宾馆和公共建筑有时也采用一些特种楼梯,如螺旋板式楼梯和剪刀式楼梯(图 1-89)。此外也有采用装配式楼梯的。

课件 1-14　楼梯

楼梯的结构设计包括以下内容:

① 根据建筑要求和施工条件,确定楼梯的结构形式和结构布置。

② 根据建筑类别,按《荷载规范》确定楼梯的可变荷载标准值。需要注意的是楼梯的可变荷载往往比所在楼面的活荷载大。生产车间楼梯的可变荷载可按实际情况确定,但不宜小于 3.5 kN/m(按水平投影面计算)。除以上竖向荷载外,设计楼梯栏杆时尚应按规

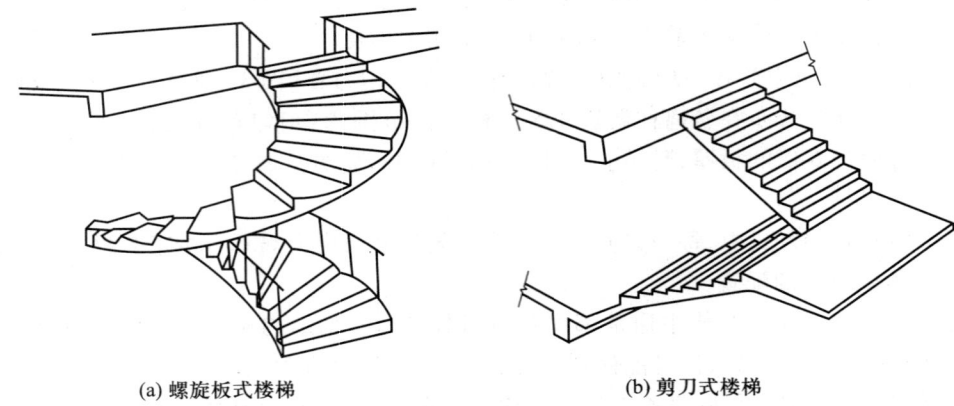

(a) 螺旋板式楼梯　　　　　　　(b) 剪刀式楼梯

图 1-89　特种楼梯

定考虑栏杆顶部水平荷载 0.5 kN/m(对于住宅、医院、幼儿园等)或 1.0 kN/m(对于学校、车站、展览馆等)。

③ 进行楼梯各部件的内力计算和截面设计。

④ 绘制施工图,特别应注意处理好连接部位的配筋构造。

1. 板式楼梯

板式楼梯由梯段板、平台板和平台梁组成(图 1-90)。梯段是斜放的齿形板,支承在平台梁和楼层梁上,底层下端一般支承在地垄墙上。板式楼梯的优点是下表面平整,施工支模较方便,外观比较轻巧。缺点是斜板较厚,约为梯段板斜长的 1/25～1/30,其混凝土用量和钢材用量都较多,一般适用于梯段板的水平跨长不超过 3 m 时。

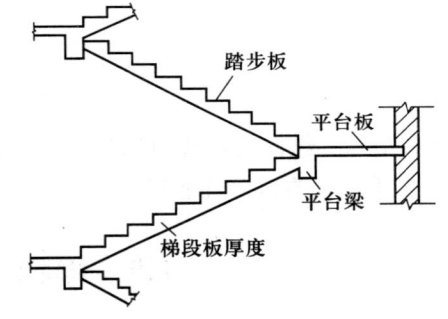

图 1-90　板式楼梯的组成

板式楼梯的计算特点:梯段斜板按斜放的简支梁计算(图 1-91),斜板的计算跨度取平台梁间的斜长净距 l'_n。

设楼梯单位水平长度上的竖向均布荷载 $p = g+q$(与水平面垂直),则沿斜板单位斜长上的竖向均布荷载 $p' = p\cos\alpha$(与斜面垂直),此处 α 为梯段板与水平线间的夹角(图 1-92),将 p' 分解为

$$p'_x = p'\cos\alpha = p\cos\alpha \cdot \cos\alpha$$
$$p'_y = p'\sin\alpha = p\cos\alpha \cdot \sin\alpha$$

此处 p'_x, p'_y 分别为 p' 在垂直于斜板方向及沿斜板方向的分力,忽略 p'_y 对梯段板的影响,只考虑 p'_x 对梯段板的弯曲作用。

设 l_n 为梯段板的水平净跨长,l'_n 为其斜向净跨长,因

$$l_n = l'_n \cos\alpha$$

故斜板弯矩:

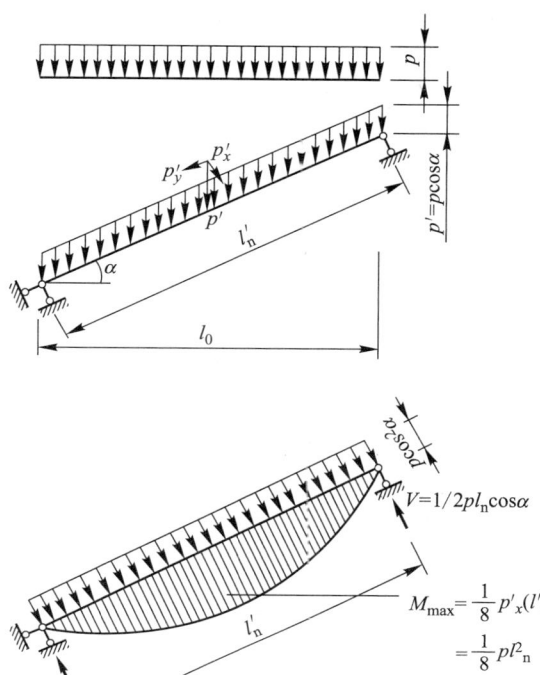

图 1-91 梯段板的内力

$$M_{\max} = \frac{1}{8}p'_x l'^{\,2}_n = \frac{1}{8}p\cos^2\alpha \times (l_n/\cos\alpha)^2 = \frac{1}{8}pl_n^2$$

斜板剪力：

$$V_{\max} = \frac{1}{8}p'_x l'_n = \frac{1}{2}p\cos^2\alpha \times (l_n/\cos\alpha) = \frac{1}{2}pl_n \times \cos\alpha$$

因此,可以得到简支斜板(梁)计算的特点为：

① 简支斜梁在竖向均布荷载 p(沿单位水平长度)作用下的最大弯矩,等于其水平投影长度的简支梁在 p 作用下的最大弯矩；

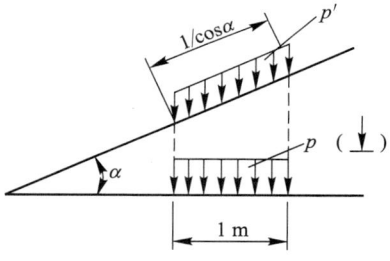

图 1-92 斜板上的荷载

② 最大剪力等于斜梁为水平投影长度的简支梁在 p 作用下的最大剪力值乘以 $\cos\alpha$；

③ 截面承载力计算时梁的截面高度应垂直于斜面量取。

虽然斜板按简支计算,但由于梯段与平台梁整浇,平台对斜板的变形有一定约束作用,故计算板的跨中弯矩时,也可以近似取 $M_{\max} = \frac{1}{10}ql_n^2$。为避免板在支座处产生裂缝,应在板上面配置一定量钢筋,一般取 φ8@200,长度为 $l_n/4$。分布钢筋可采用 φ6 或 φ8,每级踏步一根。

平台板一般都是单向板,可取 1 m 宽板带进行计算,平台板一端与平台梁整体连接,另一端可能支承在砖墙上,也可能与过梁整浇,跨中弯矩可近似取为 $M = \frac{1}{8}pl^2$,或取

$M=\dfrac{1}{10}pl^2$。考虑到板支座的转动会受到一定约束,一般应将板下部受力钢筋在支座附近弯起一半,必要时可在支座处板上面配置一定量钢筋,伸出支承边缘长度为 $l_n/4$,如图 1-93 所示。

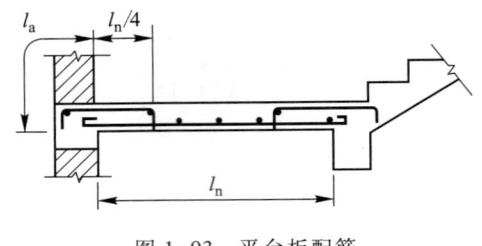

图 1-93 平台板配筋

例 1-4 某公共建筑现浇板式楼梯,楼梯结构平面布置见图 1-94。层高 3.6 m,踏步尺寸 150 mm×300 mm。采用混凝土强度等级 C25,钢筋为 HPB300 和 HRB400。楼梯上均布活荷载标准值为 3.5 kN/m²,永久荷载标准值为 6.6 kN/m²,见表 1-34;平台板荷载见表 1-35。试设计此楼梯。

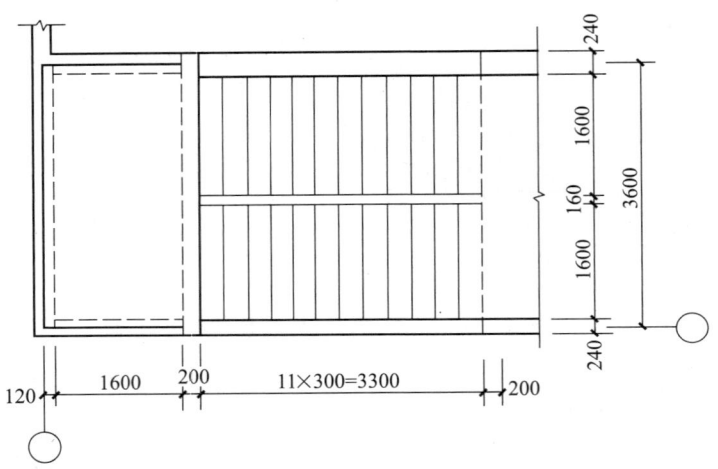

图 1-94 例 1-4 的楼梯结构平面

表 1-34 梯段板的荷载

荷载种类		荷载标准值/(kN/m)
恒载	水磨石面层	$(0.3+0.15)\times 0.65\times\dfrac{1}{0.3}=0.98$
	三角形踏步	$\dfrac{1}{2}\times 0.3\times 0.15\times 25\times\dfrac{1}{0.3}=1.88$
	斜板	$0.12\times 25\times\dfrac{1}{0.894}=3.36$
	板底抹灰	$0.02\times 17\times\dfrac{1}{0.894}=0.38$
	小计	6.6
活荷载		3.5

表 1-35 平台板的荷载

荷载种类		荷载标准值/(kN/m)
恒载	水磨石面层	0.65
	70 厚混凝土板	0.07×25=1.75
	板底抹灰	0.02×17=0.34
	小计	2.74
活荷载		3.5

解:1. 楼梯板计算

板倾斜度:$\tan\alpha = 150/300 = 0.5$,$\cos\alpha = 0.894$。设板厚 $h = 120$ mm,约为板斜长的 1/30。取 1 m 宽板带计算。

(1) 荷载计算

由可变荷载效应控制组合,荷载分项系数 $\gamma_G = 1.2$,$\gamma_Q = 1.4$;基本组合的总荷载设计值 $p = (6.6 \times 1.2 + 3.5 \times 1.4)$ kN/m $= 12.82$ kN/m;由永久荷载效应控制组合,荷载分项系数 $\gamma_G = 1.35$,$\gamma_Q = 1.4$,$\varphi_c = 0.7$。基本组合的总荷载设计值

$$p = (6.6 \times 1.35 + 1.4 \times 0.7 \times 3.5) \text{ kN/m} = 12.34 \text{ kN/m}$$

则荷载设计值取 $p = 12.82$ kN/m。

(2) 截面设计

板水平计算跨度 $l_n = 3.3$ m。

弯矩设计值:$M = \dfrac{1}{10} p l_n^2 = \dfrac{1}{10} \times 12.82 \times 3.3^2$ kN·m $= 13.96$ kN·m

$$h_0 = (120 - 20) \text{ mm} = 100 \text{ mm}$$

$$\alpha_s = \frac{M}{\alpha_1 f_c b h_0^2} = \frac{13.96 \times 10^6}{11.9 \times 1\,000 \times 100^2} = 0.117$$

$$\xi = 1 - \sqrt{1 - 2\alpha_s} = 1 - \sqrt{1 - 2 \times 0.117} = 0.124 < \xi_b = 0.576$$

$$A_s = \frac{\alpha_1 f_c b h_0}{f_y} = \frac{11.9 \times 1\,000 \times 100 \times 0.124}{270} \text{ mm}^2 = 546.5 \text{ mm}^2$$

$$\rho_1 = \frac{A_s}{bh} = \frac{546.5}{1\,000 \times 120} = 0.46\% > \rho_{\min} = 0.45 \frac{f_t}{f_{yv}} = 0.45 \times \frac{1.27}{270} = 0.21\%$$

且 $\rho_{\min} = 0.2\%$。

选配 φ10@140 mm,$A_s = 561$ mm^2,板的负弯矩钢筋取 φ10@280 mm。分布筋 φ8,每级踏步下一根,梯段板配筋见图 1-95。

2. 平台板计算

设平台板厚 $h = 70$ mm,取 1 m 宽板带计算。

(1) 荷载计算

总荷载设计值:

$$p = (1.2 \times 2.74 + 1.4 \times 3.5) \text{ kN/m} = 8.19 \text{ kN/m}$$

(2) 截面设计

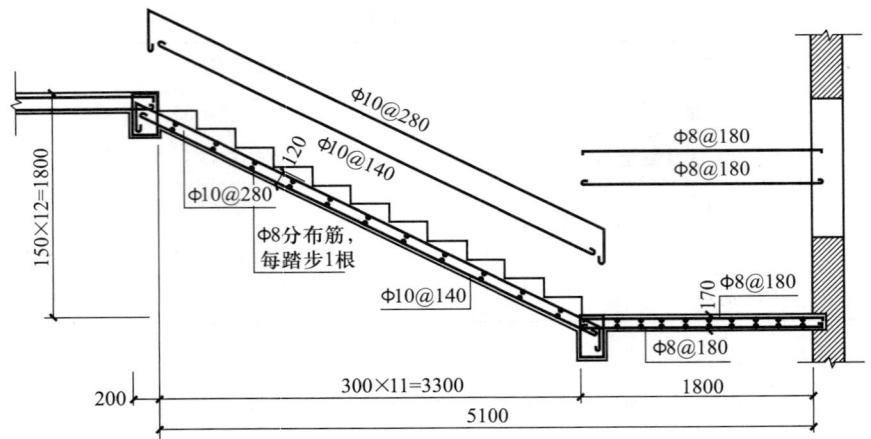

图 1-95 梯段板和平台板配筋

板的计算跨度：
$$l_0 = (1.8 - 0.2/2 + 0.12/2) \text{ m} = 1.76 \text{ m}$$

弯矩设计值：
$$M = \frac{1}{10}pl_0^2 = \frac{1}{10} \times 8.19 \times 1.76^2 \text{ kN} \cdot \text{m} = 2.54 \text{ kN} \cdot \text{m}$$

$$h_0 = (70 - 20) \text{ mm} = 50 \text{ mm}$$

$$\alpha_s = \frac{M}{\alpha_1 f_c b h_0^2} = \frac{2.54 \times 10^6}{11.9 \times 1\,000 \times 50^2} = 0.085$$

$$\xi = 1 - \sqrt{1 - 2\alpha_s} = 1 - \sqrt{1 - 2 \times 0.085} = 0.09 < \xi_b = 0.576$$

$$A_s = \frac{\alpha_1 f_c b h_0}{f_y} = \frac{11.9 \times 1\,000 \times 100 \times 0.09}{270} \text{ mm}^2 = 198 \text{ mm}^2$$

$$\rho_1 = \frac{A_s}{bh} = \frac{198}{1\,000 \times 70} = 0.283\% > \rho_{\min} = 0.45 \frac{f_t}{f_{yv}} = 0.45 \times \frac{1.27}{270} = 0.21\%$$

且 $\rho_{\min} = 0.2\%$。

选配 φ8@180 mm，$A_s = 218$ mm²。平台板配筋见图 1-95。

3. 平台梁 B1 计算

设平台梁截面 $b = 200 \text{ mm}, h = 350 \text{ mm}$。

（1）荷载计算

总荷载设计值：
$$p = (14.95 \times 1.2 + 8.93 \times 1.4) \text{ kN/m} = 30.44 \text{ kN/m}$$

（2）截面设计

计算跨度：
$$l_0 = 1.05 l_n = 1.05(3.6 - 0.24) \text{ m} = 3.53 \text{ m}$$

弯矩设计值：
$$M = \frac{1}{8}pl_0^2 = \frac{1}{8} \times 30.44 \times 3.53^2 \text{ kN} \cdot \text{m} = 47.4 \text{ kN} \cdot \text{m}$$

剪力设计值：

$$V = \frac{1}{2}pl_n = \frac{1}{2} \times 30.44 \times 3.36 \text{ kN} = 51.1 \text{ kN}$$

截面按倒 L 形计算：

$$b_f' = b + 5h_f' = (200 + 5 \times 70) \text{ mm} = 550 \text{ mm}$$

$$h_0 = (350 - 35) \text{ mm} = 315 \text{ mm}$$

经计算属第一类 T 形截面，采用 HRB400 钢筋：

$$\alpha_s = \frac{M}{\alpha_1 f_c b_f' h_0^2} = \frac{47.4 \times 10^6}{11.9 \times 550 \times 315^2} = 0.07$$

$$\zeta = 1 - \sqrt{1 - 2\alpha_s} = 1 - \sqrt{1 - 2 \times 0.07} = 0.074 < \zeta_b = 0.518$$

$$A_s = \frac{\alpha_1 f_c b_f' h_0 \zeta}{f_y} = \frac{11.9 \times 550 \times 315 \times 0.074}{360} \text{ mm}^2 = 423.79 \text{ mm}^2$$

$$\rho_1 = \frac{A_s}{bh} = \frac{423.79}{200 \times 350} = 0.61\% > \rho_{\min} = 0.45 \frac{f_t}{f_y} = 0.2\%$$

选 3 Φ 14，$A_s = 461 \text{ mm}^2$。

斜截面受剪承载力计算。

配置箍筋 φ6@200 mm：

$$V_u = 0.7 f_t b h_0 + f_{yv} \frac{A_{sv}}{s} h_0$$

$$= \left(0.7 \times 1.27 \times 200 \times 315 + 270 \times \frac{2 \times 28.3}{200} \times 315\right) \text{ N}$$

$$= 80.08 \text{ kN} > V = 51.1 \text{ kN}$$

满足要求。

平台梁配筋见图 1-96。

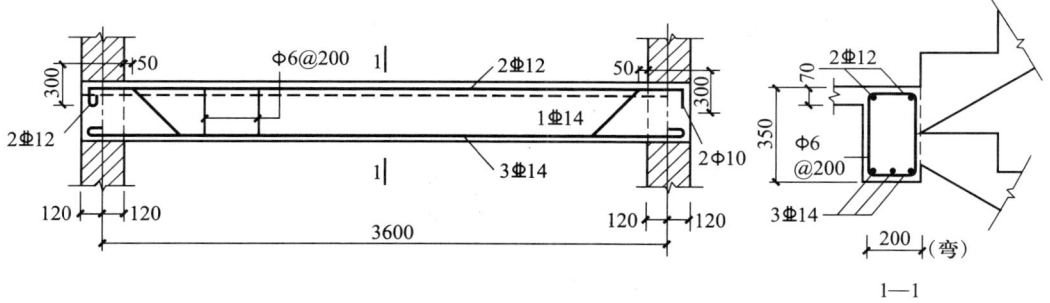

图 1-96 平台梁配筋

在对抗震要求较高的地区，楼梯的设计被予以高度的重视，作为灾难时人们逃生的通道，人们将楼梯的设计喻为"安全岛"的设计。对框架结构中的楼梯，由于地震中楼梯板极易形成拉压构件，并常在跨中 1/4 处破坏，为保证楼梯的安全，设计中常将楼梯板上部钢筋拉通设置，变成梯段板双层双向配筋。

2. 梁式楼梯

梁式楼梯由踏步板、斜梁和平台板、平台梁组成(图 1-97)。其荷载传递为：

梯段上荷载 —均布荷载→ 踏步板 —均布荷载→ 斜梁 —集中荷载→ 平台梁 —集中荷载→ 侧墙（或框架梁）

平台板 —均布荷载↑

（1）踏步板

踏步板按两端简支在斜梁上的单向板考虑，计算时一般取一个踏步作为计算单元，踏步板为梯形截面，板的计算高度可近似取平均高度 $h=(h_1+h_2)/2$（图 1-98）。板厚一般不小于 30~40 mm，每一踏步一般需配置不少于 $2\phi 6$ 的受力钢筋，沿斜向布置间距不大于 300 mm 的 $\phi 6$ 分布钢筋。

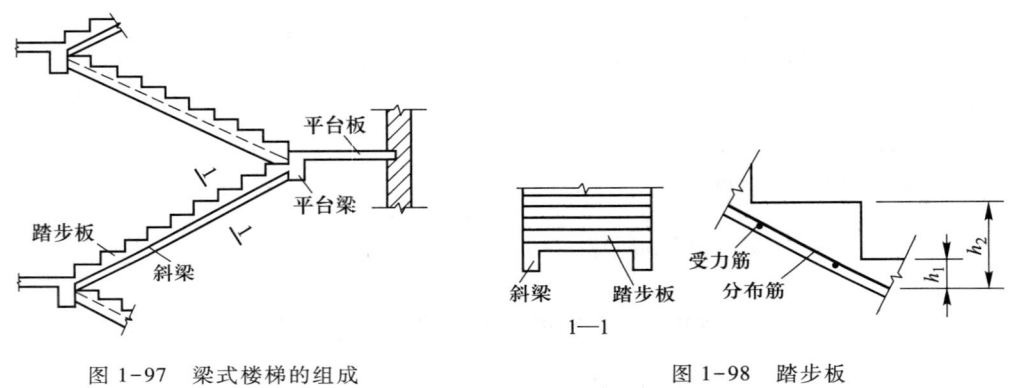

图 1-97 梁式楼梯的组成　　图 1-98 踏步板

（2）斜梁

斜梁的内力计算特点与梯段斜板相同。踏步板可能位于斜梁截面高度的上部，也可能位于下部，计算时可近似取为矩形截面。图 1-99 为斜梁的配筋构造图。

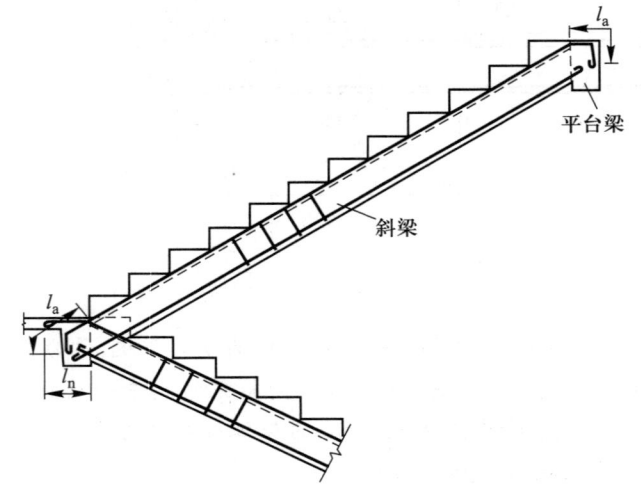

图 1-99 斜梁的配筋

(3) 平台梁

平台梁主要承受斜梁传来的集中荷载(由上、下楼梯斜梁传来)和平台板传来的均布荷载,平台梁一般按简支梁计算。

例 1-5 某数学楼楼梯活荷载标准值为 2.5 kN/m², 踏步面层采用 30 mm 厚水磨石, 底面为 20 mm 厚, 混合砂浆抹灰, 混凝土采用 C25, 梁中受力钢筋采用 HRB400, 其余钢筋采用 HPB300, 楼梯结构布置如图 1-100 所示。试设计此楼梯。

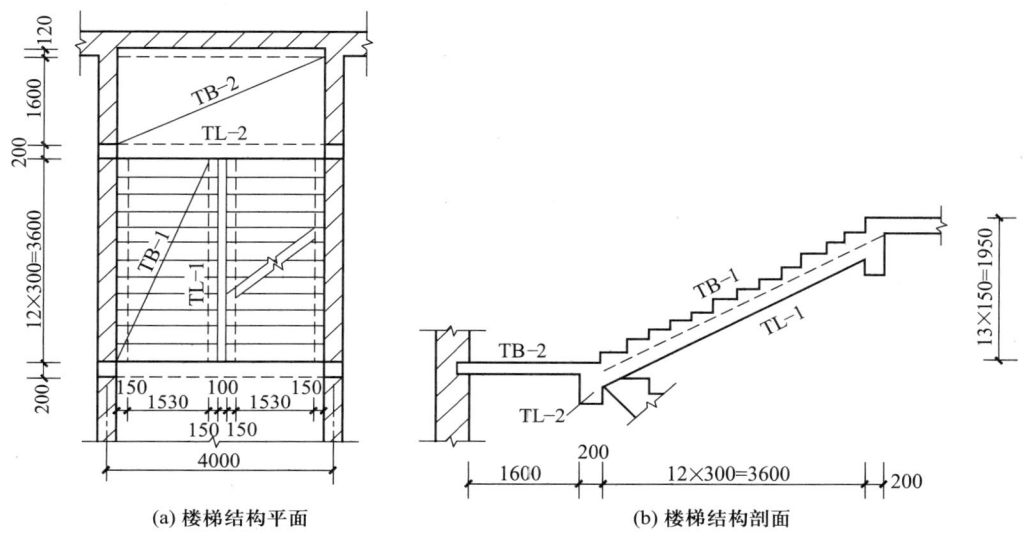

图 1-100 梁式楼梯结构布置图

解: 1. 踏步板(TB-1)的计算

(1) 荷载计算(踏步尺寸 $a_1 \times b_1 = 300$ mm × 150 mm。底板厚 $d = 40$ mm)

恒荷载:

踏步板自重 $1.2 \times \dfrac{0.195 + 0.045}{2} \times 0.3 \times 25$ kN/m = 1.08 kN/m

踏步面层重 $1.2 \times (0.3 + 0.15) \times 0.65$ kN/m = 0.35 kN/m

(计算踏步板自重时, 踏步截面面积可按上底为 $d/\cos \varphi = 40$ mm/0.894 = 45 mm, 下底为 $b_1 + d/\cos \varphi = 150$ mm + 40 mm/0.894 = 195 mm, 高为 $a_1 = 300$ mm 的梯形截面计算。)

踏步抹灰重

$$1.2 \times \dfrac{0.3}{0.894} \times 0.02 \times 17 \text{ kN/m} = 0.14 \text{ kN/m}$$

$$g = (1.08 + 0.35 + 0.14) \text{ kN/m} = 1.57 \text{ kN/m}$$

使用活荷载

$$q = (1.4 \times 2.5 \times 0.3) \text{ kN/m} = 1.05 \text{ kN/m}$$

垂直于水平面的荷载及垂直于斜面的荷载分别为

$$g + q = 2.62 \text{ kN/m}$$

$$g' + q' = (2.62 \times 0.894) \text{ kN/m} = 2.34 \text{ kN/m}$$

(2) 内力计算

斜梁截面尺寸选用 150 mm×350 mm,则踏步的计算跨度为
$$l_0 = l_n + b = (1.53 + 0.15) \text{ m} = 1.68 \text{ m}$$

踏步板的跨中弯矩
$$M = \frac{1}{8}(g' + q')l_0^2 = \frac{1}{8} \times 2.34 \times 1.68^2 \text{ kN} \cdot \text{m} = 0.826 \text{ kN} \cdot \text{m}$$

(3) 截面承载力计算

取一踏步($a_1 \times b_1 = 300 \text{ mm} \times 150 \text{ mm}$)为计算单元,已知 $\cos\varphi = \cos 26°56' = 0.894$,等效矩形截面的高度 h 和宽度 b 为
$$h = \frac{2}{3}b_1 \cos\varphi + d = \left(\frac{2}{3} \times 150 \times 0.894 + 40\right) \text{ mm} = 129.4 \text{ mm}$$
$$b = 0.75a_1/\cos\varphi = 0.75 \times 300 \text{ mm}/0.894 = 251.7 \text{ mm}$$

则
$$h_0 = h - a_s = (129.4 - 20) \text{ mm} = 109.4 \text{ mm}$$
$$\alpha_s = \frac{M}{\alpha_1 f_c b h_0^2} = \frac{8.26 \times 10^5}{11.9 \times 251.7 \times 109.4^2} = 0.024\ 8$$
$$\xi = 1 - \sqrt{1 - 2\alpha_s} = 1 - \sqrt{1 - 2 \times 0.024\ 8} = 0.025\ 2 < \xi_b = 0.614$$
$$A_s = \frac{\alpha_1 f_c b h_0 \xi}{f_y} = \frac{11.9 \times 251.7 \times 109.4 \times 0.025\ 2}{270} \text{ mm}^2 = 30.6 \text{ mm}^2$$
$$\rho_1 = \frac{A_s}{bh} = \frac{30.6}{251.7 \times 129.4} = 0.094\% < \rho_{\min} = 0.45 \times \frac{f_t}{f_y} = 0.45 \times \frac{1.27}{270} = 0.212\%$$

则
$$A_s = \rho_{\min} bh = 0.002\ 12 \times 251.7 \times 129.4 \text{ mm}^2 = 69.1 \text{ mm}^2$$

踏步板应按 $\rho_{\min}$ 配筋,每米宽沿斜面配置的受力钢筋
$$A_s = \frac{69.1 \times 1\ 000}{300} \times 0.894 \text{ mm}^2/\text{mm} = 205.9 \text{ mm}^2/\text{mm}$$

为保证每个踏步至少有两根钢筋,故选用 ϕ8@150($A_s = 335 \text{ mm}^2$)。

2. 楼梯斜梁(TL-1)计算

(1) 荷载

踏步板传来 $\frac{1}{2} \times 2.62 \times (1.53 + 2 \times 0.15) \times \frac{1}{0.3}$ kN/m = 7.99 kN/m

斜梁自重 $1.2 \times (0.35 - 0.04) \times 0.15 \times 25 \times \frac{1}{0.894}$ kN/m = 1.56 kN/m

斜梁抹灰 $1.2 \times (0.35 - 0.04) \times 0.02 \times 17 \times 2 \times \frac{1}{0.894}$ kN/m = 0.28 kN/m

楼梯栏杆 1.2×0.1 kN/m = 0.12 kN/m

总计 $g + q = 9.95$ kN/m

(2) 内力计算

取平台梁截面尺寸 $b \times h = 200 \text{ mm} \times 450 \text{ mm}$,则斜梁计算跨度:

$$l_0 = l_n + b = (3.6+0.2) \text{ m} = 3.8 \text{ m}$$

斜梁跨中弯矩和支座剪力为：

$$M = \frac{1}{8}(g+q)l_0^2 = \frac{1}{8} \times 9.95 \times 3.8^2 \text{ kN} \cdot \text{m} = 18.0 \text{ kN} \cdot \text{m}$$

$$V = \frac{1}{2}(g+q)l_n = \frac{1}{2} \times 9.95 \times 3.6 \text{ kN} = 17.9 \text{ kN}$$

（3）截面承载能力计算

取 $h_0 = h - a = (350-35) \text{ mm} = 315 \text{ mm}$。

翼缘有效宽度 b'_f：

按梁跨考虑 $b'_f = l_0/6 = 633 \text{ mm}$

按梁肋净距考虑 $b'_f = \frac{s_0}{2} + b = \left(\frac{1\,530}{2} + 150\right) \text{ mm} = 915 \text{ mm}$

由于 $h'_f/h = 40/350 > 0.1$，b'_f 可不按翼缘厚度考虑，最后应取 $b'_f = 633 \text{ mm}$。

判别 T 形截面类型：

$\alpha_1 f_c b'_f h'_f(h_0 - 0.5 h'_f) = 11.9 \times 633 \times 40 \times (315 - 0.5 \times 40) \text{ kN} \cdot \text{m} = 82 \text{ kN} \cdot \text{m} > M = 18 \text{ kN} \cdot \text{m}$

故按第一类 T 形截面计算。

$$\alpha_s = \frac{M}{\alpha_1 f_c b'_f h_0^2} = \frac{18 \times 10^6}{11.9 \times 633 \times 315^2} = 0.025$$

$$\zeta = 1 - \sqrt{1-2\alpha_s} = 1 - \sqrt{1-2 \times 0.025} = 0.026\,4 < \zeta_b = 0.518$$

$$A_s = \frac{\alpha_1 f_c b'_f h_0 \zeta}{f_y} = \frac{11.9 \times 633 \times 315 \times 0.026\,4}{360} \text{ mm}^2 = 174 \text{ mm}^2$$

$$\rho_1 = \frac{A_s}{bh} = \frac{174}{150 \times 350} = 0.33\% > \rho_{\min} = 0.45 \frac{f_t}{f_y} = 0.2\%$$

故选用 2 Φ 12，$A_s = 226 \text{ mm}^2$。

由于无腹筋梁的抗剪能力：

$$V_c = 0.7 f_t b h_0 = 0.7 \times 1.27 \times 150 \times 315 \text{ N} = 42\,005.25 \text{ N} > V = 17\,900 \text{ N}$$

可按构造要求配置箍筋，选用双肢箍 $\phi 6@300$。

3. 平台梁(TL-2)计算

（1）荷载

斜梁传来的集中力 $G + Q = \frac{1}{2} \times 9.95 \times 3.8 \text{ kN} = 18.9 \text{ kN}$

平台板传来的均布恒荷载

$$1.2 \times (0.65 + 0.06 \times 25 + 0.02 \times 17) \times \left(\frac{1.6}{2} + 0.2\right) \text{ kN/m} = 2.99 \text{ kN/m}$$

平台板传来的均布活荷载 $1.4 \times \left(\frac{1.6}{2} + 0.2\right) \times 2.5 \text{ kN/m} = 3.5 \text{ kN/m}$

平台梁自重 $1.2 \times 0.2 \times (0.45 - 0.06) \times 25 \text{ kN/m} = 2.34 \text{ kN/m}$

平台梁抹灰 $2 \times 1.2 \times 0.02 \times (0.45 - 0.06) \times 17 \text{ kN/m} = 0.32 \text{ kN/m}$

总计 $g+q=9.15$ kN/m

（2）内力计算（计算简图见图 1-101）

平台梁计算跨度：

$$l_0 = l_n + a = (3.76+0.24) \text{ m}$$
$$= 4.00 \text{ m}$$
$$l_0 = 1.05 l_n = 1.05 \times 3.76 \text{ m}$$
$$= 3.95 \text{ m} < 4.00 \text{ m}$$

故取 $l_0 = 3.95$ m。

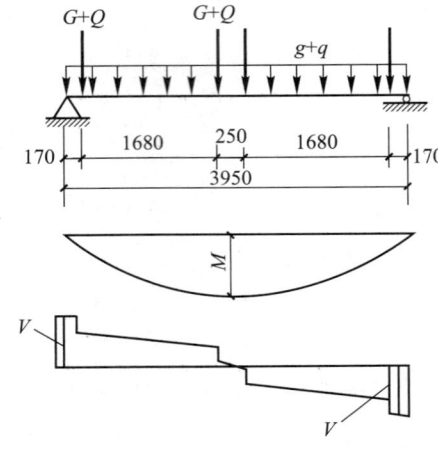

图 1-101 平台梁计算简图

跨中弯矩

$$M = \frac{1}{8}(g+q)l_0^2 + 2(G+Q)\frac{l_0}{2} - (G+Q) \times$$
$$\left[\left(a + \frac{b}{2}\right) + \frac{b}{2}\right]$$
$$= \frac{1}{8} \times 9.15 \times 3.95^2 \text{ kN} \cdot \text{m} + 2 \times 18.9 \times \frac{3.95}{2} \text{ kN} \cdot \text{m} - 18.9 \times \left[\left(1.68 + \frac{0.25}{2}\right) + \frac{0.25}{2}\right] \text{ kN} \cdot \text{m} = 56 \text{ kN} \cdot \text{m}$$

支座剪力

$$V = \frac{1}{2}(g+q)l_n + 2(G+Q)$$
$$= \left(\frac{1}{2} \times 9.15 \times 3.76 + 2 \times 18.9\right) \text{ kN} = 55.0 \text{ kN}$$

考虑计算的斜截面应取在斜梁内侧，故

$$V = \frac{1}{2} \times 9.15 \times 3.76 \text{ kN} + 18.9 \text{ kN} = 36.1 \text{ kN}$$

（3）正截面承载力计算

翼缘有效宽度 b_f'：

按梁跨度考虑 $b_f' = l_0/6 = 3\,950$ mm$/6 = 658$ mm

按梁肋净距考虑 $b_f' = \frac{s_0}{2} + b = \frac{1\,600}{2}$ mm $+ 200$ mm $= 1\,000$ mm

最后应取 $b_f' = 658$ mm。

判别 T 形截面类型：

$\alpha_1 f_c b_f' h_f' (h_0 - 0.5 h_f') = 11.9 \times 658 \times 60 \times (415 - 0.5 \times 60)$ N $\cdot$ mm $= 167$ kN $\cdot$ m $> M = 56$ kN $\cdot$ m

按第一类 T 形截面计算。

$$\alpha_s = \frac{M}{\alpha_1 f_c b_f' h_0^2} = \frac{56 \times 10^6}{11.9 \times 658 \times 415^2} = 0.045$$

$$\zeta = 1 - \sqrt{1 - 2\alpha_s} = 1 - \sqrt{1 - 2 \times 0.045} = 0.046 < \zeta_b = 0.518$$

$$A_s = \frac{\alpha_1 f_c b_f' h_0 \zeta}{f_y} = \frac{11.9 \times 658 \times 415 \times 0.046}{360} \text{ mm}^2 = 415 \text{ mm}^2$$

$$\rho_1 = \frac{A_s}{bh} = \frac{415}{200 \times 450} = 0.46\% > \rho_{\min} = 0.45 \frac{f_t}{f_y} = 0.2\%$$

选用 2 ⌽ 18($A_s = 509 \text{ m}^2$)。

(4) 斜截面承载力计算

由于无腹筋梁的承载力

$$V_c = 0.7 f_t b h_0 = 0.7 \times 1.27 \times 200 \times 415 \text{ N} = 73\ 787 \text{ N} > V = 36\ 100 \text{ N}$$

可按构造要求配置箍筋,选用双肢箍 φ6@200。

(5) 附加箍筋计算

采用附加箍筋承受由斜梁传来的集中力,若附加箍筋仍采用双肢箍筋 φ6,则附加箍筋总数为:

$$m = \frac{G+Q}{nA_{sv1}f_{yv}} = \frac{18\ 900}{2 \times 28.3 \times 270} \text{个} = 1.24 \text{ 个}$$

斜梁侧需附加 2 个 φ6 的双肢箍筋。

踏步板(TB-1)、斜梁(TL-1)和平台梁(TL-2)的配筋图如图 1-102(a)、(b)、(c)所示。

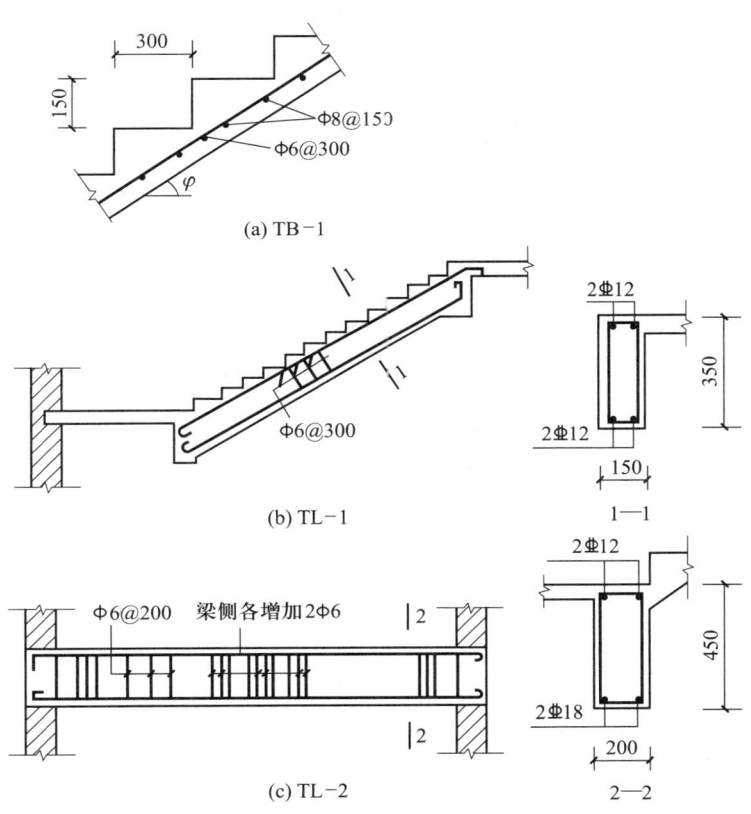

图 1-102 踏步板、斜梁和平台梁配筋图

3. 现浇楼梯的一些构造处理

① 当楼梯下净高不够,可将楼层梁向内移动(图 1-103),这样板式楼梯的梯段就成为折线形。对此设计中应注意两个问题:a. 梯段中的水平段,其板厚应与梯段相同,不能处理成和平台板同厚。b. 折角处的下部受拉纵筋不允许沿板底弯折,以免产生向

外的合力将该处的混凝土崩脱。应将此处纵筋断开,各自延伸至上面再行锚固。若板的弯折位置靠近楼层梁,板内可能出现负弯矩,则板上面还应配置承担负弯矩的短钢筋(图 1-104)。

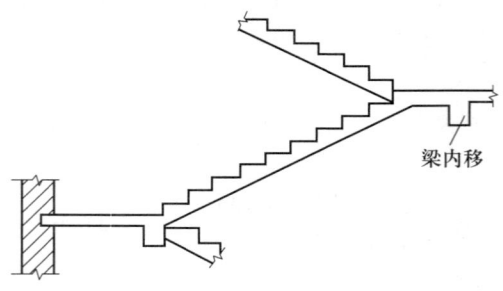

图 1-103 楼层梁内移

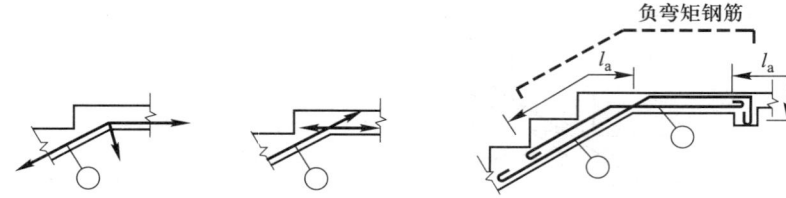

图 1-104 板内折角时的配筋

② 若遇折线形斜梁,梁内折角处的受拉纵向钢筋应分开配置,并各自延伸以满足锚固要求,同时还应在该处增设箍筋。该箍筋应足以承受未伸入受压区域的纵向受拉钢筋的合力,且在任何情况下不应小于全部纵向受拉钢筋合力的 35%。由箍筋承受的纵向受拉钢筋的合力,可按图 1-105 计算。

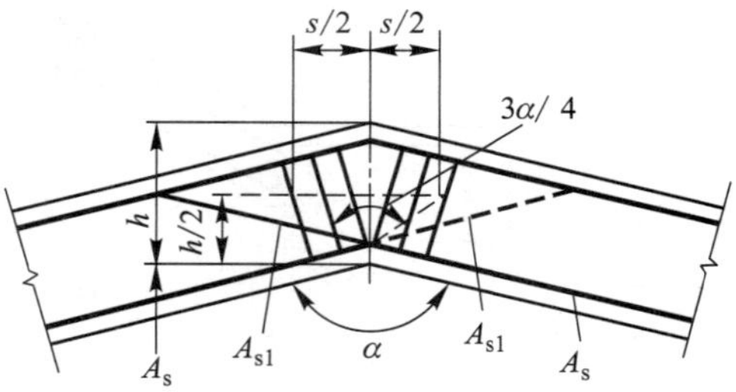

图 1-105 折线形斜梁内折角处配筋

未伸入受压区域的纵向受拉钢筋的合力为:

$$N_{s1} = 2f_y A_{s1} \cos \frac{\alpha}{2}$$

全部纵向受拉钢筋合力的 35% 为

$$N_{s2} = 0.7 f_y A_s \cos \frac{\alpha}{2}$$

式中 A_s——全部纵向受拉钢筋的截面面积;
A_{s1}——未伸入受压区域的纵向受拉钢筋的截面面积;
α——构件的内折角。

按上述条件求得的箍筋,应设置在长度为 $s = h\tan\frac{3}{8}\alpha$ 的范围内。

1.9.2 雨篷

雨篷、外阳台、挑檐是建筑工程中常见的悬挑构件,它们的设计除与一般梁板结构相似外,悬挑构件还存在倾覆翻倒的危险,因此应进行抗倾覆验算。现以雨篷为例,讲述其计算特点。

1. 一般要求

板式雨篷一般由雨篷板和雨篷梁两部分组成(图 1-106)。雨篷梁既是雨篷板的支承,又兼有过梁的作用。

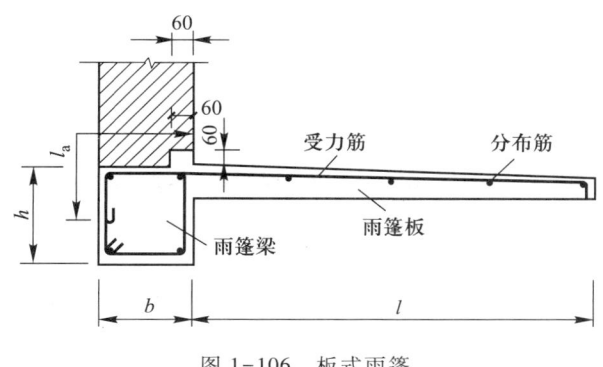

图 1-106　板式雨篷

一般雨篷板的挑出长度为 0.6~1.2 m 或更大,视建筑要求而定。现浇雨篷板多数做成变厚度的,一般取根部板厚为 1/10 挑出长度,但不小于 70 mm,板端不小于 50 mm。雨篷板周围往往设置凸沿以便能有组织地排泄雨水。雨篷梁的宽度一般取与墙厚相同,梁的高度应按承载能力要求确定。梁两端伸进砌体的长度应考虑雨篷抗倾覆的因素确定。雨篷计算包括三方面内容:①雨篷板的正截面承载力计算;②雨篷梁在弯矩、剪力、扭矩共同作用下的承载力计算;③雨篷抗倾覆验算。

2. 雨篷板和雨篷梁的承载能力计算

(1) 作用在雨篷板上的荷载

雨篷板上的荷载有恒载(包括自重、粉刷等)、雪荷载;雨篷板上的均布活荷载(按《荷载规范》取活荷载标准值为 0.7 kN/m²),以及施工和检修集中荷载。以上荷载中,雨篷均布活荷载与雪荷载不同时考虑,取两者中较大值进行设计。每一集中荷载值为 1.0 kN,进行承载能力计算时,沿板宽每隔 1 m 考虑一个集中荷载;进行雨篷抗倾覆验算时,沿板宽每隔 2.5~3.0 m 考虑一个。

施工集中荷载和雨篷的均布活荷载不同时考虑。

雨篷板的内力分析,当无边梁时,其受力特点和一般悬臂板相同,应分别按上述荷载组合作用,取较大的弯矩值进行正截面受弯承载力计算,计算截面取在梁截面外边缘(即板的跨度为 l)。构造上应保证板中纵向受拉钢筋在雨篷梁内有足够的受拉锚固长度。施工时应经常检查钢筋,注意维持雨篷板截面的有效高度,特别是板根部的纵筋,应防止被踩下沉。

对于有边梁的雨篷,其受力特点和一般梁、板体系的构件相同。

(2) 雨篷梁计算

雨篷梁所承受的荷载有自重、梁上砌体重、可能计入的楼盖传来的荷载,以及雨篷板传来的荷载。梁上砌体重量和楼盖传来的荷载应按过梁荷载的规定计算。

现以雨篷板上作用均布荷载为例,来讲述雨篷梁的扭矩问题。

对于雨篷梁横截面的对称轴,板传给梁的内力有沿板宽每 1 m 的竖向力 $V=pl$(单位为 kN/m)和力矩 m_p[单位为 kN·m/m,见图 1-107(a)],此处

$$m_p = pl\left(\frac{b+l}{2}\right)$$

力矩 m_p 使雨篷梁发生转动,但由于梁两端砌固于墙体内可阻止梁转动,使梁承受了扭矩。梁上扭矩的分布规律是,在跨度中点处为零,按直线规律向两端增大直至梁支座处达最大值[图 1-107(b)]。

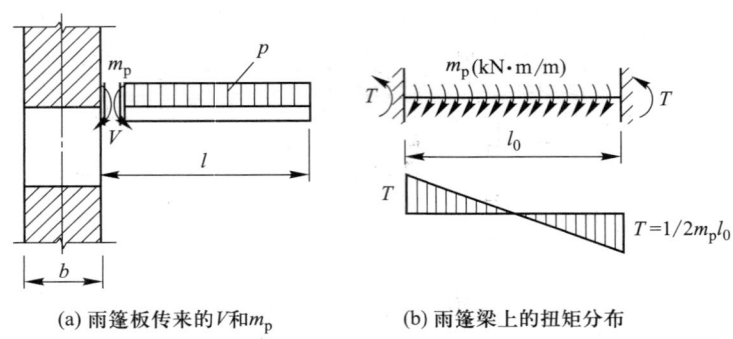

(a) 雨篷板传来的 V 和 m_p (b) 雨篷梁上的扭矩分布

图 1-107 雨篷梁上的扭矩

根据平衡条件,在梁两砌固端所产生的大小相等、方向相反的抵抗扭矩值为

$$T = m_p l_0 / 2$$

此处 l_0 为雨篷梁的跨度,可近似取为 $l_0 = 1.05 l_n$(l_n 为梁的净跨)。

雨篷梁在自重、梁上砌体重等荷载作用下,承受弯、剪,在雨篷板传来的荷载作用下,雨篷梁不仅承受弯、剪,而且还受扭,因此雨篷梁是受弯、剪、扭的构件。

雨篷梁应按弯、剪、扭构件确定所需纵向钢筋和箍筋的截面面积,并满足有关构造要求。

(3) 雨篷抗倾覆验算

雨篷板上的荷载使整个雨篷绕雨篷梁底的倾覆点 O 转动而倾倒(图 1-108),但是梁的自重、梁上砌体重等却有阻止雨篷倾覆的稳定作用。《砌体结构设计规范》(GB 50003—2011)取雨篷的倾覆点位于墙的外边缘。进行抗倾覆验算要求满足:

$$M_{Ov} \leqslant M_r$$

式中 M_{Ov}——雨篷板的荷载设计值对 O 点的倾覆力矩;

       M_r——雨篷的抗倾覆力矩设计值;

$$M_r = 0.8 G_r (l_2 - x_0)$$

       G_r——雨篷的抗倾覆荷载。为雨篷梁尾端上部 45°扩散角范围内(其水平长度为 l_3,要求 $l_3 = l_n/2$)的砌体与楼面恒荷载标准值之和;

       l_2——G_r 作用点至墙外边缘的距离(mm),$l_2 = l_1/2$;

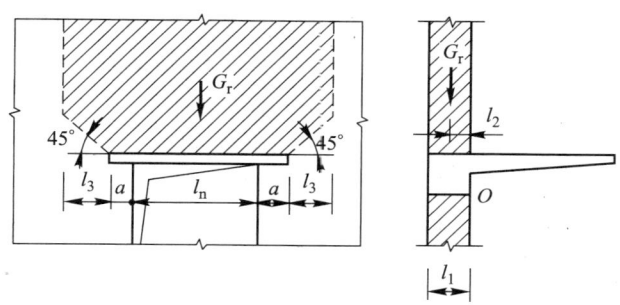

图 1-108 雨篷的抗倾覆荷载

x_0——计算倾覆点至墙外边缘的距离(mm),当 $l_1 \geqslant 2.2h_b$ 时,$x_0=0.3h_b$,且不大于 $0.13l_1$;当 $l_1<2.2h_b$ 时,$x_0=0.13l_1$;

l_1——雨篷梁埋入砌体中的长度(mm);

h_b——雨篷梁的截面高度(mm)。

雨篷梁两端埋入砌体愈长,压在梁上的砌体重量增加,则抵抗倾覆的能力增强,所以当公式不满足时,可以将雨篷梁两端延长,或者采用其他拉结措施。一般当梁的净跨长 $l_n<1.5$ m 时,梁一端埋入砌体的长度 a 宜取 $a \geqslant 300$ mm,当 $l_n>1.5$ m 时,宜取 $a \geqslant 500$ mm。

1.10 小　　结

① 熟悉各种楼盖结构,如现浇单向板肋形楼盖、双向板肋形楼盖、双重井式楼盖、无梁楼盖、装配式楼盖等结构的受力特点及其结构适用范围,以便根据不同的建筑要求和使用条件选择合适的结构类型。

② 楼面、屋盖、楼梯等梁板结构设计的步骤是:a. 结构选型、结构布置及构件截面尺寸确定;b. 结构计算(包括确定计算简图(计算跨度和支承简图)、计算荷载、内力分析、内力组合及截面配筋计算等);c. 绘制结构施工图(包括结构布置及配筋图)。上述步骤,不仅适用于梁板结构,也适用于其他结构设计。

③ 在现浇肋形楼盖中,单向板实际上四边支承在主梁和次梁或墙上,故将在板的双向同时发生弯曲变形和内力,只是当长边与短边之比>2时,弹性弯曲变形和内力才主要发生在短跨方向;而长跨方向的内力很小,故不必另行计算,只按构造要求配置钢筋。

④ 内力分析:有按弹性理论计算和考虑塑形内力重分布的计算方法。对裂缝控制等级较高、直接承受动力荷载的结构等情况,不能采用后一种方法,应根据结构的使用要求和结构的重要性恰当选定计算方法。

⑤ 按弹性理论计算时,必须熟练掌握活荷载的不利布置,绘制梁的弯矩和剪力包络图,根据内力包络图中的内力值确定纵向钢筋及腹筋数量,确定钢筋弯起和截断位置。

⑥ 对于超静定结构中的连续板(梁),由于构件截面的刚度改变以及塑性铰转动引起内力重分布,因而达到承载能力极限的标志不仅是某一截面的"屈服"或形成塑性铰,而是结构形成破坏机构。

⑦ 考虑钢筋混凝土超静定结构非弹性变形的计算方法很多,工程界多采用弯矩调幅法进行,即是先按弹性理论求出结构的截面弯矩值,再根据需要,将结构中某些截面的最

大弯矩（按绝对值）予以调整。确定调幅值时应满足三方面的条件，即 a. 力的平衡条件；b. 塑性铰有足够的转动能力（$\xi \leqslant 0.35$）；c. 满足使用需求（调幅不超过 20%）。

⑧ 在实际结构中由于温度变化、混凝土收缩、计算荷载和计算简图与实际情况的差异等多种因素影响，板（梁）内将产生次应力。这些影响及应力较难通过计算精确地予以解决。因此，根据工程经验和试验研究，采用布置各种附加构造钢筋来补偿。

⑨ 现浇肋形楼盖中，当板的长边与短边之比≤2时，板在荷载作用下，沿两个正交方向受力且都不可忽略，称为双向板。双向板需分别按计算确定长边与短边方向的内力及配筋。

⑩ 双向板内力计算有两种方法：一种是按弹性理论计算；另一种是按塑性理论计算。

⑪ 按塑性理论计算方法简单，计算结果更符合结构的实际工作情况，且能节省材料，合理调整钢筋布置，克服支座处钢筋的拥挤现象，故在设计混凝土连续梁、板时，应尽量采用这种方法。但塑性理论方法是以形成塑性铰或塑性铰线为前提的，因此，并不是在任何情况下都能适用。

⑫ 一般在下列情况下，应按弹性理论方法进行设计：a. 直接承受动力和重复荷载的结构；b. 在使用阶段不允许出现裂缝或对裂缝开展有较严格限制的结构。

⑬ 装配式混凝土楼盖主要由搁置在承重墙或梁上的预制混凝土铺板组成，故又称为装配式铺板楼盖。装配式楼盖主要有铺板式、密肋式和无梁式等，其中铺板式应用最广。铺板式楼盖的主要构件是预制板和预制梁。

⑭ 现浇钢筋混凝土楼梯按受力方式的不同分为：梁式楼梯和板式楼梯等。梁式楼梯和板式楼梯的主要区别，在于楼梯梯段是采用梁承重还是板承重。前者受力较合理，用材较省，但施工较烦且欠美观，宜用于梯段较长的楼梯；后者反之。

⑮ 雨篷、阳台等悬臂结构，除控制截面承载力计算外，尚应作整体抗倾覆的验算。工程事故表明，不宜采用悬挑板式阳台，而应采用悬挑梁式阳台，以确保安全。

⑯ 无梁楼盖是指在楼盖中不设梁肋，而将板直接支承在柱上。无梁楼盖是一种双向受力楼盖，楼面荷载直接传给柱子，再传给基础，其特点是传力体系简化，又没有梁，因此扩大了楼层净空，并且底面平整，模板简单，便于施工。无梁楼盖常用于多层厂房、商场、库房等建筑。无梁楼盖按楼面结构形式分为平板和密肋板；按有无柱帽分为无柱帽轻型无梁楼盖和有柱帽无梁楼盖。按施工程序分为现浇式无梁楼盖和装配整体式无梁楼盖。

思 考 题

1. 钢筋混凝土楼盖结构有哪几种主要类型？分别说出它们各自的优缺点和适用范围。
2. 简述钢筋混凝土梁板结构的设计步骤？
3. 单向板和双向板的受力特点如何？
4. 板、次梁和主梁的常用跨度各是多少？截面尺寸如何确定？
5. 现浇单向板肋形楼盖中的板、次梁和主梁，当其内力按弹性理论计算时，如何确定其计算简图？当按塑性理论计算时，其计算简图又如何确定？如何绘制主梁的弯矩包络图？钢筋截断、弯起应满足的构造要求有哪些？
6. 连续梁、板跨中、支座截面弯矩及支座截面剪力的最不利荷载布置原则是什么？
7. 考虑折算荷载的物理意义是什么？

8. 钢筋混凝土结构中的塑性铰与结构力学中的理想铰有何异同？影响塑性铰转动能力的主要因素有哪些？

9. 塑性铰与塑性内力重分布有什么关系？

10. 什么叫弯矩调幅法，计算步骤如何？有哪些计算原则？考虑塑性内力重分布方法有何优缺点？常应用在哪些情况？

11. 考虑塑性内力重分布计算用钢筋混凝土连续梁时，为什么要限制截面受压区高度？

12. 现浇单向板肋形楼盖板、次梁和主梁的配筋计算和构造有哪些？

13. 单向板有哪些构造钢筋？为什么要配这些钢筋？

14. 在主梁高度范围内承受集中荷载时，为什么要布置附加横向钢筋？

15. 按弹性理论计算方法，连续双向板是怎样利用单块板的计算系数表的？

16. 画出双向板支承梁的计算简图，其上的荷载如何计算？当荷载简图确定后，怎样确定梁上的弯矩分布？

17. 什么叫塑性铰线？钢筋混凝土双向板按塑性铰线法计算时，需作哪些基本假定？塑性铰线理论的基本要点是什么？

18. 周边与梁整体连接的板，在什么情况下，可以对其算得的弯矩值予以折减？如何折减？

19. 双向板中的受力钢筋是如何配置的？与单向板的配筋有何不同？

20. 双向板中的次梁、主梁中有哪些受力钢筋、构造钢筋？其配置与单向板中的次梁、主梁配筋有何异同？

习　题

1.1　某 5 跨连续板如图 1-109 所示，板跨 2.4 m，受恒荷载标准值 $g_k = 3.8 \text{ kN/m}^2$，活荷载标准值 $q_k = 3.5 \text{ kN/m}^2$；混凝土强度等级为 C25，钢筋纵筋用 HRB400 级。求：

（1）按弹性理论计算时板的计算简图；

（2）按弹性理论计算时第一跨中截面和 B 支座弯矩最大设计值，并说明活荷载最不利布置的方式；

（3）当考虑塑性内力重分布计算时板的计算简图；

（4）当考虑塑性内力重分布计算时，第一跨中截面和 B 支座弯矩最大设计值。

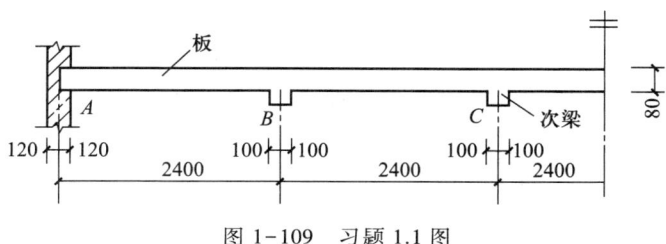

图 1-109　习题 1.1 图

1.2　荷载和按弹性理论计算的弯矩图如图 1-110 所示。当考虑塑性内力重分布计算时，若 A 和 B 支座弯矩调幅系数为 0.2，求：该梁的 AB 跨内最大弯矩值和支座的弯矩值。

1.3　如图 1-111 所示的三跨连续梁，截面尺寸为 250 mm×550 mm，环境类别为一类，采用混凝土 C25，纵筋用 HRB400 级，箍筋用 HPB300 级，作用在梁上的荷载设计值，梁截面弯矩和剪力如图 1-111 所示。梁端调幅系数为 0.2。求：

（1）6 m 跨梁的跨中弯矩及支座配筋值 A_s；

（2）6 m 跨梁的箍筋；

（3）绘出 6 m 跨梁支座截面的配筋图。

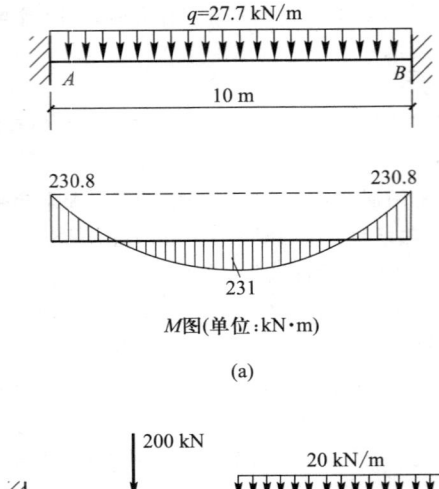

(a)

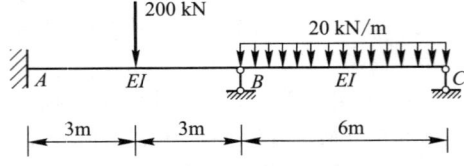

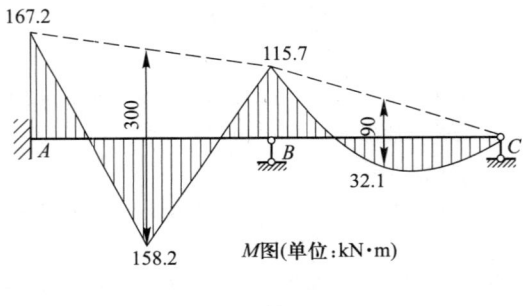

(b)

图 1-110 习题 1.2 图

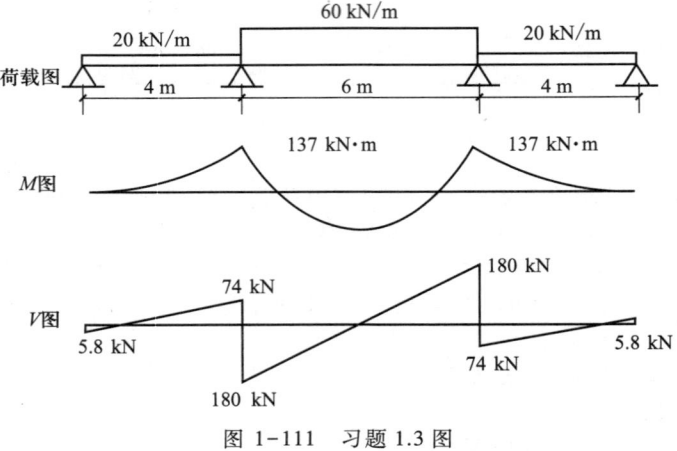

图 1-111 习题 1.3 图

1.4 一根左端嵌固,右端带悬臂的钢筋混凝土梁,环境类别为一类,其荷载和按弹性理论计算的弯矩图如图 1-112 所示。若 A、B 截面的负弯矩钢筋及 C 截面的正弯矩钢筋均为 3 $\underline{\Phi}$ 25($A_s = 1\,473\ \text{mm}^2$,HRB400 级)。混凝土强度等级为 C25。截面尺寸为 250 mm×650 mm,忽略梁的自重。试求:

(1) 按弹性理论计算时 P 的最大值 $P_{\text{eu,max}}$;

(2) 按考虑塑性内力重分布计算时 P 的最大值 $P_{\text{pu,max}}$ 及相应弯矩调幅系数 β。

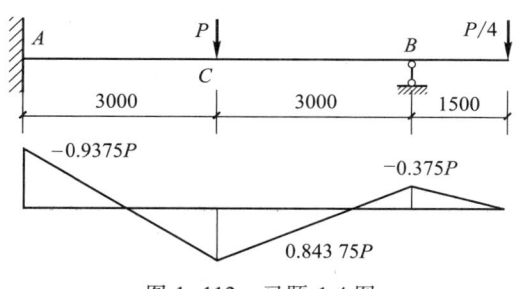

图 1-112 习题 1.4 图

1.5 某双向楼盖如图 1-113 所示,混凝土强度等级为 C25,梁沿柱网轴线设置,板厚 $h = 110$ mm。楼面永久荷载(包括板自重)标准值为 3 kN/m²,可变荷载标准值为 4.0 kN/m²。梁与板整浇,截面尺寸为 300 mm×600 mm。试用弹性理论确定中区格 A、边区格 B、角区格 C 的内力并计算配筋。

1.6 某矩形双向板如图 1-114 所示,$l_x = 4$ m,$l_y = 6$ m,已知板上永久荷载和可变荷载的设计值为 $g+q = 10$ kN/m²,设 $M_y/M_x = (l_x/l_y)^2$,$M_x'/M_x = M_x''/M_x = M_y'/M_y = M_y''/M_y = 2$,用塑性铰线法求板中的极限弯矩值。

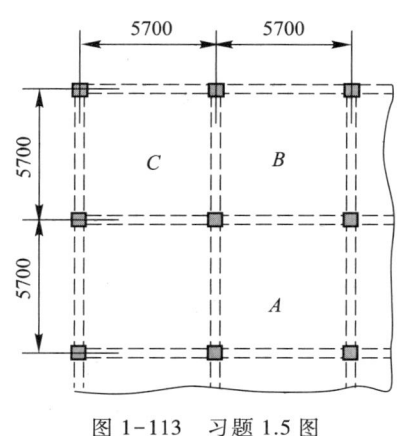

图 1-113 习题 1.5 图

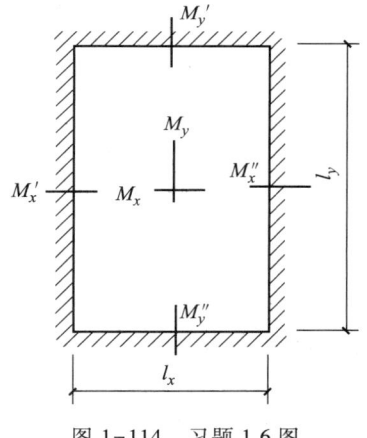

图 1-114 习题 1.6 图

第 2 章

单层工业厂房

课件 2-1
类型与体系

2.1 单层工业厂房的结构组成和布置

2.1.1 结构组成

钢筋混凝土单层工业厂房结构有两种基本类型：排架结构与刚架结构，如图 2-1 所示。

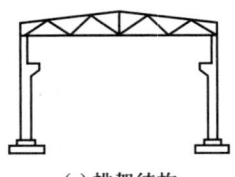
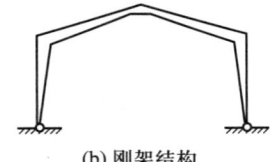

(a) 排架结构　　　　　　(b) 刚架结构

图 2-1　钢筋混凝土单层工业厂房的两种基本类型

排架结构是由屋架（或屋面梁）、柱、基础等构件组成，柱与屋架铰接，与基础刚接。此类结构能承担较大的荷载，在冶金和机械工业厂房中应用广泛，其跨度可达 30 m，高度为 20~30 m，吊车吨位可达 150 t 或 150 t 以上。

刚架结构的主要特点是梁与柱刚接，柱与基础通常为铰接。因梁、柱整体结合，故受荷载后，在刚架的转折处将产生较大的弯矩，容易开裂；另外，柱顶在横梁推力的作用下，将产生相对位移，使厂房的跨度发生变化，故此类结构的刚度较差，仅适用于屋盖较轻的厂房或吊车吨位不超过 10 t，跨度不超过 10 m 的轻型厂房或仓库等。

本章主要讲述钢筋混凝土铰接排架结构的单层厂房，这类厂房通常由下列结构构件所组成，如图 2-2 所示。

1. 屋盖结构

分无檩和有檩两种体系，前者由大型屋面板、屋面梁或屋架（包括屋盖支撑）组成；后者由小型屋面板、檩条、屋架（包括屋盖支撑）组成。屋盖结构有时还有天窗架、托架，其作用主要是维护和承重（承受屋盖结构的自重、屋面活载、雪载和其他荷载，并将这些荷载传给排架柱），以及采光和通风等。

课件 2-2
结构组成
及传力路线

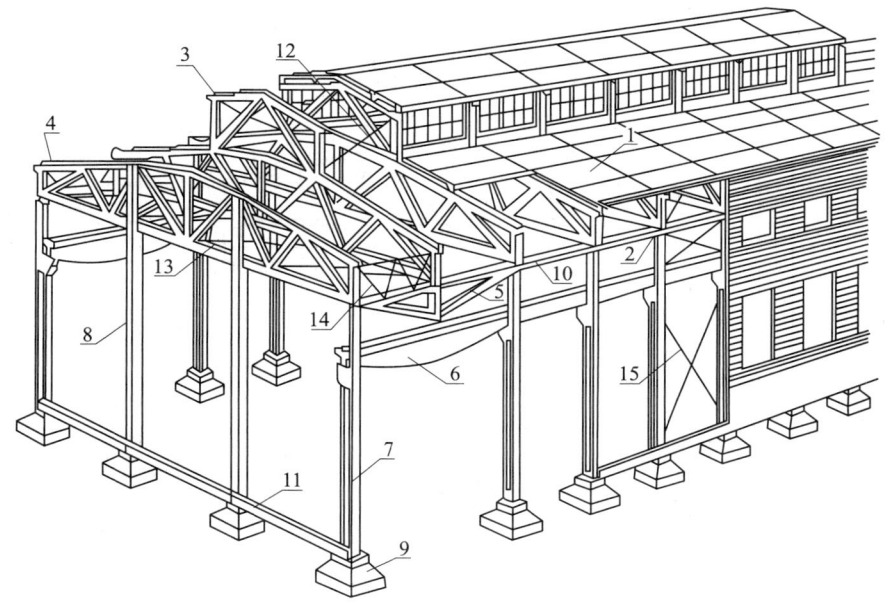

图 2-2 单层厂房的结构组成

1—屋面板；2—天沟板；3—天窗架；4—屋架；5—托架；6—吊车梁；7—排架柱；8—抗风柱；9—基础；
10—连系梁；11—基础梁；12—天窗架垂直支撑；13—屋架下弦横向水平支撑；
14—屋架端部垂直支撑；15—柱间支撑

2. 横向平面排架

由横梁（屋面梁或屋架）和横向柱列（包括基础）组成，它是厂房的基本承重结构。厂房结构承受的竖向荷载（结构自重、屋面活载、雪载和吊车竖向荷载等）及横向水平荷载（风载和吊车横向制动力、地震作用）主要通过横向排架将荷载传至基础和地基，如图 2-3 所示。

3. 纵向平面排架

由纵向柱列（包括基础）、连系梁、吊车梁和柱间支撑等组成，其作用是保证厂房结构的纵向稳定性和刚度，并承受作用在山墙和天窗端壁并通过屋盖结构传来的纵向风载、吊车纵向水平荷载（图 2-4）、纵向地震作用以及温度应力等。

4. 吊车梁

简支在柱牛腿上，主要承受吊车竖向和横向或纵向水平荷载，并将它们分别传至横向或纵向排架。

5. 支撑

包括屋盖和柱间支撑，其作用是加强厂房结构的空间刚度，并保证结构构件在安装和使用阶段的稳定和安全。同时起传递风载和吊车水平荷载或地震力的作用。

6. 基础

基础承受柱和基础梁传来的荷载并将它们传至地基。

7. 围护结构

包括纵墙和横墙（山墙）及由墙梁、抗风柱（有时还有抗风梁或抗风桁架）和基础梁等组成的墙架。这些构件所承受的荷载，主要是墙体和构件的自重以及作用在墙面上的风荷载。

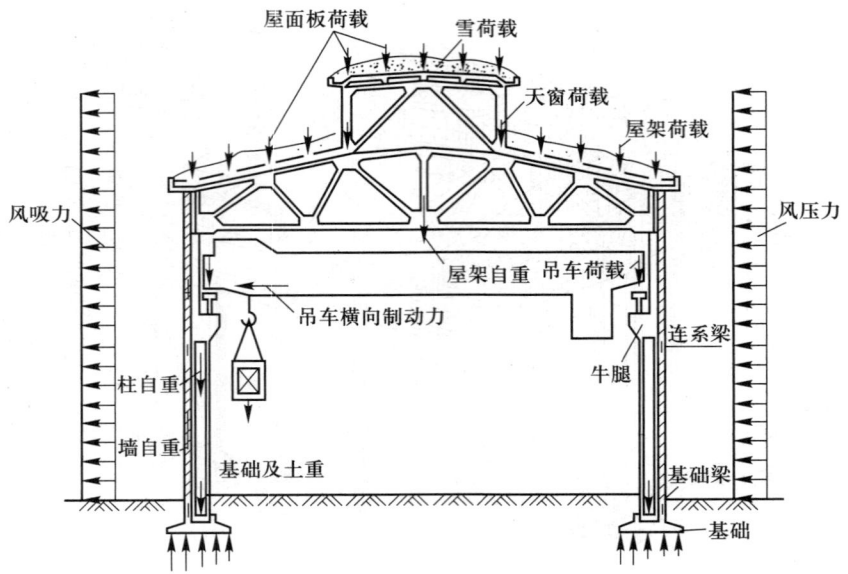

图 2-3　单层厂房的横向排架及其荷载示意图

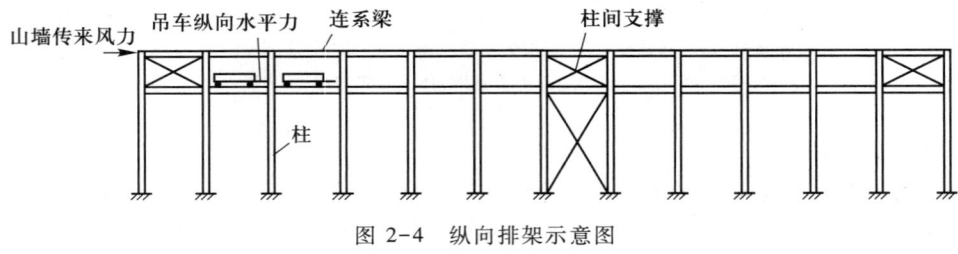

图 2-4　纵向排架示意图

课件 2-3
结构平面
与剖面布
置

2.1.2　柱网及变形缝的布置

1. 柱网布置

厂房承重柱（或承重墙）的纵向和横向定位轴线，在平面上排列所形成的网格，称为柱网。柱网布置（图 2-5）就是确定纵向定位轴线之间（跨度）和横向定位轴线之间（柱距）的尺寸。确定柱网尺寸，既是确定柱的位置，同时也是确定屋面板、屋架和吊车梁等构件的跨度并涉及厂房结构构件的布置。柱网布置恰当与否，将直接影响厂房结构的经济合理性和先进性，对生产使用也有密切关系。

柱网布置的一般原则应为：符合生产和使用要求；建筑平面和结构方案经济合理；在厂房结构形式和施工方法上具有先进性和合理性；符合《机械工业厂房建筑设计规范》（GB 50681—2011）的有关规定；适应生产发展和技术革新的要求。

厂房跨度在 18 m 及以下时，应采用 3 m 的倍数；在 18 m 以上时，应采用 6 m 的倍数。厂房柱距应采用 6 m 或 6 m 的倍数，如图 2-5 所示。当工艺布置和技术经济有明显的优越性时，亦可采用 21 m、27 m、33 m 的跨度和 9 m 或其他柱距。

目前，从经济指标、材料消耗、施工条件等方面来衡量，特别是高度较低的厂房，一般

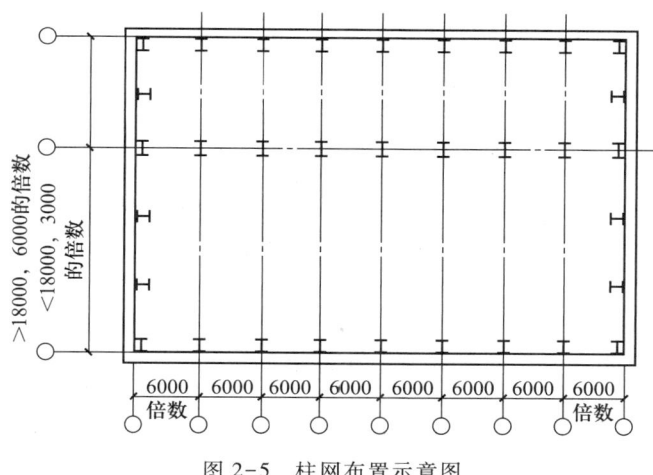

图 2-5　柱网布置示意图

采用 6 m 柱距比 12 m 柱距优越。

但从现代化工业发展趋势来看,扩大柱距,对增加车间有效面积,提高设备布置和工艺布置的灵活性,机械化施工中减少结构构件的数量和加快施工进度等,都是有利的。当然,由于构件尺寸增大,也给制作、运输和吊装带来不便。12 m 柱距是 6 m 柱距的扩大模数,在大小车间相结合时,两者可配合使用。此外,12 m 柱距可以利用现有设备做成 6 m 屋面板系统(有托架梁);当条件具备时又可直接采用 12 m 屋面板(无托架梁)。所以,在选择 12 m 柱距和 9 m 柱距时,应优先采用前者。

2. 变形缝

变形缝包括伸缩缝、沉降缝和防震缝三种。

如果厂房长度和宽度过大,当气温变化时,将使结构内部产生很大的温度应力,严重的可将墙面、屋面等拉裂,影响使用。为减小厂房结构中的温度应力,可设置伸缩缝,将厂房结构分成几个温度区段。伸缩缝应从基础顶面开始,将两个温度区段的上部结构构件完全分开。并留出一定宽度的缝隙,使上部结构在气温变化时,水平方向可以自由地发生变形。温度区段的形状,应力求简单,并应使伸缩缝的数量最少。温度区段的长度(伸缩缝之间的距离),取决于结构类型和温度变化情况。《规范》对钢筋混凝土结构伸缩缝的最大间距作了规定,当厂房的伸缩缝间距超过规定值时,应验算温度应力。伸缩缝的具体做法见有关建筑构造手册。

在一般单层厂房中可不做沉降缝,只有在特殊情况下才考虑设置,如厂房相邻两部分高度相差很大(如 10 m 以上)、两跨间吊车起质量相差悬殊,地基承载力或下卧层土质有较大差别,或厂房各部分的施工时间先后相差很长,土壤压缩程度不同等情况。沉降缝应将建筑物从屋顶到基础全部分开,以使在缝两边发生不同沉降时不致损坏整个建筑物。沉降缝可兼作伸缩缝。

防震缝是为了减轻厂房地震灾害而采取的有效措施之一。当厂房平、立面布置复杂或结构高度或刚度相差很大,以及在厂房侧边贴建生活间、变电所、炉子间等附属建筑时,应设置防震缝将相邻部分分开。地震区的厂房,其伸缩缝和沉降缝均应符合防震缝的要求。

课件 2-4
支撑布置

2.1.3 支撑的作用和布置原则

在装配式钢筋混凝土单层厂房结构中,支撑虽非主要的构件,但却是连系主要结构构件以构成整体的重要组成成分。实践证明,如果支撑布置不当,不仅会影响厂房的正常使用,甚至可能引起工程事故,所以应予以足够的重视。

下面主要讲述各类支撑的作用和布置原则,至于具体布置方法及与其他构件的连接构造,可参阅有关标准图集。

1. 屋盖支撑

屋盖支撑包括设置在屋面梁(屋架)间的垂直支撑、水平系杆以及设置在上、下弦平面内的横向支撑和通常设置在下弦水平面内的纵向水平支撑。

(1) 屋面梁(屋架)间的垂直支撑及水平系杆。

垂直支撑和下弦水平系杆是用以保证屋架的整体稳定(抗倾覆)以及防止在吊车工作时(或有其他振动)屋架下弦的侧向颤动。上弦水平系杆则用以保证屋架上弦或屋面梁受压翼缘的侧向稳定(防止局部失稳)。

当屋面梁(或屋架)的跨度 $l>18$ m 时,应在第一或第二柱间设置端部垂直支撑并在下弦设置通长水平系杆;当 $l\leqslant 18$ m,且无天窗时,可不设垂直支撑和水平系杆;仅对梁支座进行抗倾覆验算即可。当为梯形屋架时,除按上述要求处理外,必须在伸缩缝区段两端第一或第二柱间,在屋架支座处设置端部垂直支撑。

(2) 屋面梁(屋架)间的横向支撑。

上弦横向支撑的作用是:构成刚性框,增强屋盖整体刚度,保证屋架上弦或屋面梁上翼缘的侧向稳定,同时将抗风柱传来的风力传递到(纵向)排架柱顶。

当屋面采用大型屋面板,并与屋面梁或屋架有三点焊接,并且屋面板纵肋间的空隙用C20细石混凝土灌实,能保证屋盖平面的稳定并能传递山墙风力时,则认为可起上弦横向支撑的作用,这时不必再设置上弦横向支撑。凡屋面为有檩体系,或山墙风力传至屋架上弦而大型屋面板的连接又不符合上述要求时,则应在屋架上弦平面的伸缩缝区段内两端各设一道上弦横向支撑,当天窗通过伸缩缝时,应在伸缩缝处天窗缺口下设置上弦横向支撑。

下弦横向水平支撑的作用是保证将屋架下弦受到的水平力传至(纵向)排架柱顶。故当屋架下弦设有悬挂吊车或受有其他水平力,或抗风柱与屋架下弦连接,抗风柱风力传至下弦时,则应设置下弦横向水平支撑。

(3) 屋面梁(屋架)间的纵向水平支撑。

下弦纵向水平支撑是为了提高厂房刚度,保证横向水平力的纵向分布,增强排架的空间工作性能而设置的。设计时应根据厂房跨度、跨数和高度,屋盖承重结构方案,吊车吨位及工作制等因素考虑在下弦平面端节点中设置。如厂房还设有横向支撑时,则纵向支撑应尽可能同横向支撑形成封闭支撑体系,如图 2-6(a)所示;当设有托架时,必须设置纵向水平支撑,如图 2-6(b)所示;如果只在部分柱间设有托架,则必须在设有托架的柱间和两端相邻的一个柱间设置纵向水平支撑,如图 2-6(c)所示,以承受屋架传来的横向风力。

2. 柱间支撑

柱间支撑的作用主要是提高厂房的纵向刚度和稳定性。对于有吊车的厂房,柱间支

2.1 单层工业厂房的结构组成和布置

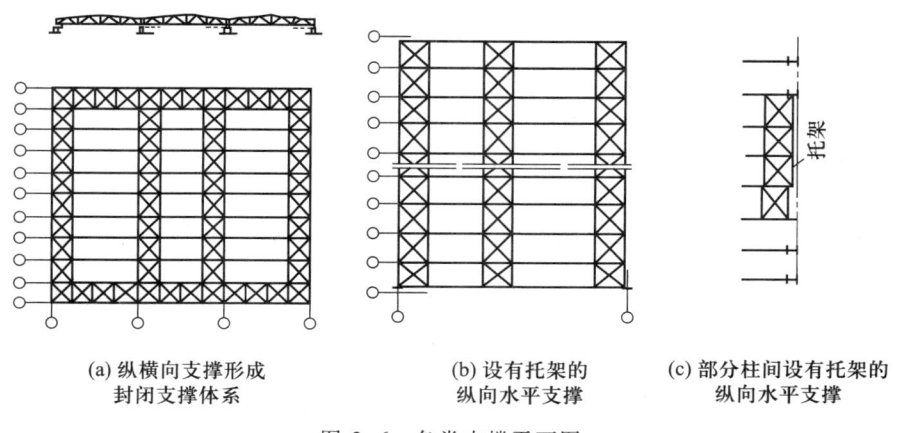

(a) 纵横向支撑形成　　　(b) 设有托架的　　　(c) 部分柱间设有托架的
　　封闭支撑体系　　　　　纵向水平支撑　　　　　纵向水平支撑

图 2-6　各类支撑平面图

撑分上部和下部两种，前者位于吊车梁上部，用以承受作用在山墙上的风力并保证厂房上部的纵向刚度；后者位于吊车梁下部，承受上部支撑传来的力和吊车梁传来的吊车纵向制动力，并把它们传至基础，如图 2-4 所示。

一般单层厂房，凡属下列情况之一者，应设置柱间支撑：
① 设有臂式吊车或 3 t 及大于 3 t 的悬挂式吊车时；
② 吊车工作级别为 A6~A8 或吊车工作级别为 A1~A5 且在 10 t 或大于 10 t 时；
③ 厂房跨度在 18 m 及大于 18 m 或柱高在 8 m 以上时；
④ 纵向柱的总数在 7 根以下时；
⑤ 露天吊车栈桥的柱列。

当柱间内设有强度和稳定性足够的墙体，且其与柱连接紧密能起整体作用，同时吊车起质量较小(≤5 t)时，可不设柱间支撑。柱间支撑应设在伸缩缝区段的中央或临近中央的柱间。这样有利于在温度变化或混凝土收缩时，厂房可自由变形，而不致发生较大的温度或收缩应力。

当柱顶纵向水平力没有简捷途径传递时，则必须设置一道通长的纵向受压水平系杆(如连系梁)。柱间支撑杆件应与吊车梁分离，以免受吊车梁竖向变形的影响。

柱间支撑宜用交叉形式，交叉倾角通常在 35°~55°间。当柱间因交通、设备布置或柱距较大而不宜或不能采用交叉式支撑时，可采用图 2-7 所示的门架式支撑。

柱间支撑一般采用钢结构，杆件截面尺寸应经强度和稳定性验算。

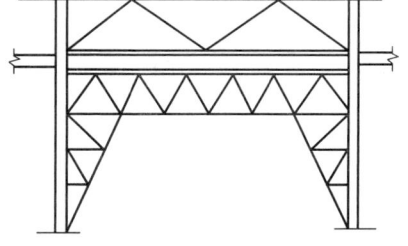

图 2-7　门架式支撑

2.1.4　抗风柱、圈梁、连系梁、过梁和基础梁的作用及布置原则

1. 抗风柱

单层厂房的端墙(山墙)，受风面积较大，一般需要设置抗风柱将山墙分成几个区格，使墙面受到的风载一部分(靠近纵向柱列的区格)直接传至纵向柱列，另一部分则经抗风

柱下端直接传至基础和经上端通过屋盖系统传至纵向柱列。

当厂房高度和跨度均不大(如柱顶在 8 m 以下,跨度为 9~12 m)时,可在山墙设置砖壁柱作为抗风柱;当高度和跨度较大时,一般都设置钢筋混凝土抗风柱,柱外侧再贴砌山墙。在很高的厂房中,为不使抗风柱的截面尺寸过大,可加设水平抗风梁或钢抗风桁架,如图 2-8(a)所示,作为抗风柱的中间铰支点。

抗风柱一般与基础刚接,与屋架上弦铰接,根据具体情况,也可与下弦铰接或同时与上、下弦铰接。抗风柱与屋架连接必须满足两个要求:一是在水平方向必须与屋架有可靠的连接以保证有效地传递风载;二是在竖向允许两者之间有一定相对位移的可靠性,以防厂房与抗风柱沉降不均匀时产生不利影响。所以,抗风柱和屋架一般采用竖向可以移动,水平向又有较大刚度的弹簧板连接,如图 2-8(b)所示;如厂房沉降较大时,则宜采用螺栓连接,如图 2-8(c)所示。

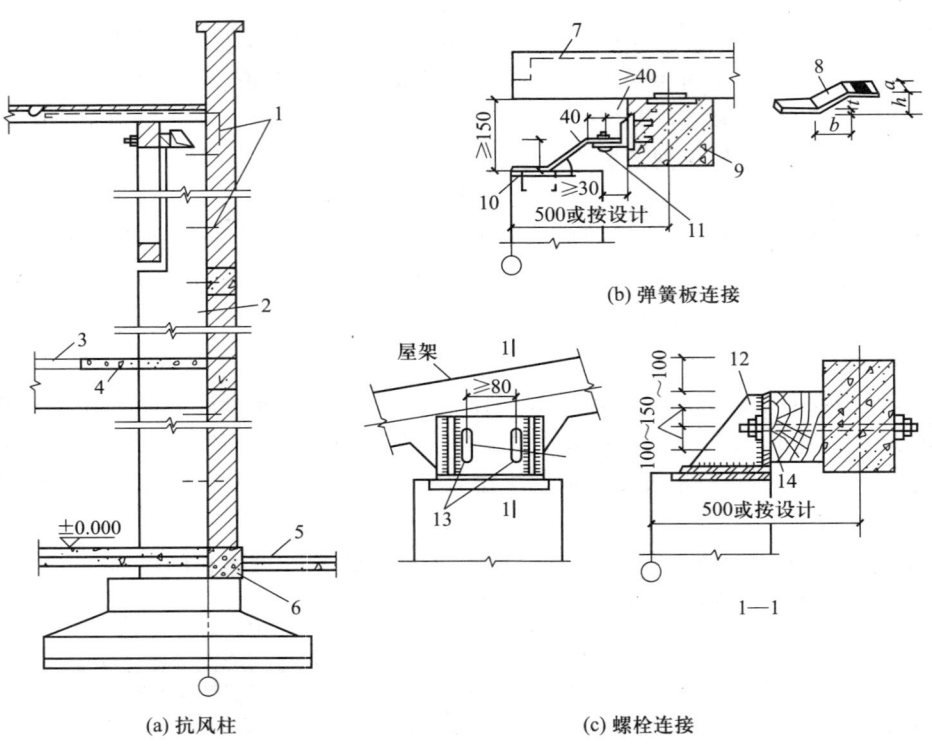

图 2-8　抗风柱及连接示意图

1—锚拉钢筋;2—抗风柱;3—吊车梁;4—抗风梁;5—散水坡;6—基础梁;7—屋面纵筋或檩条;8—弹簧板;
9—屋架上弦;10—柱中预埋件;11—≥2ϕ16 螺栓;12—加劲板;13—长圆孔;14—硬木块

2. 圈梁、连系梁、过梁和基础梁

当用砖作为厂房围护墙时,一般要设置圈梁、连系梁、过梁及基础梁。

圈梁的作用是将墙体同厂房柱箍在一起,以加强厂房的整体刚度,防止由于地基的不均匀沉降或较大振动荷载引起对厂房的不利影响。圈梁设置于墙体内,和柱连接仅起拉结作用。圈梁不承受墙体重量,所以柱上不设置支承圈梁的牛腿。

圈梁的布置与墙体高度、对厂房刚度的要求以及地基情况有关。对于一般单层厂房,可参照下述原则布置:对无桥式吊车的厂房,当墙厚≤240 mm,檐高为5~8 m时,应在檐口附近布置一道,当檐高大于8 m时,宜增设一道;对有桥式吊车或有极大振动设备的厂房,除在檐口或窗顶布置外,尚宜在吊车梁处或墙中适当位置增设一道,当外墙高度大于15 m时,还应适当增设。

圈梁应连续设置在墙体的同一平面上,并尽可能沿整个建筑物形成封闭状。当圈梁被门窗洞口切断时,应在洞口上部墙体中设置一道附加圈梁(过梁),其截面尺寸不应小于被切断的圈梁。两者搭接长度的要求可参阅《砌体结构》教材。

连系梁的作用是连系纵向柱列,以增强厂房的纵向刚度并传递风载到纵向柱列。此外,连系梁还承受其上部墙体的重量。连系梁通常是预制的,两端搁置在柱牛腿上,其连接可采用螺栓连接或焊接连接。过梁的作用是承托门窗洞口上部墙体重量。

在进行厂房结构布置时,应尽可能将圈梁、连系梁和过梁结合起来,以节约材料、简化施工,使一个构件在一般厂房中,能起到两种或三种构件的作用。通常用基础梁来承托围护墙体的重量,而不另做墙基础。基础梁底部距土壤表面应预留100 mm的空隙,使梁可随柱基础一起沉降。当基础梁下有冻胀性土时,应在梁下铺设一层干砂、碎砖或矿渣等松散材料,并预留50~150 mm的空隙,这可防止土壤冻结膨胀时将梁顶裂。基础梁与柱一般不要求连接,将基础梁直接放置在柱基础杯口上或当基础埋置较深时,放置在基础上面的混凝土垫块上,如图2-9所示。施工时,基础梁支承处应坐浆。

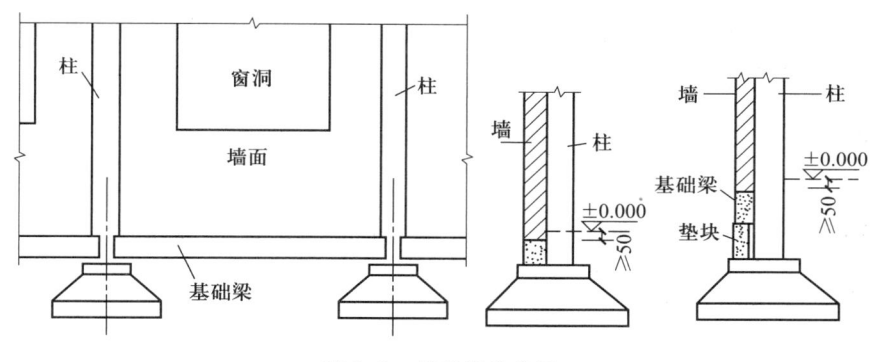

图2-9 基础梁的位置

当厂房不高、地基比较好、柱基础又埋得较浅时,也可不设基础梁而做砖石或混凝土墙基础。

连系梁、过梁和基础梁的选用,均可查国标、省标或地区标准图集,如连系梁可查图集G321和CG421,过梁可查图集G322和CG422,基础梁可查图集G320和CG420。

2.2 排架计算

2.2.1 排架计算简图

1. 计算单元

作用在厂房排架上的各种荷载,如结构自重、雪荷载、风荷载等(吊车荷载除外),沿厂

课件2-6
났算简图

房纵向都是均匀分布的;横向排架的间距一般都是相等的。在不考虑排架间的空间作用的情况下,每一中间的横向排架所承担的荷载及受力情况是完全相同的。计算时,可通过任意两相邻排架的中线,截取一部分厂房(图 2-10(a)中阴影部分)作为计算单元。

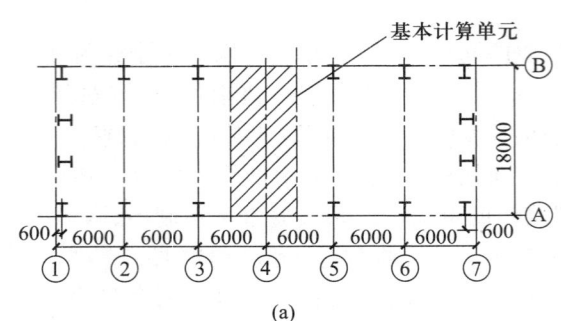

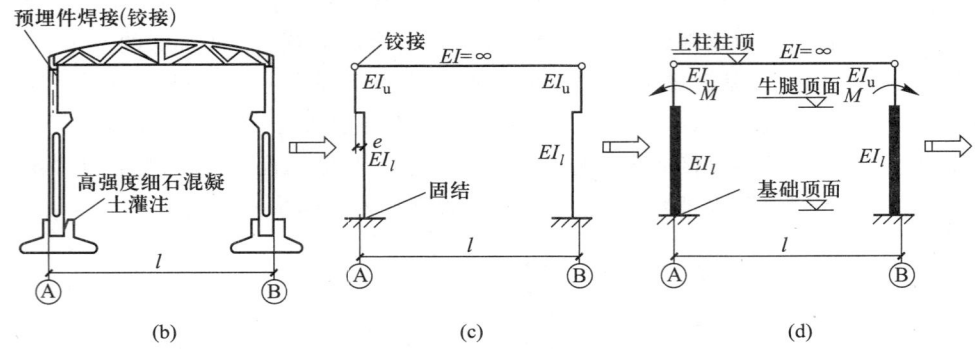

图 2-10 横向排架计算简图

2. 基本假定

为了简化计算,根据构造与实践经验,作如下假定:

① 柱下端固接于基础顶面,横梁铰接在柱上;
② 横梁为没有轴向变形的刚性杆件。

如图 2-10(b)所示,由于柱插入基础杯口有一定的深度,并用细石混凝土和基础紧密地浇捣成一体(对二次浇捣的细石混凝土应注意养护,不使其开裂),且地基变形是受控制的,基础的转动一般较小,因此假定①通常是符合实际的,但有些情况,例如地基土质较差、变形较大或有比较大的荷载(如大面积堆料)等,则应考虑基础位移和转动对排架内力的影响。

由假定②可知,横梁两端的水平位移相等。假定②对于屋面梁或大多数下弦杆刚度较大的屋架是适用的,对于组合式屋架或两铰、三铰拱屋架应考虑其轴向变形对排架内力的影响。

3. 柱的尺寸

排架计算属超静定问题,其内力与杆件尺寸有关,故在计算简图中需初步确定柱的尺寸。

计算简图中,柱的计算轴线应取上、下部柱截面的形心线[图 2-10(c)]。

柱总高 H = 柱顶标高 + 基础底面标高的绝对值 - 初步拟定的基础高度

上柱高 H_u = 柱顶标高 - 轨顶标高 + 轨道构造高度 + 吊车梁支承处的梁高

为使支承吊车梁的牛腿顶面标高能符合 300 mm 的倍数,吊车轨顶的构造高度与标志高度之间允许有±200 mm的差值。

柱截面尺寸要能满足承载力与刚度的要求，主要取决于厂房的跨度、高度及吊车起质量等参数，可参考同类厂房或按表2-1、表2-2、表2-3初步选定。

通过计算最后确定的截面尺寸，若其截面惯性矩与初选的截面惯性矩之差在30%以内，则可不必重新计算。

为了保证吊车的正常运行，确定柱截面尺寸时，尚应考虑到应使吊车的外边缘与上柱侧面之间留有一定的空隙，如图2-11所示，详见有关吊车设计资料。

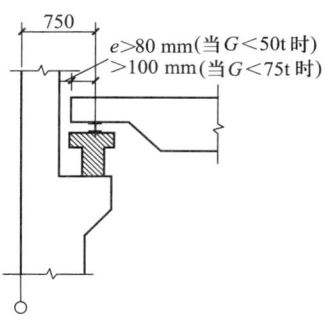

图 2-11　吊车端部的预留孔隙

表 2-1　6 m 柱距可不做刚度验算的柱截面最小尺寸

项目	简图	适用条件		截面高度 h	截面宽度 b
无吊车厂房		单跨		$\dfrac{H}{18}$	$\dfrac{H}{30}$ 及 300 mm
		多跨		$\dfrac{H}{20}$	$r \geqslant H/105$ 及 $d = 300$ mm 管柱
有吊车厂房		$G \leqslant 10$ t		$\dfrac{H_k}{14}$	$\dfrac{H_k}{20}$ 及 400 mm $r \geqslant \dfrac{H_k}{85}$ 及 $d =$ 400 mm 管柱
		$G = 15 \sim 20$ t	$H_k \leqslant 10$ m	$\dfrac{H_k}{11}$	
			$H_k \geqslant 12$ m	$\dfrac{H_k}{13}$	
		$G = 30$ t	$H_k \leqslant 10$ m	$\dfrac{H_k}{10}$	
			$H_k \geqslant 12$ m	$\dfrac{H_k}{12}$	
		$G = 50$ t	$H_k \leqslant 11$ m	$\dfrac{H_k}{9}$	
			$H_k \geqslant 13$ m	$\dfrac{H_k}{11}$	
		$G = 75 \sim 100$ t	$H_k \leqslant 12$ m	$\dfrac{H_k}{9}$	
			$H_k \geqslant 14$ m	$\dfrac{H_k}{10}$	
露天吊车栈桥		$G < 10$ t		$\dfrac{H_k}{10}$	$\dfrac{H_k}{25}$ 及 500 mm $r \geqslant \dfrac{H_k}{70}$ 及 $d \geqslant$ 400 mm 管柱
		$G = 15 \sim 30$ t		$\dfrac{H_k}{9}$	
		$G = 50$ t		$\dfrac{H_k}{8}$	

注：1. 表中 G 为吊车起质量；r 为管柱单管回转半径；d 为单管外径。
2. 有吊车厂房表中数值适用于重级工作制，当为中级工作制时截面高度 h 可乘以系数 0.95。
3. 屋盖为有檩体系，且无下弦纵向水平支撑时柱截面高度宜适当增大。
4. 当柱截面为平腹杆双肢柱及斜腹杆双肢柱时柱截面高度 h 应分别乘以系数 1.1 及 1.05。

表 2-2　单层厂房边柱常用截面　　　　　　　　　　　　　　　　　mm

吊车起质量/t	轨顶标高/m	6 m 柱距 上柱	6 m 柱距 下柱	12 m 柱距 上柱	12 m 柱距 下柱
≤5	6~7.8	矩 400×400	矩 400×600	矩 400×400	I 400×700×100×100
10	8.4	矩 400×400	I 400×700×100×100（矩 400×600）	矩 400×400	I 400×800×150×100
10	10.2	矩 400×400	I 400×800×150×100（I 400×700×100×100）	矩 400×400	I 400×900×150×100
15~20	8.4	矩 400×400	I 400×900×150×100（I 400×800×150×100）	矩 400×400	I 400×1 000×150×100（I 400×900×150×100）
15~20	10.2	矩 400×400	I 400×1 000×150×100（I 400×900×150×100）	矩 400×400	I 400×1 100×150×100（I 400×1 000×150×100）
15~20	12.0	矩 500×400	I 500×1 000×200×120（I 500×900×150×120）	矩 500×400	I 500×1 000×200×120（I 500×1 000×200×120）
30/5	10.2	矩 500×500（矩 400×500）	I 500×1 000×200×120（I×400×1 000×150×100）	矩 500×500	I 500×1 100×200×120（I 500×1 000×200×120）
30/5	12.0	矩 500×500	I 500×1 100×200×120（I 500×1 000×200×120）	矩 500×500	I 500×1 200×200×120（I 500×1 100×200×120）
30/5	14.4	矩 600×500	I 600×1 200×200×120	矩 600×500	I 600×1 300×200×120（I 600×1 200×200×120）
50/10	10.2	矩 500×600	I 500×1 200×200×120（I 500×1 100×200×120）	矩 500×600	I 500×1 400×200×120（I 500×1 200×200×120）
50/10	12.0	矩 500×600	I 500×1 300×200×120（I 500×1 200×200×120）	矩 500×600	I 500×1 400×200×120
50/10	14.0	矩 600×600	（I 600×1 400×200×120）	矩 600×600	双 600×1 600×300（I 600×1 400×200×120）
75/20	12.0	矩 600×900	I 600×1 400×200×120	矩 600×900	双 600×1 800×300（双 600×1 600×300）
75/20	14.4	矩 600×900	双 600×1 600×300	矩 600×900	双 600×2 000×350[①]（双 600×1 600×300）
75/20	16.2	矩 700×900	双 700×1 800×300	矩 700×900	双 700×2 000×250
100/20	12.0	矩 600×900	双 600×1 600×300	矩 600×900	双 600×2 000×350（双 600×1 800×300）
100/20	14.4	矩 600×900	双 600×1 800×300（双 600×1 600×300）	矩 600×900	双 600×2 200×350（双 600×2 000×350）
100/20	16.2	矩 700×900	双 700×2 000×350	矩 700×900	双 700×2 200×350

注：①刚度控制的截面。

2.2 排架计算

表 2-3　单层厂房中柱常用截面　　　　　　　　　　　　　　　mm

吊车起质量/t	轨顶标高/m	6 m 柱距		12 m 柱距	
		上柱	下柱	上柱	下柱
≤5	6~7.8	矩 400×600	矩 400×600	矩 400×600	矩 400×800
10	8.4	矩 400×600	I 400×800×100×100	矩 500×600	I 500×1 100×200×120
	10.2	矩 400×600	I 400×900×150×100	矩 500×600	I 500×1 100×200×120
15~20	8.4	矩 400×600	I 400×900×150×100 (I 400×800×150×100)	矩 500×600	双 500×1 600×300
	10.2	矩 400×600	I 400×1 000×150×100	矩 500×600	双 500×1 600×300
	12.0	矩 500×600	(I 400×800×150×100) I 500×1 000×150×120	矩 500×600	双 500×1 600×300
30/5	10.2	矩 500×600	I 500×1 100×200×120	矩 500×700	双 500×1 600×300
	12.0	矩 500×600	I 500×1 200×200×120	矩 500×700	双 500×1 600×300
	14.4	矩 600×600	I 600×1 200×200×120	矩 600×700	双 600×1 600×300
50/10	10.2	矩 500×700	I 500×1 300×200×120	矩 600×700	双 600×1 800×300
	12.0	矩 500×700	I 500×1 400×200×120	矩 600×700	双 600×1 800×300
	14.4	矩 600×700	I 600×1 400×200×120	矩 600×700	双 600×1 800×300
75/20	12.0	矩 600×900	双 600×2 000×350	矩 600×900	双 600×2 000×350
	14.4	矩 600×900	双 600×2 000×350	矩 600×900	双 600×2 000×350
	16.2	矩 700×900	双 700×2 000×350	矩 700×900	双 600×2 000×350
100/20	12.0	矩 600×900	双 600×2 000×350	矩 600×900	双 600×2 000×350
	14.4	矩 600×900	双 600×2 000×350	矩 600×900	双 600×2 200×350
	16.2	矩 700×900	双 700×2 000×350	矩 700×900	双 700×2 200×350

2.2.2 排架荷载计算

1. 恒荷载

恒载包括屋盖、吊车梁和柱的自重,以及支承在柱上的围护墙的重量等,其值可根据构件的设计尺寸和材料的重力密度进行计算;对于标准构件,可从标准图集上查出。各类常用材料的自重的标准值可查《荷载规范》。

2. 屋面活荷载

屋面活荷载包括雪荷载、积灰荷载和施工荷载等,其标准值可从《荷载规范》中查得。考虑到不可能在屋面积雪很深时进行屋面施工,故规定雪荷载与施工荷载不同时考虑,设计时取两者中的较大值。当有积灰荷载时,应与雪荷载或施工荷载中的较大者同时考虑。

屋面水平投影面上的雪荷载标准值 s_k 可按下式计算:

$$s_k = \mu_r \cdot s_0 \quad (2-1)$$

式中　s_k——雪荷载标准值(kN/m²)。

　　　s_0——基本雪压(kN/m²),系以当地一般空旷平坦地面上统计所得的 50 年一遇的最大积雪的自重确定。可从《荷载规范》中查出全国各地的基本雪压值。对

课件 2-7
荷载

山区,应乘以系数 1.2。

μ_r——屋面积雪分布系数,可根据各类屋面的形状从《荷载规范》中查出。

3. 吊车荷载

吊车荷载是由吊车两端行驶的四个轮子以集中力形式作用于两边的吊车梁上,再经吊车梁传给排架柱的牛腿上,如图 2-12 所示,吊车荷载可分为竖向荷载和水平荷载两种形式。

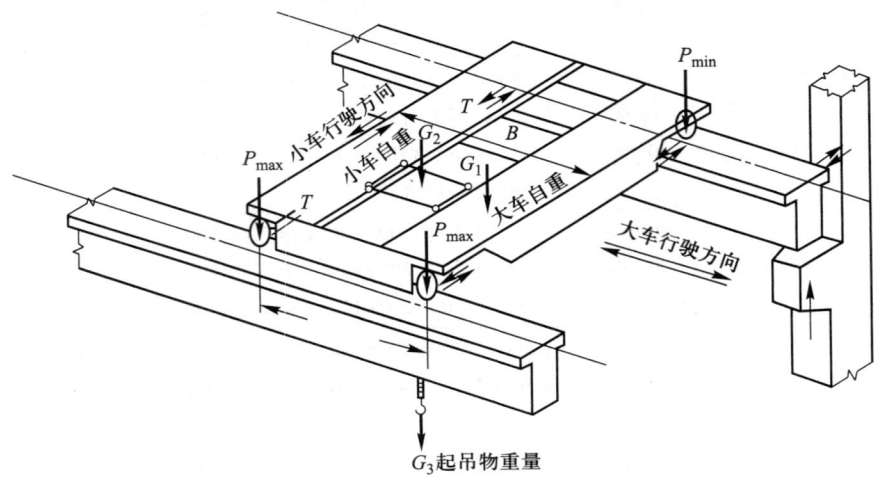

图 2-12 吊车荷载示意图

(1) 吊车竖向荷载

吊车竖向荷载是指吊车(大车和小车)重量与所吊重量经吊车梁传给柱的竖向压力。

如图 2-13 所示,当吊车起质量达到额定最大值 G_{max},而小车同时驶到大车桥一端的极限位置时,则作用在该柱列吊车梁轨道上的压力达到最大值,称为最大轮压 P_{max};此时作用在对面柱列轨道上的轮压则为最小轮压 P_{min}。P_{max} 与 P_{min} 的标准值,可根据吊车的规格(吊车类型、起质量、跨度及工作级别)从《起重机设计规范》(GB/T 3811—2008)及产品样本中查出。

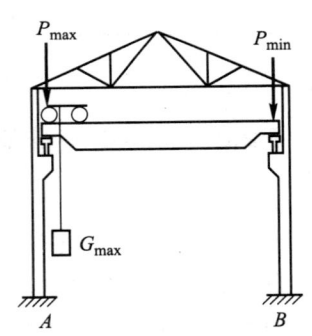

图 2-13 吊车的最大轮压与最小轮压

当 P_{max} 与 P_{min} 确定后,即可根据吊车梁(按简支梁考虑)的支座反力影响线及吊车轮子的最不利位置,如图 2-14 所示,计算两台吊车由吊车梁传给柱子的最大吊车竖向荷载的标准值 $R_{max,k}$ 与最小吊车竖向荷载标准值 $R_{min,k}$。

当两台吊车不同时:

$$R_{max,k} = P_{1max,k}(y_1+y_2) + P_{2max,k}(y_3+y_4) \quad (2-2a)$$

$$R_{min,k} = P_{1min,k}(y_1+y_2) + P_{2min,k}(y_3+y_4) \quad (2-2b)$$

式中 $P_{1max,k}$、$P_{2max,k}$——两台起质量不同的吊车最大轮压的标准值,且 $P_{1max,k} > P_{2max,k}$

$P_{1min,k}$、$P_{2min,k}$——两台起质量不同的吊车最小轮压的标准值,且 $P_{1min,k} > P_{2min,k}$;

y_1、y_2、y_3、y_4——与吊车轮子相对应的支座反力影响线上竖向坐标值,按图 2-14

所示的几何关系计算。

当两台吊车完全相同时,上式可简化为:

$$R_{max,k} = P_{max,k} \sum y_i \quad (2-3a)$$

$$R_{min,k} = P_{min,k} \sum y_i \quad (2-3b)$$

$$R_{min,k} = \frac{P_{min,k}}{P_{max,k}} R_{max,k} \quad (2-3c)$$

式中,$\sum y_i = y_1 + y_2 + y_3 + y_4$ 为相应于吊车轮压处于最不利位置时,支座反力影响线的竖向坐标值之和,按图 2-14 计算。当车间内有多台吊车共同工作时,考虑到同时达到最不利荷载位置的概率很小,《荷载规范》规定:计算排架考虑多台吊车竖向荷载时,对一层吊车的单跨厂房的每个排架,参与组合的吊车台数不宜多于 2 台;对一层吊车的多跨厂房的每个排架,不宜多于 4 台。

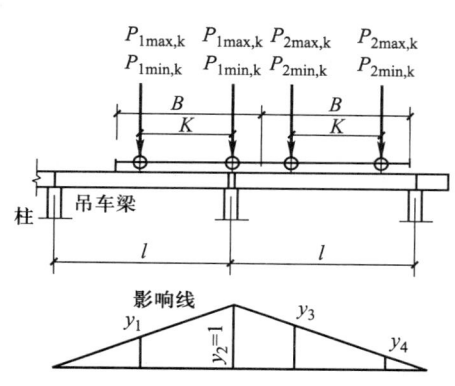

图 2-14 吊车梁的支座反力影响线及吊车轮子的最不利位置

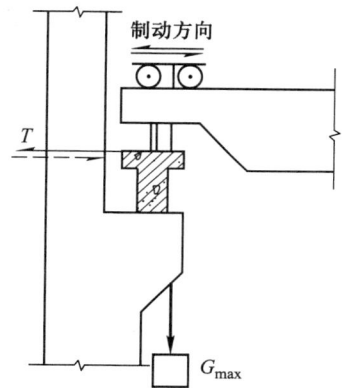

图 2-15 吊车的横向水平荷载

(2) 吊车水平荷载

吊车水平荷载分为横向水平荷载和纵向水平荷载两种。吊车的横向水平荷载主要是指小车水平刹车或启动时产生的惯性力,其方向与轨道垂直,可由正、反两个方向如图 2-15 所示作用在吊车梁的顶面与柱连接处。

吊车横向水平荷载的标准值,可按小车质量 g 与额定起质量 G_k 之和的百分数采用,并乘以重力加速度。因此,吊车上每个轮子所传递的横向水平力 $T_k(kN)$ 为:

$$T_k = 9.8 \frac{\alpha}{n} (G_k + g_k) \quad (2-4)$$

式中 α——横向制动力系数,对软钩吊车,当 $G \leq 10$ t 时,取 12%;当 $G = 16 \sim 50$ t 时,取 10%;当 $G \geq 75$ t 时,取 8%;对硬钩吊车,取 20%。

n——每台吊车两端的总轮数一般为 4。

当吊车上面每个轮子的 T 值确定后,可用计算吊车竖向荷载的办法,计算吊车的最大横向水平荷载 $T_{max,k}$。两台吊车不同时:

$$T_{max,k} = T_{1k}(y_1 + y_2) + T_{2k}(y_3 + y_4) \quad (2-5a)$$

两台吊车相同时:

$$T_{\max,k} = T_k \cdot \sum y_i \qquad (2\text{-}5b)$$

注意 $T_{\max,k}$ 是同时作用在吊车两边的柱列上。

吊车的纵向水平荷载是指大车刹车或启动时所产生的惯性力,作用于刹车轮与轨道的接触点上,方向与轨道方向一致,由厂房的纵向排架承担。吊车纵向水平荷载标准值,应按作用在一边轨道上所有刹车轮的最大轮压力之和的10%计算,即

$$T_{\max,k} = 0.1 mn P_{\max} \qquad (2\text{-}6)$$

式中 m——吊车台数;

n——每台吊车刹车轮数。

吊车纵向水平荷载,仅在验算纵向排架柱少于7根时使用。当车间内有多台吊车共同工作时,计算吊车水平荷载,《荷载规范》规定,对单跨或多跨厂房的每个排架,参与组合的吊车台数不应多于2台。

(3) 多台吊车的荷载折减系数

在排架分析中,常常考虑多台吊车的共同作用。多台吊车同时达到荷载标准值的概率很小,故在设计中进行荷载组合时,根据《荷载规范》规定,应对其标准值乘以相应的折减系数。折减系数如表2-4所示:

表 2-4 多台吊车的荷载折减系数

参与组合的吊车台数	吊车的工作级别	
	A1~A5	A6~A8
2	0.90	0.95
3	0.85	0.90
4	0.80	0.80

注:对于多层吊车的单跨或多跨厂房,计算排架时,参与组合的吊车台数及荷载的折减系数,应按实际情况考虑。

(4) 吊车的动力系数

当计算吊车梁及其连接的强度时,规范规定吊车竖向荷载应乘以动力系数。对悬挂吊车(包括电动葫芦)及工作级别A1~A5的软钩吊车,动力系数可取1.05;对工作级别为A6~A8的软钩吊车、硬钩吊车和其他特种吊车,动力系数可取为1.1。

(5) 吊车荷载的组合值、频遇值及准永久值系数

吊车荷载的组合值、频遇值及准永久值系数可按表2-5中的规定采用。厂房排架设计时,在荷载准永久组合中不考虑吊车荷载。但在吊车梁按正常使用极限状态设计时,可采用吊车荷载的准永久值。

表 2-5 吊车荷载的组合值、频遇值及准永久值系数

吊车工作级别	组合值系数 ψ_c	频遇值系数 ψ_f	准永久值系数 ψ_q
软钩吊车			
工作级别 A1~A3	0.7	0.6	0.5
工作级别 A4、A5	0.7	0.7	0.6
工作级别 A6、A7	0.7	0.7	0.7
硬钩吊车及工作级别 A8 的软钩吊车	0.95	0.95	0.95

2.2 排 架 计 算

4. 风荷载

作用在排架上的风荷载,是由计算单元这部分墙身和屋面传来的,其作用方向垂直于建筑物的表面,如图 2-16 所示,分压力和吸力两种。风荷载的标准值 $w_k(kN/m^2)$ 可按下式计算:

$$w_k = \beta_z \mu_z \mu_s w_0 \quad (2-7)$$

式中 w_0——基本风压(kN/m^2),以当地比较空旷平坦地面上离地 10 m

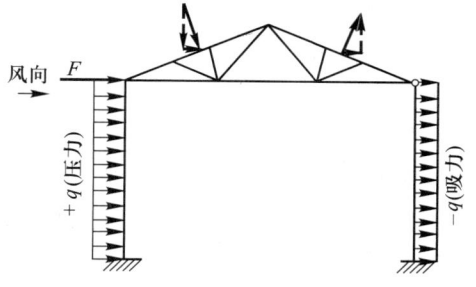

图 2-16 排架风荷载计算简图

高统计所得 50 年一遇 10 min 平均最大风速 $v_0(m/s)$ 为标准,按 $w_0 = \dfrac{v_0^2}{1\,600}$ 确定。w_0 值与建筑物所在地和环境有关,可从《荷载规范》中全国基本风压分布图中查得,对山区和沿海区,应乘以相应的调整系数,w_0 应大于或等于 0.30 kN/m。

β_z——高度 z 处的风振系数,对于单层厂房结构,可取 $\beta_z = 1$。

μ_s——风荷载体型系数,取决于建筑物的体型,由风洞试验确定,可从《荷载规范》中有关表格查出。

μ_z——风压高度变化系数,一般来讲,离地面越高,风压值越大,μ_z 即为建筑物不同高度处的风压与基本风压(10 m 标高处)的比值,它与建筑物所处的地面粗糙度有关,其值可从《荷载规范》中的有关表格查出。

计算单层工业厂房风荷载时,柱顶以下的风荷载可按均布荷载计算,屋面与天窗架所受的风荷载一般折算成作用在柱顶上的某种集中水平风荷载 F。

2.2.3 排架内力计算

单层工业厂房的横向排架可分为两种类型:等高排架和不等高排架。如果排架各柱顶标高相同,或者柱顶标高不同,但由倾斜横梁贯通连接,当排架发生水平位移时,其柱顶的位移相同,如图 2-17 所示,在排架计算中,这类排架称为等高排架;若柱顶位移不相等,则称为不等高排架。对于等高排架,可采用下面介绍的简便方法计算,对于不等高排架,可参阅有关资料按力法进行计算。

由结构力学可知,当单位水平力作用于单阶悬臂柱顶时,如图 2-18(a)所示,柱顶水平位移为

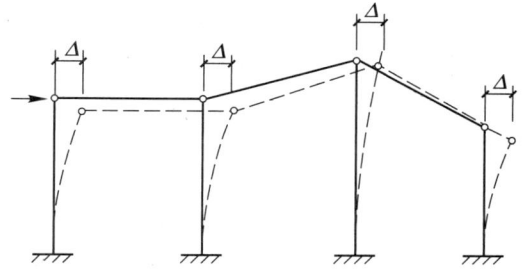

图 2-17 等高排架的形式

$$\delta = \frac{H^3}{3EI_l}\left[1 + \lambda^3\left(\frac{1}{n} - 1\right)\right] = \frac{H^3}{C_0 EI_l} \quad (2-8)$$

式中 $\lambda = \dfrac{H_u}{H}$,$n = \dfrac{I_u}{I_l}$,$C_0 = \dfrac{3}{1 + \lambda^3\left(\dfrac{1}{n} - 1\right)}$,$C_0$ 可由附录 4 查得。

因此要使柱顶产生单位水平位移,则需在柱顶施加 $1/\delta$ 的水平力,如图 2-18(b)所示。显然,若材料相同,柱的刚度越大,需要施加的水平力越大。由此可见 $1/\delta$ 反映了柱抵抗侧移的能力,称之为"抗侧移刚度",有时也称之为"抗剪刚度"。

对于由若干柱子构成的等高排架,在柱顶水平力作用下,其柱顶剪力可根据各柱的抗剪刚度进行分配,这就是结构力学中的剪力分配法。下面就柱顶作用水平力和作用任意荷载两种情况,分别讨论剪力分配法在等高排架内力计算时的应用。

1. 柱顶作用水平集中力 F 时

如图 2-18(c)所示,设排架有 n 根柱,任一柱的抗剪刚度为 $\dfrac{1}{\delta_i}$,则其分担的柱顶剪力 V_i 可由平衡条件和变形条件求得。

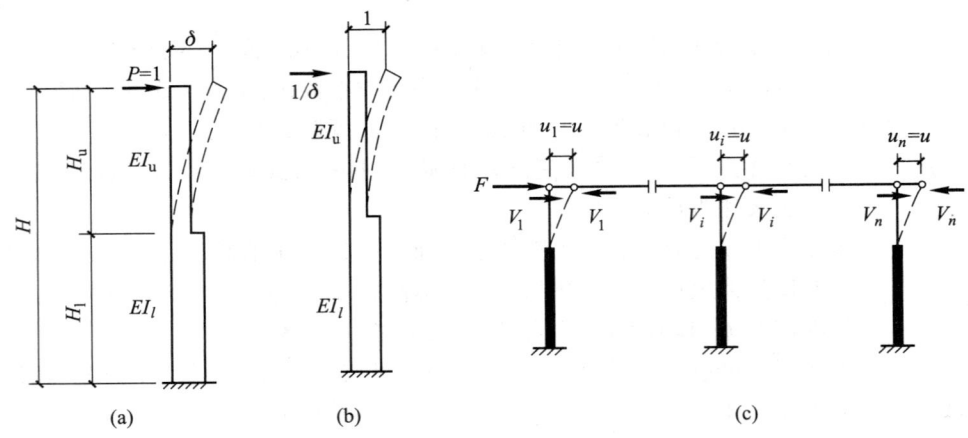

图 2-18 排架柱顶位移

根据横梁刚度为无限大,受力后不产生轴向变形的假定,那么各柱顶的水平位移值应是相等的,即

$$\Delta_1 = \cdots = \Delta_i = \cdots = \Delta_n \tag{2-9a}$$

在考虑平衡条件时为了使各柱顶的剪力与相应的柱顶位移相联系,可在柱顶上部切开,在各柱的切口处的内力为一对相应的剪力(铰处无弯矩),如图 2-18(c)所示,并取上部为脱离体,由平衡条件得

$$F_1 = V_1 + V_2 + \cdots + V_i + \cdots + V_n = \sum_{i=1}^{n} V_i \tag{2-9b}$$

由 δ 的概念可知,各柱顶的位移为

$$\Delta_1 = V_1 \delta_1, \quad \Delta_i = V_i \delta_i, \quad \Delta_n = V_n \delta_n$$

即

$$V_1 = \frac{1}{\delta_1}\Delta_1, \quad V_i = \frac{1}{\delta_i}\Delta_i, \quad V_n = \frac{1}{\delta_n}\Delta_n \tag{2-9c}$$

将式(2-9c)代入式(2-9b),可得:

$$\frac{\Delta}{\delta_1} + \cdots + \frac{\Delta}{\delta_i} + \cdots + \frac{\Delta}{\delta_n} = F$$

故
$$\Delta = \frac{1}{\sum \frac{1}{\delta_i}} \cdot F \tag{2-9d}$$

将 Δ 代入式(2-9c),并根据位移相等条件可得

$$V_1 = \frac{1}{\delta_1} \bigg/ \sum \frac{1}{\delta_i} \cdot F = \eta_1 \cdot F$$

$$V_2 = \frac{1}{\delta_2} \bigg/ \sum \frac{1}{\delta_i} \cdot F = \eta_2 \cdot F$$

$$V_n = \frac{1}{\delta_n} \bigg/ \sum \frac{1}{\delta_n} \cdot F = \eta_n \cdot F$$

写成通式为

$$V_i = \left(\frac{1}{\delta_i} \bigg/ \sum \frac{1}{\delta_i} \right) \cdot F = \eta_i \cdot F \tag{2-10}$$

式中 η_i——i 柱的剪力分配系数,等于该柱本身的抗剪刚度与所有柱总的抗剪刚度之比

$$\eta_i = \frac{1}{\delta_i} \bigg/ \sum \frac{1}{\delta_i} \tag{2-11}$$

2. 任意荷载作用时

为了能利用上述的剪力分配系数,对任意荷载就必须把计算过程分为两个步骤:如图 2-19 所示,先在排架柱顶附加不动铰支座以阻止水平侧移,求出其支座反力 R[图 2-19(b)];然后撤除附加不动铰支座且加反向作用的 R 于排架柱顶[图 2-19(c)],以恢复到原受力状态。叠加上述两步骤中的内力,即为排架的实际内力。

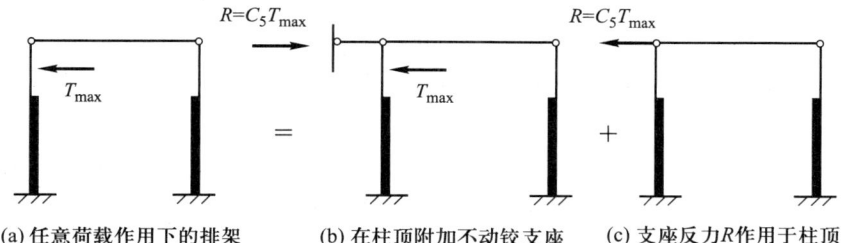

(a) 任意荷载作用下的排架　　(b) 在柱顶附加不动铰支座　　(c) 支座反力 R 作用于柱顶

图 2-19　各种荷载作用时排架计算示意图

各种荷载作用下的不动铰支座支反力 R 可从附录 4 中查得。图 2-19 中的 C_5 即为吊车横向水平荷载 T_{max} 作用下的不动铰支座反力系数。

例 2-1　用剪力分配法计算图 2-20 所示的排架在风荷载作用下的内力。

已知:屋面及天窗架传来的风荷载集中力设计值为 $w = 3.0$ kN,由墙传来的风荷载均布荷载设计值为 $w_1 = 2.5$ kN/m,$w_2 = 1.6$ kN/m。柱截面参数:边柱 $I_{1A} = I_{1C} = 2.13 \times 10^9$ mm^4,$I_{2A} = I_{2C} = 9.23 \times 10^9$ mm^4,中柱 $I_{1B} = 4.17 \times 10^9$ mm^4,$I_{2B} = 9.23 \times 10^9$ mm^4;上柱高均为 $H_1 = 3.10$ m,柱总高为 $H_2 = 12.22$ m。

解:(1) 计算剪力分配系数:

$$\lambda = \frac{H_1}{H_2} = \frac{3.10}{12.22} = 0.254, \quad 边柱\ n = \frac{2.13}{9.23} = 0.231, \quad 中柱\ n = \frac{4.17}{9.23} = 0.452$$

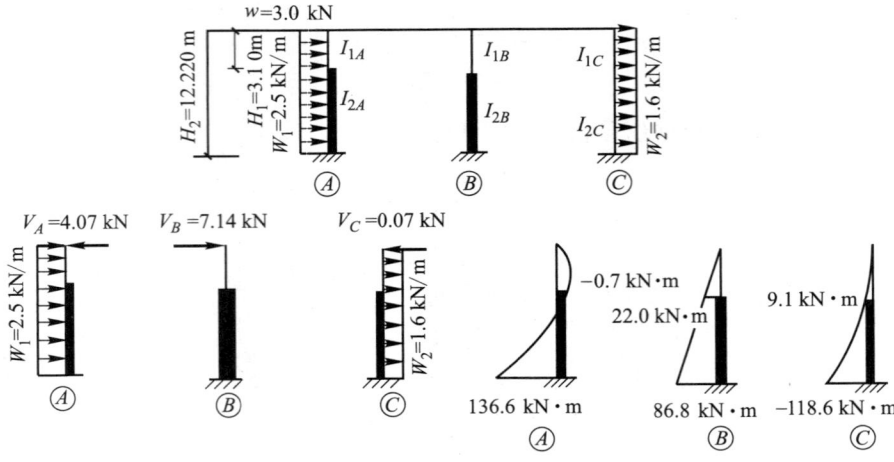

图 2-20 例题 2-1 图

由附录 4 附图 4-1,得位移系数计算式 $C_0 = \dfrac{3}{1+\lambda^3\left(\dfrac{1}{n}-1\right)}$,边柱 $C_0 = 2.85$, $\delta_A = \delta_C =$

$\dfrac{12.22^3 \times 10^9}{E \times 9.23 \times 10^9 \times 2.85} = 69.4 \dfrac{1}{E}$;中柱 $C_0 = 0.294$, $\delta_B = \dfrac{12.22^3 \times 10^9}{E \times 9.23 \times 10^9 \times 2.94} = 67.2 \dfrac{1}{E}$

剪力分配系数为:

$$\eta_A = \eta_C = \dfrac{1}{69.4} \bigg/ \left(2 \times \dfrac{1}{69.4} + \dfrac{1}{67.2}\right) = 0.33$$

$$\eta_B = \dfrac{1}{67.2} \bigg/ \left(2 \times \dfrac{1}{69.4} + \dfrac{1}{67.2}\right) = 0.34$$

(2) 计算各柱顶剪力,把荷载分为 W、W_1 和 W_2 三种情况,分别求出各柱顶所产生的剪力,然后叠加。

在 W_1 的作用下,由附录 4 附图 4-26,得反力系数计算式 $C_{11} = \dfrac{3}{8} \cdot \dfrac{1+\lambda^4\left(\dfrac{1}{n}-1\right)}{1+\lambda^3\left(\dfrac{1}{n}-1\right)}$,$C_{11A} = C_{11C} = 0.361$。

柱顶不动铰支座反力:

$$R_A = C_{11A} W_1 H_2 = 0.361 \times 2.5 \times 12.22 \text{ kN} = 11.0 \text{ kN}(\leftarrow)$$

在 w_2 的作用下,$R_C = 11.0 \times \dfrac{1.6}{2.5}$ kN $= 7.0$ kN $(\leftarrow)$

故各柱总的柱顶剪力为

$$V_A = \eta_A(W+R_A+R_C) - R_A = [0.33 \times (3+11+7)-11] \text{ kN} = 4.07 \text{ kN}(\leftarrow)$$
$$V_B = \eta_B(W+R_A+R_C) = 0.34 \times 21 \text{ kN} = 7.14 \text{ kN}(\rightarrow)$$
$$V_C = \eta_C(W+R_A+R_C) - R_C = (0.33 \times 21 - 7) \text{ kN} = -0.07 \text{ kN}(\leftarrow)$$

(3) 绘制弯矩图。由上述柱顶剪力值,即可根据柱本身所受荷载情况,绘制出各柱的弯矩图,如图 2-20 所示。

2.2.4 排架内力组合

通过排架的内力分析,可分别求出排架柱在恒荷载及各种活荷载作用下所产生的内力(M、N、V),但柱及柱基础在恒荷载及哪几种活荷载(不一定是全部的活荷载)的作用下才产生最危险的内力,然后据此进行柱截面的配筋计算及柱基础设计,此乃排架内力组合所需解决的问题。

1. 控制截面

为便于施工,阶形柱的各段均采用相同的截面配筋,并根据各段柱产生最危险内力的截面(称为"控制截面")进行计算。

上柱:最大弯矩及轴力通常产生于上柱的底截面Ⅰ-Ⅰ(图 2-21),此即上柱的控制截面。

下柱:在吊车竖向荷载作用下,牛腿顶面处Ⅱ-Ⅱ截面的弯矩最大;在风荷载或吊车横向水平力作用下,柱底截面Ⅲ-Ⅲ的弯矩最大,故常取此两截面为下柱的控制截面。对于一般中、小型厂房,吊车荷载不大,故往往是柱底截面Ⅲ-Ⅲ控制下柱的配筋;对吊车吨位大的重型厂房,则有可能是Ⅱ-Ⅱ截面。下柱底截面Ⅲ-Ⅲ的内力值也是设计柱基的依据,故必须对其进行内力组合。

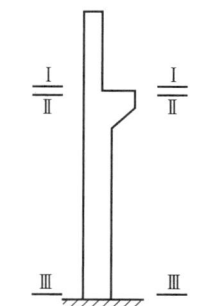

图 2-21 排架柱的控制截面

2. 荷载组合

《荷载规范》中规定:荷载基本组合的效应设计值 S 应从下列荷载组合中取最不利的效应设计值确定。

(1) 由可变荷载效应控制的组合:

$$S_d = \sum_{j=1}^{m} \gamma_{G_j} S_{G_{jk}} + \gamma_{Q_i} \gamma_{L_i} S_{Q_{ik}} + \sum_{i=2}^{n} \gamma_{Q_i} \gamma_{L_i} \psi_{c_i} S_{Q_{ik}} \qquad (2-12)$$

(2) 由永久荷载效应控制的组合:

$$S_d = \sum_{j=1}^{m} \gamma_{G_j} S_{G_{jk}} + \sum_{i=1}^{n} \gamma_{Q_i} \gamma_{L_i} \psi_{c_i} S_{Q_{ik}} \qquad (2-13)$$

式中 γ_{G_j}——第 j 个永久荷载的分项系数,当永久荷载效应对结构不利时,对由可变荷载效应控制的组合应取 1.2,对由永久荷载效应控制的组合应取 1.35;当永久荷载对结构有利时,不应大于 1.0;

γ_{Q_i}——第 i 个可变荷载的分项系数,其中为 γ_{Q_1} 主导可变荷载 Q_1 的分项系数,对标准值大于 4 kN/m² 的工业房屋楼面结构的活荷载,应取 1.3;其他情况,应取 1.4;对结构的倾覆、滑移或漂浮验算,荷载的分项系数应满足有关的建筑结构设计规范的规定;

γ_{L_i}——第 i 个可变荷载考虑设计使用年限的调整系数,其中 γ_{L_1} 为主导可变荷载 Q_1 考虑设计使用年限的调整系数,当结构设计使用年限分别为 5、50、100 年时,γ_{L_i} 的取值分别为 0.9、1.0、1.1;当设计使用年限不为表中数值时,调整系数只可按线性内插确定,对于荷载标准值可控制的活荷载,设计使用年限调整系数 γ_{L_i} 取 1.0;

$S_{G_{jk}}$——按第 j 个永久荷载标准值 $S_{G_{jk}}$ 计算的荷载效应值;

$S_{Q_{ik}}$——按第 i 个可变荷载标准值 Q_{ik} 计算的荷载效应值,其中 $S_{Q_{1k}}$ 为诸可变荷载效应中起控制作用者;

ψ_{c_i}——第 i 个可变荷载 Q_i 的组合值系数；

m——参与组合的永久荷载数；

n——参与组合的可变荷载数。

① 基本组合中的设计值仅适用于荷载与荷载效应为线性的情况。

② 当对 $S_{Q_{1k}}$ 无法明显判断时，轮次以各可变荷载效应 $S_{Q_{ik}}$ 为 $S_{Q_{1k}}$ 选其中最不利的荷载效应组合。

③ 当考虑以竖向的永久荷载效应控制的组合时，对可变荷载，出于简化的目的，也可仅考虑与结构自重方向一致的竖向荷载，而忽略影响不大的横向荷载。

④ 手算时，可采用对所有参与组合的可变荷载的效应设计值，乘以一个统一的组合系数 0.9 的简化方法。

常用的几种荷载效应组合分为：

① 1.2(1.0)永久荷载+1.4 屋面活荷载+1.4(0.7 吊车荷载+0.6 风荷载)。

② 1.2(1.0)永久荷载+1.4 吊车荷载+1.4(0.7 屋面活荷载+0.6 风荷载)。

③ 1.2(1.0)永久荷载+1.4 风荷载+1.4(0.7 屋面活荷载+0.7 吊车荷载)。

④ 1.35 永久荷载+1.4(0.7 屋面活荷载+0.7 吊车荷载+0.6 风荷载)。

3. 内力组合

单层排架柱是偏心受压构件，其截面内力有 $\pm M$，N，$\pm V$。因有异号弯矩，且为便于施工，柱截面常用对称配筋，即 $A_s = A_s'$。

对称配筋构件，当 N 一定时，无论大、小偏压，M 越大，则钢筋用量也越大。当 M 一定时，对小偏压构件，N 越大，则钢筋用量也越大；对大偏压构件，N 越大，则钢筋用量反而减小。因此，在未能确定柱截面是大偏压还是小偏压之前，一般应进行下列四种内力组合：

① $+M_{\max}$ 与相应的 N；

② $-M_{\max}$ 与相应的 N；

③ $N_{\max}$ 与相应的 $\pm M$（取绝对值较大者）；

④ $N_{\min}$ 与相应的 $\pm M$（取绝对值较大者）；

⑤ $|V|_{\max}$ 及相应的 M 和 N。

组合时以某一种内力为目标进行组合，例如组合最大正弯矩时，其目的是为了求出某截面可能产生的最大弯矩值，所以，凡使该截面产生正弯矩的活荷载项，只要实际上是可能发生的，都要参与组合，然后将所选项的 N 值分别相加。内力组合时，需要注意的事项有：

① 永久荷载是始终存在的，故无论何种组合均应参加。

② 在吊车竖向荷载中，对单跨厂房应在 $R_{\max}$ 与 $R_{\min}$ 中取一个，对多跨厂房，因一般按不多于四台吊车考虑，故只能在不同跨各取一项。

③ 吊车的最大横向水平荷载 $T_{\max}$ 同时作用于其左、右两边的柱上。其方向可左，可右，不论单跨还是多跨厂房，因为只考虑两台吊车，故组合时只能选择向左或向右。

④ 同一跨内的 $R_{\max}$ 与 $T_{\max}$ 不一定同时发生，但组合时不能仅选用 $T_{\max}$，而不选 $R_{\max}$ 或 $R_{\min}$，因为 $T_{\max}$ 不能脱离吊车竖向荷载而独立存在。

⑤ 左、右向风不可能同时发生。

⑥ 在组合 $N_{\max}$ 或 $N_{\min}$ 时，应使相应的 $\pm M$ 也尽可能大些，这样更为不利。故凡使 $N=0$，但 $M \neq 0$ 的荷载项，只要有可能，应参与组合。

⑦ 在组合+M_{max}与-M_{max}时应注意,有时±M虽不为最大,但其相应的N却比+M_{max}时的N大得多(小偏压时)或小得多(大偏压时),则有可能更为不利。故在上述几种组合中,不一定包括了所有可能的最不利组合。

2.2.5 排架考虑厂房空间作用时的计算

如图 2-22 所示,若厂房某一排架柱顶受一水平集中力 P 的作用,当按平面排架计算时,力 P 完全由这一榀排架单独承担,将产生柱顶平面位移 Δ[图 2-22(a)]。但实际上,厂房是由若干榀排架组成的整体空间结构,排架与排架间由纵向构件连接,故力 P 是由全部厂房排架及两端山墙所共同承担,在这榀排架上仅承担 $\mu \cdot P$,故其柱顶空间位移仅为 $\Delta' = \mu \cdot \Delta$[图 2-22(b)]。令空间位移与平面位移的比值为:

$$\mu = \frac{\Delta'}{\Delta} \tag{2-14}$$

称为厂房的"空间作用分配系数",显然厂房的空间作用愈好,μ 值就愈小。据实测,某无檩屋盖的单跨厂房,其 μ 值仅为 0.12。

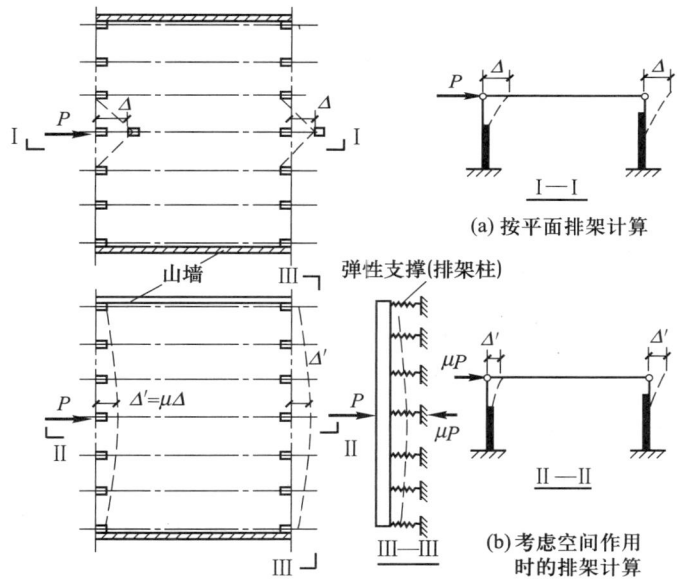

图 2-22 厂房排架的空间作用

根据实测及理论分析,μ 值的大小主要与下列因素有关:
① 屋盖刚度。屋盖刚度大时,沿纵向分布的荷载能力强,空间作用好,μ 值小。因此,无檩屋盖的 μ 值小于有檩屋盖。
② 厂房两端有无山墙。山墙的横向刚度很大,能分担大部分的水平荷载。故两端有山墙的厂房的 μ 值远远小于无山墙的 μ 值。
③ 厂房长度。厂房的长度大,水平荷载可由较多的横向排架分担,则 μ 值小,空间作用大。
④ 荷载形式。局部荷载作用下,厂房的空间作用好;当厂房承担均匀分布的荷载时,如风荷载,因各排架直接承受的荷载基本相同,仅靠两端的山墙分担荷载,如图 2-23(a)所示,其空间作用小;若两端无山墙,在均布荷载作用下,如图 2-23(b)所示,近于平面排

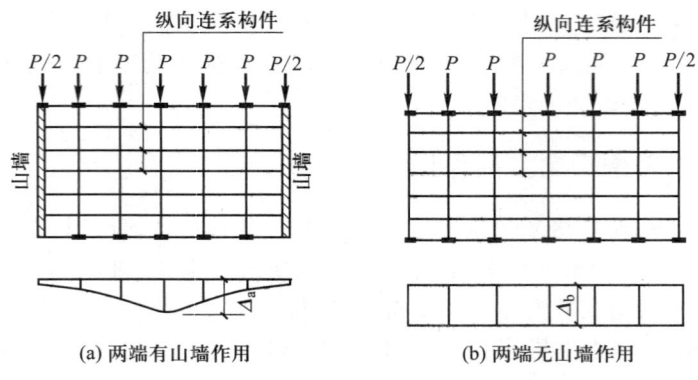

(a) 两端有山墙作用　　　　　(b) 两端无山墙作用

图 2-23　均布荷载作用下的厂房空间作用

架受力,$\mu \approx 1$,无空间作用。

目前在单层厂房计算中,仅在分析吊车荷载内力时,才考虑厂房的空间作用。单层厂房空间作用分配系数 μ 可从表 2-6 中直接查得,但应注意,该表下部注中强调了四种情况下不考虑空间作用。

表 2-6　单跨厂房空间作用分配系数 μ

厂房情况		吊车吨位/t	厂房长度/m	
			≤60	>60
有檩屋盖	两端无山墙及一端有山墙	≤30	0.9	0.85
	两端有山墙	≤30	0.85	
无檩屋盖			厂房跨度/m			
	两端无山墙及一端有山墙	≤75	12~27	>27	12~27	>27
			0.9	0.85	0.85	0.8
	两端有山墙	≤75	0.8			

注:在下列情况下,因厂房过短,或屋盖刚度过度被削弱,不允许考虑空间作用(即取 $\mu = 1$):
1. 当厂房一端有山墙或两端均无山墙,且厂房长度小于 36 m 时;
2. 当天窗跨度大于厂房跨度的二分之一,或者天窗布置使厂房屋盖沿纵向不连续时;
3. 厂房柱距大于 12 m 时(包括柱距小于 12 m,但有个别柱距不等且最大柱距超过 12 m 的情况);
4. 当屋架下弦为柔性拉杆时。

平面排架考虑厂房的空间作用的计算方法,与排架内力计算中的任意荷载作用时相类似,仅在其排架顶部加一弹性支承即可。如图 2-24 所示,其内力计算可按下列步骤进行:

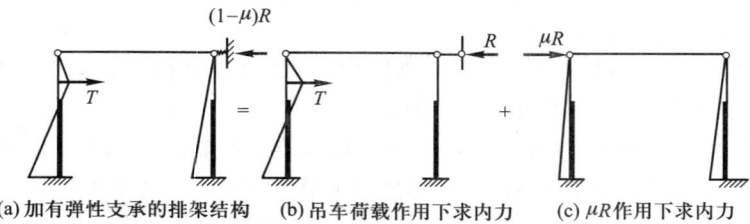

(a) 加有弹性支承的排架结构　(b) 吊车荷载作用下求内力　(c) μR 作用下求内力

图 2-24　厂房排架考虑空间作用的计算

① 先假设排架无侧移,求出吊车荷载作用下的柱顶反力 R 及柱顶剪力;

② 将柱顶反力 R 乘以空间分配系数 μ,并将其沿反方向加于可侧移的排架上,求出各柱顶剪力;

③ 将上述两项的柱顶剪力叠加,即为考虑空间作用的柱顶剪力。

平面排架考虑厂房的空间作用后,其所负担的荷载及侧移值均减少,故排架柱的主筋可节约5%~20%左右;但直接承受荷载的上柱,其弯矩值则有所增大,需增加配筋。

2.3 单层厂房柱

2.3.1 柱的形式

单层厂房柱的形式很多,常用的见图2-25,分为下列几种:

矩形截面柱:如图2-25(a)所示,其外形简单,施工方便,但自重大,经济指标差,主要用于截面高度的 $h \leqslant 700$ mm 的偏压柱。

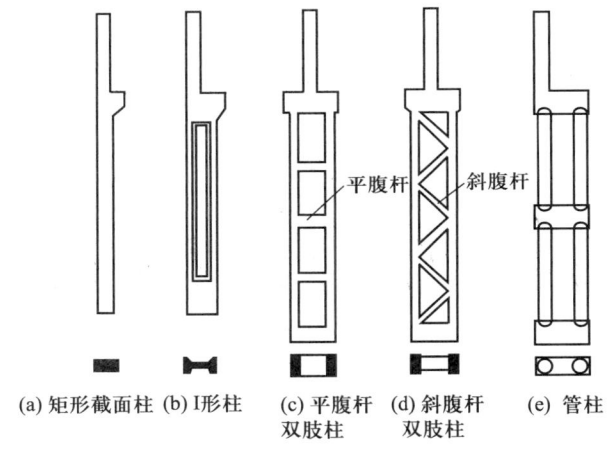

(a)矩形截面柱 (b)I形柱 (c)平腹杆双肢柱 (d)斜腹杆双肢柱 (e)管柱

图 2-25 柱的形式

I形柱:如图2-25(b)所示,能较合理地利用材料,在单层厂房中应用较多,已有全国通用图集可供设计者选用。但当截面高度 $h \geqslant 1\,600$ mm 后,自重较大,吊装较困难,故使用范围受到一定限制。

双肢柱:如图2-25(c)、(d)所示,可分为平腹杆与斜腹杆两种。前者构造简单,制造方便,在一般情况下受力合理,且腹部整齐的矩形孔洞便于布置工艺管道,故应用较广泛。当承受较大水平荷载时,宜采用具有桁架受力特点的斜腹杆双肢柱。双肢柱与I形柱相比,自重较轻,但整体刚度较差,构造复杂,用钢量稍多。

管柱:如图2-25(e)所示,可分为圆管和方管(外方内圆)混凝土柱,以及钢管混凝土柱三种。前两种采用离心法生产,质量好,自重轻,但受高速离心制管机的限制,且节点构造较复杂;后一种利用方钢管或圆钢管内浇膨胀混凝土后,可形成自应力(预应力)钢管混凝土柱,可承受较大荷载作用。

单层厂房柱的形式虽然很多,但在同一工程中,柱型及规格宜统一,以便为施工创造有利条件。通常应根据有无吊车、吊车规格、柱高和柱距等因素，做到受力合理、模板简单、节约材料、维护简便，同时要因地制宜，考虑制作、运输、吊装及材料供应等具体情况。一般可按柱截面高度 h 参考以下原则选用：

当 $h \leqslant 500$ mm 时，采用矩形；

当 600 mm $\leqslant h \leqslant$ 800 mm 时，采用矩形或 I 形；

当 900 mm $\leqslant h \leqslant$ 1 200 mm 时，采用 I 形；

当 1 300 mm $\leqslant h \leqslant$ 1 500 mm 时，采用 I 形或双肢柱；

当 $h \geqslant 1 600$ mm 时，采用双肢柱。

柱高 h 可按表 2-1 确定，柱的常用截面尺寸，边柱查表 2-2，中柱查表 2-3。对于管柱或其他柱型可根据经验和工程具体条件选用。

2.3.2 柱的设计

柱的设计一般包括确定柱截面尺寸、截面配筋设计、构造、绘制施工图等。当有吊车时还需要进行牛腿设计。

课件 2-10
截面设计

1. 截面尺寸

使用阶段柱截面尺寸除应保证具有足够的承载力外，还应有一定的刚度以免造成厂房横向和纵向变形过大，发生吊车轮和轨道的过早磨损，影响吊车正常运行或导致墙和屋盖产生裂缝，影响厂房的使用。柱的截面尺寸可按表 2-1～表 2-3 确定。

I 形柱的翼缘高度不宜小于 120 mm，腹板厚度不应小于 100 mm，当处于高温或侵蚀性环境中，翼缘和腹板的尺寸均应适当增大。I 形柱的腹板可以开孔洞，当孔洞的横向尺寸小于柱截面高度的一半，竖向尺寸小于相邻两孔洞中距的一半时，柱的刚度可按实腹 I 形柱计算，承载力计算时应扣除孔洞的削弱部分。当开孔尺寸超过上述范围时，则应按双肢柱计算。

2. 截面配筋设计

根据排架计算求得的控制截面的最不利内力组合 M、N 和 V，按偏心受压构件进行截面配筋计算。由于柱截面在排架方向有正反方向相近的弯矩，并避免施工中主筋易放错，一般采用对称配筋。具有刚性屋盖的单层厂房柱和露天吊车栈桥柱的计算长度 l_0 可按表 2-7 取用。

表 2-7 采用刚性屋盖的单层工业厂房和露天吊车栈桥柱的计算长度 l_0

项次	柱的类型		排架方向	垂直排架方向	
				有柱间支撑	无柱间支撑
1	无吊车厂房柱	单跨	$1.5H$	$1.0H$	$1.2H$
		两跨及多跨	$1.25H$	$1.0H$	$1.2H$
2	有吊车厂房柱	上柱	$2.0H_u$	$1.25H_u$	$1.5H_u$
		下柱	$1.0H_l$	$0.8H_l$	$1.0H_l$
3	露天吊车和栈桥柱		$2.0H_l$	$1.0H_l$	—

注：1. H——从基础顶面算起的柱全高；

H_l——从基础顶面至装配式吊车梁底面或现浇式吊车梁顶面的柱下部高度；

H_u——从装配式吊车梁底面或从现浇式吊车梁顶面算起的柱上部高度。

2. 表中有吊车厂房排架柱的计算长度，当计算中不考虑吊车荷载时，可按无吊车厂房的计算长度采用；但上柱的计算长度仍按有吊车厂房采用。

3. 表中有吊车厂房柱，在排架方向的柱计算长度适用于 $H_u/H_l \geqslant 0.3$ 的情况。当 $H_u/H_l < 0.3$ 时，宜采用 $2.5H_u$。

3. 吊装运输阶段的验算

单层厂房施工时,往往采用预制柱,现场吊装装配,故柱经历运输、吊装工作阶段。

柱在吊装运输时的受力状态与其使用阶段不同,故应进行施工阶段的承载力及裂缝宽度验算。

吊装时柱的混凝土强度一般按设计强度的70%考虑,当吊装验算要求高于设计强度的70%方可吊装时,应在设计图上予以说明。

如图2-26所示,吊点一般设在变阶处,故应按图中的1-1,2-2,3-3三个截面进行吊装时的承载力和裂缝宽度的验算。验算时,柱自重采用设计值,并乘以动力系数1.5。

承载力验算时,考虑到施工荷载下的受力状态为临时性质,安全等级可降一级使用。裂缝宽度验算时,可采用受拉钢筋应力为:

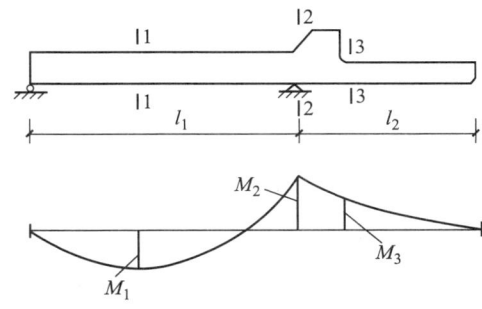

图 2-26 柱的吊装验算

$$\sigma_s = \frac{M}{0.87 h_0 A_s} \quad (2-15)$$

求出 σ_s 后,可按混凝土结构设计原理确定裂缝宽度是否满足要求。当变阶处柱截面验算钢筋不满足要求时,可在该局部区段附加配筋。运输阶段的验算,可根据支点位置,按上述方法进行。

2.3.3 牛腿与预埋件设计

单层厂房排架柱一般都带有短悬臂(牛腿)以支承吊车梁、屋架及连系梁等,并在柱身不同标高处设有预埋件,以便和上述构件及各种支撑进行连接,如图2-27所示。下面分别就牛腿和预埋件的设计进行讨论。

课件 2-11
牛腿设计

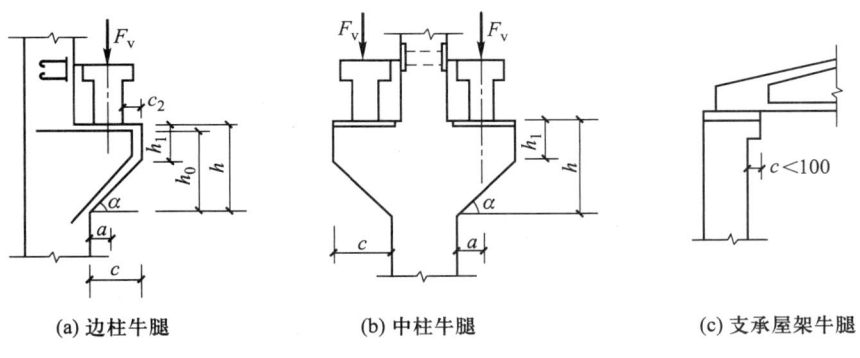

(a) 边柱牛腿　　(b) 中柱牛腿　　(c) 支承屋架牛腿

图 2-27 几种常见的牛腿形式

1. 牛腿的设计

(1) 牛腿的受力特点、破坏形态与计算简图

如图2-27所示,牛腿指的是其上荷载 F_v 的作用点至下柱边缘的距离 $a \le h_0$(短悬臂梁

的有效高度)的短悬臂梁。它的受力性能与一般的悬臂梁不同,属变截面深梁。图 2-28 是一环氧树脂牛腿模型($a/h_0 = 0.5$)的光弹试验结果。从图中可看出,主拉应力的方向基本上与牛腿的上表面平行,且分布较均匀;主压应力则主要集中在从加载点到牛腿下部转角点的连线附近,这与一般悬臂梁有很大的区别。

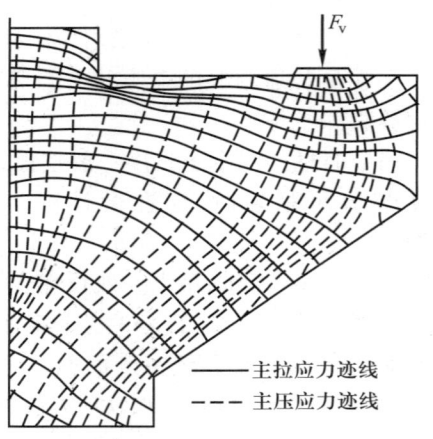

图 2-28 牛腿的光弹试验结果

课件 2-12 吊装验算、抗风柱设计

试验表明,在吊车的竖向和水平荷载作用下,随 a/h_0 值的变化,牛腿呈现出下列几种破坏形态,如图 2-29 所示。当 $a/h_0 < 0.1$ 时,发生剪切破坏;当 $a/h_0 = 0.1 \sim 0.75$ 时,发生斜压破坏;当 $a/h_0 > 0.75$ 时,发生弯压破坏;当牛腿上部由于加载板太小而导致混凝土强度不足时,发生局压破坏。

常用牛腿的 $a/h_0 = 0.1 \sim 0.75$,其破坏形态为斜压破坏。试验验证的破坏特征是:随着荷载增加,首先牛腿上表面与上柱交接处出现垂直裂缝,但它始终开展很小(当配有足够受拉钢筋时),对牛腿的受力性能影响不大,当荷载增至 40%~60% 的极限荷载时,在加载板内侧附近出现斜裂缝①[图 2-29(b)],并不断发展;当荷载增至 70%~80% 的极限荷载时,在裂缝①的外侧附近出现大量短小斜裂缝;随荷载继续增加,当这些短小斜裂缝相互贯通时,混凝土剥落崩出,表明斜压主压应力已达 f_c,牛腿即破坏。也有少数牛腿在斜裂缝①发展到相当稳定后,如图 2-29(c)所示,突然从加载板外侧出现一条通长斜裂缝②,然后随此斜裂缝的开展,牛腿破坏。破坏时,牛腿上部的纵向水平钢筋像桁架的拉杆一样,从加载点到固定端的整个长度上,其应力近于均匀分布,并达到 f_y。

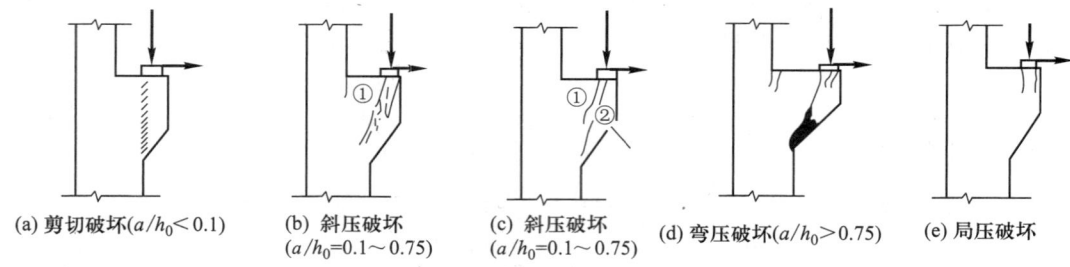

(a) 剪切破坏($a/h_0 < 0.1$)　(b) 斜压破坏($a/h_0 = 0.1 \sim 0.75$)　(c) 斜压破坏($a/h_0 = 0.1 \sim 0.75$)　(d) 弯压破坏($a/h_0 > 0.75$)　(e) 局压破坏

图 2-29 牛腿的各种破坏形态

根据上述破坏形态,$a/h_0 = 0.1 \sim 0.75$ 的牛腿可简化成图 2-30 所示的一个以纵向钢筋为拉杆,混凝土斜撑为压杆的三角形桁架,这即为牛腿的计算简图。

(2) 牛腿尺寸的确定

牛腿的宽度与柱宽相同。牛腿的高度 h 是按抗裂要求确定的。因牛腿负载很大,设计时应使其在使用荷载下不出现裂缝。由上述受力分析可知,影响牛腿第一条斜裂缝出现的主要参数是剪跨比 a/h_0、水平荷载 F_{hk} 与竖向荷载 F_{vk} 的值。根据试验回归分析,可得以下计算公式:

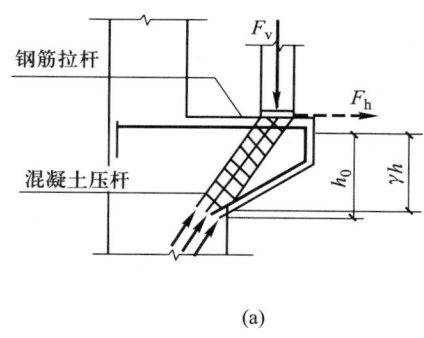
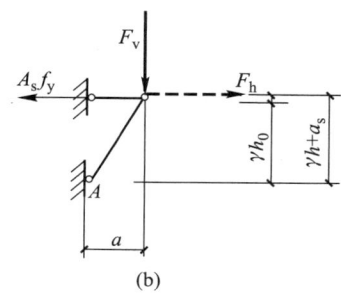

图 2-30 牛腿的计算简图

$$F_{vk} \leq \beta\left(1-0.5\frac{F_{hk}}{F_{vk}}\right)\frac{f_{tk}bh_0}{0.5+\dfrac{a}{h_0}} \quad (2-16)$$

式中 F_{vk}——作用于牛腿顶部按荷载效应标准组合计算的竖向力值;

F_{hk}——作用于牛腿顶部按荷载效应标准组合计算的水平拉力值;

β——裂缝控制系数,对支撑吊车梁的牛腿,取 $\beta=0.65$;对其他牛腿,取 $\beta=0.80$;

a——竖向力的作用点至下柱边缘的水平距离,此时应考虑安装偏差 20 mm;当考虑安装偏差后的竖向力作用点仍位于下柱截面以内时,取 $a=0$;

b——牛腿宽度;

h_0——牛腿与下柱交接处的垂直截面的有效高度,$h_0 = h_1 - a_s + c \cdot \tan\alpha$,当 $\alpha>45°$ 时,取 $\alpha=45°$,c 为下柱边缘到牛腿外缘的水平长度。

牛腿尺寸的构造要求如图 2-31 所示。

牛腿底面的倾角 α 不应大于 45°,倾角 α 过大,会使折角处产生过大的应力集中(图 2-28)或使斜裂缝①(图 2-29)向牛腿斜面方向发展,这都会导致牛腿承载能力的降低。当牛腿的悬挑长度 $c \leq 100$ mm 时,也可不做斜面,即取 $\alpha=0$(图 2-27)。

牛腿的外边缘高度 h_1 应大于或等于 $h/3$,且不小于 200 mm。

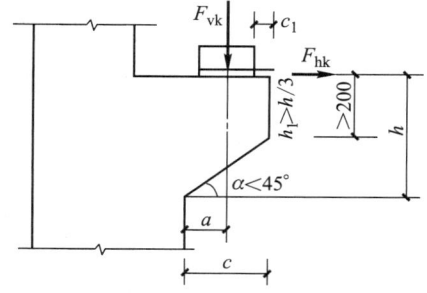

图 2-31 牛腿尺寸的构造要求

为了防止保护层剥落,要求 $c_1 \geq 70$ mm。

在竖向标准值 F_{vk} 的作用下,为防止牛腿产生局压破坏,牛腿支承面上的局部压应力不应超过 $0.75 f_c$,否则应采取必要的措施,例如加置垫板以扩大承压面积,或提高混凝土强度等级,或设置钢筋网等。

(3) 牛腿的配筋计算与构造要求

牛腿的纵向受力钢筋由承受竖向力所需的受拉钢筋和承受水平拉力所需的水平锚筋组成,钢筋的总面积 A_s 应按下式计算:

$$A_s \geq \frac{F_v a}{0.85 f_y h_0} + 1.2 \frac{F_h}{f_y} \quad (2-17)$$

式中　F_v——作用在牛腿顶部的竖向力设计值;

　　　F_h——作用在牛腿顶部的水平拉力设计值;

　　　a——竖向力作用点至下柱边缘的水平距离,当 $a<0.3h_0$ 时,取 $a=0.3h_0$。

沿牛腿顶部配置的纵向受力钢筋,宜采用 HRB400 级或 HRB500 级热轧带肋钢筋。承受竖向力所需的纵向受力钢筋的配筋率,按牛腿的有效截面计算,不应小于 0.2% 及 $0.45f_t/f_y$,也不宜大于 0.6%;其数量不宜少于 4 根,直径不宜小于 12 mm。纵向受拉钢筋的一端伸入柱内,并应具有足够的锚固长度 l_a,其水平段长度不小于 $0.4l_a$,在柱内的垂直长度,除满足锚固长度 l_a 外,尚不小于 $15d$,不大于 $22d$;另一端沿牛腿外缘弯折,并伸入下柱 150 mm(图 2-32)。纵向受拉钢筋是拉杆,不得下弯兼作弯起钢筋。

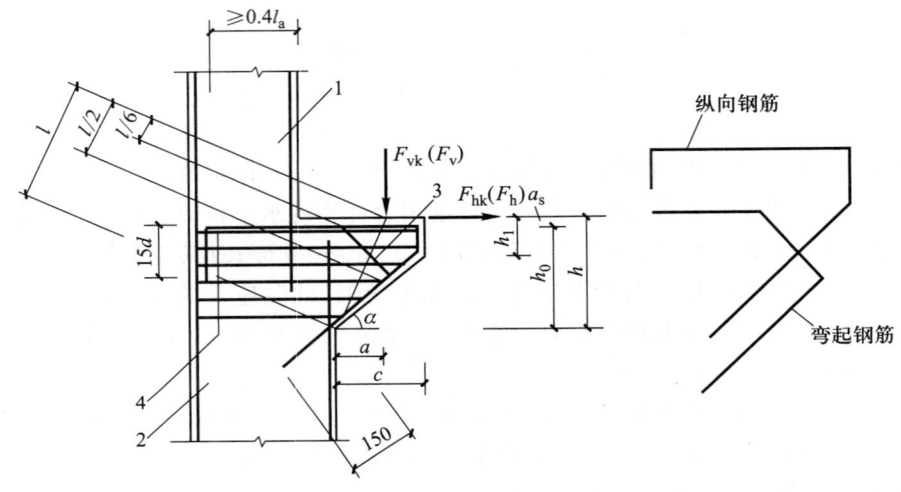

图 2-32　牛腿配筋的构造要求

牛腿内应按构造要求设置水平箍筋及弯起钢筋(图 2-32),它能起抑制裂缝的作用。

水平箍筋应采用直径 6~12 mm 的钢筋,在牛腿高度范围内均匀布置,间距 100~150 mm。但在任何情况下,在上部 $\frac{2}{3}h_0$ 范围内的水平箍筋的总截面面积不宜小于承受竖向力的受拉钢筋截面面积的 1/2。

当牛腿的剪跨比 $\frac{a}{h_0} \geq 0.3$ 时,宜设置弯起钢筋。弯起钢筋宜用变形钢筋,并应配置在牛腿上部 $l/6$ 至 $l/2$ 之间主拉力较集中的区域(图 2-32),以保证充分发挥其作用。弯起钢筋的截面面积 A_{sb} 不宜小于承受竖向力的受拉钢筋截面面积的 $\frac{1}{2}$,数量不少于 2 根,直径不宜小于 12 mm。

2. 预埋件设计

柱中的预埋件一般由锚板(或型钢)和对称于力作用线的直锚筋所组成。锚板尺寸及锚筋数量应根据其不同的受力情况,分别进行计算。

(1) 锚筋计算

如图 2-33(a) 所示,由锚板和对称配置的直锚筋所组成的受力预埋件,其锚筋的总截

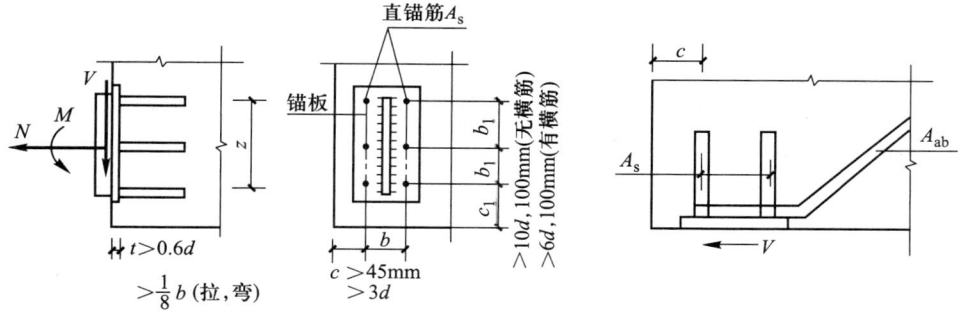

图 2-33 预埋件示意图

面面积 A_s,应按下列原则计算。

① 当有剪力、法向拉力和弯矩共同作用时,应按下列两个公式计算,并取其中的较大值:

$$A_s \geq \frac{V}{\alpha_r \alpha_v f_y} + \frac{N}{0.8\alpha_b f_y} + \frac{M}{1.3\alpha_r \alpha_b f_y z} \quad (2-18)$$

$$A_s \geq \frac{N}{0.8\alpha_b f_y} + \frac{M}{0.4\alpha_r \alpha_b f_y z} \quad (2-19)$$

② 当有剪力、法向压力和弯矩共同作用时,应按下列两个公式计算,并取其中的较大值:

$$A_s \geq \frac{V-0.3N}{\alpha_r \alpha_v f_y} + \frac{M-0.4Nz}{1.3\alpha_r \alpha_b f_y z} \quad (2-20)$$

$$A_s \geq \frac{M-0.4Nz}{0.4\alpha_r \alpha_b f_y z} \quad (2-21)$$

当 $M<0.4Nz$ 时,取 $M=0.4Nz$;

式中 α_b——锚板弯曲变形的折减系数;

α_r——锚筋层数的影响系数,当等间距配置时,二层取 1.0,三层取 0.9,四层取 0.85;

α_v——锚筋的受剪承载力系数;

f_y——锚筋的抗拉强度设计值,但不应大于 300 N/mm²;

M——弯矩设计值;

V——剪力设计值;

N——法向拉力和法向压力设计值,法向压力设计值应符合 $N \leq 0.5 f_c A$,此处,A 为锚板的面积;

z——沿剪力作用方向最外层锚筋中心线之间的距离。

系数 α_v,α_b 应按下列公式计算:

$$\alpha_v = (4.0-0.08d)\sqrt{\frac{f_c}{f_y}} \quad (2-22)$$

$\alpha_v>0.7$ 时,取 $\alpha_v=0.7$;d 为锚筋直径(mm)。

$$\alpha_{\mathrm{b}} = 0.6 + 0.25\,\frac{t}{d} \tag{2-23}$$

当采取措施防止锚板弯曲变形时,可取 $\alpha_{\mathrm{b}} = 1$;t 为锚板厚度。

③ 由锚板和对称配置的弯折锚筋与弯折锚筋共同承受剪力的预埋件[图 2-33(b)],其弯折锚筋的截面面积 A_{sb} 应按下式计算

$$A_{\mathrm{sb}} \geqslant 1.4\,\frac{V}{f_{\mathrm{y}}} - 1.25\alpha_{\mathrm{v}} A_{\mathrm{s}} \tag{2-24}$$

当直锚筋按构造要求设置时,应取 $A_{\mathrm{s}} = 0$。弯折锚筋与钢板间的夹角宜在 15°~45° 之间。

(2)构造要求

① 受力预埋件的锚板和型钢,宜采用 Q235、Q345 级钢;锚筋应采用 HRB400 或 HPB300 级钢筋,不得采用冷加工钢筋。

② 预埋件的受力直锚筋不宜少于 4 根(仅受剪的预埋件,允许采用 2 根),不宜多于 4 层;直径不宜小于 8 mm,亦不宜大于 25 mm。

③ 受拉直锚筋和弯折锚筋的锚固长度应符合规范规定的受拉钢筋锚固长度要求;受剪和受压直锚筋的锚固长度不应小于 $15d$(d 为锚筋的直径)。

④ 受力预埋件应采用直锚筋与锚板 T 形焊,锚筋直径不大于 20 mm 时,应优先采用压力埋弧焊;锚筋直径大于 20 mm 时,宜采用穿孔塞焊。当采用手工焊时,焊缝高度不宜小于 6 mm 及 $0.5d$(HPB300 级钢筋)或 $0.6d$(HRB400 级钢筋)。

⑤ 锚板厚度 t 宜大于锚筋直径的 0.6 倍;当为受拉和受弯预埋件时,t 尚宜大于 $b/8$,见图 2-33。锚筋到锚板边缘的距离 c_1:当锚筋下部无横向钢筋时,c_1 应不小于 $10d$ 及 100 mm;当锚筋下部有横向钢筋时,c_1 应不小于 $6d$ 及 70 mm。受剪预埋件锚筋的间距 b 及 b_1 应不大于 300 mm,其中 b_1 亦应不小于 $6d$ 及 70 mm。

2.4 柱下独立基础

课件 2-13
柱下独立
基础设计

单层厂房中的柱下基础可有各种形式,如独立基础(扩展基础)、条形基础及桩基础等,但最常用的是柱下独立基础。基础是一个重要的结构构件,作用于厂房上的全部荷载,最后都要通过它传递到地基土中。在基础设计中,不仅要保证基础有足够的承载力,而且要保证地基的变形,不能使基础的沉降过大,以免引起上部结构的开裂甚至破坏。

2.4.1 基础底面尺寸的确定

基础的底面尺寸应按地基的承载能力和变形条件来确定,但当符合《建筑地基基础设计规范》(GB 50007—2011)表 3.0.2 要求时,可只按地基的承载能力计算,而不必验算其变形。

1. 轴心受压基础(图 2-34)

假定基础底面处的压应力标准值 p_{k} 为均匀分布,f_{a} 为修正后的地基承载力特征值,那么设计时应满足下式要求:

$$p_{\mathrm{k}} = \frac{N_{\mathrm{k}} + G_{\mathrm{k}}}{A} \leqslant f_{\mathrm{a}} \tag{2-25}$$

式中 N_k——相应于荷载效应标准组合时,上部结构传到基础顶面的竖向力;

G_k——基础自重值和基础上的土重;

A——基础底面面积,$A = b \times l$,b 为基础的长边边长,l 为基础的短边边长。

设 γ 为考虑基础自重标准值和基础上的土重后的平均重度,常取 $\gamma = 20 \text{ kN/m}^3$;$d$ 为基础的埋置深度,那么由式(2-25)可导出:

$$A \geqslant \frac{N_k}{f_a - \gamma d} \quad (2-26)$$

2. 偏心受压基础

图 2-35 为偏心受压基础的计算图形。假定在上部荷载作用下基础底面压应力按线性(非均匀)分布,根据力学公式,基础底面两边缘的最大和最小应力为

$$\left.\begin{array}{r} p_{k\max} \\ p_{k\min} \end{array}\right\} = \frac{N_k + G_k}{bl} \pm \frac{M_k}{W} \quad (2-27)$$

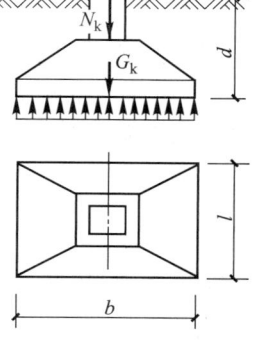

图 2-34 轴压基础的计算图形

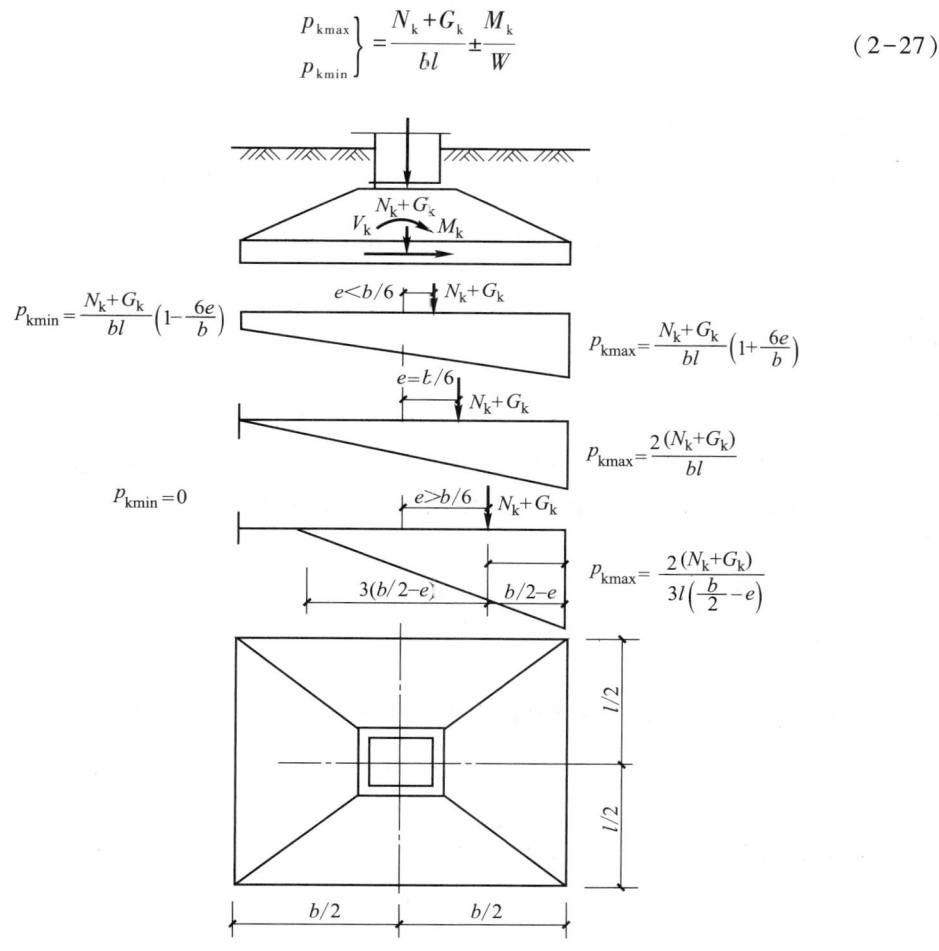

图 2-35 偏心受压基础的计算图形

式中 M_k——荷载效应标准组合时,作用于基础底面的弯矩;

b, l——基础底面的长边与短边长度,b 为力矩作用方向的边长;

W——基础底面面积的弹性抵抗矩,$W = \dfrac{lb^2}{6}$。

设 e 为基础底面合力 $N_k + G_k$ 的偏心距,$e = \dfrac{M_k}{N_k + G_k}$,将其代入式(2-27)可得

$$\left.\begin{array}{c} p_{k\max} \\ p_{k\min} \end{array}\right\} = \frac{N_k + G_k}{bl}\left(1 \pm \frac{6e}{b}\right) \tag{2-28}$$

由式(2-28)可知,随 e 值变化,基底应力分布将相应变化。

① 当 $e < \dfrac{b}{6}$ 时,

$$p_{k\max} = \frac{N_k + G_k}{bl}\left(1 + \frac{6e}{b}\right) \tag{2-29a}$$

$$p_{k\min} = \frac{N_k + G_k}{bl}\left(1 - \frac{6e}{b}\right) \tag{2-29b}$$

② 当 $e = \dfrac{b}{6}$ 时,

$$p_{k\max} = \frac{N_k + G_k}{bl} \tag{2-29c}$$

$$p_{k\min} = 0 \tag{2-29d}$$

③ 当 $e > \dfrac{b}{6}$,$p_{k\min} < 0$ 时,基底将出现拉应力,由于地基与基础间无粘结作用,实际上不可能发生,因此按式(2-29a)无法计算 $p_{k\max}$。由图 2-35 可知,基底反力的合力与 $(N_k + G_k)$ 应相平衡。假定三角形应力分布的合力 D 至 $p_{k\max}$ 的距离为 $a = \dfrac{b}{2} - e$,那么,

$$\begin{gathered} D = \frac{1}{2} p_{k\max} 3al, \quad D = N_k + G_k \\ p_{k\max} = \frac{2(N_k + G_k)}{3al} \end{gathered} \tag{2-29e}$$

为了满足地基承载力要求,设计时应该保证基底压应力符合下列条件。

① 平均压应力标准组合值 p_k 不超过地基承载力特征值 f_a,即

$$p_k = \frac{p_{k\min} + p_{k\max}}{2} \leqslant f_a \tag{2-30}$$

② 最大压应力标准组合值不超过 $1.2 f_a$,即

$$p_{k\max} \leqslant 1.2 f_a \tag{2-31}$$

③ 对有吊车厂房,必须保证基底全部受压,即应满足

$$p_{k\min} \geqslant 0 \quad 或 \quad e \leqslant \frac{b}{6} \tag{2-32}$$

④ 对无吊车厂房,当与风荷载组合时,可允许 $\dfrac{b}{4}$ 长的基础底面与土脱离,即

$$e \leqslant \frac{b}{4} \tag{2-33}$$

设计时,一般先假定基础底面面积,然后验算上述四个条件,直至满足为止。基础底

面尺寸 b×l 的确定:先按轴压计算基础面积 A,然后按(1.2~1.4)A 估算底面尺寸 bl,一般取 b/l = 1.5~2。

2.4.2 基础高度的确定

如图 2-36 和图 2-37(a)、(b)所示,柱下独立基础可分为锥形和阶形两种形式,其高度 h 是按构造要求和满足柱对基础的冲切承载力两个条件决定的。对阶形基础,尚需按相同原则对变阶处的高度进行验算。

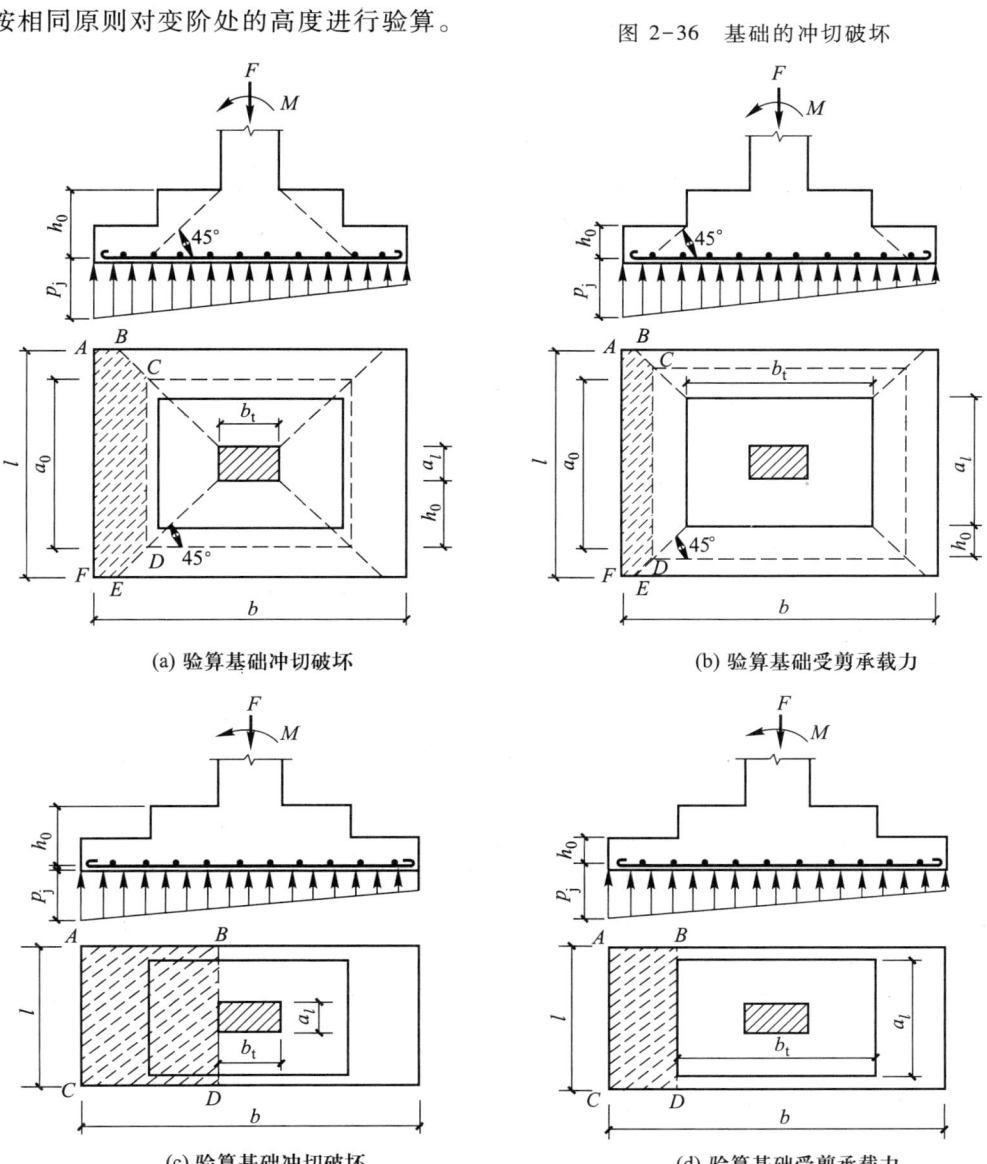

图 2-36 基础的冲切破坏

(a) 验算基础冲切破坏

(b) 验算基础受剪承载力

(c) 验算基础冲切破坏

(d) 验算基础受剪承载力

图 2-37 计算简图

1. 按冲切承载力计算

如图 2-36 所示,在柱的轴向荷载作用下,若基础的高度不够,则将沿柱周边(或变阶处)产生锥体形的冲切破坏,即沿 45°锥体斜面的斜拉破坏。

为此,必须满足如下条件:

$$F_l \leq 0.7\beta_{hp} f_t a_m h_0 \tag{2-34}$$

$$a_m = (a_l + a_b)/2 \tag{2-35}$$

$$F_l = p_j A_l \tag{2-36}$$

式中 β_{hp}——受冲切承载力截面高度影响系数,当 h 不大于 800 mm 时,β_{hp} 取 1.0;当 h 大于等于 2 000 mm 时,β_{hp} 取 0.9;其间按线性内插法取用;

f_t——混凝土轴心抗拉强度设计值;

h_0——柱与基础交接处或基础变阶处的截面有效高度,取两配筋方向截面有效高度的平均值。

a_l——冲切破坏锥体最不利一侧斜截面的上边长,当计算柱与基础交接处的受冲切承载力时,取柱宽;当计算基础变阶处的受冲切承载力时,取上阶宽;

a_b——柱与基础交接处或基础变阶处的冲切破坏锥体最不利一侧斜截面的下边长,取 $a_l + 2h_0$;

p_j——扣除基础自重及其上土重后相应于荷载效应基本组合时的地基土单位面积净反力,对偏心受压基础可取基础边缘处最大地基土单位面积净反力;

A_l——冲切验算时取用的部分基底面积(图 2-37(a)、(b)中的阴影面积)。

当 $l \geq a_l + 2h_0$ 时,

$$A = \left(\frac{b}{2} - \frac{b_l}{2} - h_0\right) l - \left(\frac{l}{2} - \frac{a_l}{2} - h_0\right)^2 \tag{2-37}$$

2. 受剪承载力计算

当 $l < a_l + 2h_0$ 时,基础的受力状态接近于单向受力,柱与基础交接处不存在受冲切的问题,仅需对基础进行斜截面受剪承载力验算。应按下列公式验算柱与基础交接处截面受剪承载力:

$$V_s \leq 0.7\beta_{hs} f_t A_0 \tag{2-38}$$

式中 V_s——柱与基础交接处的剪力设计值(kN),等于图 2-37(c)、(d)中的阴影面积乘以基底平均净反力;

β_{hs}——受剪切承载力截面高度影响系数,$\beta_{hs} = (800/h_0)^{1/4}$,当 $h_0 < 800$ mm 时,取 $h_0 = 800$ mm;当 $h_0 > 2 000$ mm 时,取 $h_0 = 2 000$ mm;

A_0——验算截面处基础的有效截面面积(m^2),当验算截面为阶形或锥形时,可将其截面折算成矩形截面。

设计时,一般先按构造要求选定基础的高度和各阶高度,再用式(2-34)~(2-38)进行验算。

2.4.3 基础底板配筋计算

如图 2-38 所示,在地基反力作用下,柱下独立基础可看作为双向并固定于柱周边的悬臂板,其单向配筋可按柱边截面计算;当为阶形基础时,还应按变阶处截面计算。

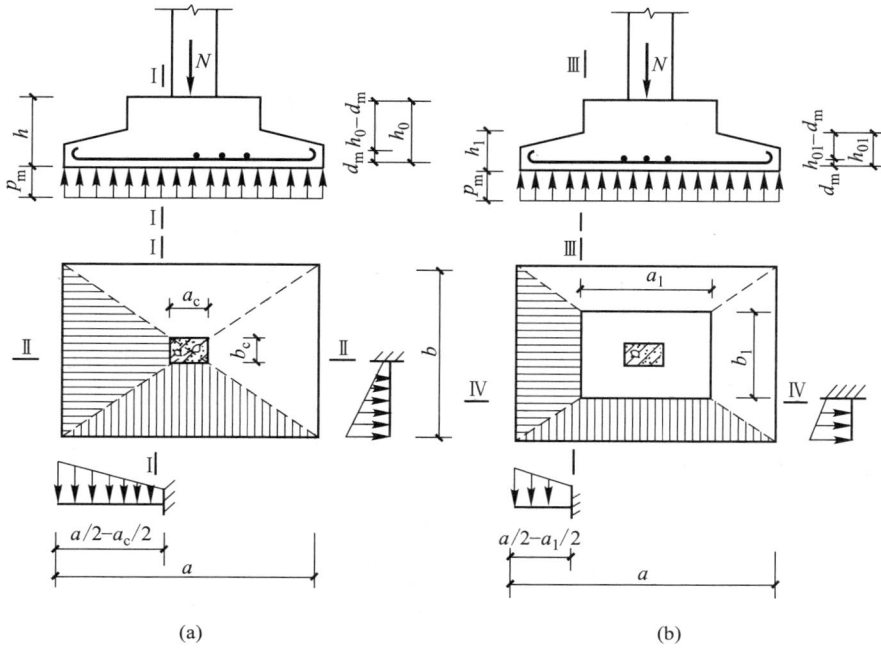

图 2-38 基础底板配筋的计算图形

《建筑地基基础设计规范》规定：在轴心荷载或单向偏心荷载作用下底板受弯可按下列简化方法计算[图 2-39(a)]：

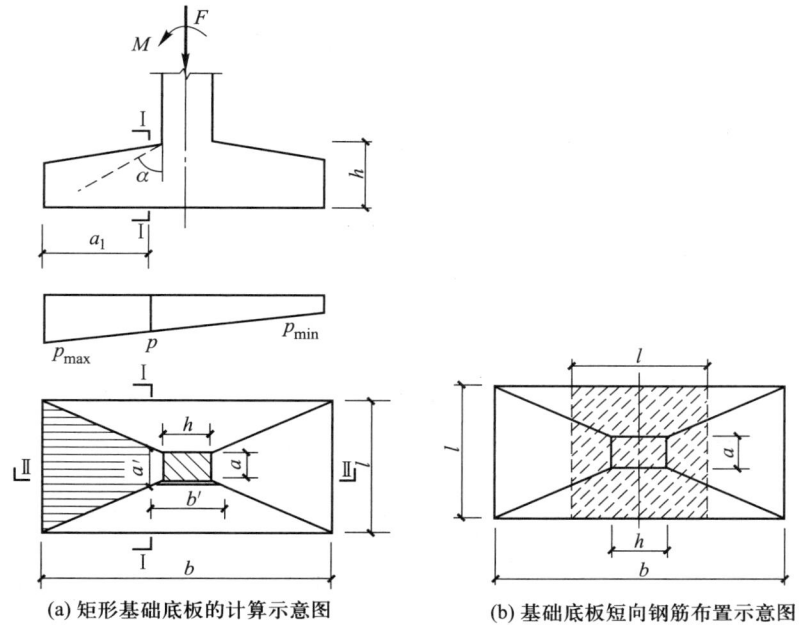

(a) 矩形基础底板的计算示意图   (b) 基础底板短向钢筋布置示意图

图 2-39 矩形基础底板的计算和短向钢筋布置示意图

1—λ 倍短向钢筋面积均匀配置在阴影范围内

对于矩形基础,当台阶的宽高比小于或等于 2.5 和偏心距小于或等于 1/6 基础宽度时,任意截面的弯矩可按下列公式计算:

$$M_{\mathrm{I}} = \frac{1}{12}a_l^2\left[(2l+a')\left(p_{j\max}+p_j-\frac{2G}{A}\right)+(P_{j\max}-p_j)l\right] \quad (2-39)$$

$$M_{\mathrm{II}} = \frac{1}{48}(l-a')^2(2b+b')\left(p_{j\max}+p_{j\min}-\frac{2G}{A}\right) \quad (2-40)$$

式中 M_{I}、M_{II}——任意截面 I-I、II-II 处相应于荷载效应基本组合时的弯矩设计值;

a_l——任意截面 I-I 至基底边缘最大反力处的距离;

l、b——基础底面的边长;

$p_{j\max}$、$p_{j\min}$——相应于荷载效应基本组合时的基础底面边缘最大和最小地基反力设计值;

p_j——相应于荷载效应基本组合时在任意截面 I-I 处基础底面地基净反力设计值;

G——考虑荷载分项系数的基础自重及其上的土自重;当组合值由永久荷载控制时,$G=1.35G_k$,G_k 为基础及其上土的标准自重。

当 I-I、II-II 为柱边截面且为轴心荷载时,以上两式可写为:

$$M_{\mathrm{I}} = \frac{p_j}{24}(b-h)^2(2l+a) \quad (2-41)$$

$$M_{\mathrm{II}} = \frac{p_j}{24}(l-a)^2(2b+h) \quad (2-42)$$

当 I-I、II-II 为柱边截面且为偏心荷载时,计算 M_{I} 时,式(2-41)中地基土净反力按 $p_j=\frac{p_{j\max}+p_{j\mathrm{I}}}{2}$ 计算;在计算 M_{II} 时,式(2-42)中地基土净反力按 $p_j=\frac{p_{j\max}+p_{j\min}}{2}$ 计算。式中 $p_{j\mathrm{I}}$ 为截面 I-I(柱边)处的地基土净反力。

基础由于配筋率较低,截面抗弯的内力臂系数 γ 变化很小,一般可近似取 $\gamma \approx 0.9$。于是沿长边布置的基底钢筋,可按下式计算:

$$A_{s\mathrm{I}} = \frac{M_{\mathrm{I}}}{0.9f_y h_0} \quad (2-43)$$

沿短边布置的基底钢筋,可按下式计算

$$A_{s\mathrm{II}} = \frac{M_{\mathrm{II}}}{0.9f_y(h_0-d)} \quad (2-44)$$

其中 d 为沿长边布置的基底钢筋直径。

基础变阶处的配筋计算可参照柱边截面处理。

当柱下独立柱基底面短边之比 ω 在大于或等于 2、小于或等于 3 的范围时,基础底板短向钢筋应按下述方法布置:将短向全部钢筋面积乘以 $\lambda=1-\frac{\omega}{6}$ 后求得的钢筋,均匀分布在与柱中心线重合的宽度等于基础短边的中间带宽范围内[图 2-39(b)],其余的短向钢筋则均匀分布在中间带宽的两侧。长向配筋应均匀分布在基础全宽范围内。

2.4.4 基础的构造要求

1. 一般规定

基础的混凝土强度等级不宜低于 C20。受力钢筋的直径不宜小于 10 mm,间距不宜大于 200 mm,也不宜小于 100 mm。当基础边长大于或等于 2.5 mm 时,沿此向钢筋的长度可减小 10%,但应交错放置,如图 2-40 所示。

基底常设 100 mm 厚、强度等级为不低于 C10 的素混凝土垫层(垫层厚度不宜小于 70 mm),则底板受力钢筋的保护层度不小于 40 mm;若地基土质干燥,也可不设垫层,但保护层的厚度不宜小于 70 mm。

锥形基础的边缘高度一般不小于 200 mm;阶形基础的每阶高度一般为 300~500 mm(图 2-41)。

2. 柱的插入深度 H_1

为了保证柱与基础的整体结合,柱插入基础应有足够的深度 H_1(见表 2-8),此外,H_1 还应满足柱内受纵向钢筋(直径 d)锚固长度不小于 l_a 的要求,并应考虑吊装时柱的稳定性,即要求 $H_1 \geq 0.05$ 预制柱长。

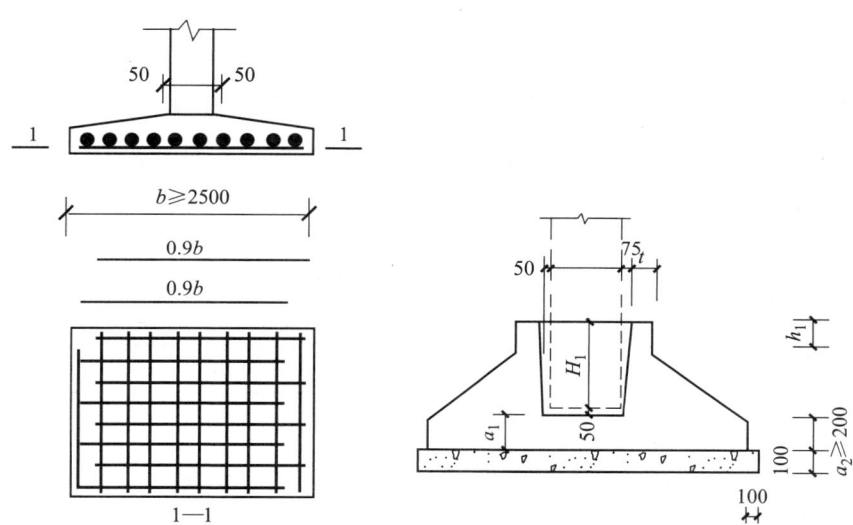

图 2-40 受力钢筋布置示意图 　　　图 2-41 基础的构造

表 2-8 柱的插入深度 H_1

矩形或工字形截面				双肢柱
$h<500$ mm	$500 \text{ mm} \leq h < 800$ mm	$800 \text{ mm} \leq h \leq 1\ 000$ mm	$h>1\ 000$ mm	
$H_1=(1.0\sim 1.2)h$	$H_1=h$	$H_1=0.9h$ $H_1 \geq 800$ mm	$H_1=0.8h$ $H_1 \geq 1\ 000$ mm	$H_1=\left(\dfrac{1}{3}\sim\dfrac{2}{3}\right)h$ $H_1=(1.5\sim 1.8)h$

注:1. h 为柱截面长边尺寸;b 为短边。
2. 柱轴心受压或小偏心受压时,H_1 可适当减小;偏心距大于 $2h$ 时,H_1 应适当加大。

3. 基础杯底厚度和杯壁厚度

为了防止安装预制柱时,杯底可能发生冲切破坏,基础的杯底应有足够的厚度 a_1。其值见表 2-9。同时,杯口内应铺垫 50 mm 厚的水泥砂浆。基础的杯壁应有足够的抗弯强度,其厚度 t 可按表 2-9 选用。

表 2-9　基础杯底厚度和杯壁厚度　　　　　　　　　　　　　　　　mm

柱截面长边尺寸 h	杯底厚度 a_1	杯壁厚度 t
$h<500$	$\geqslant 150$	$150\sim 200$
$500\leqslant h<800$	$\geqslant 200$	$\geqslant 200$
$800\leqslant h<1\,000$	$\geqslant 200$	$\geqslant 300$
$1\,000\leqslant h<1\,500$	$\geqslant 250$	$\geqslant 350$
$1\,500\leqslant h\leqslant 2\,000$	$\geqslant 300$	$\geqslant 400$

注:1. 双肢柱的 a_1 值可适当加大。
2. 当有基础梁时。基础梁下的杯壁厚度应满足其支承宽度的要求。
3. 柱插入杯口部分的表面应凿毛。柱与杯口之间的空隙,应用细石混凝土(比基础混凝土强度高一级)密实充填,其强度达到基础设计标号的 70% 以上时,方能进行上部吊装。

4. 杯壁配筋

当柱为轴心受压或小偏心受压,且 $t\geqslant 0.65h_1$(h_1 为杯壁高度)时,或为大偏心受压且 $t\geqslant 0.75h_1$ 时,杯壁内一般不配筋。当柱为轴心或小偏心受压,且 $0.5\leqslant \dfrac{t}{h_1}<0.65$ 时,杯壁内可按表 2-10、图 2-42 的要求配置钢筋;其他情况下,应按计算配筋。

表 2-10　杯壁构造配筋

柱截面长边尺寸 h/mm	$h<1\,000$	$1\,000\leqslant h<1\,500$	$1\,500\leqslant h\leqslant 2\,000$
钢筋网直径/mm	$\phi 8\sim 10$	$\phi 10\sim 12$	$\phi 12\sim 16$

5. 双杯口基础及高杯口基础

在厂房伸缩缝处,需设置双杯口基础。当两杯口间的宽度 $a_3<400$ mm 时,宜在中间杯壁内配筋(图 2-43)。

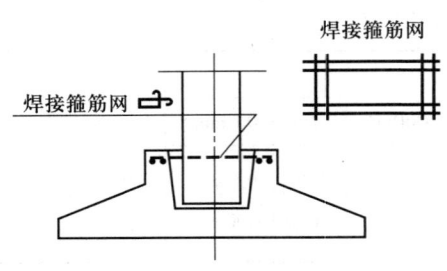

图 2-42　杯口基础及高杯壁口基础

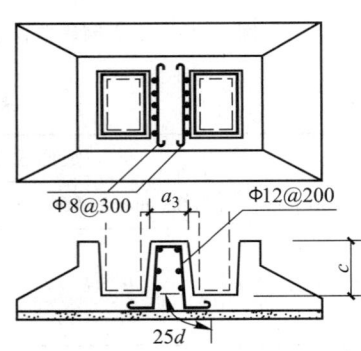

图 2-43　双杯口基础的杯壁配筋

因地质条件,或因有设备基础,在单层厂房中有时需将个别或部分柱基的埋置深度加大。为使厂房预制柱的长度相同,常在这些柱下设置高杯口基础,其杯口尺寸和配筋可参考图 2-44,其下的短柱可按偏心受压构件设计。

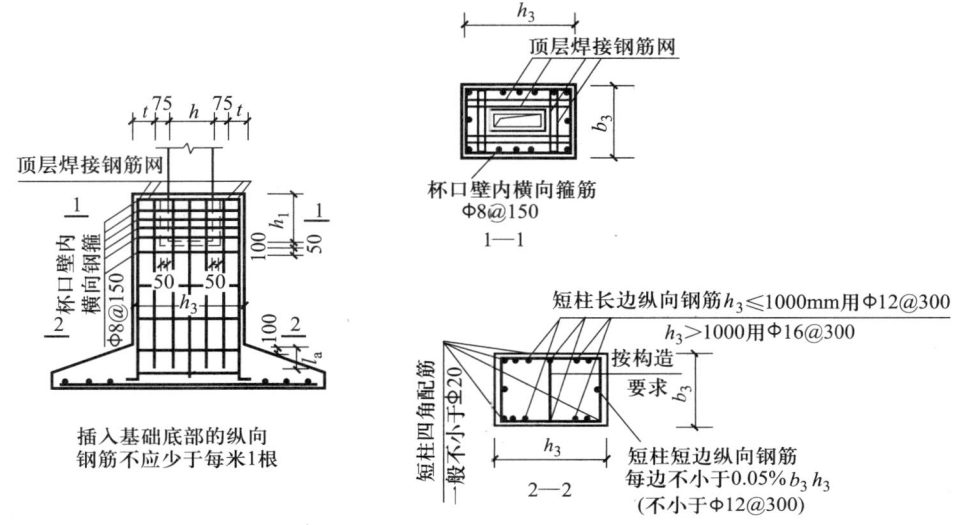

图 2-44 高杯口基础的配筋

例 2-2 某工业厂房柱(截面尺寸 400 mm×700 mm)其基础顶面的荷载由排架内力组合给出三种最不利形式:

$$A:\begin{cases} M_{kmax} = 110.35 \text{ kN·m} \\ N_k = 554.1 \text{ kN} \\ V_k = 10.5 \text{ kN} \end{cases} \quad \begin{matrix} M = 137.9 \text{ kN·m} \\ N = 692.6 \text{ kN} \\ V = 13.1 \text{ kN} \end{matrix}$$

$$B:\begin{cases} -M_{kmax} = -320.20 \text{ kN·m} \\ N_k = 804.7 \text{ kN} \\ V_k = -16.5 \text{ kN} \end{cases} \quad \begin{matrix} M = -400.24 \text{ kN·m} \\ N = 1\ 005.9 \text{ kN} \\ V = -20.6 \text{ kN} \end{matrix}$$

$$C:\begin{cases} -M_{kmax} = -316.55 \text{ kN·m} \\ N_k = 849.7 \text{ kN} \\ V_k = -15.0 \text{ kN} \end{cases} \quad \begin{matrix} M = -395.70 \text{ kN·m} \\ N = 1\ 062.1 \text{ kN} \\ V = -18.8 \text{ kN} \end{matrix}$$

地基承载力特征值 $f_a = 180 \text{ kN/m}^2$,C20 混凝土,试设计此杯口基础。

解:(1)根据构造要求选定基础高度及确定基础埋深

由表 2-8 可知,柱的插入深度 $H_1 = 700$ mm,由表 2-9 可知柱的杯底厚度 $a_1 \geq 200$ mm,取 $a_1 = 250$ mm,杯底上部铺设 50 mm 水泥砂浆,故 $h = (700+250+50)$ mm $= 1\ 000$ mm。初选 $h = 1\ 000$ mm,选杯壁厚 400 mm,高 500 mm,见图 2-45。基础埋深 $d_1 =$ 基础顶面埋深+柱插入基础深度+柱底垫层厚度+杯底厚度。

因室外基础顶面埋深为 550 mm,室内外高差 150 mm,故 $d_1 = (500+150+700+50+250)$ mm $= 1\ 650$ mm

(2)确定基础底面尺寸

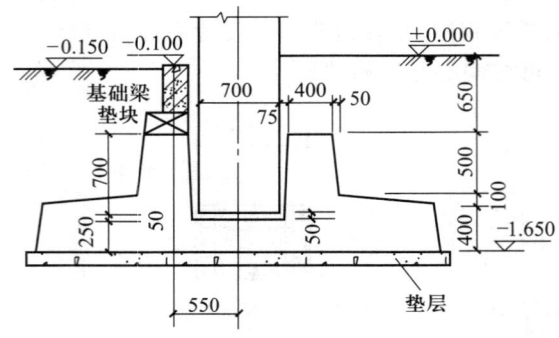

图 2-45 基础尺寸

上部结构传至基础底面的设计荷载为下列三种：

$$A: \begin{cases} M_{k\max} = 110.35 \text{ kN·m} \\ N_k = 554.1 \text{ kN} \\ V_k = 10.5 \text{ kN} \end{cases} \quad \begin{matrix} M = 137.9 \text{ kN·m} \\ N = 692.6 \text{ kN} \\ V = 13.1 \text{ kN} \end{matrix}$$

$$B: \begin{cases} -M_{k\max} = -320.21 \text{ kN·m} \\ N_k = 804.7 \text{ kN} \\ V_k = -16.5 \text{ kN} \end{cases} \quad \begin{matrix} M = -400.24 \text{ kN·m} \\ N = 1\,005.9 \text{ kN} \\ V = -20.6 \text{ kN} \end{matrix}$$

$$C: \begin{cases} M_k = -316.55 \text{ kN·m} \\ N_{k\max} = 849.7 \text{ kN} \\ V_k = -15.0 \text{ kN} \end{cases} \quad \begin{matrix} M = -395.7 \text{ kN·m} \\ N = 1\,062.1 \text{ kN} \\ V = -18.8 \text{ kN} \end{matrix}$$

① 预估基础底面尺寸。

按最大轴力确定底面尺寸，此时地基承载力特征值为 f_a，由轴心受压公式得：

$$A \geqslant \frac{N_k}{f_a - \gamma d}$$

d 为平均埋深：$d = \dfrac{1\,500 + 1\,650}{2} \text{ mm} = 1\,575 \text{ mm}$，$\gamma$ 取 20 kN/m^3。故

$$A \geqslant \frac{849.7}{180 - 20 \times 1.58} \text{ m}^2 = 5.73 \text{ m}^2$$

按扩大 1.2~1.4 倍考虑偏压基础底面面积，取 1.4，则 $A = 1.4 \times 5.73 \text{ m}^2 = 8.02 \text{ m}^2$ 选长边尺寸 $b = 3.4 \text{ m}$，短边尺寸 $l = 2.4 \text{ m}$，则 $A = 2.4 \times 3.4 \text{ mm}^2 = 8.16 \text{ m}^2$，满足要求。

$$W = \frac{lb^2}{6} = \frac{1}{6} \times 2.4 \times 3.4^2 \text{ m}^3 = 4.624 \text{ m}^3$$

② 验算所选基底尺寸是否满足要求。

对 A 组荷载组合

$$\begin{matrix} p_{k\max} \\ p_{k\min} \end{matrix} = \left(\frac{554.1 + 2.4 \times 3.4 \times 20 \times 1.58}{3.4 \times 2.4} \pm \frac{110.35}{4.624} \right) \text{ kN/m}^2 = \begin{matrix} 123.37 \\ 75.64 \end{matrix} \text{ kN/m}^2$$

对 B 组荷载组合

$$\frac{p_{kmax}}{p_{kmin}} = \left(\frac{804.7+2.4\times3.4\times20\times1.58}{3.4\times2.4} \pm \frac{320.21}{4.624}\right) \text{kN/m}^2 = \frac{199.46}{60.97} \text{kN/m}^2$$

对 C 组荷载组合

$$\frac{p_{kmax}}{p_{kmin}} = \left(\frac{849.7+2.4\times3.4\times20\times1.58}{3.4\times2.4} \pm \frac{316.55}{4.624}\right) \text{kN/m}^2 = \frac{204.19}{67.27} \text{kN/m}^2$$

计算表明,荷载组合以 C 组最为不利,故下面的计算均以 C 组为准。地基反力为:

$$p_k = \frac{1}{2}(p_{kmax}+p_{kmin}) = 135.73 \text{ kN/m}^2 < f_a = 180 \text{ kN/m}^2$$

$$p_{kmax} = 204.19 \text{ kN/m}^2 < 1.2f_a = 216 \text{ kN/mm}^2$$

故所选基底尺寸满足要求。

(3) 基础抗冲切验算

① 基底净反力设计值:

$$\frac{p_{jmax}}{p_{jmin}} = \left(\frac{1\ 062.1}{8.16} \pm \frac{395.7}{4.624}\right) \text{kN/m}^2 = \frac{215.73}{44.58} \text{kN/m}^2$$

② 柱边冲切承载力验算。

由图 2-46 可知:$h_0 = (1\ 000-40) \text{ mm} = 960 \text{ mm}$

$$a_c + 2h_0 = (400+2\times960) \text{ mm} = 2\ 320 \text{ mm} < l = 2\ 400 \text{ mm}$$

故不用进行受剪承载力验算,冲切承载力验算如下:

$$F_l = p_s A = p_s \left(\frac{b}{2}-\frac{b_c}{2}-h_0\right) l - \left(\frac{l}{2}-\frac{a_c}{2}-h_0\right)^2$$

$$= \left[215.73\times\left(\frac{3.4}{2}-\frac{0.7}{2}-0.96\right)\times2.4 - 215.73\times\left(\frac{2.4}{2}-\frac{0.4}{2}-0.96\right)^2\right] \text{kN}$$

$$= 201.58 \text{ kN}$$

$$a_m = \frac{0.4+0.4+2\times0.96}{2} \text{ m} = 1.36 \text{ m}$$

$$0.7\beta_{hp}f_t a_m h_0 = 0.7\times0.98\times1.1\times1.36\times960 \text{ kN} = 985.2 \text{ kN}$$

$$F_l < 0.7\beta_{hp}f_t a_m h_0$$

满足要求。

③ 变阶处冲切承载力验算(图 2-46)。

$h_0' = (500-40) \text{ mm} = 460 \text{ mm}, a_c' = 1\ 450 \text{ mm}, b_c' = 1\ 750 \text{ mm}$

$$a_c' + 2H_0 = (1\ 450+2\times460) \text{ mm} = 2\ 370 \text{ mm} < l = 2\ 400 \text{ mm}$$

$$F_l = 215.73\times\left(\frac{3.4}{2}-\frac{1.75}{2}-0.46\right)^2 \times 215.73\times\left(\frac{2.4}{2}-\frac{1.45}{2}-0.46\right)^2 \text{ kN} = 188.93 \text{ kN}$$

$$a_m = \frac{1.45+1.45+2\times0.46}{2} \text{ m} = 1.91 \text{ m}$$

$$0.7\beta_{hp}f_t a_m h_0 = 0.7\times1.0\times1.1\times1.91\times460 \text{ kN} = 676.52 \text{ kN} > F_l$$

满足要求。

(4) 基底配筋计算

① 沿长边方向:$p_{jmax} = 215.73 \text{ kN/m}^2, p_{jmin} = 44.58 \text{ kN/m}^2$

a. 沿柱边截面：

$$p_{jI} = p_{jmin} + (p_{jmax} - p_{jmin}) \times \frac{b_I}{b}$$

$$= 44.58 \text{ kN/m}^2 + (215.73 - 44.58) \times \frac{2.575}{3.4} \text{ kN/m}^2 = 174.2 \text{ kN/m}^2$$

$$M_I = \frac{1}{48}(p_{jmax} + p_{jI})(b-h)^2(2l+a)$$

$$= \frac{1}{48} \times (215.73 + 174.2) \times (3.4-0.7)^2 \times (2 \times 2.4 + 0.4) \text{ kN·m}$$

$$= 307.95 \text{ kN·m}$$

$$A_{sI} = \frac{M_I}{0.9h_0 f_y} = \frac{307.95 \times 10^6}{0.9 \times 960 \times 270} \text{ mm}^2 = 1\ 320 \text{ mm}^2$$

b. 沿变阶处截面

$$P_{jI} = 44.58 \text{ kN/m}^2 + (215.73 - 44.58)\frac{2.575}{3.4} \text{ kN/m}^2 = 174.2 \text{ kN/m}^2$$

$$M_I = \frac{1}{48} \times (215.73 + 174.2) \times (3.4 - 1.75)^2 \times (2 \times 2.4 + 1.45) \text{ kN·m} = 138.23 \text{ kN·m}$$

$$A_{sI} = \frac{138.23 \times 10^6}{0.9 \times 460 \times 270} \text{ mm}^2 = 1\ 237 \text{ mm}^2$$

可知，取 $A_{sI} = 1\ 237 \text{ mm}^2$。选 $15\phi12$，实配 $1\ 696.5 \text{ mm}^2$。

② 沿短边方向：

$$p_j = \frac{1}{2}(p_{jmax} + p_{jmin}) = \frac{1}{2}(215.73 + 44.58) \text{ kN/m}^2 = 130.2 \text{ kN/m}^2$$

a. 柱边截面：

$$M_{II} = \frac{1}{24}p_j(l-a)^2(2b+h)$$

$$= \frac{1}{24} \times 130.2 \times (2.4-0.4)^2 (2 \times 3.4 + 0.7) \text{ kN/m}^2 = 162.8 \text{ kN·m}$$

$$A_{sII} = \frac{M_{II}}{0.9 f_y(h_0 - d)} = \frac{162.8 \times 10^6}{0.9 \times 270 \times (960-12)} \text{ mm}^2 = 706.7 \text{ mm}^2$$

b. 变阶处截面：

$$M_{II} = \frac{1}{24} \times 130.2(2.4-1.45)^2(2 \times 3.4 + 1.75) \text{ kN·m} = 41.86 \text{ kN·m}$$

$$A_{sII} = \frac{41.86 \times 10^6}{0.9 \times 270(460-12)} \text{ mm}^2 = 384.7 \text{ mm}^2$$

可知，取 $A_{sII} = 706.7 \text{ mm}^2$，选用 $12\phi10$，实配 942 mm^2。

设计完毕，施工图见图 2-47。

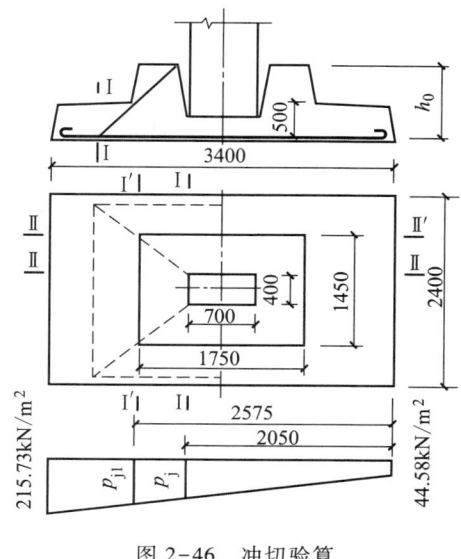

图 2-46 冲切验算

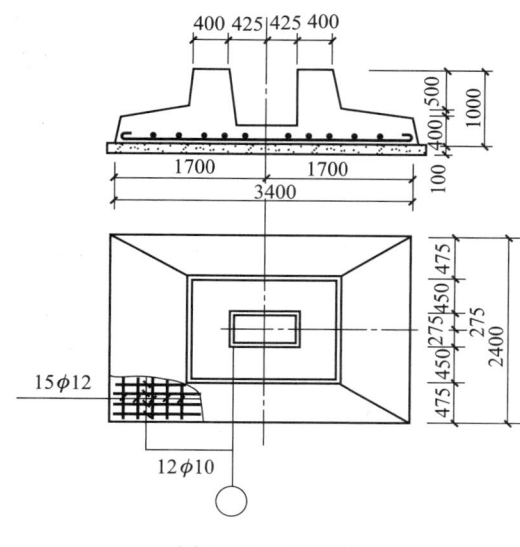

图 2-47 施工图

2.5 单层厂房的屋盖结构选型

课件 2-14
屋盖结构
构件

2.5.1 概述

目前单层厂房屋盖结构的形式基本上分为无檩和有檩两种体系。无檩体系是将大型屋面板直接焊在(一般不少于三个焊点)屋架或屋面梁上而形成的屋盖结构。这种屋盖的整体性和刚度均较好,构件种类和数量较少,故安装工序少,施工速度快,适用广泛,在具有较大吨位吊车和有较大振动的大中型及重型厂房中经常使用。有檩体系是将小型屋面板或屋面瓦放在檩条上,檩条支承在屋架上而形成的屋盖结构。这种屋盖的构件小而轻,便于运输和吊装,虽然整体刚度较小,但在保证板与檩条、檩条与屋架均已牢固连接的前提下,可满足一般中小型厂房的使用要求。

除上述两种常用的屋盖结构外,工业厂房中还采用了多种形式的板梁合一的屋盖体系,如 T 形板、拱形弧、V 形折板和马鞍形壳板等;其中以 T 形板使用得最多。

本节将主要介绍屋面构件、屋面梁和屋架、板梁合一结构、天窗架及托架的常用形式及选用方法。

2.5.2 屋盖构件

1. 屋面板

单层厂房中常用的屋面板有预应力混凝土屋面板(槽形板)、预应力混凝土 F 型屋面板,预应力混凝土单肋板、钢丝网水泥波形瓦、石棉水泥瓦及钢筋混凝土挂瓦板等,详见表 2-11。其中应用最广泛的是预应力混凝土屋面板。

表 2-11　屋面板类型表

序号	构件名称（标准图集号）	形式	特点及适用条件
1	预应力混凝土屋面板（92G410）	尺寸：5970~8970 × 1490，240~300	（1）有卷材防水及非卷材防水两种； （2）屋面水平刚度好； （3）适用于中、重型和振动较大，对屋面刚度要求较高的厂房； （4）屋面坡度：卷材防水最大 1/5，非卷材防水 1/4
2	预应力混凝土 F 型屋面板（CG412）	尺寸：5370 × 1490，200	（1）屋面自防水，板沿纵向互相搭接，横缝及脊缝加盖瓦和脊瓦； （2）屋面水平刚度及防水效果比预应力混凝土屋面板差，如构造和施工不当，易积雨、积雪； （3）适用于中、轻型非保温厂房，不适用于对屋面刚度及防水要求高的厂房； （4）屋面坡度 1/8~1/4
3	预应力混凝土单肋板	尺寸：3980~5980 × 935~1200，180~250	（1）屋面自防水、板沿纵向互相搭接，横缝及脊缝加盖瓦和脊瓦，主肋只有一个； （2）屋面材料省，但刚度差； （3）适用于中、轻型非保湿厂房，不适用于对屋面刚度及防水要求高的厂房； （4）屋面坡度 1/4~1/3
4	预应力混凝土夹心保温屋面板（三合一板）	尺寸：1490 × 9950，130	（1）具有承重、保温、防水三种作用，故也称三合一板； （2）适用于一般保温厂房，不适用于气候寒冷，冻融频繁地区和有腐蚀性气体及湿度大的厂房； （3）屋面坡度 1/12~1/8
5	预应力混凝土槽瓦	尺寸：3300~3900 × 990，100	（1）在檩条上互相搭接，沿横缝及脊缝加盖瓦及脊瓦； （2）屋面材料省，构造简单，施工方便，但刚度较差，如构造和施工处理不当，易渗漏； （3）适用于中、轻型厂房，不适用于有腐蚀性介质、有较大振动，对屋面刚度及隔热要求高的厂房； （4）屋面坡度 1/5~1/3

续表

序号	构件名称（标准图集号）	形式	特点及适用条件
6	钢丝网水泥波形瓦	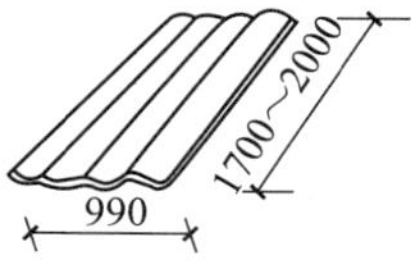 990, 1700~2000	(1) 在纵、横向互相搭接,加脊瓦； (2) 屋面材料省、施工方便,但刚度较差,运输、安装不当,易损坏； (3) 适用于轻型厂房,不适用于有腐蚀性介质、有较大振动、对屋面刚度及隔热要求高的厂房； (4) 屋面坡度 1/5～1/3

预应力混凝土屋面板由面板、横肋和纵肋组成,其传力系统类似梁板结构所介绍的平面楼盖,其中板、横肋和纵肋分别相当于平面楼盖中的板、次梁和主梁。其常见的平面尺寸有 1.5 m×6 m,也有采用 3 m×9 m、1.5 m×9 m 和 3 m×12 m 的。屋面板一般承受防水屋面恒载和积灰荷载、雪荷载及施工检修荷载等活载。设计时可根据其柱网布置、屋面荷载等情况分别选用全国性和地区性标准图集,如 04G410 等。

2. 檩条

檩条起着支承小型屋面板并将屋面荷载传给屋架的作用。它与屋架应连接牢固,并与支撑构件共同组成整体,保证厂房的空间刚度,可靠地传递水平荷载。

檩条一般有倒 L 形檩条、T 形檩条两种,其材料可为普通混凝土,也可为预应力混凝土,其常见类型见表 2-12。当檩条跨度为 4 m 或 6 m 时,一般采用上述形式,当檩条跨度为 9 m 或更大时,可采用组合式(上弦为钢筋混凝土,腹杆与下弦杆为钢材)和轻钢檩条。

表 2-12 檩条类型表

序号	构件名称	形式	跨度 l/m
1	钢筋混凝土倒 L 形檩条	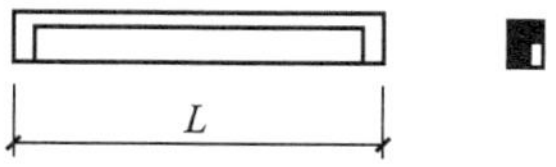 L	4～6
2	钢筋混凝土 T 形檩条	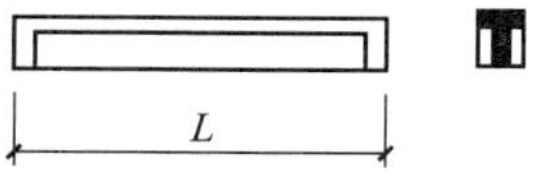 L	4～6
3	预应力混凝土倒 L 形檩条	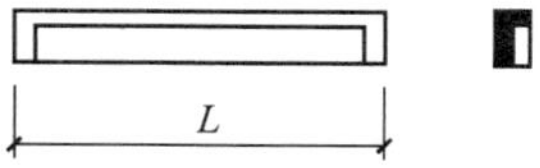 L	6
4	预应力混凝土 T 形檩条	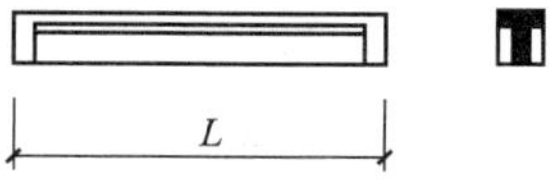 L	6

檩条支撑在屋架上弦有正放和斜放两种形式。前者受力较好,但屋架上弦要做水平支托[图 2-48(a)]；后者在荷载作用下产生双向弯曲,若屋面坡度较大时,在未焊牢时易

倾翻,故往往需在支座处屋架上弦预埋件上事先焊一短钢板来防止倾翻[图2-48(b)]。

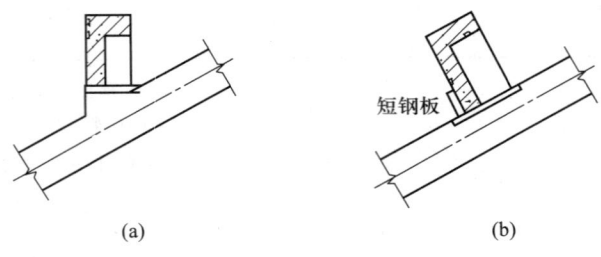

图 2-48 檩条与上弦杆连接方法

2.5.3 屋面梁和屋架

屋面梁和屋架是单层厂房中的重要构件,起着支承屋面板或檩条并将屋面荷载传给排架柱的作用,其常见形式、经济指标、特点和适用条件见表 2-13。除表中所列构件外,在纺织厂中一般采用锯齿形屋盖,常用钢筋混凝土三角刚架和钢筋混凝土窗框支承屋面板两种形式。

屋面梁和屋架形式的选择,应根据厂房的使用要求、跨度大小、吊车吨位和工作制级别、现场条件及当地使用经验等因素而定。根据国内工程经验,在此提出如下建议:

厂房跨度在 15 m 及以下时,当吊车起质量<10 t,且无大的振动荷载时,可选表 2-13 中序号 3~6 或序号 7(有檩体系时);当吊车起质量>10 t 时,宜选用序号 2 或 8。

表 2-13 常用屋面梁、屋架

序号	构件名称 (标准图号)	形式	跨度/m	允许荷载/kN/m^2	每平方米材料用量 混凝土/cm	钢材/kg	特点及适用条件
1	预应力混凝土单坡屋面梁 (G414)		9 12	4.50 4.50	2.13 2.32	4.83 4.96	梁高小,重心低,侧向刚度好,施工较方便,但自重大,适用于有较大振动和腐蚀介质的厂房,屋面坡度 1/8~1/12
2	预应力混凝土双坡屋面梁 (G414)		12 15 18	4.50 4.50 4.50	2.43 2.64 3.37	4.80 5.82 6.14	
3	钢筋混凝土两铰拱屋架 (G310、CG311)		9 12 15	3.00 3.00 3.00	1.08 1.49 1.93	2.50 3.25 3.88	上弦为钢筋混凝土,下弦为角钢,顶节点刚接,自重较轻,适用于中、小型厂房,应防止下弦受压。屋面坡度:卷材防水 1/5,非卷材防水 1/4

续表

序号	构件名称（标准图号）	形式	跨度/m	允许荷载/kN/m²	每平方米材料用量 混凝土/cm	钢材/kg	特点及适用条件
4	钢筋混凝土三铰拱屋架（G312、CG311）		9 12 15	3.00 3.00 3.00	1.00 1.29 1.60	2.85 3.51 3.80	顶节点为铰接，其他同上
5	预应力混凝土三铰拱屋架（CG424）		9 12 15 18	3.00 3.00 3.00 3.00	0.68 1.01 1.21 1.49	2.04 2.60 3.38 4.09	上弦为先张法预应力，下弦为角钢，其他同上
6	钢筋混凝土组合式屋架（CG315）		12 15 18	3.00 3.00 3.00	1.02 1.39 1.36	4.00 5.20 6.00	上弦及受压腹杆为钢筋混凝土，下弦及受拉腹杆为角钢。自重较轻。适用于中小型厂房，屋面坡度1/4
7	钢筋混凝土折线形屋架（G314）		15 18 21 24	3.50 3.50	2.03 2.00	4.92 5.76	外形较合理，屋面坡度合适，适用于卷材防水屋面的中型厂房
8	预应力混凝土折线形屋架（G415）		18 21 24 27 30	4.00 3.50 3.50 3.50 3.50	2.24 2.70 2.86 3.00 4.14	4.43 5.10 5.47 6.00 6.15	适用于卷材防水屋面的大中型厂房，其他同上
9	预应力混凝土折线形屋架（CG423）		18 21 24	3.50 3.50 3.50	1.71 2.10 2.30	3.80 4.46 5.04	外形较合理，适用于非卷材防水屋面的中型厂房屋面坡度1/4
10	预应力混凝土梯形屋架（CG417）		18~30	3.50	2.50	5.10	自重较大，刚度好，适用于卷材防水屋面，重型、高温及采用井式或横向天窗的厂房，屋面坡度1/10~1/12

续表

序号	构件名称（标准图号）	形式	跨度/m	每平方米材料用量			特点及适用条件
				允许荷载/kN/m²	混凝土/cm	钢材/kg	
11	预应力混凝土拱形屋架（原215）		18~36	3.70	2.10	5.00	外形合理，自重轻，但端部屋面坡度太陡，适用于卷材防水屋面的大中型厂房，屋面坡度1/3~1/30
12	预应力混凝土直腹杆屋架	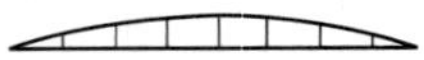	15~36	2.50	2.19	4.69	无斜腹杆，构造简单，但端部坡度较陡，适用于采用井式或横向天窗的厂房

注：1. 标准图号中加"原"字者系1966年之前编制的图集；
2. 凡预应力构件均按冷拉Ⅳ级钢筋方案计算材料用量；
3. 序号11~12均仅按24 m跨度计算材料用量。

厂房跨度在18 m及以上时，一般宜选用序号9~11；对于冶金厂房的热车间，宜选用序号12；当跨度为18 m时，亦可采用序号5或6(吊车起质量≤10 t时)或序号2。对于采用横向或井式天窗的厂房，一般宜选用序号12。

设计时可根据上述建议灵活选用，屋面梁与屋架均有全国性和地区性的标准图集可查。但遇到特殊情况，需进行屋面梁和屋架设计时，可参考有关资料进行。

2.5.4 板梁合一的屋盖结构

板梁或板架合一结构是在对原有的厂房屋盖结构进行改革的基础上形成的，它是将屋面板和梁组成整体，既可减少结构构件的种类和数量以及施工吊装工序，又具有受力性能合理、结构高度小、空间刚度好、材料用量省等优点，目前多用于无吊车或吊车起质量小的厂房和仓库。下面简介几种常见结构形式。

1. 预应力混凝土 V 形折板

如图2-49所示，预应力混凝土薄板采用先张法叠层生产，折缝处不灌混凝土，运至工地吊装就位后再在上、下折缝处浇灌混凝土，形成V形整体空间结构。

V形折板具有体型简洁，浇缝后整体刚度和抗震性能好等优点。它制作方便，可叠层生产，便于采用工业化方法制作和施工，用料省，自重轻，已在工业建筑中得到广泛应用。其通常跨度为9~15 m，最大已达33 m，坡宽(即一个V形折板的水平投影宽度)一般采用2~3 m，纵向高跨比不宜小于1/20，板厚不宜小于35 mm，折板倾角一般采用30°~38°。设计时可根据跨度及荷载选用全国性或地区性标准图集(如CG434等)。

2. 预应力混凝土 T 形板(图2-50)

预应力混凝土T形板分单T板和双T板两种，跨度18 m以上时应用单T板。其优点

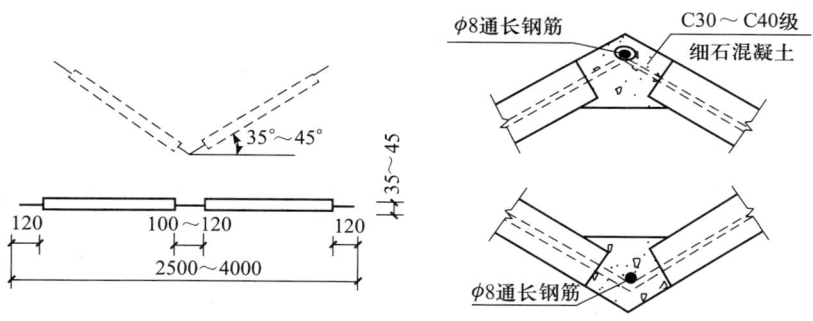

图 2-49 V 形板生产示意图

是既可做屋面板、楼面板,也可作墙板。且其体型简单,制作方便,便于工业化生产,并可降低围护结构的高度和简化支撑。其缺点是尺寸和重量大,需较大的运输和起重设备,在工地制作时,则要有较大的场地。

预应力混凝土 T 形板能一件多用,可用一种形式的构件装配成一幢厂房的全体结构和墙体,并易形成大柱网。其高跨比一般为 1/30~1/40,板面宽度一般为 1.22~3.04 m。目前在美国、西欧、日本都已广泛使用。

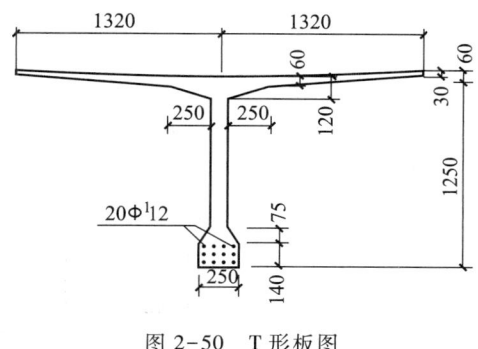

图 2-50 T 形板图

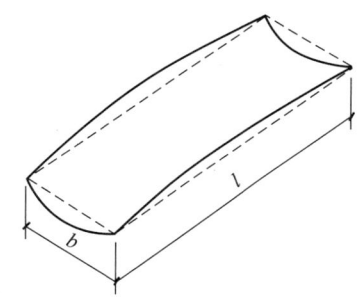

图 2-51 双曲线抛物面壳板

3. 预应力混凝土双曲抛物面壳板

预应力混凝土双曲抛物面壳板,又称马鞍形壳板,其外形如图 2-51 所示,为负高斯曲率双曲抛物面。配有两簇交叉的直线预应力钢筋,可在先张法台座上叠层生产。国内常用跨度为 9~15 m,最大已用到 28 m,壳板宽度为 1.2~3 m,板厚 35~50 mm。

双曲抛物面壳板系空间薄壁结构,受力性能好,刚度大,用料省,构件种类少,便于工厂化生产,利用机械化施工。目前国外如欧洲、日本等地区,已将其列为一种工业建筑体系,广泛推广使用。

板梁合一的屋盖结构在一定程度上改革了板、梁(屋架)分离的屋盖体系,减轻了屋盖结构自重,是单层工业厂房屋盖体系改革值得注意的动向。

2.5.5 天窗架

单层厂房根据采光和通风的要求,有时需设置天窗,传统的气楼或天窗是用天窗架支承屋面构件,并将其上的全部荷载传给屋面梁或屋架。天窗架对整个屋盖结构在受力性能和经济等方面均有较大的影响。除了气楼或天窗外,还有下沉式、井式或其他形式的天窗。

钢筋混凝土天窗架一般由两个三角形刚架组成,中间设一个铰,以便制作和运输。常用形式有 W 形与 Ⅱ 形天窗两种。

设计天窗架时,可根据构件跨度、天窗高度在相应的全国性和地区性标准图集中选用。

2.5.6 托架

当柱距大于大型屋面板或檩条的跨度时,则需沿纵向柱列设置托架,用于支承中间屋面梁或屋架,这种情况常常在有大型设备需出入车间时发生,建筑上称抽柱方案。托架的常见形式为三角形或折线形两种,当预应力筋为粗钢筋时采用三角形,预应力钢筋为钢丝束时采用折线形。

设计时可根据托架的跨度和其上荷载的大小选用。全国性标准图集和地区性标准图集和地区性图集中均有托架部分,如 G433 等。

2.6 吊车梁的受力特点及选型

2.6.1 吊车梁的受力特点

课件 2-16
吊车梁设计要点

吊车梁是单层厂房中的重要构件,它直接承受吊车传来的竖向和水平荷载,并将其传递给排架柱,它对吊车的正常运行和厂房的纵向刚度都有重要作用。

吊车梁是支承在柱牛腿上的简支梁,其受力特点取决于吊车荷载的特性,有以下几点:

1. 吊车荷载是可移动的荷载

吊车承受的荷载是两组移动的集中荷载的横向水平荷载 T。所以,既要考虑自重和 R 作用下的竖向弯曲,又要考虑自重、R 和 T 联合作用的双向弯曲。由于是移动荷载,可应用影响线的方法计算各截面的最大内力,或作包络图。在两台吊车作用下,弯矩包络图一般呈"鸡心状",这时可对绝对最大弯矩截面至支座一段近似地取为二次抛物线。支座和跨中截面间的剪力包络图形,可近似按直线采用,如图 2-52 所示。

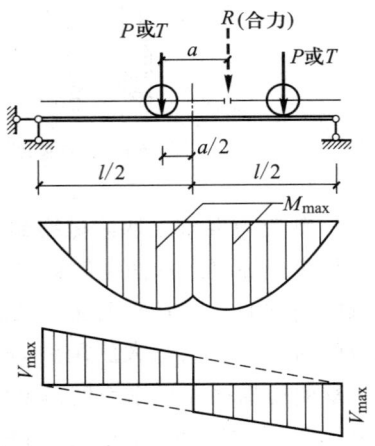

图 2-52 吊车梁的弯矩与剪力包络图

2. 承受的吊车荷载是重复荷载

根据实际调查,在 50 年的使用期内,吊车的利用等级可分 9 级,吊车的载荷状态可分 4 种,其工作级别可分 8 级(A1~A8),详见《起重机设计规范》(GB/T 3811—2008)。对于特重级和重级工作制吊车(A6~A8),其荷载的重复次数的总和可达 $(4\sim6)\times10^6$ 次;中级工作制吊车(A4~A5)一般为 $1×10^6$ 次。直接承受这种重复荷载,吊车梁会因疲劳而产生裂缝,直至破坏。所以对特重级、重级和中级工作制(A4~A8)吊车梁,除静力计算外,还要进行疲劳验算。

3. 考虑吊车荷载的动力特性

(1) 吊车竖向荷载的动力系数 β。桥式吊车特别是速度较快的重级工作制桥式吊车,对吊车梁的作用带有明显的动力特性,因此,在计算吊车梁及其连接部分的承载力以及吊车梁的抗裂性能时,都必须对吊车的竖向荷载乘以动力系数 β:悬挂吊车(包括电动葫芦)轻、中级工作制吊车,$\beta=1.05$;重级工作制软钩吊车 $\beta=1.1$;超重级工作制硬钩吊车 $\beta=1.1$。

(2) 吊车横向水平荷载的增大系数 α。由于结构、吊车桥架的变形及其他因素,常在轨道与大车轮之间产生卡轨力,有时甚至会比吊车横向水平惯性力大好几倍。所以应考虑其增大系数 α。α 值见表 2-14。

表 2-14 吊车横向水平荷载增大系数 α

吊车类别		吊车起质量/t	计算吊车梁(或吊车桁架)、制动结构的强度和稳定性	计算吊车梁(或吊车桁架)、制动结构、柱相互间的连接强度
软钩吊车		5~20	2.0	4.0
		30~275	1.5	3.0
		≥300	1.3	2.6
硬钩吊车	夹钳或刚性料耙吊车	—	3.0	6.0
	其他硬钩吊车		1.5	3.0

4. 考虑吊车荷载的偏心影响

吊车竖向荷载 βR_{max} 和横向水平荷载 T 对吊车梁横截面的弯曲中心是偏心的。竖向荷载产生偏心是吊车轨道安装时允许有 20 mm 的误差所引起的。在这两个偏心荷载作用下,吊车梁将处于受扭状态。

综上所述,吊车梁是重复受力的双向弯曲的弯、剪、扭构件。

2.6.2 吊车梁的选型

目前工业厂房中常用的吊车梁,从材料来分有钢筋混凝土、预应力混凝土和钢—混凝土组合结构三种;从形式上分有等截面T形和工字形截面吊车梁、鱼腹式吊车梁、折线形吊车梁,拱型吊车梁以及桁架式吊车梁五种。

吊车梁的选用应根据吊车的跨度、吨位、工作制以及材料供应、技术条件、工期等因素综合考虑,灵活掌握。根据工程实践经验,可参考下列意见选用:

(1) 对 6 m 跨以及 4 m 跨的吊车梁,轻、中级工作制起质量 30 t 以内,重级工作制起质量 20 t 以内,可采用钢筋混凝土吊车梁,也可采用预应力混凝土吊车梁;轻、中级工作制起质量大于 30 t,重级工作制起质量大于 20 t,应采用预应力混凝土吊车梁。

(2) 对 9 m 跨的吊车梁,起质量为 10 t 及 10 t 以下,可采用普通钢筋混凝土吊车梁,

课件 2-17 吊车梁、柱、基础构件选型

也可采用预应力混凝土吊车梁;中、重级工作制起质量大于 10 t,应采用预应力混凝土吊车梁或桁架式吊车梁。

(3) 对 12 m 和 18 m 跨吊车梁,一般均应采用预应力混凝土吊车梁及桁架式吊车梁。

目前正在实行中的全国性和地区性标准图集中,有关吊车梁部分的内容甚多,设计时可根据当地情况,按以上原则进行选用。

2.7 单层厂房结构设计实例

2.7.1 设计任务

某厂金工车间的等高排架。该金工车间平、剖面布置如图 2-53 所示。柱距除端部为 5.5 m,其余均为 6 m,跨度 18 m+18 m;每跨设有两台吊车,吊车工作制级别为 A5 级,轨顶标高为 7.2 m,吊车起质量左右跨相同,具体见表 2-15。外墙无连续梁,墙厚 240 mm,每

课程设计
2-1 单层
厂房课程
设计任务书

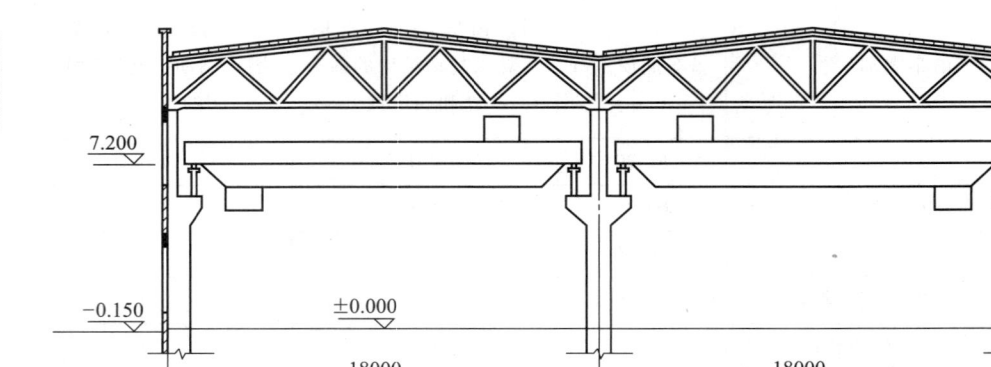

(a) 剖面图

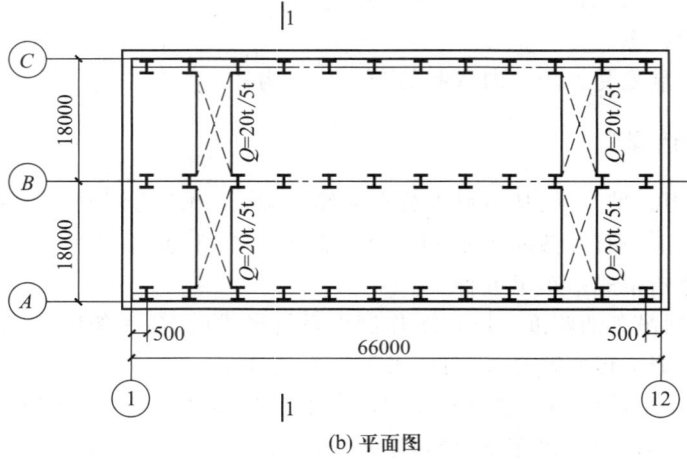

(b) 平面图

图 2-53 厂房剖面、平面图

开间侧窗面积 24 m²,钢窗,无天窗。

屋面做法:

绿豆砂保护层
二毡三油防水层
20 厚水泥砂浆找平层
80 厚泡沫混凝土保温层
预应力混凝土大型屋面板

2.7.2 设计参考资料

① 荷载资料,见表 2-15。

表 2-15 荷 载 资 料

基本雪压	0.4 kN/m²	地面粗糙度类型	B
基本风压	0.5 kN/m²	屋面活载标准值	0.5 kN/m²
吊车起质量	20 t/5 t		

② 吊车起质量及其数据,见表 2-16。

表 2-16 吊车起重量及其数据

起重量	桥跨	轮距	吊车宽	起重机总量	小车重	最大轮压	吊车顶至轨顶	轨顶至吊车梁顶	轨中至车外端	最小轮压
Q/t	L_k/m	L/mm	B/mm	W/kN	g/kN	P_{max}/kN	H/mm	H_2/mm	B_1/mm	P_{min}/kN
20/5t	16.5	4 000	5 200	223	68.6	174	2 094	182	230	37.5

③ 地质资料,见表 2-17。

表 2-17 地 质 资 料

层次	地层描述	状态	湿度	厚度/m	层底深度/m	地基承载力标准值 $f_{ak}/(kN/m^3)$	重度 $\gamma_m/(kN/m^3)$
1	回填土			1.4	1.4		16
2	棕黄黏土	硬塑	稍湿	3.5	4.9	200	17
3	棕红黏土	可塑	湿	1.8	6.7	250	17

④ 预应力屋面板、嵌板及天沟板选用,见表 2-18。

表 2-18 预应力屋面板、嵌板及天沟板

名称	标准图号	选用型号	允许荷载/(kN/m²)	自重/(kN/m²)	备注
预应力面板	G410(一)	YWB-2Ⅱ	2.46	1.40	自重包括灌缝重
嵌版	G410(二)	KWB-1	2.5	1.75	同上
天沟板	G410(三)	TGB68-1	3.05	1.91	同上

⑤ 屋架选用图集,见表 2-19。

表 2-19 屋架选用图集

跨度/m	标准图号	选用型号	允许荷载/(kN/m²)	自重	屋架边缘高度/m
18	G415(一)	YWJA-18-2Aa	3.5	60.5 kN/榀屋盖钢支撑 0.05 kN/m²	2.15

⑥ 吊车梁选用图集,见表 2-20。

表 2-20 吊车梁选用图集

标准图号	选用型号	起质量	L_k/m	自重	梁高/mm
G425	YXDL6-6	20 t/5 t	10.5~22.5	44.2 kN/根	1 200

注:轨道连结件重 0.8 kN/m。

⑦ 基础梁:选用标准图号 G320 JL-3,16.7 kN/根。
⑧ 钢窗重:0.45 kN/m²。
⑨ 常用材料自重,见表 2-21。

表 2-21 常用材料自重

名称	单位自重	名称	单位自重
二毡三油绿豆砂面层	0.35 kN/m²	泡沫混凝土	8 kN/m³
水泥砂浆	20 kN/m³	240 厚砖墙	4.75 kN/m²

2.7.3 结构构件选型及柱截面尺寸确定

因该厂房跨度在 15~36 m 之间,且柱顶标高大于 8 m,故采用钢筋混凝土排架结构。为了使屋盖具有较大刚度,选用预应力混凝土折线型屋架及预应力混凝土屋面板。选用钢筋混凝土吊车梁及基础梁。

由图 2-54 可知柱顶标高为 9.6 m,牛腿顶面标高为 (7.2-1.2-0.182) m = 5.818 m,(按要求实取 6.0 m);设室内地面至基础顶面的距离为 0.5 m,则计算简图中柱的总高度 H,下柱高度 H_l,和上柱高度 H_u 分别为:

$$H = (9.6+0.5) \text{ m} = 10.1 \text{ m}$$
$$H_l = (6+0.5) \text{ m} = 6.5 \text{ m}$$
$$H_u = (10.1-6.5) \text{ m} = 3.6 \text{ m}$$

根据柱的高度、吊车起质量及工作级别等条件,可确定柱的截面尺寸,见表 2-22。
例如:下柱 I 形截面 400×900×150×100 得惯性矩求法如下:

$$I = \frac{100 \times 900^3}{12} \text{ mm}^4 + 2 \times \left[\left(\frac{300 \times 150^3}{12} + 300 \times 150 \times 375^2 \right) + \right.$$
$$\left. 4 \times \left(\frac{150 \times 25^3}{36} + \frac{1}{2} \times 150 \times 25 \times \left(450-150-\frac{25}{3} \right)^2 \right) \right] \text{ mm}^4$$
$$= 195.38 \times 10^8 \text{ mm}^4$$

本设计仅取一榀排架进行计算,计算单元和计算简图如图 2-55 所示。

2.7 单层厂房结构设计实例

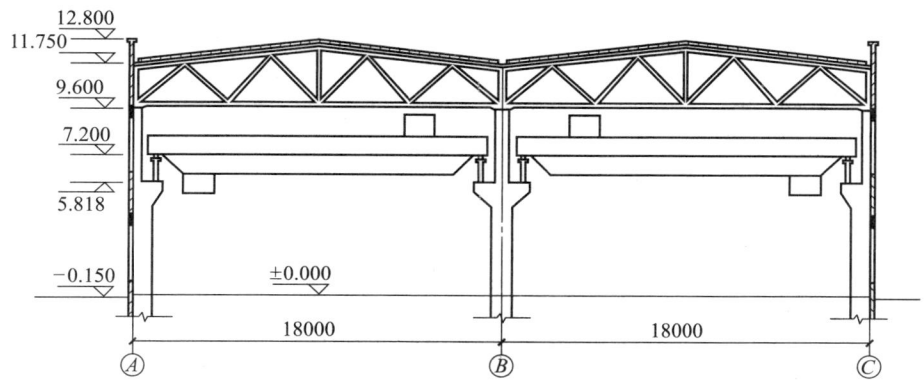

图 2-54 厂房剖面图

注：① 9.600 m（7.2+2.094+0.22）m=9.514 m≈9.6 m（≥220 mm 是吊车的安全行驶高度）
② 11.750 m（9.6+2.15）m=11.75 m
③ 12.800 m（11.75+1.05）m=12.8 m

表 2-22 柱截面尺寸及相应的计算参数

计算参数柱号		截面尺寸/mm	面积/mm^2	惯性矩/mm^4	自重/(kN/m)
A, C	上柱	矩　400×400	$1.6×10^5$	$21.3×10^8$	4.00
	下柱	I　400×900×150×100	$1.875×10^5$	$195.38×10^8$	4.69
B	上柱	矩　400×600	$2.4×10^5$	$72×10^8$	6.00
	下柱	I　400×1 000×150×100	$1.975×10^5$	$256.34×10^8$	4.94

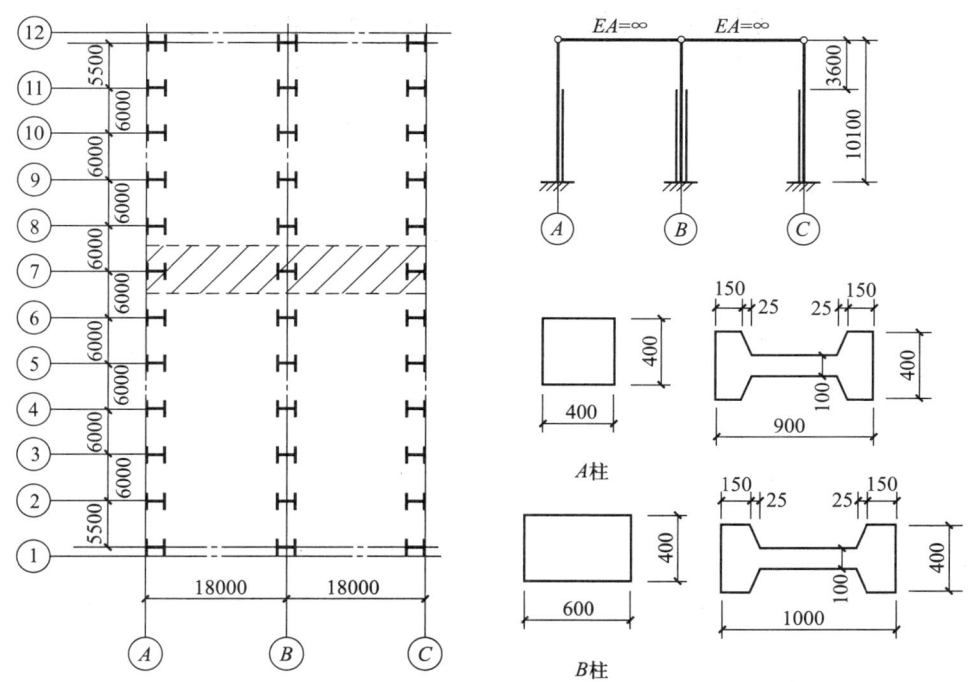

图 2-55 计算单元和计算简图

2.7.4 荷载计算

1. 永久荷载

（1）屋盖永久荷载

绿豆砂浆保护层	0.35 kN/m^2
二毡三油防水层	
20 厚水泥砂浆找平层	$20 \text{ kN/m}^3 \times 0.02 \text{ m} = 0.40 \text{ kN/m}^2$
80 厚泡沫混凝土保温层	$8 \text{ kN/m}^3 \times 0.08 \text{ m} = 0.64 \text{ kN/m}^2$
预应力混凝土大型屋面板（包括灌缝）	1.4 kN/m^2
屋盖钢支撑	0.05 kN/m^2
总计	2.84 kN/m^2

屋架重力荷载为 60.5 kN/榀，则作用于柱顶的屋盖结构的重力荷载标准值为：

$$G_{k1} = (2.84 \times 6 \times 18/2 + 60.5/2) \text{ kN} = 183.61 \text{ kN}$$

（2）吊车梁及轨道重力荷载标准值：

$$G_{k3} = (44.2 + 0.8 \times 6) \text{ kN} = 49 \text{ kN}$$

（3）柱自重重力荷载标准值

A、C 柱：

上柱：$G_{k4A} = G_{k4C} = 4.0 \times 3.6 \text{ kN} = 14.4 \text{ kN}$

下柱：$G_{k5A} = G_{k5C} = 4.69 \times 6.5 \text{ kN} = 30.49 \text{ kN}$

B 柱：

上柱：$G_{k4B} = 6.0 \times 3.6 \text{ kN} = 21.6 \text{ kN}$

下柱：$G_{k5B} = 4.94 \times 6.5 \text{ kN} = 32.11 \text{ kN}$

各项永久荷载作用位置如图 2-56 所示。

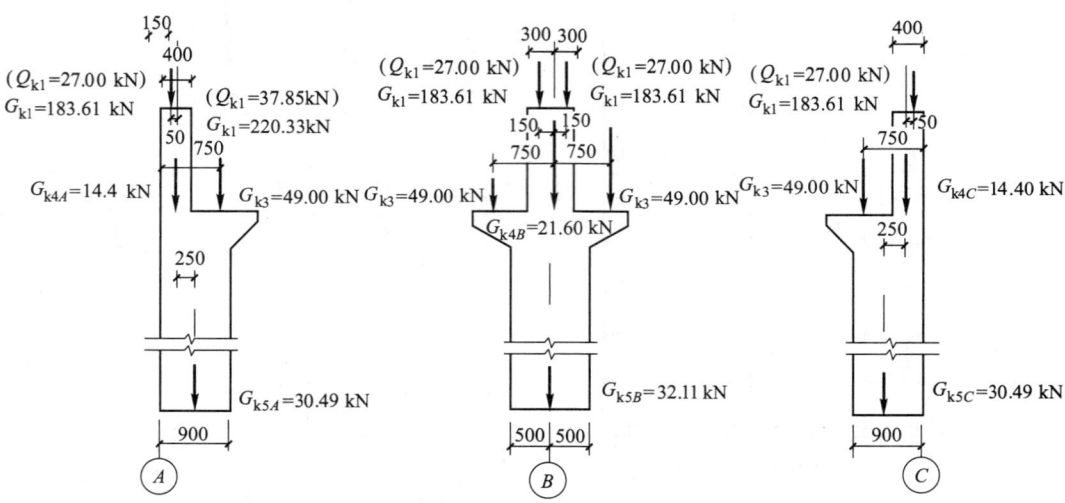

图 2-56 荷载作用位置图（单位：kN）

2. 屋面活荷载

屋面活荷载标准值为 0.5 kN/m², 雪荷载标准值为 0.4 kN/m², 后者小于前者, 故仅按前者计算。作用于柱顶的屋面活荷载标准值为:

$$Q_{k1} = 0.5 \times 6 \times 18 \text{ kN}/2 = 27.00 \text{ kN}$$

Q_{k1} 的作用位置与 G_{k1} 作用位置相同, 如图 2-56 所示。

3. 风荷载

风荷载的标准值按 $w_k = \beta_z \mu_z \mu_s w_0$ 计算, 其中 $w_0 = 0.5 \text{ kN/m}^2$, $\beta_z = 1.0$, μ_z 根据厂房各部分标高(图 2-54)及 B 类地面粗糙度确定如下:

柱顶(标高 9.6 m+0.15 m = 9.75 m)　　$\mu_{z1} = 1.000$(计算 μ_z 时, 其高度应该从室外地面算起)

檐口(标高 11.75 m+0.15 m = 11.9 m)　　$\mu_{z2} = 1.0494$

屋顶(标高 12.80 m+0.15 m = 12.95 m)　　$\mu_{z3} = 1.0767$

μ_s 如图 2-57 所示, 则由上式可得排架迎风面及背风面的风荷载标准值分别为:

$$w_{k1} = \beta_z \mu_{z1} \mu_{s1} w_0 = 1.0 \times 0.8 \times 1.0 \times 0.5 \text{ kN/m}^2 = 0.4 \text{ kN/m}^2$$

$$w_{k2} = \beta_z \mu_{z1} \mu_{s2} w_0 = 1.0 \times 0.4 \times 1.0 \times 0.5 \text{ kN/m}^2 = 0.2 \text{ kN/m}^2$$

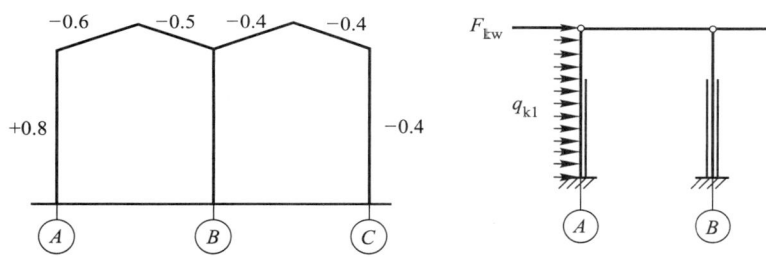

图 2-57　风荷载体型系数及计算简图

则作用于排架计算简图(图 2-57)上的风荷载标准值为:

$q_{k1} = 0.4 \times 6.0 \text{ kN/m} = 2.4 \text{ kN/m}$

$q_{k2} = 0.2 \times 6.0 \text{ kN/m} = 1.2 \text{ kN/m}$

$$\begin{aligned} F_{kw} &= [(\mu_{s1}+\mu_{s2})\mu_z h_1 + (\mu_{s3}+\mu_{s4})\mu_z h_z]\beta_z w_0 B \\ &= [(0.8+0.4) \times 1.0494 \times 2.15 + (-0.6+0.5) \times 1.0494 \times 1.05] \times 1.0 \times 0.5 \times 6.0 \text{ kN} \\ &= 7.79 \text{ kN} \end{aligned}$$

计算 F_w 时, 应按标高 11.75 m 处距室外地面的高度的 $\mu_{z2} = 1.0494$ 计算。

4. 吊车荷载

由表 2-16 可得 20 t/5 t 吊车的参数为: $B = 5.2$ m, $K = 4.0$ m, $g = 68.6$ kN, $Q = 200$ kN, $P_{max} = 174$ kN, $P_{min} = 37.5$ kN, 根据 $B = 5.2$ m 及 K 可算得吊车梁支座反力影响线中各轮压对应点的竖向坐标值如图 2-58 所示。

(1) 吊车竖向荷载

吊车竖向荷载标准值为:

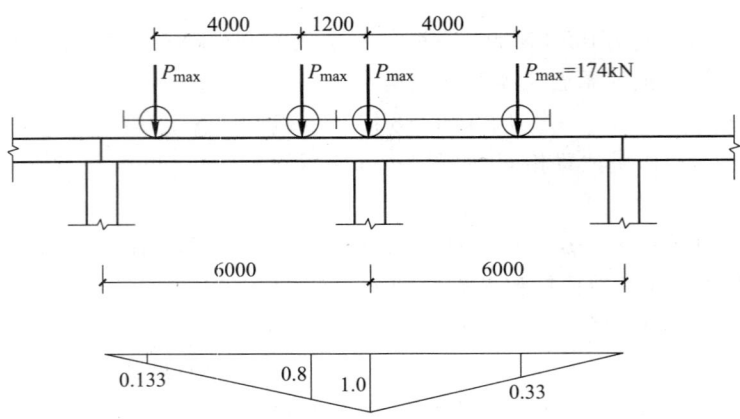

图 2-58　吊车荷载作用下支座反力影响线

$$D_{kmax} = P_{max}\sum y_i = 174 \times (1+0.8+0.133+0.333) \text{ kN} = 394.28 \text{ kN}$$
$$D_{kmin} = P_{min}\sum y_i = 37.5 \times (1+0.8+0.133+0.333) \text{ kN} = 84.975 \text{ kN}$$
$$\sum y_i = 2.266$$

（2）吊车横向水平荷载

作用于每一个轮子上的吊车横向水平制动力为：

$$T = \frac{1}{4}\alpha(Q+g) = \frac{1}{4} \times 0.1 \times (200+68.6) \text{ kN} = 6.715 \text{ kN}$$

作用于排架柱上的吊车横向水平荷载标准值为：

$$T_{kmax} = T\sum y_i = 6.715 \times 2.266 \text{ kN} = 15.22 \text{ kN}$$

2.7.5　排架内力分析

该厂房为两跨等高排架，可用剪力分配法进行排架内力分析。其中柱的剪力分配系数 η_i 计算，见表 2-23。

表 2-23　柱剪力分配系数

柱别	$n = I_u/I_l$ $\lambda = H_u/H$	$C_0 = 3/[1+\lambda^3(1/n-1)]$ $\delta = H^3/C_0 EI_l$	$\eta_i = \dfrac{1/\delta_i}{\sum 1/\delta_i}$
A、C 柱	$n = 0.109$ $\lambda = 0.356$	$C_0 = 2.192$ $\delta_A = \delta_C = 2.406 \times 10^{-8}/E$	$\eta_A = \eta_C = 0.277$
B 柱	$n = 0.281$ $\lambda = 0.356$	$C_0 = 2.690$ $\delta_B = 1.494 \times 10^{-8}/E$	$\eta_B = 0.446$

1. 永久荷载作用下的内力分析

永久荷载作用下排架的计算简图如图 2-59(a)所示。图中的重力荷载 $\overline{G}$ 及力矩 M 是根据图 2-56 确定的，即

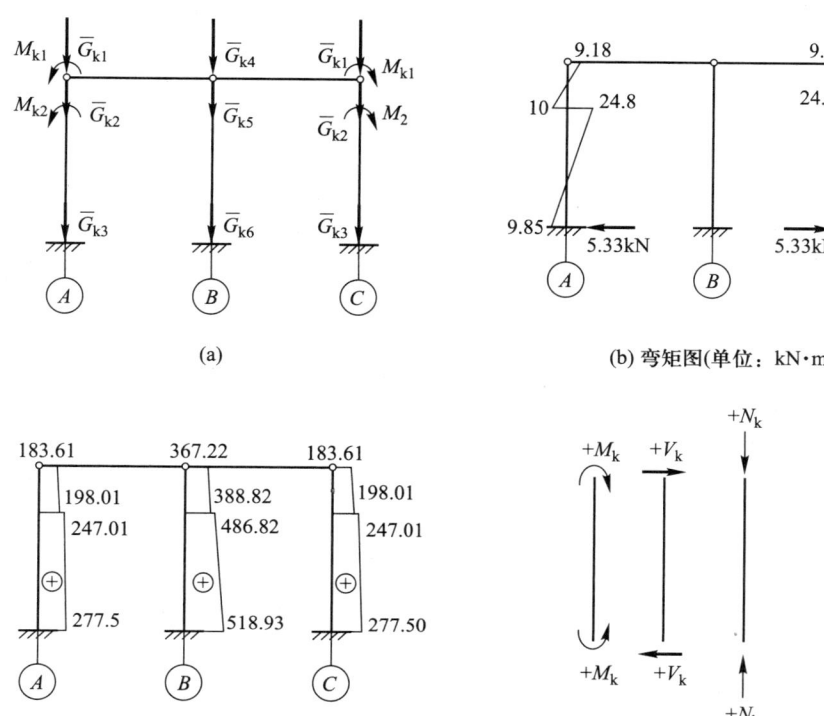

图 2-59 永久荷载作用下排架内力图

$\overline{G}_{k1} = G_{k1} = 183.61 \text{ kN}$; $\quad \overline{G}_{k2} = G_{k3} + G_{k4A} = (49.00+14.4) \text{ kN} = 63.4 \text{ kN}$

$\overline{G}_{k3} = G_{k5A} = 30.49 \text{ kN}$; $\quad \overline{G}_{k4} = 2G_{k1} = (2 \times 183.61) \text{ kN} = 367.22 \text{ kN}$

$\overline{G}_{k5} = G_{k4B} + 2G_{k3} = (21.6 + 2 \times 49.00) \text{ kN} = 119.6 \text{ kN}$; $\quad \overline{G}_{k6} = G_{k5B} = 32.11 \text{ kN}$

$M_{k1} = G_{k1} e_1 = 183.61 \times 0.05 \text{ kN} \cdot \text{m} = 9.18 \text{ kN} \cdot \text{m}$

$M_{k2} = (\overline{G}_{k1} + G_{k4A}) e_0 - G_{k3} e_3$

$\quad = (183.61 + 14.4) \times 0.25 \text{ kN} \cdot \text{m} - 49.00 \times 0.3 \text{ kN} \cdot \text{m} = 34.8 \text{ kN} \cdot \text{m}$

注：① 0.25 m = (450−200) mm

② 0.3 m = (750−450) mm

由于图 2-59(a) 所示排架为对称结构且作用对称荷载，排架结构无侧移，故各柱可按柱顶为不动铰支座计算内力。柱顶不动铰支座反力 R_i 可根据相应公式计算。对于 A, C 柱 $n = 0.109$, $\lambda = 0.356$ 则：

$$C_1 = \frac{3}{2} \cdot \frac{1-\lambda^2 \left(1-\dfrac{1}{n}\right)}{1+\lambda^3 \left(\dfrac{1}{n}-1\right)} = 2.231$$

$$C_3 = \frac{3}{2} \cdot \frac{1-\lambda^2}{1+\lambda^3\left(\frac{1}{n}-1\right)} = 0.957$$

$$R_{kA} = \frac{M_{k1}}{H}C_1 + \frac{M_{k2}}{H}C_3 = \frac{9.18 \times 2.231 + 34.8 \times 0.957}{10.1} \text{ kN} = 5.33 \text{ kN}(\rightarrow)$$

$$R_{kC} = -5.33 \text{ kN}(\leftarrow)$$

本例中 $R_B = 0$。求得 R_i 后,可用平衡条件求出柱各截面的弯矩和剪力。柱各截面的轴力为该截面以上重力荷载之和,永久荷载作用下排架结构的弯矩图和轴力图分别见图 2-59(b)、(c)。

图 2-59(d)为排架柱的弯矩、剪力和轴力的正负号规定,下同。

2. 屋面活荷载作用下排架内力分析

(1) AB 跨作用屋面活荷载

排架计算简图如图 2-60(a)所示,其中 $Q_{k1} = 27.00$ kN,它在柱顶及变阶处引引起的力矩为:

$$M_{k1A} = 27.00 \times (200-150) \times 10^{-3} \text{ kN} \cdot \text{m} = 27.00 \times 0.05 \text{ kN} \cdot \text{m} = 1.35 \text{ kN} \cdot \text{m}$$

$$M_{k2A} = 27.00 \times (450-200) \times 10^{-3} \text{ kN} \cdot \text{m} = 27.00 \times 0.25 \text{ kN} \cdot \text{m} = 6.75 \text{ kN} \cdot \text{m}$$

$$M_{k1B} = 27.00 \times 0.15 \text{ kN} \cdot \text{m} = 4.05 \text{ kN} \cdot \text{m}$$

注:0.15 m——见图 2-56。

对于 A 柱,$C_1 = 2.231$,$C_3 = 0.957$,则

$$R_{kA} = \frac{M_{k1A}}{H}C_1 + \frac{M_{k2A}}{H}C_3 = \frac{1.35 \times 2.231 + 6.75 \times 0.957}{10.1} \text{ kN} = 0.94 \text{ kN}(\rightarrow)$$

对于 B 柱,$n = 0.281$,$\lambda = 0.356$,则

$$C_1 = \frac{3}{2} \cdot \frac{1-\lambda^2\left(1-\frac{1}{n}\right)}{1+\lambda^3\left(\frac{1}{n}-1\right)} = 1.781$$

$$R_{kB} = \frac{M_{k1B}}{H}C_1 = \frac{4.05 \times 1.781}{10.1} \text{ kN} = 0.71 \text{ kN}(\rightarrow)$$

$$R_k = R_{kA} + R_{kB} = (0.94 + 0.71) \text{ kN} = 1.65 \text{ kN}(\rightarrow)$$

将 R 反作用于柱顶,计算相应的柱顶剪力,并与相应的柱顶不动铰支座反力叠加,可得屋面活荷载作用于 AB 跨时的柱顶剪力,即

$$V_{kA} = R_{kA} - \eta_A R_k = 0.94 - 0.277 \times 1.65 \text{ kN} = 0.48 \text{ kN}(\rightarrow)$$

$$V_{kB} = R_{kB} - \eta_B R_k = (0.71 - 0.446 \times 1.65) \text{ kN} = -0.03 \text{ kN}(\leftarrow)$$

$$V_{kC} = -\eta_C R_k = -0.277 \times 1.65 \text{ kN} = -0.46 \text{ kN}(\leftarrow)$$

排架各柱的弯矩图、轴力图及柱底剪力如图 2-60(b)、(c)所示。

(2) BC 跨作用屋面活荷载

由于结构对称,且 BC 跨与 AB 跨作用荷载相同,故只需将图 2-60 中内力图的位置及方向调整一下即可,如图 2-61 所示。

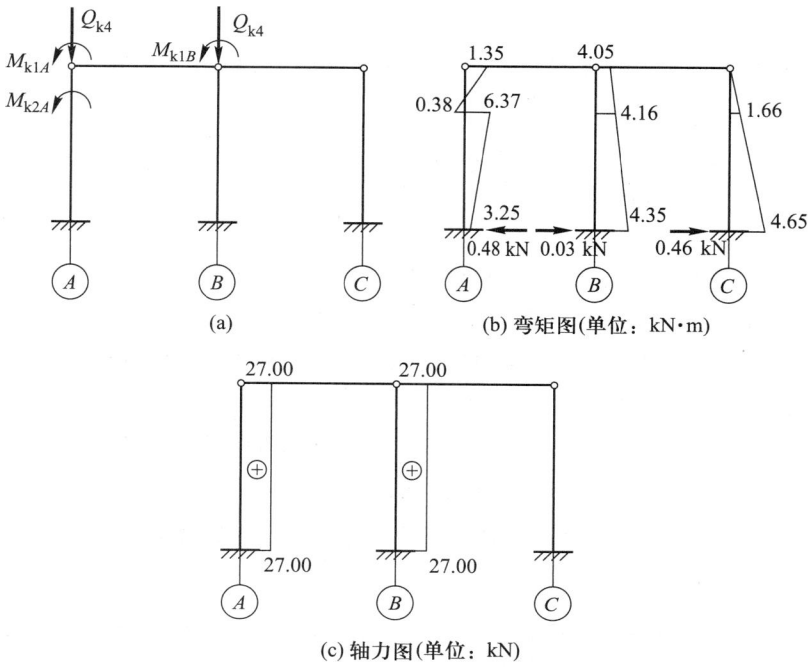

图 2-60　AB 跨作用屋面活荷载时排架内力图

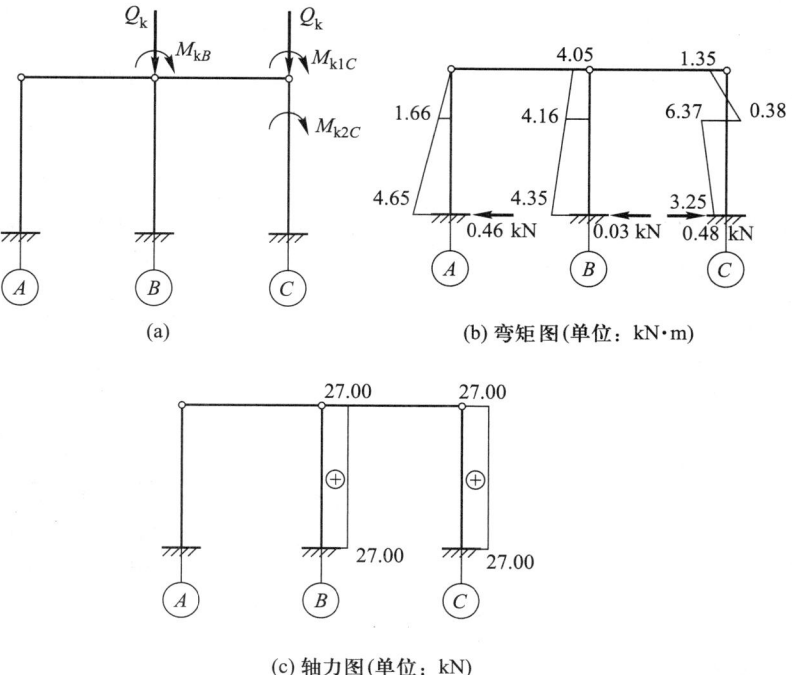

图 2-61　BC 跨作用屋面活荷载时的排架内力图

3. 风荷载作用下排架内力分析

(1) 左吹风时

计算简图如图 2-62(a) 所示。对于 A, C 柱,$n=0.109, \lambda=0.356$,得

$$C_{11}=\frac{3\left[1+\lambda^{4}\left(\frac{1}{n}-1\right)\right]}{8\left[1+\lambda^{3}\left(\frac{1}{n}-1\right)\right]}=0.310$$

$$R_{kA}=-q_{k1}HC_{11}=-2.4 \text{ kN/m}\times10.1 \text{ m}\times0.310=-7.51 \text{ kN}(\leftarrow)$$
$$R_{kC}=-q_{k2}HC_{11}=-1.2 \text{ kN/m}\times10.1 \text{ m}\times0.310=-3.76 \text{ kN}(\leftarrow)$$
$$R_{k}=R_{kA}+R_{kC}+F_{kw}=(-7.51-3.76-7.79) \text{ kN}=-19.06 \text{ kN}(\leftarrow)$$

各柱顶的剪力分别为

$$V_{kA}=R_{kA}-\eta_{A}R_{k}=(-7.51+0.277\times19.06) \text{ kN}=-2.23 \text{ kN}(\leftarrow)$$
$$V_{kB}=\eta_{B}R_{k}=0.446\times19.06 \text{ kN}=8.50 \text{ kN}(\rightarrow)$$
$$V_{kC}=R_{kC}-\eta_{C}R_{k}=(-3.76+0.277\times19.06) \text{ kN}=1.52 \text{ kN}(\rightarrow)$$

排架内力如图 2-62(b) 所示。

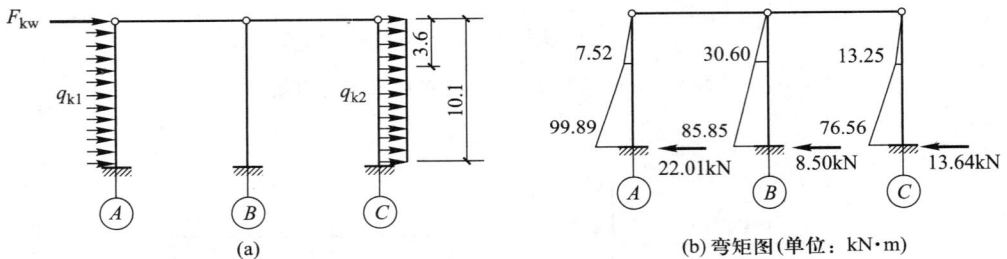

图 2-62　左吹风时排架内力图

(2) 右吹风时

计算简图如图 2-63(a) 所示。将图 2-62(b) 所示 A, C 柱内力图对换且改变内力符号后可得,如图 2-63(b) 所示。

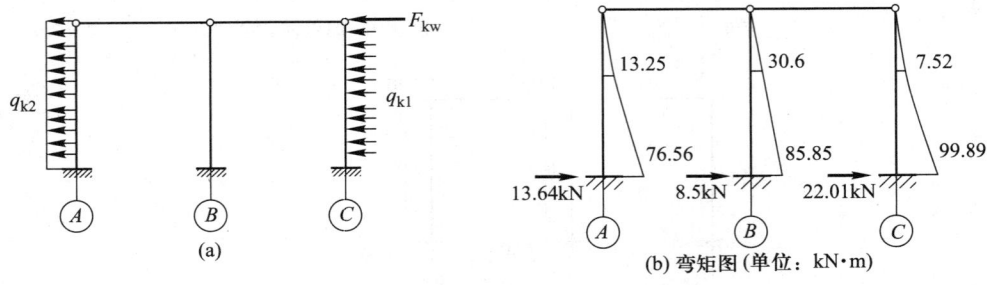

图 2-63　右吹风时排架内力图

4. 吊车荷载作用下排架内力分析

(1) D_{kmax} 作用于 A 柱

计算简图如图 2-64(a) 所示。其中吊车竖向荷载 D_{kmax}, D_{kmin}。在牛腿顶面处引起的

力矩为：

$$M_{kA} = D_{kmax}e_3 = 394.28 \times (750-450) \times 10^{-3} \text{ kN} \cdot \text{m} = 394.28 \times 0.3 = 118.29 \text{ kN} \cdot \text{m}$$

$$M_{kB} = D_{kmin}e_3 = 84.975 \times 0.75 \text{ kN} \cdot \text{m} = 63.73 \text{ kN} \cdot \text{m}$$

对于 A 柱，$C_3 = 0.957$，则

$$R_{kA} = -\frac{M_{kA}}{H}C_3 = -\frac{118.29}{10.1} \times 0.957 \text{ kN} = -11.21 \text{ kN}(\leftarrow)$$

对于 B 柱，$n = 0.281$，$\lambda = 0.356$，得

$$C_3 = \frac{3}{2} \cdot \frac{1-\lambda^2}{1+\lambda^3\left(\frac{1}{n}-1\right)} = 1.174$$

$$R_{kB} = \frac{M_{kB}}{H}C_3 = \frac{63.73}{10.1} \times 1.174 \text{ kN} = 7.41 \text{ kN}(\rightarrow)$$

$$R_k = R_{kA} + R_{kB} = (-11.21 + 7.41) \text{ kN} = -3.8 \text{ kN}(\leftarrow)$$

排架各柱顶的剪力分别为：

$$V_{kA} = R_{kA} - \eta_A R_k = -11.21 + 0.277 \times 3.8 \text{ kN} = -10.16 \text{ kN}(\leftarrow)$$

$$V_{kB} = R_{kB} - \eta_B R_k = 7.41 + 0.446 \times 3.8 \text{ kN} = 9.10 \text{ kN}(\rightarrow)$$

$$V_{kC} = -\eta_C R_k = 0.277 \times 3.8 \text{ kN} = 1.05 \text{ kN}(\rightarrow)$$

排架各柱弯矩图、轴力图及柱底剪力值如图 2-64(b)、(c)所示。

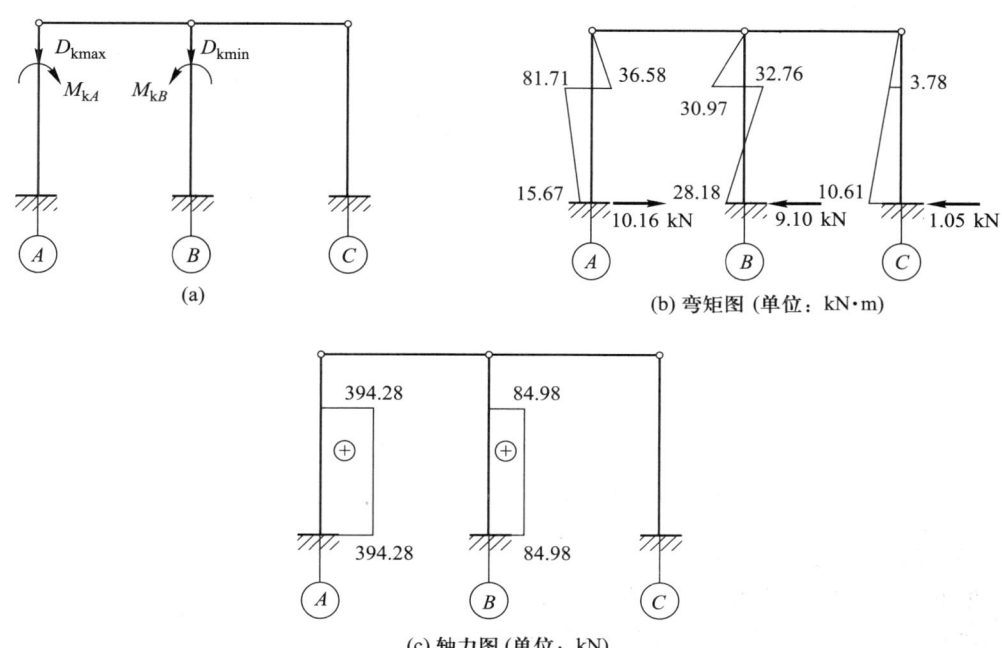

图 2-64　D_{kmax} 作用在 A 柱时排架内力图

(2) D_{kmax} 作用于 B 柱左

计算简图如图 2-65(a)所示，M_A、M_B 计算如下：

$$M_{kA} = D_{kmin}e_3 = 84.98 \times (750-450) \times 10^{-3} \text{ kN} \cdot \text{m} = 84.98 \times 0.3 = 25.49 \text{ kN} \cdot \text{m}$$

$$M_{kB} = D_{kmax}e_3 = 394.28 \times 0.75 \text{ kN} \cdot \text{m} = 295.71 \text{ kN} \cdot \text{m}$$

柱顶不动铰支反力 R_{kA}, R_{kB} 及总反力 R_k 分别为:

$$R_{kA} = -\frac{M_{kA}}{H}C_3 = -\frac{25.49}{10.1} \times 0.957 \text{ kN} = -2.42 \text{ kN}(\leftarrow)$$

$$R_{kB} = \frac{M_{kB}}{H}C_3 = \frac{295.71}{10.1} \times 1.174 \text{ kN} = 34.37 \text{ kN}(\rightarrow)$$

$$R_k = R_{kA} + R_{kB} = (-2.42 + 34.37) \text{ kN} = 31.95 \text{ kN}(\rightarrow)$$

各柱顶剪力分别为:

$$V_{kA} = R_{kA} - \eta_A R_k = -2.42 - 0.277 \times 31.95 \text{ kN} = -11.27 \text{ kN}(\leftarrow)$$

$$V_{kB} = R_{kB} - \eta_B R_k = 34.37 - 0.446 \times 31.95 \text{ kN} = 20.12 \text{ kN}(\rightarrow)$$

$$V_{kC} = -\eta_C R_k = -0.277 \times 31.95 \text{ kN} = -8.85 \text{ kN}(\leftarrow)$$

排架各柱的弯矩图、轴力图及柱底剪力值如图 2-65(b)、(c)所示

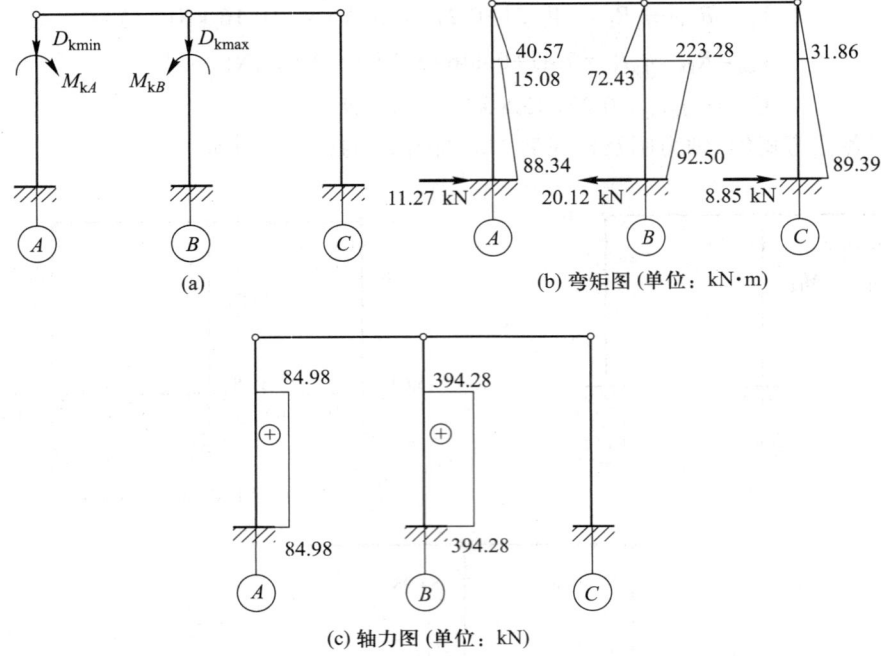

图 2-65 D_{kmax} 作用于 B 柱左时排架内力图

(3) D_{kmax} 作用于 B 柱右

根据结构对称性及吊车吨位相等的条件,内力计算与 D_{kmax} 作用于 B 柱左的情况相同,只需将 A, C 柱内力对换并改变全部弯矩及剪力符号,如图 2-66 所示。$M_{kC} = M_{kA} = 25.49$ kN·m

(4) D_{kmax} 作用于 C 柱

同理,将作用于 A 柱情况的 A, C 柱内力对换,并注意改变符号,可求得各柱的内力,如图 2-67 所示。

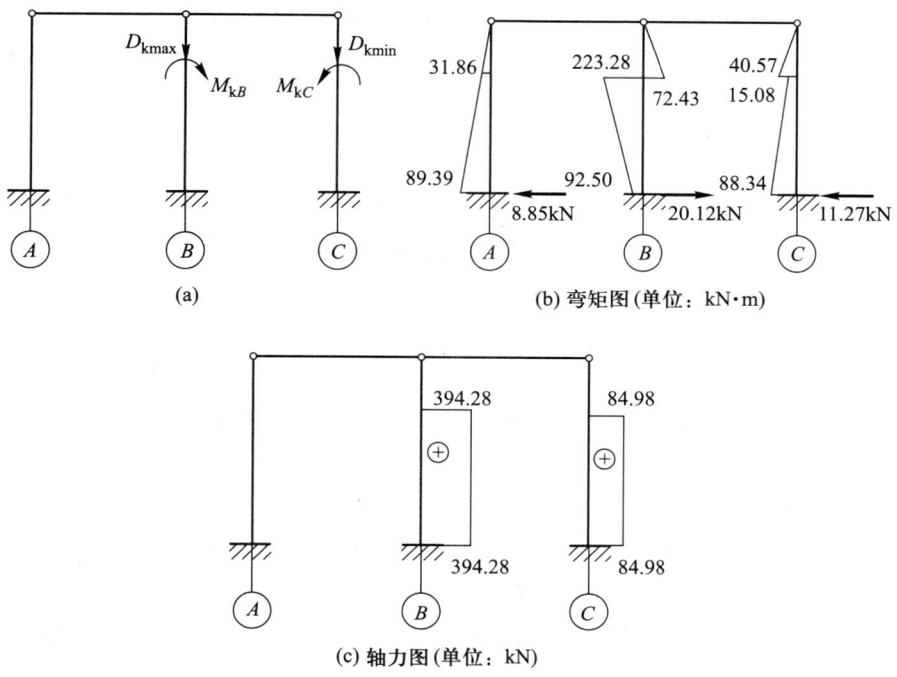

图 2-66 D_{kmax} 作用于 B 柱右时排架内力图

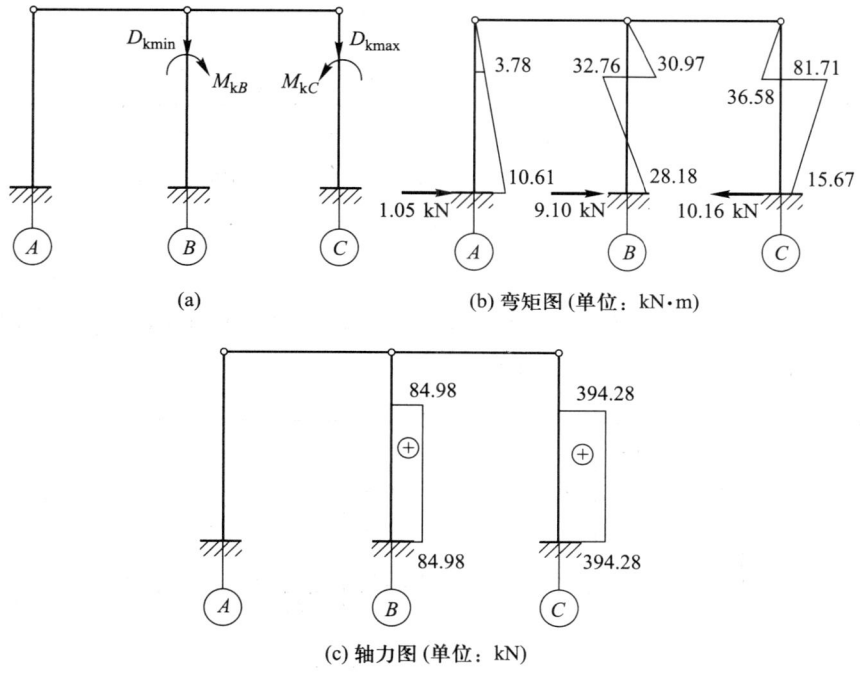

图 2-67 D_{Kmax} 作用在 C 柱右时排架内力图

(5) T_{kmax} 作用于 AB 跨柱

当 AB 跨作用吊车横向水平荷载时,排架计算简图如图 2-68(a)所示,对于 A 柱,$n = 0.109$,$\lambda = 0.356$,得 $a = C/H_u = (3.6-1.2)/3.6 = 0.667$,则

$$C_5 = \frac{2-3a\lambda+\lambda^3\left[\dfrac{(2+a)(1-a)^2}{n}-(2-3a)\right]}{2\left[1+\lambda^3\left(\dfrac{1}{n}-1\right)\right]} = 0.515$$

$$R_{kA} = -T_{kmax}C_5 = -15.22 \times 0.515 \text{ kN} = -7.84 \text{ kN}(\leftarrow)$$

同理,对于 B 柱,$n = 0.281$,$\lambda = 0.356$,$a = 0.667$,$C_5 = 0.598$,则:

$$R_{kB} = -T_{kmax}C_5 = -15.22 \times 0.598 \text{ kN} = -9.10 \text{ kN}(\leftarrow)$$

排架柱顶总反力 R 为:

$$R_k = R_{kA} + R_{kB} = (-7.84-9.10) \text{ kN} = -16.94 \text{ kN}(\leftarrow)$$

各柱顶剪力为:

$$V_{kA} = R_{kA} - \eta_A R_k = (-7.84+0.277\times16.94) \text{ kN} = -3.15 \text{ kN}(\leftarrow)$$
$$V_{kB} = R_{kB} - \eta_B R_k = (-9.10+0.446\times16.94) \text{ kN} = -1.54 \text{ kN}(\leftarrow)$$
$$V_{kC} = -\eta_C R_k = (0.277\times16.94) \text{ kN} = 4.69 \text{ kN}(\rightarrow)$$

排架各柱的弯矩图及柱底剪力值如图 2-68(b)所示。当 T_{max} 方向相反时,弯矩图和剪力只改变符号,大小不变。

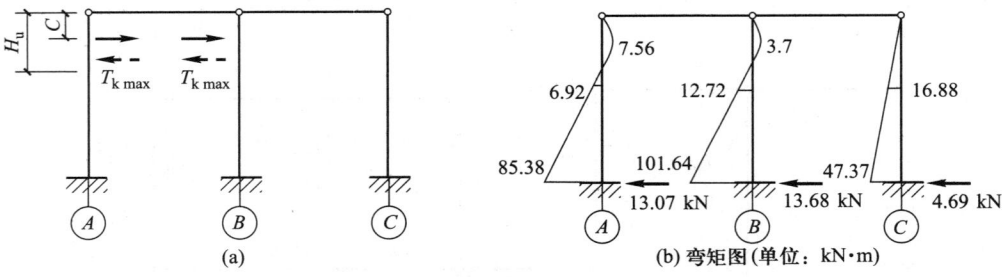

图 2-68 T_{kmax} 作用于 AB 跨时排架内力图

(6) T_{kmax} 作用于 BC 跨柱

由于结构对称及吊车吨位相等,故排架内力计算与 T_{max} 作用 AB 跨情况相同,仅需将 A 柱与 C 柱的内力对换,如图 2-69 所示。

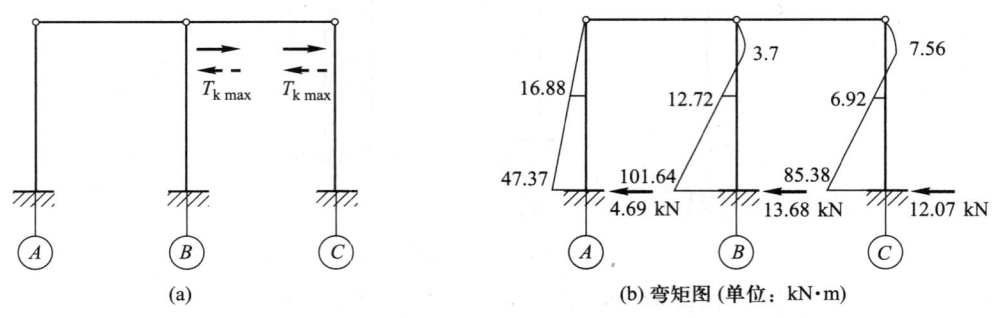

图 2-69 T_{kmax} 作用于 BC 跨时排架内力图

2.7.6 内力组合

以 A 柱内力组合为例。表 2-24 为各种荷载作用下 A 柱内力标准值汇总表,表 2-25~表 2-32、表 2-33 为 A 柱内力组合表,这两表中的控制截面及正号内力方向如表 2-24 中的例图所示。

对柱进行裂缝宽度验算时,内力采用标准值,同时只需对 $e_0/h_0 \geq 0.55$ 的柱进行验算。为此,表 2-33 中亦给出了 M_k 和 N_k 的组合值,它们均满足 $e_0/h_0 \geq 0.55$ 的条件,对设计来说,这些值均取自与设计值相应的 M、N 和 V 项。

2.7.7 柱截面设计

以 A 柱为例。混凝土强度等级为 $C30$,$f_c = 14.3 \text{ N/mm}^2$,$f_{tk} = 2.01 \text{ N/mm}^2$;采用 HRB400 级钢筋,$f_y = f'_y = 360 \text{ N/mm}^2$,$\zeta_b = 0.518$。上、下柱均采用对称配筋。

1. 上柱配筋计算

上柱截面共有 4 组内力。取 $h_0 = (400-40) \text{ mm} = 360 \text{ mm}$

$$N_b = \alpha_1 f_c b h_0 \zeta_b = 1.0 \times 14.3 \times 400 \times 360 \times 0.518 \text{ kN} = 1\,066.67 \text{ kN}$$

而 I-I 截面的内力均小于 N_b,则都属于大偏心受压,所以选取偏心距较大的一组内力作为最不利内力。即取

$$M = 79.36 \text{ kN} \cdot \text{m}, \quad N = 198.01 \text{ kN}$$

吊车厂房排架方向上柱的计算长度 $l_0 = 2H_u = 2 \times 3.6 \text{ m} = 7.2 \text{ m}$,附加偏心距 e_a 取 20 mm(大于 400 mm/30)。

排架结构柱考虑二阶效应的弯矩设计值可按下列公式计算:

$$\zeta_c = \frac{0.5 f_c A}{N} = \frac{0.5 \times 14.3 \times 400^2}{198.01 \times 10^3} = 5.8 > 1, \quad \zeta_c = 1.0$$

$$\eta_s = 1 + \frac{1}{1\,500(M_0/N + e_a)/h_0} \left(\frac{l_0}{h}\right)^2 \zeta_c$$

$$= 1 + \frac{1}{1\,500 \times (79.36 \times 10^6/198.01 \times 10^3 + 20)/360} \times \left(\frac{7\,200}{400}\right)^2 \times 1.0 = 1.18$$

$$M = \eta_s M_0 = 1.18 \times 79.36 \text{ kN} \cdot \text{m} = 93.64 \text{ kN} \cdot \text{m}$$

$$e_0 = \frac{M}{N} = \frac{93.64 \times 10^6}{198.01 \times 10^3} \text{ mm} = 472.91 \text{ mm}$$

$$e_i = e_0 + e_a = (472.91 + 20) \text{ mm} = 492.91 \text{ mm}$$

$$x = \frac{N}{\alpha_1 f_c b} = \frac{198.01 \times 10^3}{1.0 \times 14.3 \times 400} \text{ mm} = 34.6 \text{ mm}$$

$$x < \xi_b h_0 = 186.48 \text{ mm} \quad 且 \quad x < 2a' = 80 \text{ mm}$$

$$e' = e_i - h/2 + a' = (492.91 - 400/2 + 40) \text{ mm} = 332.91 \text{ mm}$$

$$A_s = A'_s = \frac{Ne'}{f_y(h_0 - a')} = \frac{198.01 \times 10^3 \times 332.91}{360 \times (360 - 40)} \text{ mm}^2 = 572 \text{ mm}^2$$

表 2-24 A 柱内力标准值汇总表

柱号及正向内力	荷载类别		永久荷载	屋面活载		吊车竖向荷载				吊车水平荷载		风荷载	
				作用在 AB 跨	作用在 BC 跨	D_{kmax} 作用在 A 柱	D_{kmax} 作用在 B 柱左	D_{kmax} 作用在 B 柱右	D_{kmax} 作用在 C 柱	T_{kmax} 作用在 AB 跨	T_{kmax} 作用在 BC 跨	左风	右风
	序号		①	②	③	④	⑤	⑥	⑦	⑧	⑨	⑩	⑪
Ⅰ-Ⅰ	M		10	0.38	1.66	-36.58	-40.57	31.86	-3.78	±6.92	±16.88	7.52	-13.25
	N		198.01	27.00	0	0	0	0	0	0	0	0	0
Ⅱ-Ⅱ	M		-24.8	-6.37	1.66	81.71	-15.08	31.86	-3.78	±6.92	±16.88	7.52	-13.25
	N		247.01	27.00	0	394.28	84.98	89.39	-10.61	0	0	0	0
Ⅲ-Ⅲ	M		9.85	-3.25	4.65	15.67	-88.34	89.39	-10.61	±85.38	±47.37	99.89	-76.56
	N		277.5	27.00	0	394.28	84.98	0	0	0	0	0	0
	V		5.33	0.48	0.46	-10.16	-11.27	8.85	-1.05	±12.07	±4.69	22.01	-13.64
弯矩图			9.18 / 24.8 / 10 / 9.85	1.35 / 6.37 / 0.3 / 3.25	1.66 / 4.65	81.71 / 36.58 / 15.67	40.57 / 15.08 / 88.34	31.86 / 89.39	3.78 / 10.61	7.56 / 6.92 / 85.38	16.88 / 47.37	7.52 / 99.89	13.25 / 76.56

注：M 单位 kN·m，N 单位 kN，V 单位 kN，后同。

表 2-25 1.2(1.0)永久荷载+1.4屋面活荷载+1.4(0.7吊车荷载+0.6风荷载)

截面	内力	组合项	$+M_{max}$ 及相应的 $N、V$	组合项	$-M_{max}$ 及相应的 $N、V$	组合项	$+N_{max}$ 及相应的 $M、V$	组合项	N_{min} 及相应的 $M、V$
Ⅰ-Ⅰ	M	1.2×①+1.4×(②+③)+1.4×[0.7×0.9×(⑥+⑨)]+0.6×⑩	64.16	1.0×①+1.4×②+1.4×[0.7×0.8×(⑤+⑦)+0.7×0.9×⑨]+0.6×⑪	-50.25	1.2×①+1.4×(②+③)+1.4×[0.7×0.9×(⑥+⑨)]+0.6×⑩	64.16	1.0×①+1.4×③+1.4×[0.7×0.9×(⑥+⑨)]+0.6×⑩	61.63
Ⅰ-Ⅰ	N		275.41		235.81		275.41		198.01
Ⅱ-Ⅱ	M	1.0×①+1.4×③+1.4×[0.7×0.8×(④+⑥)+0.7×0.9×⑨]+0.6×⑩	87.77	1.2×①+1.4×②+1.4×[0.7×0.8×(⑤+⑦)+0.7×0.9×⑨]+0.6×⑪	-79.48	1.2×①+1.4×(②+③)+1.4×[0.7×0.9×(④+⑧)+0.6×⑩]	48.13	1.0×①+1.4×③+1.4×[0.7×0.9×(⑦+⑨)]+0.6×⑪	-51.83
Ⅱ-Ⅱ	N		556.13		400.84		681.97		247.01
Ⅲ-Ⅲ	M	1.2×①+1.4×③+1.4×[0.7×0.8×(④+⑥)+0.7×0.9×⑧]+0.6×⑩	259.91		-212.23	1.2×①+1.4×(②+③)+1.4×[0.7×0.9×(④+⑧)+0.6×⑩]	186.81	1.0×①+1.4×③+1.4×[0.7×0.9×(⑥+⑨)]+0.6×⑩	220.89
Ⅲ-Ⅲ	N		642.12		390.25		718.55		277.5
Ⅲ-Ⅲ	V		35.15		-26.04		27.89		36.40

表 2-26　1.2(1.0)永久荷载+1.4 吊车荷载+1.4(0.7 屋面活荷载+0.6 风荷载)

截面	内力	+M_{max} 组合项	+M_{max} 及相应的 N,V	-M_{max} 组合项	-M_{max} 及相应的 N,V	+N_{max} 组合项	+N_{max} 及相应的 M,V	N_{min} 组合项	N_{min} 及相应的 M,V
Ⅰ-Ⅰ	M	1.2×①+1.4×0.9(⑥+⑨)+1.4×[0.7×(②+③)]+0.6×⑩	81.73	1.0×①+1.4×[0.8×(⑤+⑦)+0.9×⑨]+1.4×0.6×⑪	-72.07	1.2×①+1.4×[0.9(⑥+⑨)]+1.4×(0.7×③)+0.6×⑩	81.73	1.0×①+1.4×0.9(⑥+⑨)+1.4×(0.7×③+0.6×⑩)	79.36
	N		264.07		198.01		264.07		198.01
Ⅱ-Ⅱ	M	1.0×①+1.4×[0.8×(④+⑥)+0.9×⑧]+1.4×(0.7×③+0.6×⑩)	131.61	1.2×①+1.4×[0.8×(⑤+⑦)+0.9×⑨]+1.4×(0.7×②+0.6×⑪)	-89.52	1.2×①+1.4×0.9×(④+⑧)+1.4×[0.7×(②+③)+0.6×⑩]	83.61	1.0×①+1.4×0.9(⑦+⑨)+1.4×0.6×⑪	-61.96
	N		688.60		418.05		819.66		247.01
Ⅲ-Ⅲ	M	1.2×①+1.4×[0.8×(④+⑥)+0.9×⑧]+1.4×(0.7×③+0.6×⑩)	325.53		-276.5	1.2×①+1.4×[0.9×(④+⑧)]+1.4×[0.7×(②+③)+0.6×⑩]	224.42		270.63
	N	1.2×①+1.4×(0.7×②+0.6×⑪)	774.59	1.0×①+1.4×0.9(⑤+⑧)+1.4×(0.7×②+0.6×⑪)	411.03		856.25	1.0×①+1.4×0.9(⑥+⑨)+1.4×(0.7×③+0.6×⑩)	277.5
	V		39.08		-35.07		28.21		41.33

2.7 单层厂房结构设计实例

表 2-27 1.2(1.0)永久荷载+1.4风荷载+1.4(0.7屋面活荷载+0.7吊车荷载)

截面	内力	$+M_{max}$ 及相应的 N,V	组合项	$-M_{max}$ 及相应的 N,V	组合项	$+N_{max}$ 及相应的 M,V	组合项	N_{min} 及相应的 M,V	组合项
Ⅰ-Ⅰ	M	67.52	1.2×①+1.4×⑩+1.4×[0.7×0.8(⑤+④)+0.7×③]	-58.21	1.0×①+1.4×⑩+1.4×[0.7×0.8(⑤+⑦)+0.8×(⑤+⑦)]	67.52	1.2×①+1.4×⑩+1.4×[0.7×0.9(⑥+⑨)+0.7(②+③)]	65.14	1.0×①+1.4×⑩+1.4×[0.7×③+0.7×0.9(⑥+⑨)]
Ⅰ-Ⅰ	N	264.07	1.2×①+1.4×⑩+1.4×[0.7×0.9(⑥+⑨)+0.7×(②+③)]	198.01		264.07		198.01	
Ⅱ-Ⅱ	M	91.28	1.0×①+1.4×⑩+1.4×[0.7×0.8(⑤+⑦)+0.7×0.9⑨+0.7×③]	-84.23	1.2×①+1.4×⑩+1.4×[0.7×0.9(⑤+⑦)+0.7×②)]	54.32	1.2×①+1.4×⑩+1.4×[0.7×(②+③)+0.9×(④+⑧)]	-61.57	1.0×①+1.4×⑩+1.4×0.7×0.9(⑦+⑨)
Ⅱ-Ⅱ	N	556.13		389.50		670.63		247.01	
Ⅲ-Ⅲ	M	313.90	1.2×①+1.4×⑩+1.4×[0.7×0.8(④+⑥)+0.7×0.9×⑧+0.7×③]	-253.74	1.0×①+1.4×⑩+1.4×[0.7×②+0.7×0.9×(⑤+⑧)]	242.16	1.2×①+1.4×⑩+1.4×[0.7×(②+③)+0.9×(④+⑧)]	274.88	1.0×①+1.4×⑩+1.4×[0.7×0.9(⑥+⑨)+0.7×③]
Ⅲ-Ⅲ	N	642.12		378.91		707.21		277.5	
Ⅲ-Ⅲ	V	47.28		-33.88		39.82		48.54	

表 2-28　1.35 永久荷载 +1.4(0.7 屋面活荷载 +0.7 吊车荷载 +0.6 风荷载)

截面	内力	组合项	$+M_{max}$ 及相应的 $N、V$	组合项	$-M_{max}$ 及相应的 $N、V$	组合项	$+N_{max}$ 及相应的 $M、V$	组合项	N_{min} 及相应的 $M、V$
Ⅰ-Ⅰ	M	$1.35×①+1.4×[0.7×(②+③)+0.7×0.9×(⑥+⑨))+0.6×⑩]$	64.80	$1.35×①+1.4×[0.7×0.8(⑤+⑦)+0.7×0.9×⑨)+0.6×⑩]$	-47.29	$1.35×①+1.4×[0.7×(②+③)+0.7×0.9×(⑥+⑨))+0.6×⑩]$	64.80	$1.35×①+1.4×[0.7×(③+0.7×0.9×(⑥+⑨))+0.6×⑩]$	64.43
	N		293.77		267.31		293.77		267.31
Ⅱ-Ⅱ	M	$1.35×①+1.4×[0.7×③+0.7×0.8(④+⑥)+0.7×0.9×⑨)+0.6×⑩]$	78.39	$1.35×①+1.4×[0.7×(②+③)+0.7×0.9×(④+⑧))+0.6×⑩]$	-80.53	$1.35×①+1.4×[0.7×(②+③)+0.7×0.9×(④+⑧))+0.6×⑩]$	46.39	$1.35×①+1.4×[0.7×0.9×(⑦+⑨)+0.6×⑪]$	-62.83
	N		642.58		426.55		707.68		333.46
Ⅲ-Ⅲ	M	$1.35×①+1.4×[0.7×0.8(④+⑥)+0.7×0.9×⑧)+0.6×⑩]$	259.43	$1.35×①+1.4×[0.7×0.9(⑤+⑧)+0.6×⑪]$	-207.42	$1.35×①+1.4×[0.7×(②+③)+0.7×0.9×(④+⑧))+0.6×⑩]$	187.70	$1.35×①+1.4×[0.7×0.9×(⑥+⑨))+0.6×⑩]$	222.38
	N		683.74		476.04		748.84		374.63
	V		35.75		-24.38		28.29		38.08

2.7 单层厂房结构设计实例

表 2-29 A柱内力组合表 (设计值)

截面	内力	$+M_{max}$ 组合项	$+M_{max}$ 及相应的 $N、V$	$-M_{max}$ 组合项	$-M_{max}$ 及相应的 $N、V$	$+N_{max}$ 组合项	$+N_{max}$ 及相应的 $M、V$	N_{min} 组合项	N_{min} 及相应的 $M、V$
Ⅰ-Ⅰ	M	1.2×①+1.4×0.9(⑥+⑨)+1.4×[0.7(②+③)]+0.6×⑩)]	81.73	1.0×①+1.4×[0.8(⑤+⑦)+0.9×⑨]+1.4×0.6×⑪	-72.07	1.35×①+1.4×[0.7×(②+③)+0.7×0.9×(⑥+⑨)+0.6×⑩]	64.80	1.0×①+1.4×0.9(⑥+⑨)+1.4(0.7×③+0.6×⑩)	79.36
	N		264.07		224.47		293.77		198.01
Ⅱ-Ⅱ	M	1.0×①+1.4×[0.8(⑤+⑥)+0.9×⑨]+1.4×(0.7×③+0.6×⑩)	131.61	1.2×①+1.4×0.9(⑤+⑦)+0.9×⑨]+1.4×(0.7×②+0.6×⑪)	-89.52	1.2×①+1.4×0.9(④+⑧)+1.4[0.7×(②+③)+0.6×⑩]	83.61	1.0×①+1.4×⑪+1.4×0.7×0.9(⑦+⑨)	-68.86
	N		688.60		418.05		819.66		247.01
Ⅲ-Ⅲ	M		325.53		-276.5		224.42		274.88
	N	1.2×①+1.4×[0.8(④+⑧)+0.9×⑧]+1.4×(0.7×③+0.6×⑩)]	774.59	1.0×①+1.4×0.9(⑤+⑧)+1.4×(0.7×②+③)×0.6×⑩)	411.03	1.2×①+1.4×0.9×(④+⑧)+1.4×[0.7×(②+③)]×0.6×⑩	856.25	1.0×①+1.4×⑪+1.4×[0.7×0.9(⑥+⑨)+0.7×③]	277.5
	V		39.08		-35.07		28.21		48.54

表 2-30　A 柱内力组合表（标准值）

截面	内力	+M_{kmax}及相应的N,V	组合项	-M_{kmax}及相应的N,V	组合项	+N_{kmax}及相应的M,V	组合项	N_{kmin}及相应的M,V	备注
I-I	M	59.81	①+0.9×(⑥+⑨)+0.7×(②+③)+0.6×⑪	-48.62	①+0.8(⑤+⑦)+0.9×⑨+0.6×⑪	46.65	①+0.7×0.9×(⑥+⑨)+0.7×(②+③)+0.6×⑪	59.54	标准值取自N_{min}及相应的M,V项
	N	216.91		198.01		216.91		198.01	
II-II	M	86.92	①+0.8×(④+⑥)+0.9×⑨+0.7×③+0.6×⑪	-67.49	①+0.8(⑤+⑦)+0.9×⑨+0.7×②+0.6×⑪	56.18	①+⑪+0.7×0.9×(⑦+⑨)	-51.07	标准值取自N_{min}及相应的M,V项
	N	562.43		333.89		620.76		247.01	
III-III	M	233.93	①+0.8(④+⑥)+0.9×⑧+0.7×③+0.6×⑪	-194.71	①+0.9(⑤+⑧)+(0.7×②+0.6×⑪)	161.71	①+0.7(②+③)+0.9×(④+⑧)+0.6×⑪	199.15	标准值取自N_{min}及相应的M,V项
	N	592.92		372.88		651.25		277.5	
	V	28.67		-23.52		20.91	①+⑩+0.7×0.9×(⑥+⑨)+0.7×③	36.19	

选 3 ⌀ 16（$A_s = 603$ mm²），则

$$A_s = 603 \text{ mm}^2 > 0.2\% \times 400 \times 400 \text{ mm}^2 = 320 \text{ mm}^2$$
$$0.55\% < (A_s + A'_s)/A = 2 \times 603/400 \times 400 = 0.75\% < 5\%$$

满足要求。

上柱纵筋深入牛腿的锚固长度：$l_a = \alpha \dfrac{f_y}{f_t} d = 0.14 \times \dfrac{360}{1.43} \times 16$ mm $= 564$ mm，取 $l_a = 600$ mm。

2. 下柱配筋计算

取 $h_0 = (900-40)$ mm $= 860$ mm，与上柱分析方法类似。

$$N_b = \alpha_1 f_c (b'_f - b) h'_f + \alpha_1 f_c b h_0 \xi_b$$
$$= 1.0 \times 14.3 \times (400-100) \times 150 + 1.0 \times 14.3 \times 100 \times 860 \times 0.518 \text{ kN} = 1\,280.536 \text{ kN}$$

而 Ⅱ-Ⅱ，Ⅲ-Ⅲ 截面的内力均小于 N_b，则都属于大偏心受压。所以选取偏心距 e_0 最大的一组内力作为最不利内力。

按 Ⅲ-Ⅲ 截面 $M = 274.88$ kN·m，$N = 277.5$ kN 计算。

下柱计算长度取 $l_0 = 1.0 H_l = 6.5$ m，附加偏心距 $e_a = 900$ mm$/30 = 30$ mm（大于 20 mm）。$b = 100$ mm，$b'_f = 400$ mm，$h'_f = 150$ mm。

排架结构柱考虑二阶效应的弯矩设计值可按下列公式计算：

$$\zeta_c = \dfrac{0.5 f_c A}{N} = \dfrac{0.5 \times 14.3 \times 1.875 \times 10^5}{277.5 \times 10^3} = 4.83 > 1, \quad \zeta_c = 1.0$$

$$\eta_s = 1 + \dfrac{1}{1\,500(M_0/N + e_a)/h_0} \left(\dfrac{l_0}{h}\right)^2 \zeta_c$$

$$= 1 + \dfrac{1}{1\,500 \times (274.88 \times 10^6/277.5 \times 10^3 + 30)/860} \times \left(\dfrac{6\,500}{900}\right)^2 \times 1.0 = 1.03$$

$$M = \eta_s M_0 = 1.03 \times 274.88 \text{ kN·m} = 283.13 \text{ kN·m}$$

$$e_0 = \dfrac{M}{N} = \dfrac{283.13 \times 10^6}{277.5 \times 10^3} \text{ mm} = 1\,020.29 \text{ mm}$$

$$e_i = e_0 + e_a = (1\,020.29 + 30) \text{ mm} = 1\,050.29 \text{ mm}$$

先假定中和轴位于翼缘内，则

$$x = \dfrac{N}{\alpha_1 f_c b'_f} = \dfrac{277.5 \times 10^3}{1.0 \times 14.3 \times 400} \text{ mm} = 48.5 < h'_f = 150 \text{ mm}$$

即中和轴位于翼缘内，且 $x < 2a' = 80$ mm，

$$e' = e_i - h/2 + a' = (1\,050.29 - 900/2 + 40) \text{ mm} = 640.29 \text{ mm}$$

$$A_s = A'_s = \dfrac{Ne'}{f_y(h_0 - a')} = \dfrac{277.5 \times 10^3 \times 640.29}{360 \times (860 - 40)} \text{ mm}^2 = 602 \text{ mm}^2$$

选用 4 ⌀ 16，$A_s = (804 \text{ mm}^2)$，则

$$A_s = 804 \text{ mm}^2 > 0.2\% \times 1.875 \times 10^5 \text{ mm}^2 = 375 \text{ mm}^2$$
$$0.55\% < (A_s + A'_s)/A = 2 \times 804/1.875 \times 10^5 = 0.86\% < 5\%$$

满足要求。

3. 柱箍筋配置

由内力组合表 $V_{max}=48.54$ kN,相应的 $N=277.5$ kN,$M=274.88$ kN·m,验算截面尺寸是否满足要求。

$$h_w = (900-2\times150) \text{ mm} = 600 \text{ mm}$$

$$\frac{h_w}{b} = \frac{600}{100} = 6 \leqslant 6$$

$$0.20\beta_c f_c bh_0 = 0.20\times1.0\times14.3\times100\times860 \text{ N} = 245\ 960 \text{ N}$$
$$= 245.96 \text{ kN} > V_{max} = 48.54 \text{ kN}$$

截面满足要求。

验算是否需要按计算配箍筋:

$$\lambda = M/Vh_0 = \frac{274.88\times10^6}{48.54\times10^3\times860} = 6.6 > 3 \quad 取 \lambda = 3$$

$$0.3f_c A = 0.3\times14.3\times1.875\times10^5 \text{ N} = 8.04\times10^5 \text{ N} = 804 \text{ kN} > N = 277.5 \text{ kN}$$

$$\frac{1.75}{\lambda+1.0}f_t bh_0 + 0.07N = \frac{1.75}{3+1.0}\times1.43\times100\times860 \text{ N} + 0.07\times277.5\times10^3 \text{ N}$$
$$= 73\ 228.75 \text{ N} = 73.23 \text{ kN} > V_{max} = 48.54 \text{ kN}$$

可按构造配箍筋,上下柱均选用 $\phi 8@200$ 箍筋。

4. 柱的裂缝宽度验算

《规范》规定,对 $e_0/h_0 > 0.55$ 的柱应进行裂缝宽度验算。本设计的上柱和下柱标准值均出现 $e_0/h_0 > 0.55$ 的内力,故可能要进行裂缝宽度验算。相应于控制上、下柱配筋的最不利内力组合的荷载效应标准组合为:

$$上柱\begin{cases}M_k = 59.54 \text{ kN·m} \\ N_k = 198.01 \text{ kN}\end{cases} \quad 下柱\begin{cases}M_k = 199.15 \text{ kN·m} \\ N_k = 277.5 \text{ kN}\end{cases}$$

上柱Ⅰ-Ⅰ:相对上柱 $\begin{cases}M_k = 59.54 \text{ kN·m} \\ N_k = 198.01 \text{ kN}\end{cases}$ "①+0.9×(⑥+⑨)+0.7×③+0.6×⑩"内力组合,求相应的准永久组合:

$$M_q = ① + [0.6\times0.9(⑥+⑨)+0\times③+0\times⑩] = 10+0.6\times0.9\times(31.86+16.88) \text{ kN·m}$$
$$= 36.32 \text{ kN·m}$$

$$N_q = ① + [0.6\times0.9(⑥+⑨)+0\times③+0\times⑩] = 198.01 \text{ kN}$$

$$e_0 = \frac{M}{N} = \frac{36.32\times10^6}{198.01\times10^3} \text{ mm} = 183.43 \text{ mm} < 0.55h_0 = 0.55\times360 \text{ mm} = 198 \text{ mm}$$

可不用验算上柱的裂缝宽度。

下柱Ⅲ-Ⅲ:相对下柱 $\begin{cases}M_k = 199.15 \text{ kN·m} \\ N_k = 277.5 \text{ kN}\end{cases}$ "①+⑩+0.7×0.9(⑥+⑨)+0.7×③"内力组合,求相应的准永久组合:

$$M_q = ① + [0\times⑩+0.6\times0.9(⑥+⑨)+0\times③] = (9.85+0.6\times0.9\times(89.39+47.37)) \text{ kN·m}$$
$$= 83.70 \text{ kN·m}$$

$$N_q = ① + [0\times⑩ + 0.6\times0.9(⑥+⑨) + 0\times③] = 277.5 \text{ kN}$$

$$e_0 = \frac{M_q}{N_q} = \frac{83.70\times10^6}{277.5\times10^3} \text{ mm} = 301.62 \text{ mm} < 0.55 h_0 = 0.55\times860 \text{ mm} = 473 \text{ mm}$$

可不用验算下柱的裂缝宽度。如果需要验算,按下述步骤进行。

上柱 $A_s = 603 \text{ mm}^2$,下柱 $A_s = 804 \text{ mm}^2$,$f_{tk} = 2.01 \text{ N/mm}^2$,$E_s = 2.0\times10^5 \text{ N/mm}^2$;构件受力特征系数 $\alpha_{cr} = 1.9$;混凝土保护层厚度 c 取 20 mm,$c_s = 30$ mm,验算过程见表 2-31。

表 2-31 柱的裂缝宽度验算表

柱截面		上柱($h_0 = 360$ mm)$A_s = 603$ mm²	下柱($h_0 = 860$ mm)$A_s = 804$ mm²
内力标准值	$M_q/(\text{kN}\cdot\text{m})$	36.32	83.70
	N_q/kN	198.01	277.5
$e_0 = M_q/N_q$ /mm		$183.43 < 0.55 h_0 = 198$	$301.6 < 0.55 h_0 = 473$
$\rho_{te} = \dfrac{A_s}{0.5bh+(b_f-b)h_f}$		0.007 5 < 0.01 取 $\rho_{te} = 0.01$	0.008 9 < 0.01 取 $\rho_{te} = 0.01$
$\eta_s = 1 + \dfrac{1}{4\ 000 e_0/h_0}\left(\dfrac{l_0}{h}\right)^2$		$1.16\left(\dfrac{l_0}{h} = \dfrac{7\ 200}{400} = 18\right)$	$1.0\left(\dfrac{l_0}{h} = \dfrac{6\ 500}{900} = 7.22 < 14\right)$
$e = \eta_s e_0 + h/2 - a$ /mm		372.8	711.6
$\gamma'_f = h'_f(b'_f - b)/bh_0$		0	$0.523 = \left(\dfrac{150(400-100)}{100\times860}\right)$
$z = \left[0.87 - 0.12(1-\gamma'_f)\left(\dfrac{h_0}{e}\right)^2\right] h_0$ /mm		272.92	676.30
$\sigma_{sq} = \dfrac{N_q(e-z)}{A_s z}$ /(N/mm²)		120.17	18
$\psi = 1.1 - 0.65 \dfrac{f_{tk}}{\rho_{te}\sigma_{sq}}$		0.013 < 0.2 取为 0.2	−6.16 < 0.2 取为 0.2
$\omega_{max} = 1.9\psi\dfrac{\sigma_{sq}}{E_s}\left(1.9c_s + 0.08\dfrac{d_{eq}}{\rho_{te}}\right)$ /mm		0.042 < 0.3,满足要求	0.01 < 0.3,满足要求

5. 牛腿设计

根据吊车梁支承位置、截面尺寸及构造要求,初步拟定牛腿尺寸,如图 2-70 所示。其中牛腿截面宽度 $b = 400$ mm,牛腿截面高度 $h = 600$ mm,$h_0 = 565$ mm。

(1) 牛腿截面高度验算

$\beta = 0.65$，$f_{tk} = 2.01 \text{ N/mm}^2$，$F_{hk} = 0$（牛腿顶面无水平荷载），$a = (-150+20) \text{ mm} = -130 \text{ mm} < 0$，取 $a = 0$。

F_{vk} 按下式确定。$F_{vk} = D_{kmax} + G_{k3} = (394.284 + 49.00) \text{ kN} = 443.284 \text{ kN}$

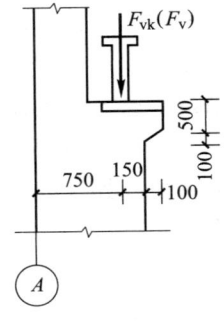

图 2-70 牛腿尺寸简图

$$\beta\left(1-0.5\frac{F_{hk}}{F_{vk}}\right)\frac{f_{tk}bh_0}{0.5+\dfrac{a}{h_0}} = 0.65 \times \frac{2.01 \times 400 \times 565}{0.5} \text{ N}$$

$$= 590.538 \text{ kN} > F_{vk}$$

$$= 443.28 \text{ kN}$$

故截面高度满足要求。

(2) 牛腿配筋计算

由于 $a = (-150+20) \text{ mm} = -130 \text{ mm} < 0$，因而该牛腿可按构造要求配筋。根据构造要求，$A_s \geq \rho_{min}bh = 0.002 \times 400 \times 600 \text{ mm}^2 = 480 \text{ mm}^2$

且 $A_s \geq 0.45 f_t/f_y bh = (400 \times 600 \times 0.45 \times 1.43/360) \text{ mm}^2 = 429 \text{ mm}^2$ 纵筋不宜少于 4 根，直径不宜少于 12 mm，所以选用 4 ⏀ 16（$A_s = 804 \text{ mm}^2$）。

牛腿纵筋的锚固长度：$l_a \geq 15d = 15 \times 16 \text{ mm} = 240 \text{ mm}$，取 $l_a = 250 \text{ mm}$

由于 $a/h_0 < 0.3$，则可以不设置弯起钢筋，箍筋按构造配置，牛腿上部 $2h_0/3$ 范围内水平箍筋的总截面面积不应小于承受 F_v 的受拉纵筋总面积的 1/2，箍筋选用 $\phi 10@100$。

$$\frac{\frac{2}{3}h_0}{s} \times nA_{sv1} = \frac{\frac{2}{3} \times 565}{100} \times 2 \times 78.5 \text{ mm}^2 = 591.37 \text{ mm}^2 \geq \frac{1}{2}A_{s1} = \frac{1}{2} \times 804 \text{ mm}^2 = 402 \text{ mm}^2.$$

局部承压面积近似按柱宽乘以吊车梁承压板宽度取用：

$$A = 400 \times 500 \text{ mm}^2 = 2.0 \times 10^5 \text{ mm}^2$$

$$\frac{F_{vk}}{A} = \frac{443.284 \times 10^3}{2.0 \times 10^5} \text{ N/mm}^2 = 2.216 \text{ N/mm}^2 < 0.75 f_c = 10.725 \text{ N/mm}^2$$

满足要求。

6. 柱的吊装验算

采用翻身起吊，吊点设在牛腿下部，混凝土达到设计强度后起吊。柱插入杯口深度为 $H_1 = 0.9 \times 900 \text{ mm} = 810 \text{ mm}$，取 $H_1 = 850 \text{ mm}$，则柱吊装时总长度为 3.6 m + 6.5 m + 0.85 m = 10.95 m，计算简图如图 2-71 所示。

柱吊装阶段的荷载为柱自重重力荷载（应考虑动力系数），即：

$$q_1 = \mu \gamma_G q_{1k} = 1.5 \times 1.2 \times 4.0 \text{ kN/m}^2 = 7.2 \text{ kN/m}$$

$$q_2 = \mu \gamma_G q_{2k} = 1.5 \times 1.2 \times (0.4 \times 1.0 \times 25) \text{ kN/m}^2 = 18.0 \text{ kN/m}$$

$$q_3 = \mu \gamma_G q_{3k} = 1.5 \times 1.2 \times 4.69 \text{ kN/m}^2 = 8.442 \text{ kN/m}$$

在上述荷载作用下，柱各控制截面的弯矩为：

$$M_1 = \frac{1}{2}q_1 H_u^2 = \frac{1}{2} \times 7.2 \times 3.6^2 \text{ kN} \cdot \text{m} = 46.66 \text{ kN} \cdot \text{m}$$

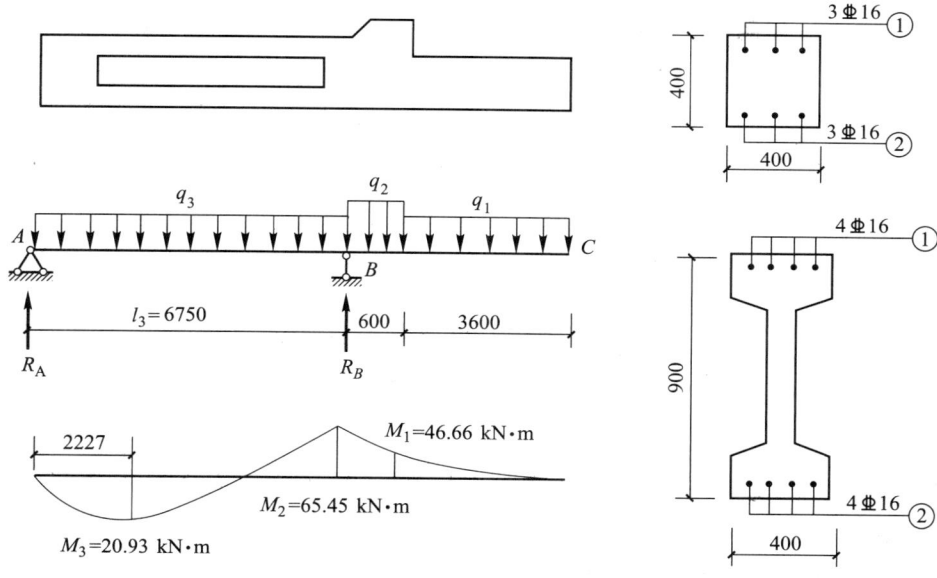

图 2-71 柱吊装计算简图

$$M_2 = \frac{1}{2} \times 7.2 \times (3.6+0.6)^2 \text{ kN}\cdot\text{m} + \frac{1}{2} \times (18-7.2) \times 0.6^2 \text{ kN}\cdot\text{m} = 65.45 \text{ kN}\cdot\text{m}$$

由 $\sum M_B = R_A l_3 - \frac{1}{2} q_3 l_3^2 + M_2 = 0$, $l_3 = (10.95 - 3.6 - 0.6)$ m $= 6.75$ m,得:

$$R_A = \frac{1}{2} q_3 l_3 - \frac{M_2}{l_3} = \left(\frac{1}{2} \times 8.442 \times 6.75 - \frac{65.45}{6.75}\right) \text{ kN} = 18.80 \text{ kN}$$

$$M_3 = R_A x - \frac{1}{2} q_3 x^2$$

令 $\frac{dM_3}{dx} = R_A - q_3 x = 0$, 得 $x = R_A / q_3 = \frac{18.80}{8.442}$ m $= 2.227$ m,

则下柱段最大弯矩 M_3 为:

$$M_3 = 18.80 \times 2.227 \text{ kN}\cdot\text{m} - \frac{1}{2} \times 8.442 \times 2.227^2 \text{ kN}\cdot\text{m} = 20.93 \text{ kN}\cdot\text{m}$$

$M_q = M_k = \frac{M}{\gamma_G} = \frac{M}{1.2}$, $M_{q上} = \frac{46.66}{1.2}$ kN·m $= 38.88$ kN·m, $M_{q下} = \frac{65.45}{1.2}$ kN·m $= 54.54$ kN·m

柱截面受弯承载力及裂缝宽度验算过程见表 2-32。

表 2-32 柱吊装阶段承载力及裂缝宽度验算表

柱截面	上柱 ($h_0 = 360$ mm) $A_s = 603$ mm²	下柱 ($h_0 = 860$ mm) $A_s = 804$ mm²
$M(M_q)/(\text{kN}\cdot\text{m})$	46.66(38.88)	65.45(54.54)
$M_u = f_y A_s (h_0 - a') \times 10^{-6}/(\text{kN}\cdot\text{m})$	$360 \times 603(360-40) \times 10^{-6} =$ $69.47 > 0.9 \times 46.66 = 41.994$	$360 \times 804(860-40) \times 10^{-6} =$ $237.341 > 0.9 \times 65.45 = 58.91$

柱截面	上柱 ($h_0 = 360$ mm) $A_s = 603$ mm^2	下柱 ($h_0 = 860$ mm) $A_s = 804$ mm^2
$\sigma_{sq} = [M_q/(0.87h_0 A_s)]/(\text{N/mm}^2)$	205.87	90.67
$\psi = 1.1 - 0.65 \dfrac{f_{tk}}{\rho_{te}\sigma_{sq}}$	$\rho_{te} = 0.01$ 0.465	$\rho_{te} = 0.01$ $-0.341 < 0.2$,取 0.2
$\omega_{max} = 1.9\psi \dfrac{\sigma_{sq}}{E_s}\left(1.9c_s + 0.08\dfrac{d_{eq}}{\rho_{te}}\right)/\text{mm}$	$0.168 < 0.2$(满足要求)	$0.032 < 0.2$(满足要求)

2.7.8 基础设计(混凝土强度等级采用C20)

1. 初步确定杯口尺寸及基础埋深

(1) 杯口尺寸

主要根据柱子的截面尺寸和杯形基础的构造要求初步确定杯口尺寸。

杯口深度:由柱子的插入深度 $H_1 = 0.9h = 0.9 \times 900$ mm $= 810$ mm,取 $H_1 = 850$ mm,则杯口深度为$(850 + 50)$ mm $= 900$ mm。

杯口顶部尺寸:宽为$(400 + 2 \times 75)$ mm $= 550$ mm,长为$(900 + 2 \times 75)$ mm $= 1\ 050$ mm。

杯口底部尺寸:宽为$(400 + 2 \times 50)$ mm $= 500$ mm,长为$(900 + 2 \times 50)$ mm $= 1\ 000$ mm。

杯壁厚度:由《建筑地基基础设计规范》,杯壁厚度 $t \geq 300$ mm,且大于基础梁宽,取 $t = 350$ mm,杯壁高取 650 mm。

杯底厚度:采用 $a_1 = 250$ mm,因此根据 $a_2 \geq a_1$ 的原则,取基础边缘高度 $a_2 = 300$ mm。

根据以上尺寸,也可以初步确定基础总高度为 $h = H_1 + a_1 + 50$ mm $= 1\ 150$ mm

(2) 基础埋置深度

因为杯口顶面标高为室内地坪±0.000 以下 -0.500 m,即天然地坪以下 -0.350 m,基础总高度为 $1\ 150$ mm,故得到室内基础埋深 $d_1 = (500 + 1\ 150)$ mm $= 1\ 650$ mm,室外天然地坪埋深 $d_2 = (350 + 1\ 150)$ mm $= 1\ 500$ mm。

(3) 基础梁尺寸

采用上部宽度为 300 mm,下部宽度为 200 mm,高度为 450 mm,16.7 kN/根。

(4) 地基承载能力的确定

$$f_a = f_{ak} + \eta_b \gamma (b - 3) + \eta_d \gamma_m (d - 0.5)$$

式中 f_a——修正后的地基承载力特征值(kPa);

f_{ak}——地基承载力特征值(kPa);

η_b、η_d——基础宽度和埋置深度的地基承载力修正系数,按基底下土的类别查《建筑地基基础设计规范》表 5.2.4;

γ——基础底面以下土的重度(kN/m^3),地下水位以下取浮重度;

γ_m——基础底面以上土的加权平均重度(kN/m^3);

d——基础埋置深度(m),宜自室外地面标高算起。

$\gamma_m = \dfrac{16 \times 1.4 + 17 \times 0.1}{1.5}$ kN/m^3 $= 16.1$ kN/m^3,$\eta_b = 0$,$\eta_d = 1.2$,$d = 1.5$ m,$f_{ak} = 200$ kN/m^2,则:

$$f_{a}=[200+1.2\times16.1\times(1.5-0.5)]\text{ kN/m}^3=219.32\text{ kN/m}^2$$

2. 确定基础底面尺寸

（1）由柱顶传至基顶的荷载

$$A:\begin{cases} M_{k\max}=233.93\text{ kN}\cdot\text{m} \\ N_k=592.92\text{ kN} \\ V_k=28.67\text{ kN} \end{cases} \quad \begin{cases} M_{\max}=325.53\text{ kN}\cdot\text{m} \\ N=774.59\text{ kN} \\ V=39.08\text{ kN} \end{cases}$$

$$B:\begin{cases} -M_{k\max}=-194.71\text{ kN}\cdot\text{m} \\ N_k=372.88\text{ kN} \\ V_k=-23.52\text{ kN} \end{cases} \quad \begin{cases} -M_{\max}=-276.5\text{ kN}\cdot\text{m} \\ N=411.03\text{ kN} \\ V=-35.07\text{ kN} \end{cases}$$

$$C:\begin{cases} M_k=161.71\text{ kN}\cdot\text{m} \\ N_{k\max}=651.25\text{ kN} \\ V_k=20.91\text{ kN} \end{cases} \quad \begin{cases} M=224.42\text{ kN}\cdot\text{m} \\ N_{\max}=856.25\text{ kN} \\ V=28.21\text{ kN} \end{cases}$$

$$D:\begin{cases} M_k=199.15\text{ kN}\cdot\text{m} \\ N_{k\min}=277.5\text{ kN} \\ V_k=36.19\text{ kN} \end{cases} \quad \begin{cases} M=274.88\text{ kN}\cdot\text{m} \\ N_{\min}=277.5\text{ kN} \\ V=48.54\text{ kN} \end{cases}$$

（2）由基础梁传至基础顶面的荷载

墙重（含两面粉灰）：[(12.8+0.5-0.45)×6-24]×4.75 kN = 252.225 kN

窗重：　　　　　　　　　　　　　　　　0.45×24 kN = 10.8 kN

基础梁：　　　　　　　　　　　　　　　　　　　　16.7 kN

由基础梁传至基顶的荷载标准值：$G_{5k}=279.725$ kN

相应的偏心弯矩标准值：$G_{5k}e_5=-279.725\times\left(\dfrac{0.3}{2}+\dfrac{0.9}{2}\right)$ kN·m $=-167.835$ kN·m

由基础梁传至基顶的荷载设计值：$G_5=1.2\times279.725$ kN $=335.67$ kN

相应的偏心弯矩设计值：$G_5e_5=-335.67\times\left(\dfrac{0.3}{2}+\dfrac{0.9}{2}\right)$ kN·m $=-201.402$ kN·m

（3）作用于基底的弯矩和相应的轴力和剪力

上部结构传至基础底面的荷载为下列四种：

$$A:\begin{cases} M_{k\max}=(233.93+28.67\times1.15-167.835)\text{ kN}\cdot\text{m}=99.07\text{ kN}\cdot\text{m} \\ N_k=(592.92+279.725)\text{ kN}=872.65\text{ kN} \\ V_k=28.67\text{ kN} \end{cases}$$

$$\begin{cases} M=(325.53+39.08\times1.15-201.402)\text{ kN}\cdot\text{m}=169.07\text{ kN}\cdot\text{m} \\ N=(774.59+335.67)\text{ kN}=1\ 110.26\text{ kN} \\ V=39.08\text{ kN} \end{cases}$$

$$B:\begin{cases} -M_{k\max}=(-194.71-23.52\times1.15-167.835)\text{ kN}\cdot\text{m}=-389.59\text{ kN}\cdot\text{m} \\ N_k=(372.88+279.725)\text{ kN}=652.61\text{ kN} \\ V_k=-23.52\text{ kN} \end{cases}$$

$$C: \begin{cases} M = (-276.5-35.07\times1.15-201.402)\text{kN}\cdot\text{m} = -518.23 \text{ kN}\cdot\text{m} \\ N = (411.03+335.67)\text{kN} = 746.70 \text{ kN} \\ V = -35.07 \text{ kN} \\ M_k = (161.71+20.91\times1.15-167.835)\text{kN}\cdot\text{m} = 17.92 \text{ kN}\cdot\text{m} \\ N_{k\max} = (651.25+279.725)\text{kN} = 930.98 \text{ kN} \\ V_k = 20.91 \text{ kN} \end{cases}$$

$$D: \begin{cases} M = (224.42+28.21\times1.15-201.402)\text{kN}\cdot\text{m} = 55.46 \text{ kN}\cdot\text{m} \\ N = (856.25+335.67)\text{kN} = 1\,191.92 \text{ kN} \\ V = 28.21 \text{ kN} \\ M_k = (199.15+36.19\times1.15-167.835)\text{kN}\cdot\text{m} = 72.93 \text{ kN}\cdot\text{m} \\ N_{k\min} = (277.5+279.725)\text{kN} = 557.23 \text{ kN} \\ V_k = 36.19 \text{ kN} \\ M = (274.88+48.54\times1.15-201.402)\text{kN}\cdot\text{m} = 129.30 \text{ kN}\cdot\text{m} \\ N = (277.5+335.67)\text{kN} = 613.17 \text{ kN} \\ V = 48.54 \text{ kN} \end{cases}$$

(4) 预估基础底面尺寸

按最大轴力的标准值确定底面尺寸,此时地基承载力特征值为 $f_a = 219.32 \text{ kN/m}^2$,由轴心受压公式得:

$$A \geqslant \frac{N_k}{f_a - \gamma_G d} \quad N_{k\max} = 930.98 \text{ kN}$$

d 为平均埋深,$d = \dfrac{1\,500+1\,650}{2} \text{ mm} = 1\,580 \text{ mm}$,$\gamma_G = 20 \text{ kN/mm}^2$。故

$$A \geqslant \frac{930.98}{219.32-20\times1.58} \text{ m}^2 = 4.96 \text{ m}^2$$

按扩大 1.1~1.4 倍考虑偏压基础底面面积,取 1.3,则 $A = 1.3\times4.96 \text{ m}^2 = 6.45 \text{ m}^2$
选长边尺寸 $b = 3.0 \text{ m}$,则 $l = 2.2 \text{ m}$,$A = 2.2\times3.0 \text{ m}^2 = 6.6 \text{ m}^2 > 6.45 \text{ m}^2$,满足要求。

$$W = \frac{lb^2}{6} = \frac{1}{6}\times2.2\times3.0^2 \text{ m}^3 = 3.30 \text{ m}^3$$

(5) 验算所选基底尺寸是否满足要求

$$\begin{matrix} p_{k\max} \\ p_{k\min} \end{matrix} = \frac{N_k+G_k}{A} \pm \frac{M_k}{W}$$

$$G_k = \gamma_m A d = 20\times3.0\times2.2\times1.58 \text{ kN} = 208.56 \text{ kN}$$

对 A 组荷载组合

$$\begin{matrix} p_{k\max} \\ p_{k\min} \end{matrix} = \left(\frac{872.65+208.56}{3.0\times2.2} \pm \frac{99.07}{3.30}\right) \text{kN/m}^2 = \begin{matrix} 193.84 \\ 133.80 \end{matrix} \text{ kN/m}^2$$

对 B 组荷载组合

$$\begin{matrix} p_{k\max} \\ p_{k\min} \end{matrix} = \left(\frac{652.61+208.56}{3.0\times2.2} \pm \frac{389.59}{3.30}\right) \text{kN/m}^2 = \begin{matrix} 248.54 \\ 12.42 \end{matrix} \text{ kN/m}^2$$

对 C 组荷载组合

$$\begin{matrix}p_{kmax}\\p_{kmin}\end{matrix} = \left(\frac{930.98+208.56}{3.0\times2.2}\pm\frac{17.92}{3.30}\right) \text{kN/m}^2 = \begin{matrix}178.09\\167.23\end{matrix} \text{kN/m}^2$$

对 D 组荷载组合

$$\begin{matrix}p_{kmax}\\p_{kmin}\end{matrix} = \left(\frac{557.23+208.56}{3.0\times2.2}\pm\frac{72.93}{3.30}\right) \text{kN/m}^2 = \begin{matrix}138.13\\93.93\end{matrix} \text{kN/m}^2$$

计算表明,荷载组合以 B 组最为不利,故下面的计算均以 B 组为准。地基反力为:

$$p_k = \frac{1}{2}(p_{kmax}+p_{kmin}) = \frac{1}{2}\times(248.54+12.42) \text{kN/m}^2 = 130.48 \text{ kN/m}^2 < f_a = 219.32 \text{ kN/m}^2$$

$$p_{kmax} = 248.54 \text{ kN/m}^2 < 1.2f_a = 1.2\times219.32 \text{ kN/m}^2 = 263.18 \text{ kN/m}^2$$

故所选基底尺寸满足要求(图 2-72)。

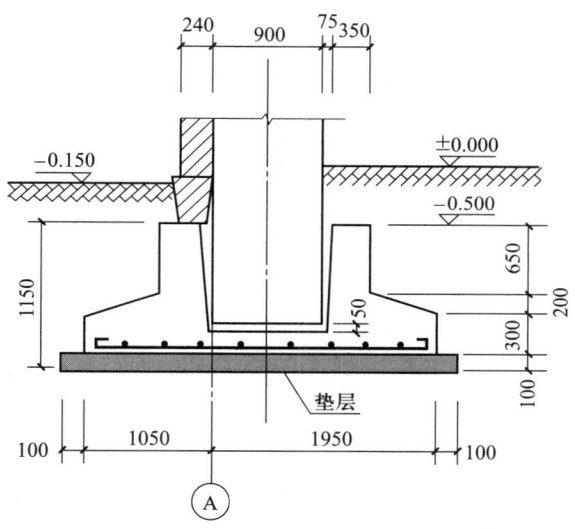

图 2-72 柱基础尺寸

3. 基础抗冲切验算

(1) 基底净反力设计值

$$\begin{matrix}p_{jmax}\\p_{jmin}\end{matrix} = \frac{N}{A}\pm\frac{M}{W}$$

$$\begin{matrix}p_{jmax}\\p_{jmin}\end{matrix} = \left(\frac{746.70}{6.6}\pm\frac{518.23}{3.3}\right) \text{kN/m}^2 = \begin{matrix}270.18\\-43.90\end{matrix} \text{kN/m}^2$$

$$e = \frac{M}{N} = \frac{518.23}{746.70} \text{ m} = 0.7 \text{ m}$$

因为 $e = 0.7 \text{ m} > \frac{b}{6} = \frac{3}{6} \text{ m} = 0.5 \text{ m}$, $p_{jmin}<0$, $a = \frac{b}{2}-e = \left(\frac{3}{2}-0.7\right) \text{ m} = 0.80 \text{ m}$

$$p_{jmax} = \frac{2N}{3al} = \frac{2\times746.70}{3\times0.80\times2.2} \text{ kN/m}^2 = 282.84 \text{ kN/m}^2$$

$$p_{j\min} = 0$$

（2）柱边冲切承载力验算

由图 2-73 可知：$h_0 = (1\ 150-40)$ mm $= 1\ 110$ mm，因为 $l_c + 2h_0 = (400 + 1\ 110 \times 2)$ mm $= 2\ 620$ mm $> l = 2\ 200$ mm，所以不必对柱边冲切承载力进行验算，但需要对柱边受剪承载力进行验算。应按如下步骤进行：

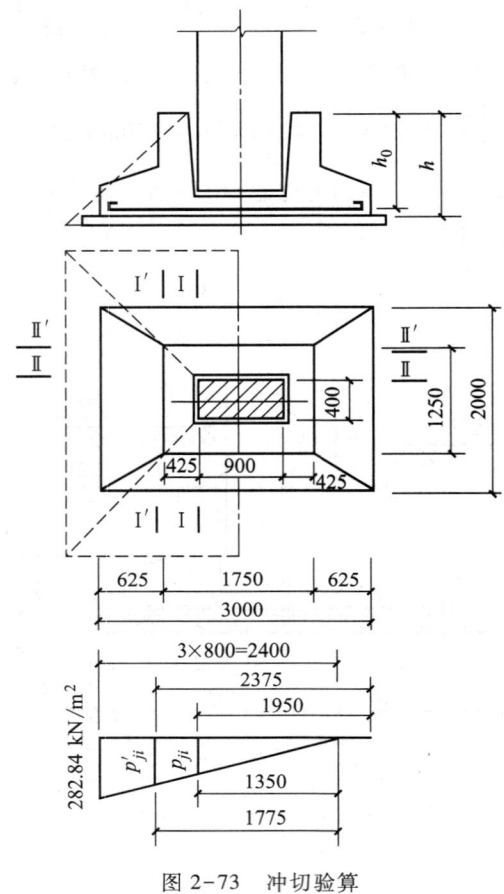

图 2-73 冲切验算

$$V_s \leq 0.7 \beta_{hs} f_t A_0 \quad \beta_{hs} = \left(\frac{800}{h_0}\right)^{1/4}$$

$$V_s = \frac{p_{j\max}}{2}\left(2.2 \times \frac{3-0.9}{2}\right)\ \text{m}^2 = \frac{282.84}{2}(2.2 \times 1.05)\ \text{kN} = 326.68\ \text{kN}$$

$$\beta_{hs} = \left(\frac{800}{h_0}\right)^{1/4} = \left(\frac{800}{1\ 110}\right)^{1/4} = 0.92$$

$$0.7\beta_{hs} f_t A_0 = 0.7 \times 0.92 \times 1.1 \times \left(1\ 250 \times 650 + \frac{1\ 250 + 2\ 200}{2} \times 200 + 2\ 200 \times (300-40)\right) \times 10^{-3}\ \text{kN}$$
$$= 1\ 225.18\ \text{kN}$$

$V_s = 326.68$ kN $< 0.7\beta_{hs} f_t A_0 = 1\ 225.18$ kN，受剪承载力满足要求。

变阶处冲切承载力验算
$$h_{01} = (500-40)\text{ mm} = 460 \text{ mm}$$
基础上阶尺寸为 b_1, l_1
$b_1 = (900+75\times 2+350\times 2)\text{ mm} = 1\ 750\text{ mm}$ $l_1 = (400+75\times 2+350\times 2)\text{ mm} = 1\ 250\text{ mm}$
$b_1 + 2h_{01} = (1\ 750+2\times 460)\text{ mm} = 2\ 670\text{ mm} < b = 3\ 000\text{ mm}$
$l_1 + 2h_{01} = (1\ 250+2\times 460)\text{ mm} = 2\ 170\text{ mm} < l = 2\ 200\text{ mm}$
需要验算变阶处受冲切承载力。
$$F_l = p_{j\max}A_1 = p_{j\max}\left[\left(\frac{b}{2}-\frac{b_1}{2}-h_{01}\right)l - \left(\frac{l}{2}-\frac{l_1}{2}-h_{01}\right)^2\right]$$
$$= 282.84\times\left[\left(\frac{3.0}{2}-\frac{1.75}{2}-0.46\right)\times 2.2 - \left(\frac{2.2}{2}-\frac{1.25}{2}-0.46\right)^2\right]\text{ kN} = 102.61\text{ kN}$$
$$l_m = \frac{1.25+1.25+2\times 0.46}{2}\text{ m} = 1.71\text{ m}$$
因为 $h_1 = 500\text{ mm} < 800\text{ mm}$，所以 $\beta_{hp} = 1.0$。
$$A_2 = l_m h_{01}$$
$$[F_l] = 0.7\beta_{hp}f_t A_2 = 0.7\beta_{hp}f_t l_m h_{01} = 0.7\times 1.0\times 1.1\times 1.71\times 460\text{ kN}$$
$$= 605.68\text{ kN} > F_l = 102.61\text{ kN}$$
满足要求。

4. 基底配筋计算

（1）沿长边方向
$$p_{j\max} = 282.84\text{ kN/m}^2,\quad p_{j\min} = 0$$
① 柱边截面：$h_0 = (1\ 150-40)\text{ mm} = 1\ 110\text{ mm}$
$p_{jI} = 159.10\text{ kN/m}^2$
$$M_I = \frac{1}{48}(p_{j\max}+p_{jI})(b-b_c)^2(2l+l_c)$$
$$= \frac{1}{48}\times(282.84+159.10)\times(3.0-0.9)^2\times(2\times 2.2+0.4)\text{ kN}\cdot\text{m}$$
$$= 194.90\text{ kN}\cdot\text{m}$$
$$A_{sI} = \frac{M_I}{0.9h_0 f_y} = \frac{194.90\times 10^6}{0.9\times 1\ 110\times 270}\text{ mm}^2 = 723\text{ mm}^2$$
$$A_{sI\min} = 0.15\%A_I = 0.15\%\left(1\ 250\times 650 + \frac{1\ 250+2\ 200}{2}\times 200 + 2\ 200\times 300\right)\text{ mm}^2$$
$$= 2\ 726.25\text{ mm}^2$$
② 变阶处截面：

$$p'_{j1} = 282.84 \times \frac{1\,775}{2\,400} \text{ kN/m}^2 = 209.18 \text{ kN/m}^2$$

$$M'_I = \frac{1}{48}(p_{jmax} + p'_{j1})(b-b_1)^2(2l+l_1)$$

$$= \frac{1}{48} \times (282.84 + 209.18) \times (3.0-1.75)^2 \times (2 \times 2.2 + 1.25) \text{ kN} \cdot \text{m}$$

$$= 90.49 \text{ kN} \cdot \text{m}$$

$$A'_{sI} = \frac{90.49 \times 10^6}{0.9 \times 460 \times 270} \text{ mm}^2 = 810 \text{ mm}^2$$

$$A'_{sI\min} = 0.15\% A'_I = 0.15\% \left(\frac{1\,250+2\,200}{2} \times 200 + 2\,200 \times 300\right) \text{ mm}^2 = 1\,507.5 \text{ mm}^2$$

由①、②项计算可知，取 $A_{sI} = 2\,726.25 \text{ mm}^2$，即每米板宽的钢筋截面面积为 $\frac{2\,726.25}{2.2} \text{ mm}^2 = 1\,239.20 \text{ mm}^2$，选 $\phi 16@150$，实配每米板宽的钢筋截面面积 $1\,436 \text{ mm}^2$。

（2）沿短边方向

$$p_j = \frac{1}{2}(p_{jmax} + p_{jmin}) = \frac{1}{2}(282.84+0) \text{ kN/m}^2 = 141.42 \text{ kN/m}^2$$

① 柱边截面：

$$M_{II} = \frac{1}{24}p_j(l-l_c)^2(2b+b_c)$$

$$= \frac{1}{24} \times 141.42 \times (2.2-0.4)^2 \times (2 \times 3 + 0.9) \text{ kN} \cdot \text{m} = 131.73 \text{ kN} \cdot \text{m}$$

$$A_{sII} = \frac{M_{II}}{0.9 f_y(h_0-d)} = \frac{131.73 \times 10^6}{0.9 \times 270 \times (1\,110-10)} \text{ mm}^2 = 493 \text{ mm}^2$$

$$A_{sII\min} = 0.15\% A_{II} = 0.15\% \left(1\,750 \times 650 + \frac{1\,750+3\,000}{2} \times 200 + 3\,000 \times 300\right) \text{ mm}^2$$

$$= 3\,768.75 \text{ mm}^2$$

② 变阶处截面：

$$M'_{II} = \frac{1}{24}p_j(l-l_1)^2(2b+b_1)$$

$$= \frac{1}{24} \times 141.42 \times (2.2-1.25)^2 \times (2 \times 3+1.75) \text{ kN} \cdot \text{m} = 41.21 \text{ kN} \cdot \text{m}$$

$$A'_{sII} = \frac{41.21 \times 10^6}{0.9 \times 270 \times (460-10)} \text{ mm}^2 = 377 \text{ mm}^2$$

$$A'_{sII\min} = 0.15\% A'_{II} = 0.15\% \left(\frac{1\,750+3\,000}{2} \times 200 + 3\,000 \times 300\right) \text{ mm}^2 = 2\,062.5 \text{ mm}^2$$

由①、②项计算可知，取 $A_{sII} = 3\,768.75 \text{ mm}^2$，即每米板宽的钢筋截面面积为 $\frac{3\,768.75}{3.0} \text{ mm}^2 = 1\,256.25 \text{ mm}^2$，再根据构造要求，选用 $\phi 16@150$，实配每米板宽的钢筋截面面积 $1\,436 \text{ mm}^2$。设计完毕，施工图见图 2-74。

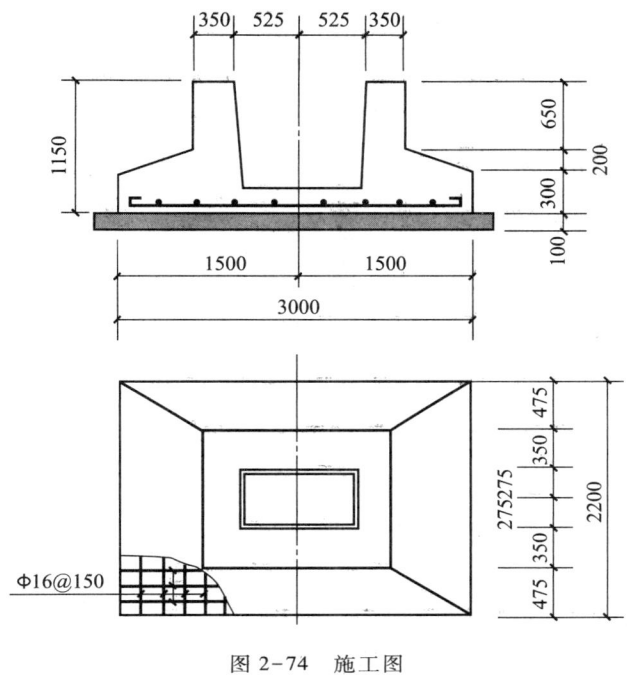

图 2-74 施工图

2.8 小 结

① 本章内容为单层厂房装配式钢筋混凝土排架结构设计的一些主要问题。钢筋混凝土排架结构是目前单层厂房结构的基本形式,因其受力明确,设计和施工均较方便,故应用非常广泛。

② 单层厂房(非地震区)设计内容和步骤一般为:

a. 根据生产工艺要求厂房建筑的平、立、剖面,其中包括确定柱网、跨度、跨数、吊车轨道标高、天窗等。

b. 进行结构布置和构件选型。内容为确定屋面板、天沟板、天窗架、屋架、支撑、吊车梁、柱截面形式及尺寸、柱高、基础类型、埋置深度等,其中尤应重视屋面支撑系统如柱间支撑系统的布置,因为这些问题与厂房的整体性和空间工作性能有关,而且还会影响一些构件(如屋架上弦杆)的承载力。

c. 确定横向定位轴线及纵向定位轴线。

d. 进行结构计算。其内容为:确定计算简图,计算荷载,内力分析与内力组合及各构件截面设计和配筋等。

e. 绘结构施工图。包括各种结构构件布置图、模板和配筋图。

③ 单层厂房中,横向排架在厂房空间骨架中起主要作用,厂房结构是否安全,主要取决于横向排架是否有足够的承载力和足够的刚度,因此单层厂房一般按横向平面排架计算。

④ 厂房排架一般为超静定结构,对于等高排架,采用剪力分配法计算内力比较简便,而不等高排架的内力计算则通常采用力法。

⑤ 排架柱、屋架、吊车梁等为单层厂房的主要承重构件。屋架和吊车梁一般可由标

准图选用,但也应掌握这类构件的计算原理和构造要求。排架柱的计算和设计显得尤为重要。对排架柱的控制截面应进行最不利内力组合,这是一项计算工作量较大且颇为重要的工作。排架柱的设计内容还包括:对其使用阶段在排架平面内(偏心受压)、排架平面外(轴心受压)各控制截面进行计算和配筋,还有施工阶段的吊装验算和牛腿计算,以及绘制施工图等。

⑥ 单层厂房常采用钢筋混凝土柱下独立基础,其主要设计内容为:根据地基承载力要求确定基础底面形状和尺寸;根据抗冲切承载力要求确定基础高度;根据抗弯承载力要求计算基础底板钢筋。设计中还须满足有关尺寸和配筋等构造要求。

思 考 题

1. 单层排架结构厂房的结构构件组成如何?其各自的作用是什么?
2. 单层厂房横向平面排架承受哪些荷载?其传力途径如何?
3. 单层厂房屋盖支撑有哪些?其作用各是什么?布置原则如何?
4. 确定单层厂房横向平面排架的计算简图时有哪些基本假定?
5. 单层厂房屋盖结构有哪些体系?各自有哪些特点?
6. 什么叫等高排架?柱顶标高不同,但柱顶由倾斜横梁贯通相连的是否为等高排架?如何用剪力分配法计算等高排架的内力?
7. 荷载组合和内力组合的目的是什么?组合原则是什么?
8. 单层厂房柱与柱的基础的内力组合有什么不同?
9. 如何确定排架柱的截面尺寸和配筋?
10. 什么情况下要验算排架的水平位移?如何验算?
11. 牛腿的受力特性及破坏形态如何?牛腿的配筋有何特点?
12. 钢筋混凝土预制柱采用平吊和采用翻身吊的强度验算有何不同?
13. 吊车梁的受力特点如何?
14. 影响单层厂房结构整体空间作用程度的主要因素有哪些?哪些荷载作用下厂房的整体空间作用最明显?
15. 如何进行单层厂房柱下独立基础的设计?

习 题

2.1 某单层厂房柱的截面尺寸为 $b \times h = 300 \text{ mm} \times 400 \text{ mm}$,采用对称配筋,受力钢筋为 HRB400,混凝土用 C25 级,计算长度 $l_0 = 3.6 \text{ m}$,$\eta_s = 1$,该柱的控制截面中作用有以下两组设计内力:第一组:$N = 564 \text{ kN}$,$M = 145 \text{ kN} \cdot \text{m}$ 第二组:$N = 325 \text{ kN}$,$M = 142 \text{ kN} \cdot \text{m}$ 试先初步判断哪一组为最不利内力,再由计算确定两组内力作用下分别所需的钢筋截面面积,验证原判断是否正确?

2.2 某单层厂房截面尺寸为 $b \times h = 400 \text{ mm} \times 800 \text{ mm}$,柱下为钢筋混凝土独立杯形基础。经内力组合,作用在基础顶面的控制内力设计值分别为:$N = 650 \text{ kN}$,$M = 282 \text{ kN} \cdot \text{m}$,$V = 25 \text{ kN}$,修正后的地基承载力特征值 $f_a = 200 \text{ kN/m}^2$,基底埋深 $d = 1.5 \text{ m}$,采用 C20 级混凝土,HPB300 钢筋,垫层厚 100 mm,基础及其台阶上回填土平均标准重度为 20 kN/m³。若已选基础底面长宽比为 1.5:1,试设计该基础。

2.3 如图 2-75 所示的两跨排架,A 柱牛腿顶面作用的力矩设计值 $M_{\max} = 238 \text{ kN} \cdot \text{m}$,B 柱牛腿顶

面作用的力矩设计值 $M_{min} = 153$ kN·m；柱截面惯性矩分别为：$I_1 = 2.26 \times 10^9$ mm^4，$I_2 = 15.43 \times 10^9$ mm^4，$I_3 = 5.86 \times 10^9$ mm^4，$I_4 = 19.66 \times 10^9$ mm^4，上柱高 $H_u = 3.6$ m，柱全高 $H = 13.5$ m。试计算此排架的内力。

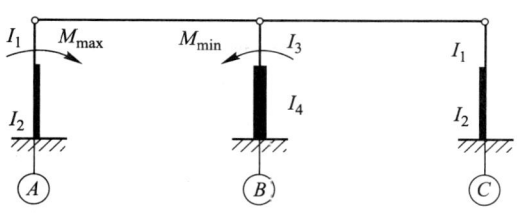

图 2-75　习题 2.3 图

第 3 章

框架结构

课件 3-1
概述

3.1 框架结构的组成与布置

3.1.1 框架结构的组成

混凝土框架由水平构件梁、板和竖向构件柱以及节点和基础组成。梁和柱的连接一般为刚接,形成承重结构,将荷载传给基础。刚性连接的梁比普通梁式结构要节约材料,结构的横向刚度较大,梁的高度也较小,故可增加房屋的净空,是一种经济的结构形式。柱和基础也常采用刚接。混凝土框架结构广泛应用于住宅、商店、旅馆、办公等民用建筑和电子、仪表、化工、轻工、食品等多层厂房等 6~15 层的多层和高层房屋。这种结构体系的优点为:建筑平面布置灵活,可获得较大的使用空间,建筑立面较易处理,能适应不同房屋造型。《高层建筑混凝土结构技术规程》(JGJ 3—2010)将 10 层及 10 层以上或高度超过 28 m 的住宅建筑结构和房屋高度大于 24 m 的其他民用建筑结构定义为高层建筑,采用框架结构的高层房屋多为民用建筑。在高层建筑中,框架结构单元还常与其他结构单元组合,构成框架—剪力墙、框架—支撑和框架—筒体等结构体系。

框架结构是高次超静定结构,既承受竖向荷载,又承受侧向力作用,如风荷载或水平地震作用等。在框架结构中,常因功能需要而设置填充墙,一般计算时,不考虑填充墙的抗侧作用,因为填充墙在建筑物的使用过程中;有不确定性,而且,填充墙常采用轻质材料,或者在墙与柱之间留有缝隙,仅由钢筋柔性连接。当填充墙采用砌体墙并与框架结构刚性连接时,如砌体填充墙的上部与框架梁底之间充分"塞紧",或采用先砌墙后浇梁的顺序施工,那么在水平地震作用下,框架结构将发生侧向变形,填充墙则起斜压杆的作用,如图 3-1 所示。此时,刚性填充墙对框架侧向刚度贡献较大。应注意尽量使结构的整体抗侧刚度对称,避免地震时产生过大的整体扭转。

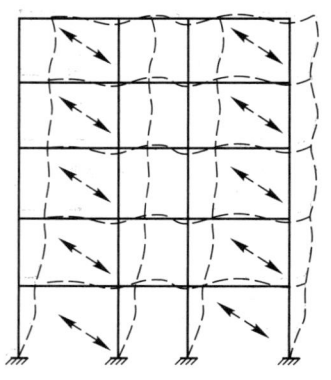

图 3-1 刚性填充墙的作用

按施工方法不同,钢筋混凝土框架可分为现浇式、装配式和装配整体式几种。它们在使用阶段的分析是相近的,但在施工过程中却有不同特点。

现浇式框架的梁、柱、楼板均为现浇钢筋混凝土结构,一般做法是每层的柱与其上部的梁板同时支模、绑扎钢筋,然后一次浇筑混凝土。板中的钢筋伸入梁内锚固,梁的纵向钢筋伸入柱内锚固。因此,全现浇式框架结构的整体性强、抗震(振)性能好,其缺点是现场施工的工作量大、工期长、需要大量的模板。

装配式框架是指梁、柱、楼板均为预制,通过焊接拼装连接成整体的框架结构。由于所有构件均为预制,可实现标准化、工厂化、机械化生产,因此,施工速度快、效率高,但由于在焊接接头处须预埋连接件,增加了用钢量。装配式框架结构的整体性较差,抗震(振)能力弱,不宜在地震区应用。

装配整体式框架是指梁、柱、楼板均为预制,在构件吊装就位后,焊接或绑扎节点区钢筋,浇筑节点区混凝土,从而将梁、柱、楼板连成整体框架结构。装配整体式框架既具有较好的整体性和抗震(振)能力,又可采用预制构件,减少现场浇筑混凝土的工作量,因此,它兼有现浇式框架和装配式框架的优点,但节点区现场浇筑混凝土施工复杂。

目前国内大多采用现浇式混凝土框架,国外大多采用装配整体式框架。

3.1.2 框架结构布置

课件 3-2
结构布置

1. 柱网布置

柱网是竖向承重构件的定位轴线在平面上所形成的网格,是框架结构平面的"脉络"。框架结构的柱网布置既要满足建筑平面布置和生产工艺的要求,又要使结构受力合理、构件种类少、施工方便。此外,柱网布置应力求避免凹凸曲折和高低错落。

(1) 柱网布置须满足生产工艺的要求

在多层工业厂房设计中,生产工艺的要求是厂房平面设计的主要依据,主要有内廊式、统间式、大宽度式等几种。与此相适应,柱网布置方式可分为内廊式、等跨式、对称不等跨式等几种,见图 3-2。

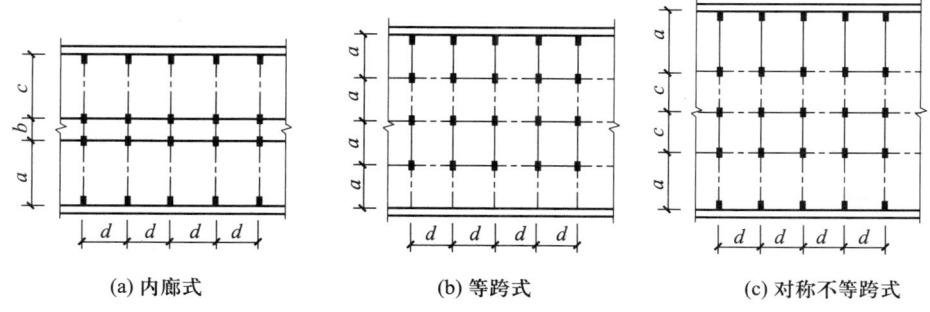

图 3-2 多层厂房柱网布置

一般厂房的跨度多为 6.0 m,6.9 m,7.5 m,9 m,12 m 等,有的厂房的跨度有时达到 18 m。内廊式中间跨的走廊跨度常为 2.4 m,2.7 m 或 3 m。

(2) 柱网布置须满足建筑平面布置的要求

在民用建筑中,柱网布置应与建筑分隔墙布置相协调。例如,在旅馆建筑中,建筑平面一般布置成两边为客房、中间为走道。这时,柱网布置可有两种方案:一种是将柱子布置在走道两侧,即走道为一跨,客房与卫生间为一跨[图 3-3(a)];另一种是将柱子布置在客房与卫生间之间,即将走道与两侧的卫生间并为一跨,边跨仅布置客房[图3-3(b)]。

在办公楼建筑中,一般是两边为办公室,中间为走道,这时可将中柱布置在走道两侧,如图3-4(a)所示。而当房屋进深较小时,亦可取消一排柱子,布置成为两跨框架,如图3-4(b)所示。

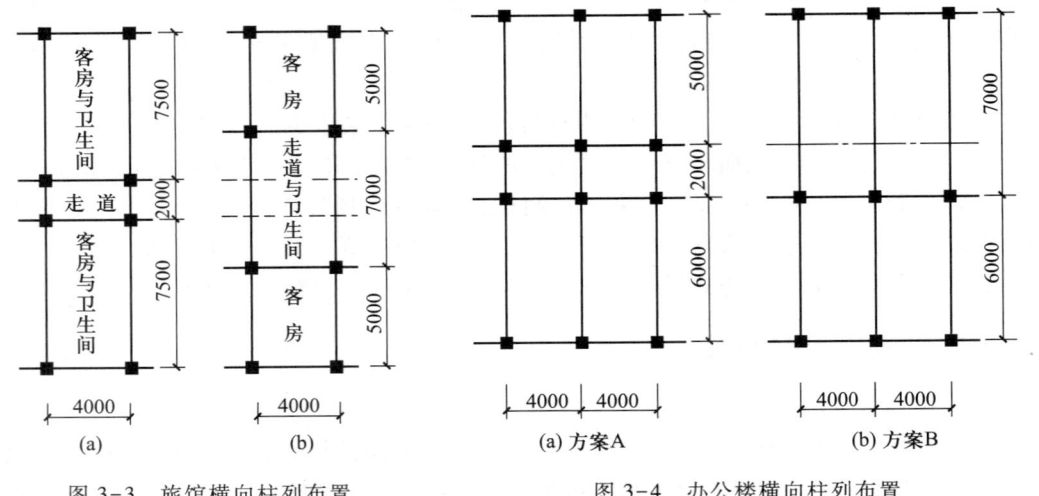

图3-3 旅馆横向柱列布置　　　　图3-4 办公楼横向柱列布置

(3) 柱网布置须使结构受力合理

多层框架结构当层数不多时主要承受竖向荷载。柱网布置时,应考虑到结构在竖向荷载作用下内力分布均匀合理,以使各构件材料强度均能充分利用。如图3-5所示的两种框架结构,在竖向荷载作用下,很显然框架A的梁跨中最大正弯矩、梁支座最大负弯矩及柱端弯矩均比框架B大;再如图3-4所示的两种框架结构,由力学分析知方案B所示框架的内力要比方案A所示框架大,但当结构跨度较小,层数较少时,方案A框架往往因须按构造要求确定截面尺寸及配筋量,而方案B框架则在抽掉了一排柱子以后,其他构件的材料用量并无多大增加。

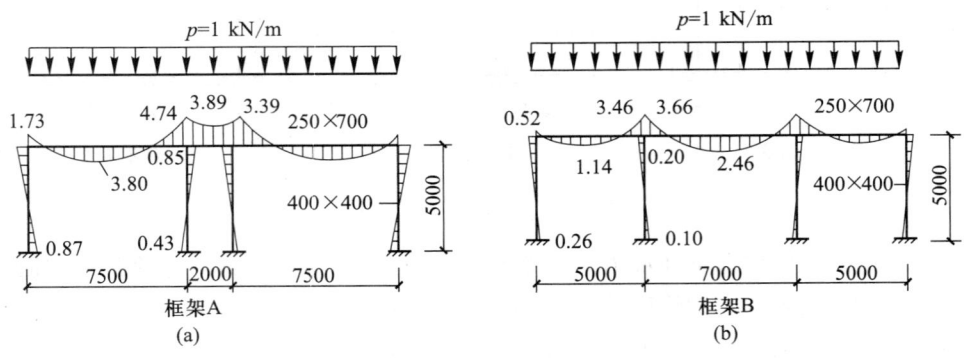

图3-5 框架弯矩图(单位:kN·m)

此外,纵向柱列的布置对结构也有影响,框架柱距一般可取建筑开间,如图3-6(a)所示。但当开间小,层数又少时,柱截面设计常按构造配筋,材料强度不能充分利用,同时过小的柱距也使建筑平面难以灵活布置,因而可考虑柱距为两个开间,如图 3-6(b)所示。

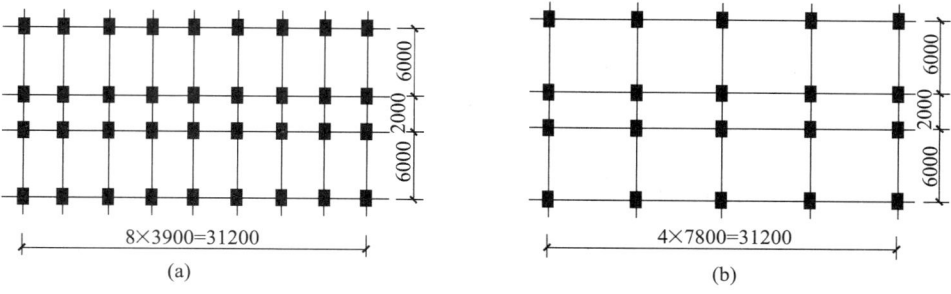

图 3-6 纵向柱列布置

(4) 柱网布置应便于施工

进行建筑设计及结构布置时都要考虑施工方便,以加快施工进度,降低工程造价。例如,对于装配式结构,既要考虑到构件的最大长度和最大重量,使之满足吊装、运输设备的限制条件,又要考虑到构件尺寸的模数化、标准化,尽量减少规格种类,以满足工业化生产的要求,从而提高生产效率。现浇框架结构尽管可不受建筑模数和构件标准的限制,但结构布置也要尽量使梁板布置简单、规则,以便于施工。

(5) 柱网布置应符合抗震要求

需要进行抗震设防的框架结构房屋,柱网布置时还应符合抗震要求。《建筑抗震设计规范》(GB 50011—2010)规定:甲、乙类建筑以及高度大于 24 m 的丙类建筑,不应采用单跨框架结构;高度不大于 24 m 的丙类建筑不宜采用单跨框架结构[甲、乙、丙类建筑的划分请参阅《建筑工程抗震设防分类标准》(GB 50223—2008)]。

2. 承重框架的布置

在一般情况下,柱在两个方向均应有梁拉结,亦即沿房屋纵横两个方向都应布置梁系。因此,实际的框架结构是一个空间受力体系。但为计算分析方便起见,可把实际框架结构看成纵横两个方向的平面框架。沿建筑物长方向的称为纵向框架,沿建筑物短方向的称为横向框架。纵向框架和横向框架分别承受各自方向上的水平力,而楼面竖向荷载则根据楼盖结构布置方式而按不同的方式传递:若为现浇肋梁楼盖,向距离较近的梁上传递;对于预制板楼盖,则传至搁置预制板的梁上。一般应该在承受较大楼面竖向荷载的方向上布置主梁,而另一方向上则布置次梁。

按框架布置方案和传力线路的不同,框架的布置方案有横向框架承重、纵向框架承重和纵横向框架双向承重等几种。

(1) 横向框架承重方案

横向框架承重方案是在横向布置框架主梁,而在纵向布置连系梁,如图 3-7(a)所示。框架在横向承受全部竖向荷载和横向水平荷载,纵向框架只承受纵向水平荷载。横向框架往往跨数少,主梁沿横向布置有利于提高横向抗侧刚度。而纵向框架则往往跨数较多,所以在纵向仅需按构造要求布置截面尺寸较小的连系梁。这种方案有利于房屋室内的采光和通风。

(2) 纵向框架承重方案

纵向框架承重方案在纵向布置框架主梁，在横向布置连系梁，如图3-7(b)所示。框架纵向为主框架，承受全部竖向荷载和纵向水平荷载，横向框架只承受横向水平荷载。因为楼面荷载由纵向梁传至柱子，所以横梁高度较小，有利于设备管线的穿行；当在房屋开间方向需要较大空间时，可获得较高的室内净高；另外，当地基土的物理力学性能在房屋纵向有明显差异时，可利用纵向框架的刚度来调整房屋的不均匀沉降。纵向框架承重方案的缺点是房屋横向刚度较差。

(3) 纵横向框架双向承重方案

纵横向框架双向承重方案是在两个方向上均需布置框架主梁以承受楼面荷载。当采用预制板楼盖时，布置如图3-7(c)所示；当采用现浇板楼盖时，布置如图3-7(d)所示。两个方向的框架均承受竖向荷载和水平荷载。当楼盖上作用有较大荷载，或当柱网布置为正方形或接近正方形时，常采用这种承重方案，楼盖常采用现浇双向楼板或井式梁楼盖。纵横向框架双向承重方案具有较好的整体工作性能，有利于抗震。框架柱均为双向偏心受压构件，结构为空间受力体系。

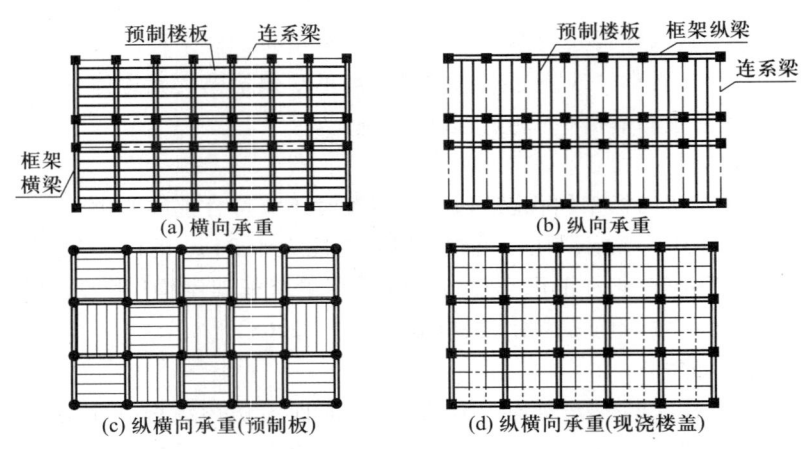

图3-7　承重框架的布置方案

3. 结构布置原则与变形缝的设置

变形缝有伸缩缝、沉降缝、防震缝三种。在多层及高层建筑结构中，房屋平面应力求简单、规则，尽量少设缝或不设缝。例如正方形、矩形、等边多边形、圆形和椭圆形等都是良好的平面形状。复杂的建筑平面，易使房屋楼面的水平力合力中心与刚度中心偏离，使建筑结构产生扭转效应，并在平面变化转折处产生应力集中。当结构单元长度过大时，将产生较大的温度应力，并且在地震作用下，由于地基各点运动的不一致而引起上部结构的不利反应。

房屋的竖向布置应使结构刚度沿高度分布比较均匀，避免结构刚度突变。同一层楼面应尽量设置在同一标高处，避免结构错层和局部夹层。

当建筑物平面较长，或平面复杂、不对称，或各部分刚度、高度、重量相差悬殊时，设置变形缝是必要的。

伸缩缝(也称温度缝)的设置，主要与结构的长度有关。当房屋平面尺寸过长时，为避免温度变化和混凝土收缩使房屋产生裂缝,必须设置伸缩缝。伸缩缝的最大间距详见表 3-1。

表 3-1　钢筋混凝土结构伸缩缝最大间距　　　　　　　　　　　　　　　　　m

结构类别		室内或土中	露天
框架结构	装配式	75	50
	现浇式	55	35

注:1. 装配整体式结构房屋的伸缩缝间距宜按表中现浇式的数值取用;
　　2. 当屋面无保温或隔热措施时,伸缩缝间距宜按表中露天栏的数值取用。

设置伸缩缝会导致结构局部构造复杂,施工困难等。目前,工程中常采用分阶段施工,设置后浇带并在局部构造加强的办法处理。图 3-8 为楼板后浇带示意图。在较长结构单元中,每隔 35~40 m 设一道,待缝两侧的混凝土自由收缩基本完成后在后浇带中浇筑微膨胀细石混凝土。

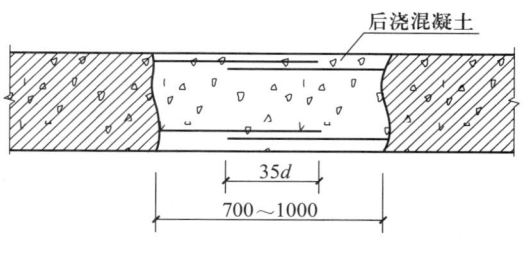

图 3-8　楼板后浇带

沉降缝的设置,主要与房屋承受的上部荷载及地基差异有关。当上部荷载差异较大,或地基土的物理力学指标相差较大,则应设沉降缝。房屋自基础直达屋顶,应以沉降缝将整个房屋的各部分分开,使结构不至于因沉降差较大引起过大内力而开裂。沉降缝可利用挑梁或搁置预制板、预制梁等办法做成(图 3-9)。

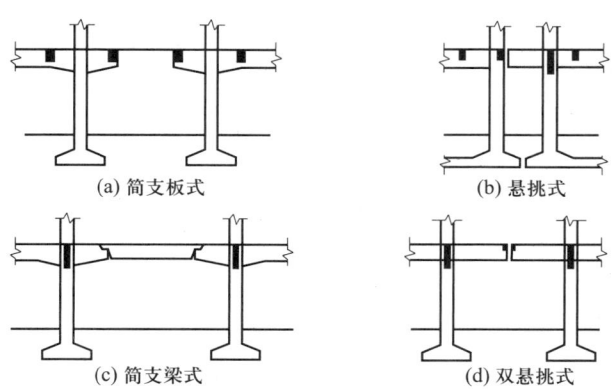

图 3-9　沉降缝构造图

伸缩缝与沉降缝的宽度一般不宜小于 50 mm。

防震缝的设置主要与建筑的平面形状、刚度、质量分布、高差等因素有关。设置防震缝后,可以将体型复杂的房屋分成规则的结构单元,使各结构单元刚度和质量分布均匀,以避免地震作用下的扭转效应。伸缩缝和沉降缝在抗震设防区应满足防震缝的宽度要求。当仅设防震缝时,基础可不分开,但在防震缝处基础应加强连接构造措施。图 3-10 为北京民航大楼的变形缝设置。为避免各单元之间互相碰撞,框架结构房屋防震缝的最

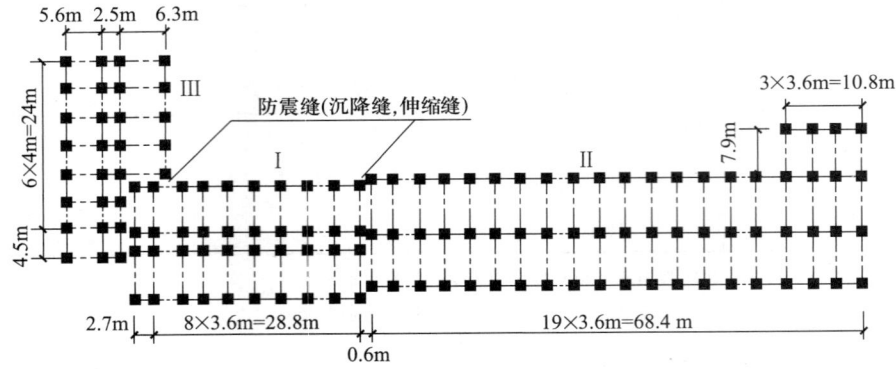

图 3-10 北京民航大楼变形缝设置

小宽度应满足下列要求:高度不超过 15 m 时不应小于 100 mm;超过 15 m 时,6 度、7 度、8 度和 9 度分别每增加高度 5 m、4 m、3 m 和 2 m,宜加宽 20 mm。

4. 装配式与装配整体式框架的梁柱接头布置

装配式与装配整体式框架梁柱接头位置的确定,须综合考虑构件的生产、吊装和运输能力,还要考虑到施工方便、受力合理、构造简单。构件的划分一般有以下几种。

(1) 单梁短柱式

梁按跨度、柱按层高划分成单个构件[图 3-11(a)]。这种方案构件较小,便于制作、堆放、运输和吊装。其缺点是不仅接头数量多,而且接头均位于框架节点处,为结构内力最大的部位,不利于结构受力。

(2) 单梁长柱式

梁按跨度划分,而柱子则是每二层甚至数层为一个构件[图 3-11(b)]。这样可减少接头节点数量,减少吊装次数,从而提高房屋整体性。其缺点是柱子吊装、运输困难,柱内配筋量常由于吊装、运输的要求而增加。

(3) 框架式

将整个框架结构划分成若干个小刚架[图 3-11(c)、图 3-11(d)]。刚架的形式可为 Π 形、Γ 形、H 形、十字形等。接头位置可以在框架节点处,亦可以在弯矩较小的梁跨中及柱的层高中点。这样也可以减少节点数量,减少吊装次数,提高房屋整体性。其缺点是构件大而复杂,因而制作、运输、吊装都比较困难。

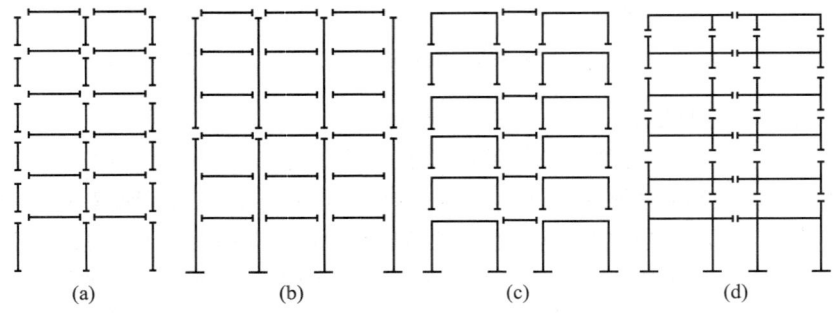

图 3-11 装配式与装配整体式框架的构件划分

目前在工程中,单梁长柱式和单梁短柱式应用较多,因为其安装难度小,安装精度与质量易于控制和保证。

3.1.3 框架梁、柱截面尺寸

1. 梁、柱截面形状

现浇框架中,梁的截面形状以 T 形和 Γ 形为主,见图 3-12(a);在装配式框架中,梁除矩形外还可做成 T 形、梯形和花篮形,见图 3-12(b);在装配整体式框架中,梁常做成花篮形,如图 3-12(c)所示。框架柱的截面形状一般为矩形或正方形,有时根据需要也做成圆形或其他形状。

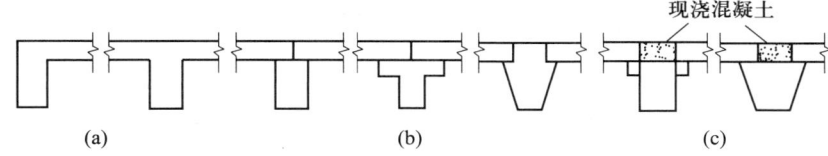

图 3-12 框架梁截面形状

2. 梁、柱截面尺寸

框架梁、柱截面尺寸应根据构件承载力、刚度及延性等方面要求确定,设计时通常参照以往经验初步选定截面尺寸,再进行承载力计算和变形验算,核查所选尺寸是否满足要求。

(1) 梁截面尺寸

框架梁的截面高度可根据梁的跨度、约束条件以及荷载大小进行选择,一般取梁高 $h=(1/18\sim1/10)l$,其中 l 为梁的跨度;当框架梁为单跨或荷载较大时取大值,而当框架梁为多跨或荷载较小时取小值。楼面荷载大时,为增大梁的刚度可取 $h=(1/10\sim1/7)l$。为防止梁发生剪切破坏,梁高 h 不宜大于 1/4 净跨。框架梁的截面宽度可取 $b=(1/3\sim1/2)h$,为使端部节点传力可靠,梁宽 b 不宜小于 200 mm。为保证梁平面外的稳定性,梁截面的高宽比不宜大于 4。

为了降低楼层高度或便于管道铺设等其他原因,也可将框架梁设计成宽度较大的扁梁,扁梁的截面除应满足承载力要求外,尚应满足刚度和裂缝要求。

若采用叠合梁,则叠合梁预制部分截面高度不宜小于 $l/15$,而后浇部分截面高度不宜小于 120 mm。也可采用预应力框架梁,此时梁截面高度 h 可取 $(1/20\sim1/15)l$。

(2) 柱截面尺寸

钢筋混凝土框架柱多采用矩形截面,初拟的截面尺寸可参考同类建筑或近似取 $h=(1/20\sim1/15)H$,H 为层高;柱截面宽度可取 $b=(2/3\sim1)h$,并按下述方法进行初步估算:

当框架柱承受竖向荷载为主时,可先根据一根柱的负荷面积算出柱轴力,考虑到弯矩影响,将柱轴力乘以 1.2~1.4 的放大系数,再按轴心受压计算柱截面尺寸。

对于有抗震设防要求的框架结构,为保证柱有足够的延性,需要限制柱的轴压比,柱截面面积应满足下式要求:

$$A \geqslant \frac{N}{\lambda f_c} \tag{3-1}$$

课件 3-3 截面尺寸确定

式中　A——柱的截面面积；
　　　N——柱的轴压力设计值；
　　　λ——柱轴压比限值，混凝土强度等级不高于 C60 时轴压比限值见表 3-2；
　　　f_c——混凝土轴心抗压强度设计值。

矩形截面柱的边长，非抗震设计时不宜小于 250 mm；抗震设计时，抗震等级为四级时不宜小于 300 mm，一、二、三级时不宜小于 400 mm。圆柱直径，非抗震和四级抗震设计时不宜小于 350 mm，一、二、三级时不宜小于 450 mm。为避免发生剪切破坏，柱剪跨比宜大于 2。柱截面高宽比不宜大于 3。

表 3-2　柱轴压比限值

类别	抗震等级			
	一	二	三	四
框架柱	0.65	0.75	0.85	—

3.2　框架结构的简化计算

3.2.1　框架结构的计算简图

课件 3-4
计算简图

1. 基本假定

框架结构是由若干横向框架和纵向框架组成的一个空间受力体系，如图 3-13 所示。为方便手算，据框架结构的受力特点做出如下假定：

① 一榀框架只能抵抗自身平面内的侧向作用力，其平面外的刚度很小，可以忽略；
② 楼板在自身平面内刚度无限大，在侧向力的作用下，楼板作刚体运动。

基于以上假定，可以把空间框架结构划分成纵、横向的若干榀平面框架，共同抵抗与平面框架平行的侧向荷载，如图 3-13 所示，横向①，②，…，⑦轴共七榀平面框架抵抗 y 向侧向荷载，纵向Ⓐ、Ⓑ、Ⓒ轴共三榀平面框架抵抗 x 向侧向荷载。侧向荷载在各榀平面框架之间按刚度的大小进行分配。这样，空间框架的内力及位移计算就简化成若干榀平面框架的内力和位移计算。

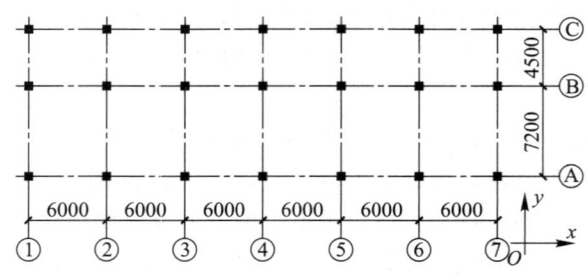

图 3-13　框架结构平面图

2. 计算简图

以图 3-13 中③轴框架为例（假设为三层），在水平荷载和竖向荷载作用下的计算简图如图 3-14 所示。框架的计算跨度取为柱轴线间距离;柱的计算高度取值为:底层取基础顶面至二层梁顶面的距离,其他层取相邻两层梁顶面的距离。计算梁的刚度时,宜考虑楼板的作用,梁截面惯性矩近似按以下取值:现浇楼盖,梁一侧有楼板时,$I=1.5I_0$(I_0 为按矩形截面计算的梁截面惯性矩);梁两侧有楼板时,$I=2.0I_0$;装配整体式楼盖,梁一侧有楼板时,$I=1.2I_0$,梁两侧有楼板时,$I=1.5I_0$;装配式楼盖,$I=I_0$。作用在框架梁上的竖向荷载由楼盖中的板和次梁传来;作用在框架上的水平荷载由作用在结构上的总水平荷载按各榀框架的刚度比例分配。

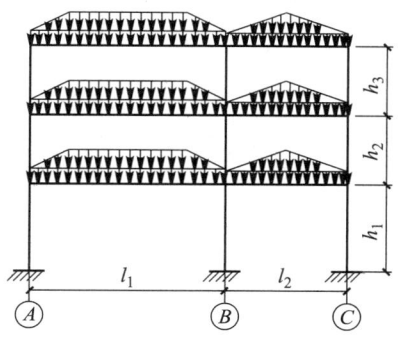 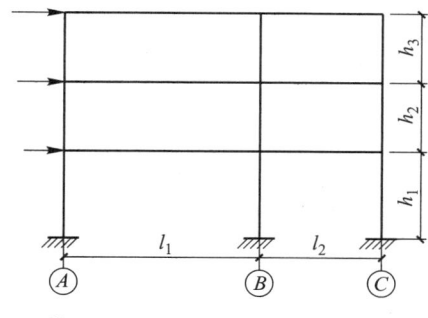

③轴框架在竖向荷载作用下的计算简图　　　　　③轴框架在水平荷载作用下的计算简图

图 3-14　框架的计算简图

3.2.2　框架结构在竖向荷载作用下内力计算的近似方法——分层法

精确计算法的计算结果表明,在竖向荷载作用下,框架结构的侧移很小,侧移对内力的影响也很小,而且框架每层梁上的荷载对其他层梁和柱的弯矩影响较小。图 3-15 为精确计算法计算的框架弯矩图和侧移图。为此,分层法作了如下假定:

① 忽略竖向荷载作用下框架的侧移及由侧移引起的弯矩;

② 每层梁上的竖向荷载仅对本层梁及与本层梁相连的柱的内力产生影响,而对其他层梁、柱的内力影响忽略不计;

③ 忽略梁、柱轴向变形及剪切变形。

基于以上假定,可以将框架分成多个独立的单层无侧移框架(如图 3-16 所示),用力矩分配法进行计算,求得各单层框架的弯矩后再进行叠加,从而得到框架各杆端的弯矩。

由于实际的框架柱,除底层为固定支承外,其余各层均为弹性支承,因此,按图 3-16 所示的单层无侧移框架计算时,必然会造成柱的弯矩偏大。为了减小计算误差,分层法在计算时须作两项修正:

① 除底层柱外,其余各层柱的线刚度乘以 0.9 的折减系数;

② 除底层柱外,其余各层柱的弯矩传递系数都取为 1/3。

由分层法计算所得的杆端弯矩在各节点处一般都不能平衡,这是由于叠加时梁端弯矩是本层弯矩而柱端弯矩为两层弯矩之和所造成的。若有需要,可将节点的不平衡弯矩再作一次弯矩分配。

梁剪力、柱剪力和轴力可根据杆件平衡条件及节点平衡条件求得。

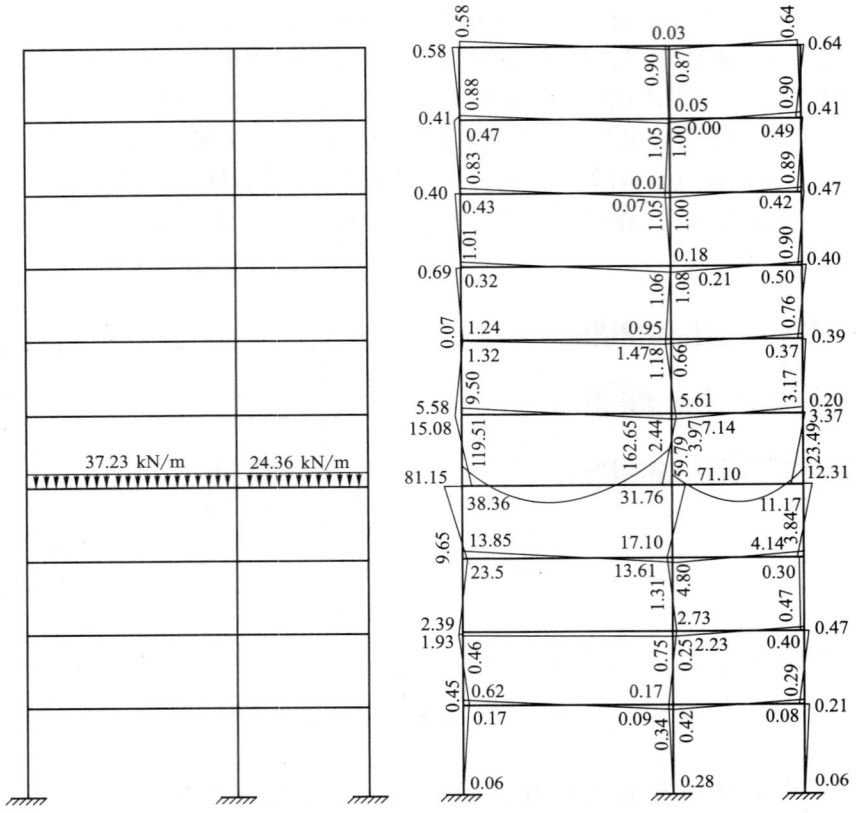

(a) 某层作用有竖向荷载时框架的弯矩图(单位：kN·m)

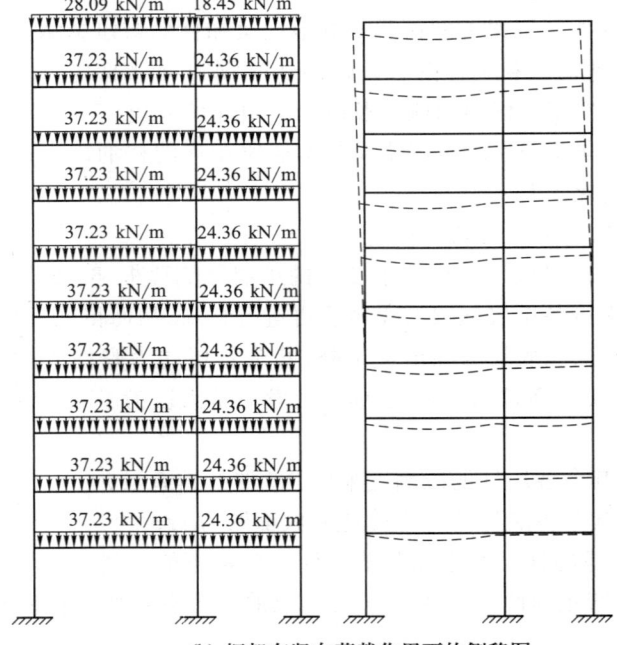

(b) 框架在竖向荷载作用下的侧移图

图 3-15　精确计算法计算的框架弯矩图和侧移图

3.2 框架结构的简化计算

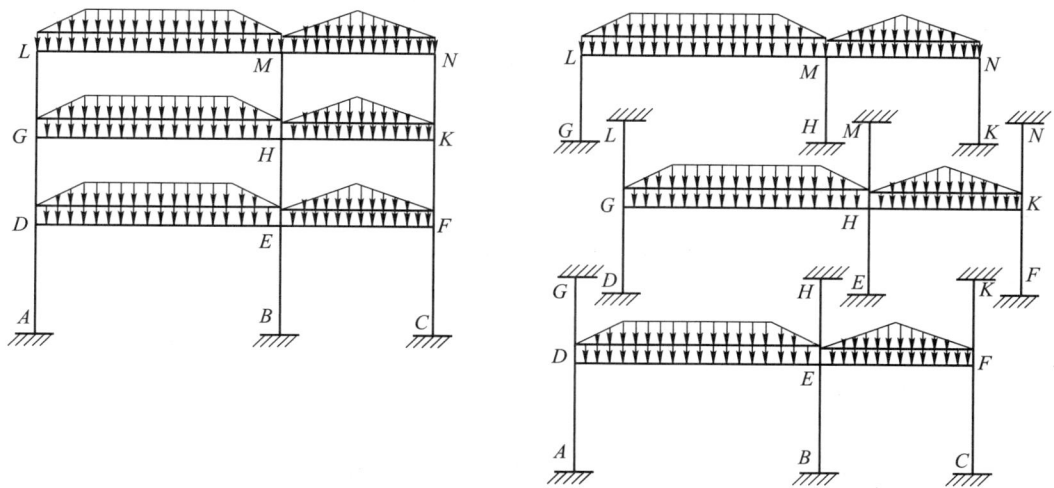

图 3-16 框架分成多个单层无侧移框架

由分层法的假定可知,当节点的梁柱线刚度比较大,且结构与荷载都比较对称时,分层法的计算结果误差较小。

例 3-1 某采用装配式楼盖的三层框架,各层层高、跨度及竖向荷载如图 3-17 所示,梁、柱截面尺寸如下:AB 梁(L_{AB})截面为 250 mm×700 mm;BC 梁截面(L_{BC})为 250 mm×500 mm;A 柱截面,一~二层 500 mm×500 mm,三层 400 mm×400 mm;B 柱截面:一~二层 600 mm×600 mm,三层 500 mm×500 mm;C 柱截面:一~三层 400 mm×400 mm。采用 C30 混凝土,$E_c = 3.0 \times 10^4$ N/mm²。试用分层法作弯矩图。

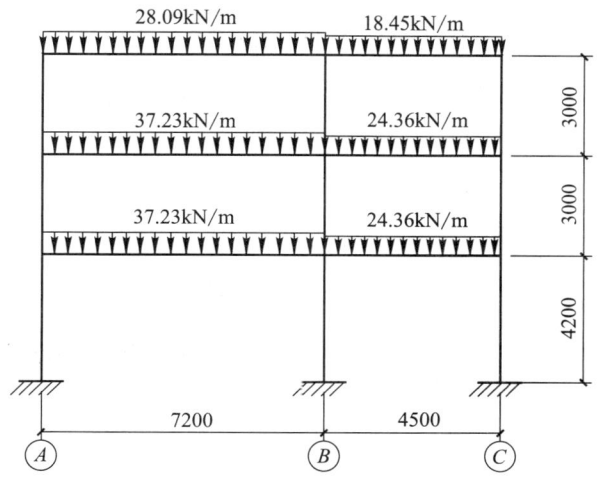

图 3-17 例 3-1 图

解:1. 各层梁、柱的线刚度计算见表 3-3、表 3-4,其中 $I_b = \dfrac{b_b h_b^3}{12}$,$i_b = \dfrac{EI_b}{l}$,$I_c = \dfrac{b_c h_c^3}{12}$,$i_c = \dfrac{EI_c}{h}$,相对线刚度为各梁、柱线刚度与一层 C 柱线刚度的比值。

表 3-3 梁的线刚度计算

梁编号	截面尺寸 $b_b \times h_b / \mathrm{mm}^2$	跨度 l/mm	惯性矩 I_b/mm^4	线刚度 $i_b/(\mathrm{N \cdot mm})$	相对线刚度
L_{AB}	250×700	7 200	7.15×10^9	2.98×10^{10}	1.96
L_{BC}	250×500	4 500	2.60×10^9	1.74×10^{10}	1.14

表 3-4 柱的线刚度计算

层号	柱编号	柱截面尺寸 $b_c \times h_c/\mathrm{mm}^2$	层高 h/mm	惯性矩 I_c/mm^4	线刚度 $i_c/(\mathrm{N \cdot mm})$	相对线刚度
一层	A	500×500	4 200	5.21×10^9	3.72×10^{10}	2.44
	B	600×600	4 200	10.80×10^9	7.71×10^{10}	5.06
	C	400×400	4 200	2.13×10^9	1.52×10^{10}	1.00
二层	A	500×500	3 000	5.21×10^9	5.21×10^{10}	3.42
	B	600×600	3 000	10.80×10^9	10.8×10^{10}	7.09
	C	400×400	3 000	2.13×10^9	2.13×10^{10}	1.40
三层	A	400×400	3 000	2.13×10^9	2.13×10^{10}	1.40
	B	500×500	3 000	5.21×10^9	5.21×10^{10}	3.42
	C	400×400	3 000	2.13×10^9	2.13×10^{10}	1.40

2. 把框架分成各个单层无侧移框架，如图 3-18 所示（图中带括号的数值为梁的相对线刚度和经修正后的柱相对线刚度）。

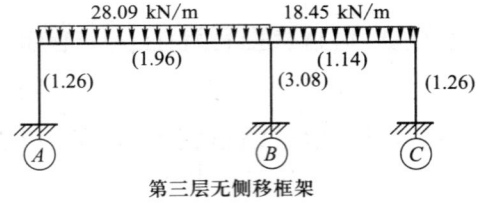

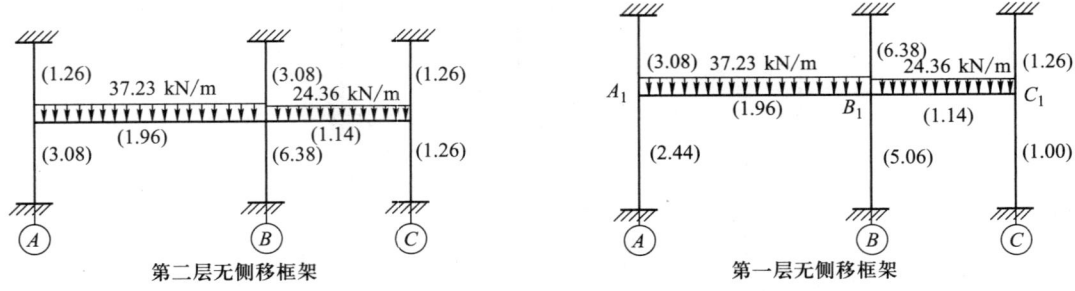

图 3-18 各单层无侧移框架

3. 用力矩分配法计算各层无侧移框架的弯矩。以第一层为例，计算过程见表 3-5。各层无侧移框架的弯矩图如图 3-19 所示。

表 3-5 力矩分配法计算一层无侧移框架弯矩

层号	节点	A_1			B_1				C_1		
	杆件截面	上柱	下柱	右梁	左梁	上柱	下柱	右梁	左梁	上柱	下柱
	分配系数	0.412	0.326	0.262	0.135	0.439	0.348	0.078	0.335	0.371	0.294
一层	固端弯矩/(kN·m)			−160.83	160.83			−41.11	41.11		
	分配传递	66.26	52.43	42.14→	21.07						
				−9.50	←−19.00	−61.81	−49.00	−10.98→	−5.49		
		3.91	3.10	2.49→	1.24			−5.97	←−11.93	−13.21	−10.47
				0.32←	0.64	2.07	1.64	0.37→	0.185		
		−0.13	−0.11	−0.08→	−0.04			−0.03←	−0.06	−0.07	−0.05
					0.01	0.03	0.03	0.01→	0.005		
									0	0	0
	杆端弯矩/(kN·m)	70.04	55.42	−125.46	164.75	−59.71	−47.33	−57.71	23.81	−13.28	−10.52
	柱远端弯矩/(kN·m)	23.34	27.71			−19.90	−23.67			−4.43	−5.26

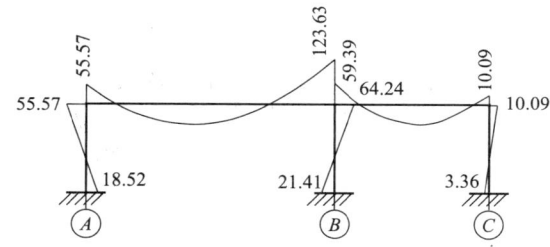

第三层无侧移框架弯矩图(单位:kN·m)

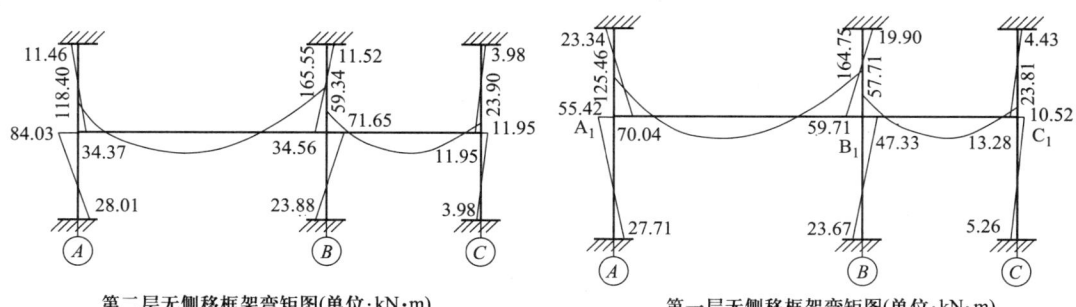

第二层无侧移框架弯矩图(单位:kN·m)　　　　第一层无侧移框架弯矩图(单位:kN·m)

图 3-19　各层无侧移框架弯矩图

4. 叠加各层无侧移框架的弯矩,并对节点不平衡弯矩再进行一次分配(以第一层为例,见表 3-6),得总框架的弯矩图如图 3-20(a)所示。图中同时示出用结构力学求解器求得的结果[图 3-20(b)]。

表 3-6　叠加后节点不平衡弯矩的分配

层号	节点	A_1			B_1				C_1		
	杆件截面	上柱	下柱	右梁	左梁	上柱	下柱	右梁	左梁	上柱	下柱
	分配系数	0.412	0.326	0.262	0.135	0.439	0.348	0.078	0.335	0.371	0.294
一层	叠加后弯矩/(kN·m)	70.04+28.01	55.42	-125.46	164.75	-59.71 -23.88	-47.33	-57.71	23.81	-13.28 -3.98	-10.52
	不平衡弯矩/(kN·m)		28.01			-23.88				-3.98	
	弯矩分配	-11.54	-9.13	-7.34	3.22	10.49	8.31	1.86	1.33	1.48	1.17
	最终杆端弯矩/(kN·m)	86.51	46.29	-132.80	167.97	-73.10	-39.02	-55.85	25.14	-15.78	-9.35

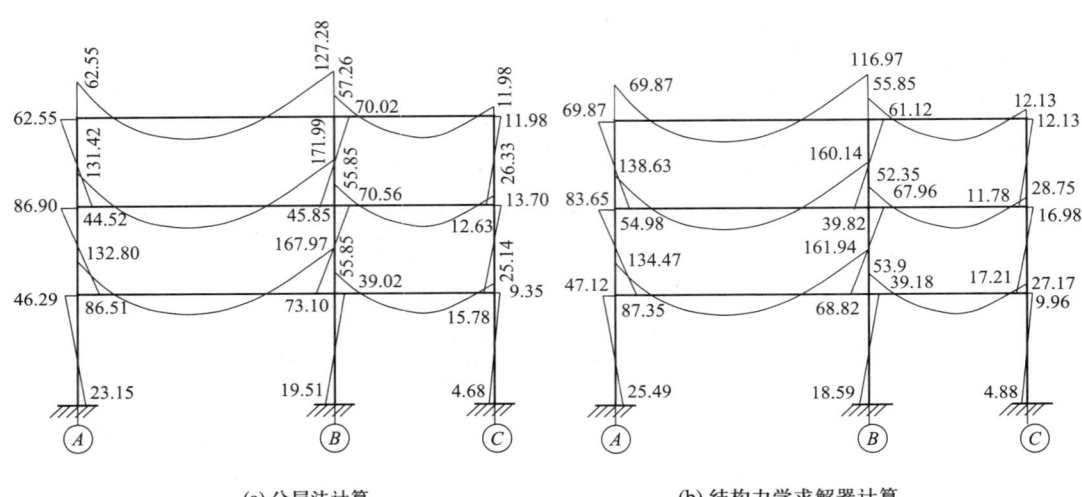

(a) 分层法计算　　　　　　　　　　(b) 结构力学求解器计算

图 3-20　框架的弯矩图(单位:kN·m)

课件 3-6
水平荷载
计算

由图 3-20(a)、(b)对比可知,分层法和结构力学求解器求得的结果误差均控制在 20% 以内,其中三层 A、B 柱上下端弯矩误差均超过 10%,二层 C 柱上端弯矩误差达到 19.3%,三层梁截面误差均超过 8.8%。本例题的梁柱线刚度比较小[一层 B 节点:(1.96+1.14)/(5.06+7.09)= 0.255],因此计算结果有一定误差。

3.2.3　框架结构在水平荷载作用下内力计算的近似方法——反弯点法和 D 值法

框架结构在水平节点荷载作用下,变形如图 3-21 所示。从图中可以看到,每层柱都存在一个反弯点,而在反弯点处,内力只有剪力、轴力,没有弯矩。如果从某一层各柱的反弯点处切开并取脱离体,如图 3-22 所示,则可根据脱离体的平衡条件求出各柱的剪力和(即层剪力)。因此,若要求柱端弯矩,关键要解决两个问题:一是层剪力在各柱间如何分配;二是各柱反弯点位置在哪里。解决了这两个问题,就可求出柱端弯矩,再根据节点平

3.2 框架结构的简化计算

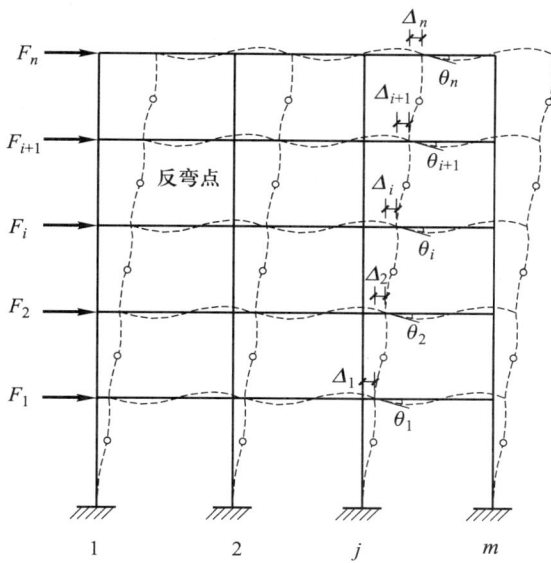

图 3-21 框架的变形

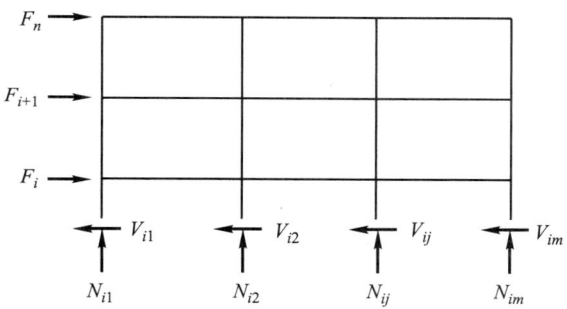

图 3-22 从第 i 层各柱反弯点处截取的脱离体图

衡条件及杆件平衡条件即可求出梁、柱的其他内力。

根据求柱剪力和反弯点位置时所作的假定不同,框架结构在水平荷载作用下内力计算的近似方法又分为反弯点法和 D 值法。

1. 反弯点法

(1) 基本假定

① 梁柱线刚度比很大,在水平荷载作用下,柱上下端转角为零;

② 忽略梁的轴向变形,即同一层各节点水平位移相同;

③ 底层柱的反弯点在距柱底 2/3 高度处,其余各层柱的反弯点在柱中。

(2) 层剪力分配

由结构力学可知,两端无转角的柱,当其上下两端有相对侧移 δ 时,柱剪力 V 与侧移 δ 之间的关系如下:

$$V = \frac{12i_c}{h^2}\delta \tag{3-2}$$

令
$$d = \frac{V}{\delta} = \frac{12i_c}{h^2} \tag{3-3}$$

式中　d——柱的抗侧刚度；

$\quad\quad i_c$——柱的线刚度，$i_c = \frac{EI_c}{h}$，EI_c 为柱的抗弯刚度；

$\quad\quad h$——层高。

设第 i 层有 m 根柱，第 i 层第 j 根柱的剪力为 V_{ij}：
$$V_{ij} = d_{ij}\delta_{ij} \tag{3-4}$$

则第 i 层各柱的剪力和 V_i 为：
$$V_i = \sum_{j=1}^{m} V_{ij} = \sum_{j=1}^{m} (d_{ij}\delta_{ij}) \tag{3-5}$$

由基本假定知，同层各节点水平位移相同，即 $\delta_{ij} = \delta_i$，故
$$V_i = \delta_i \sum_{j=1}^{m} d_{ij}$$

$$\delta_i = \frac{1}{\sum_{j=1}^{m} d_{ij}} V_i \tag{3-6}$$

将公式(3-6)代入公式(3-4)得：
$$V_{ij} = \frac{d_{ij}}{\sum_{j=1}^{m} d_{ij}} V_i \tag{3-7}$$

公式(3-7)表明，层剪力是按柱的抗侧刚度大小进行分配的，即各层的剪力按各柱的抗侧刚度在该层总抗侧刚度中所占比例分配到各柱。

(3) 计算步骤

① 由图 3-22 的脱离体平衡条件得层剪力 V_i：
$$V_i = \sum_{k=i}^{n} F_k \tag{3-8}$$

② 由公式(3-7)求得各柱剪力 V_{ij}。

③ 确定各层柱的反弯点高度 yh（称 y 为反弯点高度比，见图 3-23）。

底层柱：
$$yh = \frac{2}{3}h \tag{3-9}$$

其他层柱：
$$yh = \frac{1}{2}h \tag{3-10}$$

④ 由下式求柱端弯矩 $M_{ij上}$ 及 $M_{ij下}$（图 3-23）：
$$M_{ij上} = V_{ij}(h - yh) \tag{3-11}$$
$$M_{ij下} = V_{ij}yh$$

⑤ 根据节点平衡条件求梁端弯矩 M、$M_{左}$ 及 $M_{右}$（图 3-24）。

边节点：
$$M = M_{上} + M_{下} \tag{3-12}$$

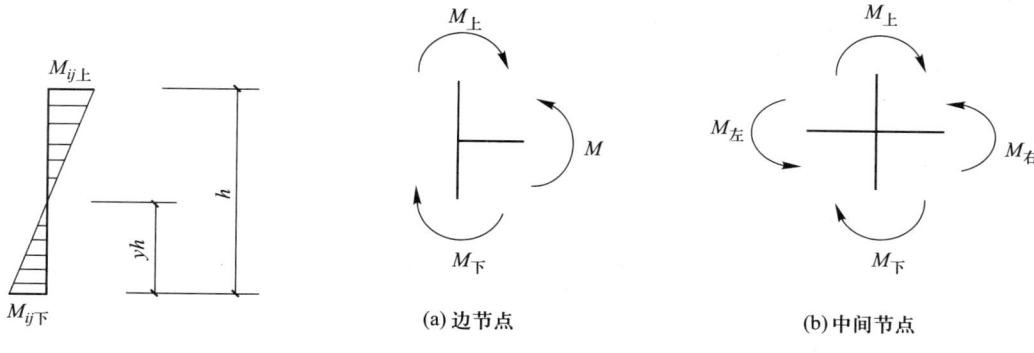

图 3-23 反弯点高度   图 3-24 节点弯矩

中间节点：
$$M_{左} = \frac{i_{左}}{i_{左}+i_{右}}(M_{上}+M_{下})$$
$$M_{右} = \frac{i_{右}}{i_{左}+i_{右}}(M_{上}+M_{下})$$
(3-13)

式中　$M_{上}$、$M_{下}$——分别为节点上下两端柱的弯矩；

　　　M、$M_{左}$、$M_{右}$——分别为边节点梁端弯矩和中间节点左、右两端梁的弯矩；

　　　$i_{左}$、$i_{右}$——分别为中间节点左、右两端梁的线刚度。

⑥ 根据平衡条件，由梁两端的弯矩求出梁的剪力和柱的轴力。

例 3-2　某采用装配式楼盖的三层框架，各层层高、跨度及水平荷载如图 3-25 所示，梁柱截面尺寸如下：梁 $AB(L_{AB})$ 截面为 250 mm×700 mm；梁 $BC(L_{BC})$ 截面为 250 mm×500 mm；柱 $A(Z_A)$、柱 $C(Z_C)$ 截面为 300 mm×300 mm；柱 $B(Z_B)$ 截面为 350 mm×350 mm。采用 C30 混凝土，$E=3.0\times10^4$ N/mm²。试用反弯点法作弯矩图。

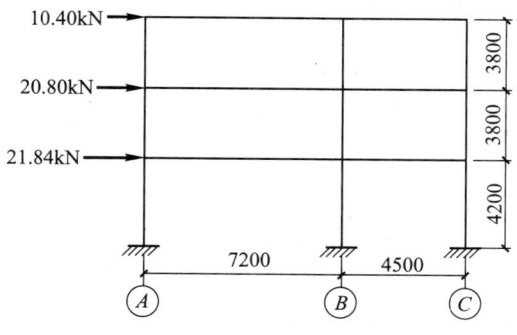

图 3-25　例 3-2 图

解：1. 各层梁的线刚度计算见表 3-7，其中 $I_b = \frac{b_b h_b^3}{12}$，$i_b = \frac{EI_b}{l}$。

2. 各层柱的抗侧刚度计算见表 3-8，其中 $I_c = \frac{b_c h_c^3}{12}$，$i_c = \frac{EI_c}{h}$，$d = \frac{12i_c}{h^2}$。

表 3-7 梁的线刚度计算

梁编号	截面尺寸 $b_b \times h_b$ /mm²	跨度 l /mm	惯性矩 I_b /mm⁴	线刚度 i_b /(N·mm)
L_{AB}	250×700	7 200	7.15×10⁹	992 476.9E
L_{BC}	250×500	4 500	2.60×10⁹	578 703.7E

注：E 为弹性模量。

表 3-8 柱的抗侧刚度计算

层号	柱编号	柱截面尺寸 $b_c \times h_c$ /mm²	层高 h /mm	惯性矩 I_c /mm⁴	线刚度 i_c /(N·mm)	抗侧刚度 d /(N/mm)	$\sum d$ /(N/mm)
一层	A、C	300×300	4 200	6.75×10⁸	160 714.3E	1 928 571.6E/h_1^2	7 430 060.4E/h_1^2
一层	B	350×350	4 200	12.5×10⁸	297 743.1E	3 572 917.2E/h_1^2	
二～三层	A、C	300×300	3 800	6.75×10⁸	177 631.6E	2 131 579.2E/h^2	8 212 171.2E/h^2
二～三层	B	350×350	3 800	12.5×10⁸	329 084.4E	3 949 012.8E/h^2	

注：E 为弹性模量。

3. 各层柱剪力计算见表 3-9，其中层剪力 V_i、各柱剪力 V_{ij} 的计算公式为：$V_i = \sum_{k=i}^{n} F_k$，$V_{ij} = \dfrac{d_{ij}}{\sum_{j=1}^{m} d_{ij}} V_i$。

表 3-9 各层柱剪力计算

层号	水平荷载 F_i/kN	层剪力 V_i/kN	$\dfrac{d_A}{\sum d}$	$\dfrac{d_B}{\sum d}$	$\dfrac{d_C}{\sum d}$	V_A/kN	V_B/kN	V_C/kN
3	10.40	10.40	0.26	0.48	0.26	2.7	5.0	2.7
2	20.80	31.20	0.26	0.48	0.26	8.1	15.0	8.10
1	21.84	53.04	0.26	0.48	0.26	13.77	25.50	13.77

4. 各层柱端弯矩及梁端弯矩计算见表 3-10，其中柱端弯矩计算公式如下：$M_下 = V_{ij} yh$，$M_上 = V_{ij}(h - yh)$，yh 为反弯点高度，底层为 $\dfrac{2}{3}h$，其他各层为 $0.5h$；梁端弯矩根据节点平衡条件求得，即边节点 $M = \sum M_柱$，中间节点 $M_{BA} = \dfrac{i_{AB}}{i_{AB} + i_{BC}} \sum M_柱 = 0.63 \sum M_柱$，$M_{BC} = \dfrac{i_{BC}}{i_{AB} + i_{BC}} \sum M_柱 = 0.37 \sum M_柱$。

表 3-10　各层柱端弯矩及梁端弯矩计算

层号	Z_A			Z_B		
	yh/m	$M_上/(kN·m)$	$M_下/(kN·m)$	yh/m	$M_上/(kN·m)$	$M_下/(kN·m)$
3	1.90	5.13	5.13	1.90	9.50	9.50
2	1.90	15.39	15.39	1.90	28.50	28.50
1	2.80	19.28	38.56	2.80	35.70	71.40

层号	Z_C			L_{AB}		L_{BC}	
	yh/m	$M_上/(kN·m)$	$M_下/(kN·m)$	$M_{AB}/(kN·m)$	$M_{BA}/(kN·m)$	$M_{BC}/(kN·m)$	$M_{CB}/(kN·m)$
3	1.90	5.13	5.13	5.13	6.00	3.50	5.13
2	1.90	15.39	15.39	20.52	24.00	14.00	20.52
1	2.80	19.28	38.56	34.67	40.55	23.65	34.67

5. 作弯矩图,见图 3-26(a)。图中同时示出用结构力学求解器求得的结果[图 3-26(b)]。

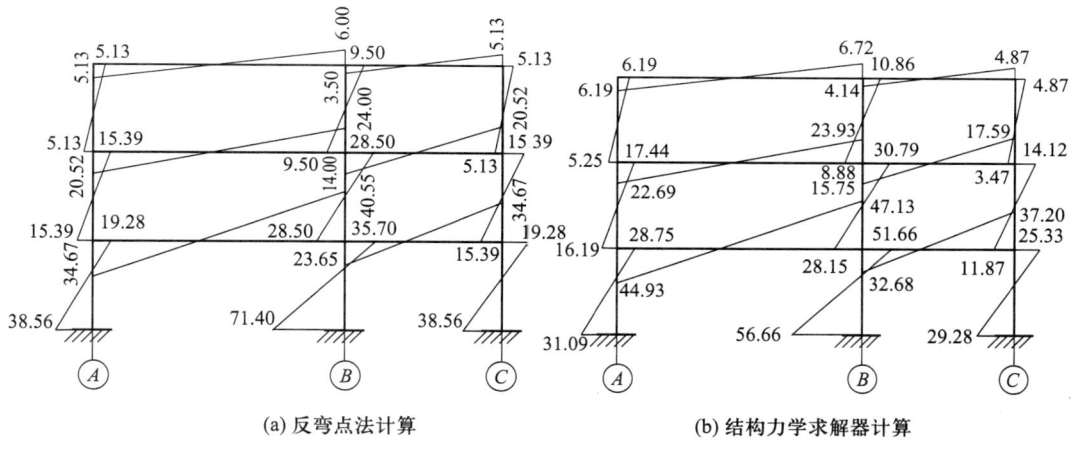

(a) 反弯点法计算　　　　　　　　(b) 结构力学求解器计算

图 3-26　框架的弯矩图(单位:kN·m)

由图 3-26(a)、(b)对比可知,虽然本例梁柱线刚度比较大(一层中间节点梁柱线刚度比 $\frac{992\,476.9E+578\,703.7E}{297\,743.1E+329\,084.4E}=2.5$),与基本假定基本相符,但反弯点法和结构力学求解器求得的结果误差最大却达到 47.99%。

2. D 值法

反弯点法基本假定的核心问题是梁柱线刚度比很大,梁柱节点无转角。实际的框架中,较难做到这一点,通常的情况下,梁柱节点都会有转角,转角的大小与梁柱的线刚度比大小有关。为此,日本学者武藤清提出了修正反弯点法,不仅在确定柱的抗侧刚度和反弯点位置时考虑了梁柱线刚度比的影响,还考虑了上下层梁刚度变化、上下层柱高度变化对反弯点位置的影响。由于修正后的柱抗侧刚度用 D 表示,故此法又称 D 值法。

(1) 柱的抗侧刚度

为简化计算,确定柱的抗侧刚度时,作了如下假定：

① 所分析柱及与之相邻的各杆件杆端转角均相等；

② 所分析柱及与之相邻的上、下层柱线刚度相等,且弦转角亦相等。

在以上假定条件下,可以由结构力学的方法推导出柱的抗侧刚度计算公式如下：

$$D = \alpha \frac{12i_c}{h^2} \tag{3-14}$$

式中 α——刚度修正系数,按表 3-11 的公式计算；

i_c——柱的线刚度；

h——层高。

表 3-11 刚度修正系数 α 的计算公式

楼层	简图		K	α
	边柱	中柱		
一般柱	i_2 / i_c / i_4	i_1 i_2 / i_c / i_3 i_4	$K = \dfrac{i_1+i_2+i_3+i_4}{2i_c}$	$\alpha = \dfrac{K}{2+K}$
底层柱	i_2 / i_c	i_1 i_2 / i_c	$K = \dfrac{i_1+i_2}{i_c}$	$\alpha = \dfrac{0.5+K}{2+K}$

比较公式(3-3)与(3-14)可知, $D = \alpha d$。刚度修正系数 $\alpha(\alpha \leqslant 1)$ 反映了节点转动降低了柱的抗侧能力,而节点转动的大小取决于梁柱线刚度比的大小,梁柱线刚度比越大,梁对柱的约束能力越大,节点转角越小,α 值就越大。反弯点法假定梁柱线刚度比很大,节点无转角,故 $\alpha = 1.0$。

(2) 柱的反弯点位置

在确定柱的反弯点位置时,假定同层各节点在水平荷载的作用下转角相等。由这一假定可知,在水平荷载作用下,梁的反弯点在跨中,且该点无竖向位移。于是,可以把框架改造成如图 3-27 所示的半框架。如果能求出半框架的内力,便可求出各柱反弯点高度。

武滕清教授对在节点均匀水平荷载作用下,各层梁线刚度相同,各层层高亦相同的规则框架进行分析,得到了规则框架在均布水平力作用下的反弯点高度比 y_0 的计算公式如下：

$$y_0 = 0.5 - \frac{1}{6K(m-n+1)} + \frac{(1+2m)r^n}{2(1-r)(m-n+1)} + \frac{r^{m-n+1}}{6K(m-n+1)} \tag{3-15}$$

式中 K——梁柱线刚度比,$K = \dfrac{i_b}{i_c}$；

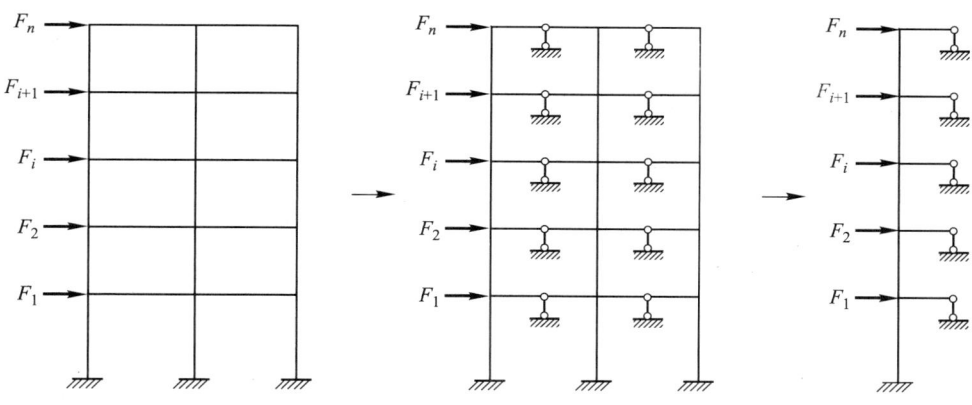

图 3-27 把框架改造成半框架

i_b——梁线刚度；

i_c——柱线刚度；

m——框架总层数；

n——计算层层号；

r——系数，$r=(1+3K)-\sqrt{(1+3K)^2-1}$。

对于非规则框架，由于梁的线刚度、层高等的改变，使得柱两端的约束程度不同，必然会引起反弯点位置的变化。如图 3-28 所示，当某层柱的上层梁线刚度小于下层梁线刚度时，柱上端的约束程度小于柱下端，柱上端的弯矩小于柱下端弯矩，反弯点向上移；如果柱的上层梁线刚度大于下层梁线刚度时，柱上端的约束程度大于柱下端，柱上端的弯矩大于柱下端弯矩，反弯点向下移。图 3-29 为层高变化的情况，当某柱的上层层高较高时，柱上端的约束程度小于柱下端，反弯点向上移；当下层层高较高时，柱上端的约束程度大于柱下端，反弯点向下移。因此，一般框架柱反弯点高度应按下式确定：

$$yh=(y_0+y_1+y_2+y_3)h \tag{3-16}$$

式中 y——反弯点高度比；

y_0——标准反弯点高度比，在公式(3-15)基础上已编制成表格，见表 3-12；倒三角形水平荷载作用下的标准反弯点高度比见表 3-13；

y_1——考虑上、下层梁刚度变化对标准反弯点高度比的修正值，见表 3-14；

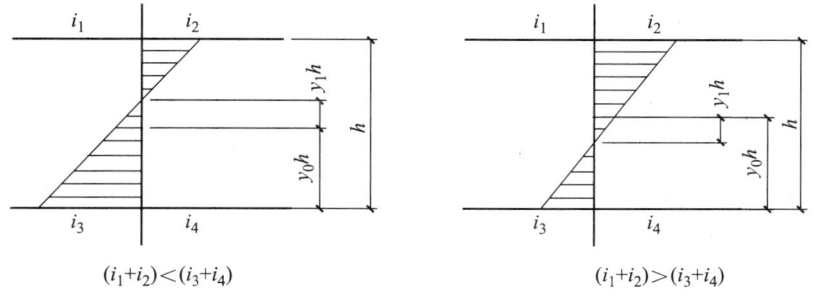

图 3-28 梁线刚度变化对反弯点位置的影响

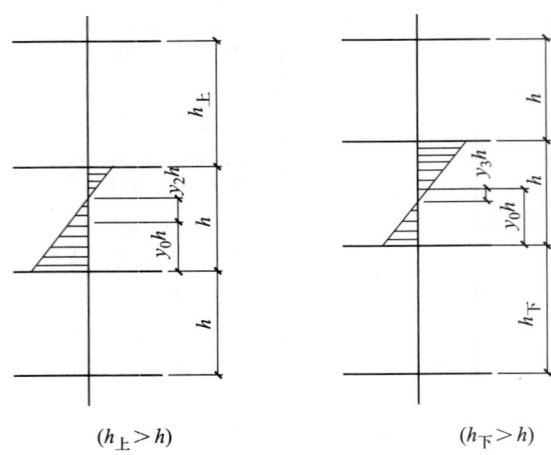

图 3-29 层高变化对反弯点位置的影响

y_2、y_3——考虑上、下层层高变化对标准反弯点高度比的修正值,见表 3-15;

h——层高。

确定柱的抗侧刚度 D 及反弯点高度后,D 值法的计算步骤与反弯点法完全相同,在此不再累述。由于 D 值法所作的假定比反弯点法更接近实际情况,故 D 值法计算结果的精度高于反弯点法。作为近似计算,亦可以将 D 值法和反弯点法联合运用,即用 D 值法确定柱的抗侧刚度,用反弯点法确定柱的反弯点位置。当框架规则、各层层高及梁、柱截面均变化不大时,误差是不大的。

表 3-12 规则框架承受均布水平力作用时标准反弯点高度比 y_0

m	n \ K	0.1	0.2	0.3	0.4	0.5	0.6	0.7	0.8	0.9	1.0	2.0	3.0	4.0	5.0
1	1	0.80	0.75	0.70	0.65	0.65	0.60	0.60	0.60	0.60	0.55	0.55	0.55	0.55	0.55
2	2	0.45	0.40	0.35	0.35	0.35	0.35	0.40	0.40	0.40	0.40	0.45	0.45	0.45	0.45
	1	0.95	0.80	0.75	0.70	0.65	0.65	0.65	0.60	0.60	0.60	0.55	0.55	0.55	0.50
3	3	0.15	0.20	0.20	0.25	0.30	0.30	0.30	0.35	0.35	0.35	0.40	0.45	0.45	0.45
	2	0.55	0.50	0.45	0.45	0.45	0.45	0.45	0.45	0.45	0.45	0.50	0.50	0.50	0.50
	1	1.00	0.85	0.80	0.75	0.70	0.70	0.65	0.65	0.65	0.60	0.55	0.55	0.55	0.55
4	4	−0.05	0.05	0.15	0.20	0.25	0.30	0.30	0.35	0.35	0.35	0.40	0.45	0.45	0.45
	3	0.25	0.30	0.30	0.35	0.35	0.40	0.40	0.40	0.40	0.45	0.45	0.50	0.50	0.50
	2	0.65	0.55	0.50	0.50	0.45	0.45	0.45	0.45	0.45	0.45	0.50	0.50	0.50	0.50
	1	1.10	0.90	0.80	0.75	0.70	0.70	0.65	0.65	0.65	0.60	0.55	0.55	0.55	0.55
5	5	−0.20	0.00	0.15	0.20	0.25	0.30	0.30	0.30	0.35	0.35	0.40	0.45	0.45	0.45
	4	0.10	0.20	0.25	0.30	0.35	0.35	0.40	0.40	0.40	0.40	0.45	0.45	0.50	0.50
	3	0.40	0.40	0.40	0.40	0.40	0.45	0.45	0.45	0.45	0.45	0.50	0.50	0.50	0.50
	2	0.65	0.55	0.50	0.50	0.50	0.50	0.50	0.50	0.50	0.50	0.50	0.50	0.50	0.50
	1	1.20	0.95	0.80	0.75	0.75	0.70	0.70	0.65	0.65	0.65	0.55	0.55	0.55	0.55

续表

m	n \ K	0.1	0.2	0.3	0.4	0.5	0.6	0.7	0.8	0.9	1.0	2.0	3.0	4.0	5.0
6	6	−0.30	0.00	0.10	0.20	0.25	0.25	0.30	0.30	0.35	0.35	0.40	0.45	0.45	0.45
	5	0.00	0.20	0.25	0.30	0.35	0.35	0.40	0.40	0.40	0.40	0.45	0.45	0.50	0.50
	4	0.20	0.30	0.35	0.35	0.40	0.40	0.40	0.45	0.45	0.45	0.45	0.50	0.50	0.50
	3	0.40	0.40	0.40	0.45	0.45	0.45	0.45	0.45	0.45	0.45	0.50	0.50	0.50	0.50
	2	0.70	0.60	0.55	0.50	0.50	0.50	0.50	0.50	0.50	0.50	0.50	0.50	0.50	0.50
	1	1.20	0.95	0.85	0.80	0.75	0.70	0.70	0.65	0.65	0.65	0.55	0.55	0.55	0.55
7	7	−0.35	−0.05	0.10	0.20	0.20	0.25	0.30	0.30	0.35	0.35	0.40	0.45	0.45	0.45
	6	−0.10	0.15	0.25	0.30	0.35	0.35	0.35	0.40	0.40	0.40	0.45	0.45	0.50	0.50
	5	0.10	0.25	0.30	0.35	0.40	0.40	0.40	0.45	0.45	0.45	0.45	0.50	0.50	0.50
	4	0.30	0.35	0.40	0.40	0.40	0.45	0.45	0.45	0.45	0.45	0.50	0.50	0.50	0.50
	3	0.50	0.45	0.45	0.45	0.45	0.45	0.45	0.45	0.45	0.45	0.50	0.50	0.50	0.50
	2	0.75	0.60	0.55	0.50	0.50	0.50	0.50	0.50	0.50	0.50	0.50	0.50	0.50	0.50
	1	1.20	0.95	0.85	0.80	0.75	0.70	0.70	0.65	0.65	0.65	0.55	0.55	0.55	0.55
8	8	−0.35	−0.15	0.10	0.10	0.25	0.25	0.30	0.30	0.35	0.35	0.40	0.45	0.45	0.45
	7	−0.10	0.15	0.25	0.30	0.35	0.35	0.40	0.40	0.40	0.40	0.45	0.50	0.50	0.50
	6	0.05	0.25	0.30	0.35	0.40	0.40	0.40	0.45	0.45	0.45	0.45	0.50	0.50	0.50
	5	0.20	0.30	0.35	0.40	0.40	0.45	0.45	0.45	0.45	0.45	0.50	0.50	0.50	0.50
	4	0.35	0.40	0.40	0.45	0.45	0.45	0.45	0.45	0.45	0.45	0.50	0.50	0.50	0.50
	3	0.50	0.45	0.45	0.45	0.45	0.45	0.45	0.45	0.50	0.50	0.50	0.50	0.50	0.50
	2	0.75	0.60	0.55	0.55	0.50	0.50	0.50	0.50	0.50	0.50	0.50	0.50	0.50	0.50
	1	1.20	1.00	0.85	0.80	0.75	0.70	0.70	0.65	0.65	0.65	0.55	0.55	0.55	0.55
9	9	−0.40	−0.05	0.10	0.20	0.25	0.25	0.30	0.30	0.35	0.35	0.45	0.45	0.45	0.45
	8	−0.15	0.15	0.20	0.30	0.35	0.35	0.35	0.40	0.40	0.40	0.45	0.50	0.50	0.50
	7	0.05	0.25	0.30	0.35	0.40	0.40	0.40	0.45	0.45	0.45	0.45	0.50	0.50	0.50
	6	0.15	0.30	0.35	0.40	0.40	0.45	0.45	0.45	0.45	0.45	0.50	0.50	0.50	0.50
	5	0.25	0.35	0.40	0.40	0.45	0.45	0.45	0.45	0.45	0.45	0.50	0.50	0.50	0.50
	4	0.40	0.40	0.40	0.45	0.45	0.45	0.45	0.45	0.45	0.45	0.50	0.50	0.50	0.50
	3	0.55	0.45	0.45	0.45	0.45	0.45	0.45	0.45	0.50	0.50	0.50	0.50	0.50	0.50
	2	0.80	0.65	0.55	0.55	0.50	0.50	0.50	0.50	0.50	0.50	0.50	0.50	0.50	0.50
	1	1.20	1.00	0.85	0.80	0.75	0.70	0.70	0.65	0.65	0.65	0.55	0.55	0.55	0.55
10	10	−0.40	−0.05	0.10	0.20	0.25	0.30	0.30	0.30	0.35	0.35	0.40	0.45	0.45	0.45
	9	−0.15	0.15	0.25	0.30	0.35	0.35	0.40	0.40	0.40	0.40	0.45	0.45	0.50	0.50
	8	0.00	0.25	0.30	0.35	0.40	0.40	0.40	0.45	0.45	0.45	0.45	0.50	0.50	0.50
	7	0.10	0.30	0.35	0.40	0.40	0.45	0.45	0.45	0.45	0.45	0.50	0.50	0.50	0.50
	6	0.20	0.35	0.40	0.40	0.45	0.45	0.45	0.45	0.45	0.45	0.50	0.50	0.50	0.50
	5	0.30	0.40	0.40	0.45	0.45	0.45	0.45	0.45	0.45	0.45	0.50	0.50	0.50	0.50

续表

m	n \ K	0.1	0.2	0.3	0.4	0.5	0.6	0.7	0.8	0.9	1.0	2.0	3.0	4.0	5.0
10	4	0.40	0.40	0.45	0.45	0.45	0.45	0.45	0.45	0.45	0.50	0.50	0.50	0.50	0.50
	3	0.55	0.50	0.45	0.45	0.45	0.50	0.50	0.50	0.50	0.50	0.50	0.50	0.50	0.50
	2	0.80	0.65	0.55	0.55	0.55	0.50	0.50	0.50	0.50	0.50	0.50	0.50	0.50	0.50
	1	1.30	1.00	0.85	0.80	0.75	0.70	0.70	0.65	0.65	0.65	0.60	0.55	0.55	0.55
11	11	−0.40	0.05	0.10	0.20	0.25	0.30	0.30	0.30	0.35	0.35	0.40	0.45	0.45	0.45
	10	−0.15	0.15	0.25	0.30	0.35	0.35	0.40	0.40	0.40	0.40	0.45	0.45	0.50	0.50
	9	0.00	0.25	0.30	0.35	0.40	0.40	0.40	0.45	0.45	0.45	0.50	0.50	0.50	0.50
	8	0.10	0.30	0.35	0.40	0.40	0.45	0.45	0.45	0.45	0.45	0.50	0.50	0.50	0.50
	7	0.20	0.35	0.40	0.45	0.45	0.45	0.45	0.45	0.45	0.50	0.50	0.50	0.50	0.50
	6	0.25	0.35	0.40	0.45	0.45	0.45	0.45	0.45	0.45	0.50	0.50	0.50	0.50	0.50
	5	0.35	0.40	0.40	0.45	0.45	0.45	0.45	0.45	0.50	0.50	0.50	0.50	0.50	0.50
	4	0.40	0.45	0.45	0.45	0.45	0.45	0.45	0.50	0.50	0.50	0.50	0.50	0.50	0.50
	3	0.55	0.50	0.50	0.50	0.50	0.50	0.50	0.50	0.50	0.50	0.50	0.50	0.50	0.50
	2	0.80	0.65	0.60	0.55	0.55	0.50	0.50	0.50	0.50	0.50	0.50	0.50	0.50	0.50
	1	1.30	1.00	0.85	0.80	0.75	0.70	0.70	0.65	0.65	0.65	0.60	0.55	0.55	0.55
12以上	1	−0.40	−0.05	0.10	0.20	0.25	0.30	0.30	0.30	0.35	0.35	0.40	0.45	0.45	0.45
	2	−0.15	0.15	0.25	0.30	0.35	0.35	0.40	0.40	0.40	0.40	0.45	0.45	0.50	0.50
	3	0.00	0.25	0.30	0.35	0.40	0.40	0.40	0.45	0.45	0.45	0.50	0.50	0.50	0.50
	4	0.10	0.30	0.35	0.40	0.40	0.45	0.45	0.45	0.45	0.45	0.50	0.50	0.50	0.50
	5	0.20	0.35	0.40	0.40	0.45	0.45	0.45	0.45	0.45	0.45	0.50	0.50	0.50	0.50
	6	0.25	0.35	0.40	0.45	0.45	0.45	0.45	0.45	0.45	0.50	0.50	0.50	0.50	0.50
	7	0.30	0.40	0.40	0.45	0.45	0.45	0.45	0.50	0.50	0.50	0.50	0.50	0.50	0.50
	8	0.35	0.40	0.45	0.45	0.45	0.45	0.50	0.50	0.50	0.50	0.50	0.50	0.50	0.50
	中间	0.40	0.40	0.45	0.45	0.45	0.50	0.50	0.50	0.50	0.50	0.50	0.50	0.50	0.50
	4	0.45	0.45	0.45	0.45	0.45	0.50	0.50	0.50	0.50	0.50	0.50	0.50	0.50	0.50
	3	0.60	0.50	0.50	0.50	0.50	0.50	0.50	0.50	0.50	0.50	0.50	0.50	0.50	0.50
	2	0.80	0.65	0.60	0.55	0.55	0.50	0.50	0.50	0.50	0.50	0.50	0.50	0.50	0.50
	1	1.30	1.00	0.85	0.80	0.75	0.70	0.70	0.65	0.65	0.55	0.55	0.55	0.55	0.55

注：m—框架总层数；n—计算层层号；K—梁柱线刚度比，按表 3-11 计算。

表 3-13 规则框架承受倒三角形分布水平力作用时标准反弯点高度比 y_0

m	n \ K	0.1	0.2	0.3	0.4	0.5	0.6	0.7	0.8	0.9	1.0	2.0	3.0	4.0	5.0
1	1	0.80	0.75	0.70	0.65	0.65	0.60	0.60	0.60	0.60	0.55	0.55	0.55	0.55	0.55
2	2	0.50	0.45	0.40	0.40	0.40	0.40	0.40	0.40	0.40	0.45	0.45	0.45	0.45	0.50
	1	1.00	0.85	0.75	0.70	0.70	0.65	0.65	0.65	0.60	0.60	0.55	0.55	0.55	0.55

续表

m	K n	0.1	0.2	0.3	0.4	0.5	0.6	0.7	0.8	0.9	1.0	2.0	3.0	4.0	5.0
3	3	0.25	0.25	0.25	0.30	0.30	0.35	0.35	0.35	0.40	0.40	0.45	0.45	0.45	0.50
	2	0.60	0.50	0.50	0.50	0.50	0.45	0.45	0.45	0.45	0.45	0.50	0.50	0.50	0.50
	1	1.15	0.90	0.80	0.75	0.75	0.70	0.70	0.65	0.65	0.65	0.60	0.55	0.55	0.55
4	4	0.10	0.15	0.20	0.25	0.30	0.30	0.35	0.35	0.35	0.40	0.45	0.45	0.45	0.45
	3	0.35	0.35	0.35	0.40	0.40	0.40	0.40	0.45	0.45	0.45	0.50	0.50	0.50	0.50
	2	0.70	0.60	0.55	0.50	0.50	0.50	0.50	0.50	0.50	0.50	0.50	0.50	0.50	0.50
	1	1.20	0.95	0.85	0.80	0.75	0.70	0.70	0.70	0.65	0.65	0.55	0.55	0.55	0.55
5	5	−0.05	0.10	0.20	0.25	0.30	0.30	0.35	0.35	0.35	0.35	0.40	0.45	0.45	0.45
	4	0.20	0.25	0.35	0.35	0.40	0.40	0.40	0.40	0.40	0.45	0.45	0.50	0.50	0.50
	3	0.45	0.40	0.45	0.45	0.45	0.45	0.45	0.45	0.45	0.45	0.50	0.50	0.50	0.50
	2	0.75	0.60	0.55	0.55	0.50	0.50	0.50	0.50	0.50	0.50	0.50	0.50	0.50	0.50
	1	1.30	1.00	0.85	0.80	0.75	0.70	0.70	0.65	0.65	0.65	0.65	0.55	0.55	0.55
6	6	−0.15	0.05	0.15	0.20	0.25	0.30	0.30	0.35	0.35	0.35	0.40	0.45	0.45	0.45
	5	0.10	0.25	0.30	0.35	0.35	0.40	0.40	0.40	0.45	0.45	0.45	0.50	0.50	0.50
	4	0.30	0.35	0.40	0.40	0.45	0.45	0.45	0.45	0.45	0.45	0.50	0.50	0.50	0.50
	3	0.50	0.45	0.45	0.45	0.45	0.45	0.45	0.45	0.45	0.50	0.50	0.50	0.50	0.50
	2	0.80	0.65	0.55	0.55	0.55	0.55	0.50	0.50	0.50	0.50	0.50	0.50	0.50	0.50
	1	1.30	1.00	0.85	0.80	0.75	0.70	0.70	0.65	0.65	0.65	0.60	0.55	0.55	0.55
7	7	−0.20	0.05	0.15	0.20	0.25	0.30	0.30	0.35	0.35	0.35	0.45	0.45	0.45	0.45
	6	0.05	0.20	0.30	0.35	0.35	0.40	0.40	0.40	0.40	0.45	0.45	0.50	0.50	0.50
	5	0.20	0.30	0.35	0.40	0.40	0.45	0.45	0.45	0.45	0.45	0.50	0.50	0.50	0.50
	4	0.35	0.40	0.40	0.45	0.45	0.45	0.45	0.45	0.45	0.45	0.50	0.50	0.50	0.50
	3	0.55	0.50	0.50	0.50	0.50	0.50	0.50	0.50	0.50	0.50	0.50	0.50	0.50	0.50
	2	0.80	0.65	0.60	0.55	0.55	0.55	0.50	0.50	0.50	0.50	0.50	0.50	0.50	0.50
	1	1.30	1.00	0.90	0.80	0.75	0.70	0.70	0.70	0.65	0.65	0.60	0.55	0.55	0.55
8	8	−0.20	0.05	0.15	0.20	0.25	0.30	0.30	0.30	0.35	0.35	0.45	0.45	0.45	0.45
	7	0.00	0.20	0.30	0.35	0.35	0.40	0.40	0.40	0.40	0.45	0.45	0.50	0.50	0.50
	6	0.15	0.30	0.35	0.40	0.40	0.45	0.45	0.45	0.45	0.45	0.50	0.50	0.50	0.50
	5	0.30	0.40	0.40	0.45	0.45	0.45	0.45	0.45	0.45	0.45	0.50	0.50	0.50	0.50
	4	0.40	0.45	0.45	0.45	0.45	0.45	0.45	0.45	0.50	0.50	0.50	0.50	0.50	0.50
	3	0.60	0.50	0.50	0.50	0.50	0.50	0.50	0.50	0.50	0.50	0.50	0.50	0.50	0.50
	2	0.85	0.65	0.60	0.55	0.55	0.55	0.50	0.50	0.50	0.50	0.50	0.50	0.50	0.50
	1	1.30	1.00	0.90	0.80	0.75	0.70	0.70	0.70	0.70	0.65	0.60	0.55	0.55	0.55
9	9	−0.25	0.00	0.15	0.20	0.25	0.30	0.30	0.35	0.35	0.40	0.45	0.45	0.45	0.45
	8	0.00	0.20	0.30	0.35	0.35	0.40	0.40	0.40	0.40	0.45	0.45	0.50	0.50	0.50
	7	0.15	0.30	0.35	0.40	0.40	0.45	0.45	0.45	0.45	0.45	0.50	0.50	0.50	0.50

续表

m	n \ K	0.1	0.2	0.3	0.4	0.5	0.6	0.7	0.8	0.9	1.0	2.0	3.0	4.0	5.0
9	6	0.25	0.35	0.40	0.40	0.45	0.45	0.45	0.45	0.45	0.50	0.50	0.50	0.50	0.50
	5	0.35	0.40	0.45	0.45	0.45	0.45	0.45	0.45	0.50	0.50	0.50	0.50	0.50	0.50
	4	0.45	0.45	0.45	0.45	0.45	0.50	0.50	0.50	0.50	0.50	0.50	0.50	0.50	0.50
	3	0.60	0.50	0.50	0.50	0.50	0.50	0.50	0.50	0.50	0.50	0.50	0.50	0.50	0.50
	2	0.85	0.65	0.60	0.55	0.55	0.55	0.55	0.50	0.50	0.50	0.50	0.50	0.50	0.50
	1	1.35	1.00	0.90	0.80	0.75	0.75	0.70	0.70	0.65	0.65	0.60	0.55	0.55	0.55
10	10	−0.25	0.00	0.15	0.20	0.25	0.30	0.30	0.35	0.35	0.40	0.45	0.45	0.45	0.45
	9	−0.10	0.20	0.30	0.35	0.35	0.40	0.40	0.40	0.40	0.45	0.45	0.50	0.50	0.50
	8	0.10	0.30	0.35	0.40	0.40	0.40	0.45	0.45	0.45	0.45	0.50	0.50	0.50	0.50
	7	0.20	0.35	0.40	0.40	0.45	0.45	0.45	0.45	0.45	0.50	0.50	0.50	0.50	0.50
	6	0.30	0.40	0.40	0.45	0.45	0.45	0.45	0.45	0.45	0.50	0.50	0.50	0.50	0.50
	5	0.40	0.45	0.45	0.45	0.45	0.45	0.45	0.50	0.50	0.50	0.50	0.50	0.50	0.50
	4	0.50	0.45	0.45	0.45	0.50	0.50	0.50	0.50	0.50	0.50	0.50	0.50	0.50	0.50
	3	0.60	0.55	0.50	0.50	0.50	0.50	0.50	0.50	0.50	0.50	0.50	0.50	0.50	0.50
	2	0.85	0.65	0.60	0.55	0.55	0.55	0.55	0.50	0.50	0.50	0.50	0.50	0.50	0.50
	1	1.35	1.00	0.90	0.80	0.75	0.75	0.70	0.70	0.65	0.65	0.60	0.55	0.55	0.55
11	11	−0.25	0.00	0.15	0.20	0.25	0.30	0.30	0.30	0.35	0.35	0.45	0.45	0.45	0.45
	10	−0.05	0.20	0.25	0.30	0.35	0.40	0.40	0.40	0.40	0.45	0.45	0.50	0.50	0.50
	9	0.10	0.30	0.35	0.40	0.40	0.40	0.45	0.45	0.45	0.45	0.50	0.50	0.50	0.50
	8	0.20	0.35	0.40	0.40	0.45	0.45	0.45	0.45	0.45	0.45	0.50	0.50	0.50	0.50
	7	0.25	0.40	0.40	0.45	0.45	0.45	0.45	0.45	0.45	0.50	0.50	0.50	0.50	0.50
	6	0.35	0.40	0.40	0.45	0.45	0.45	0.45	0.50	0.50	0.50	0.50	0.50	0.50	0.50
	5	0.40	0.45	0.45	0.45	0.45	0.50	0.50	0.50	0.50	0.50	0.50	0.50	0.50	0.50
	4	0.50	0.50	0.50	0.50	0.50	0.50	0.50	0.50	0.50	0.50	0.50	0.50	0.50	0.50
	3	0.65	0.55	0.60	0.50	0.50	0.50	0.50	0.50	0.50	0.50	0.50	0.50	0.50	0.50
	2	0.85	0.65	0.60	0.55	0.55	0.55	0.50	0.50	0.50	0.50	0.50	0.50	0.50	0.50
	1	1.35	1.05	0.90	0.80	0.75	0.75	0.70	0.70	0.65	0.65	0.60	0.55	0.55	0.55
12 以上	1	−0.30	0.00	0.15	0.20	0.25	0.30	0.30	0.30	0.35	0.35	0.40	0.45	0.45	0.45
	2	−0.10	0.20	0.25	0.30	0.35	0.40	0.40	0.40	0.40	0.40	0.45	0.45	0.45	0.50
	3	0.05	0.25	0.35	0.40	0.40	0.40	0.45	0.45	0.45	0.45	0.45	0.50	0.50	0.50
	4	0.15	0.30	0.40	0.40	0.45	0.45	0.45	0.45	0.45	0.45	0.45	0.50	0.50	0.50
	5	0.25	0.35	0.50	0.45	0.45	0.45	0.45	0.45	0.45	0.45	0.50	0.50	0.50	0.50
	6	0.30	0.40	0.50	0.45	0.45	0.45	0.45	0.50	0.45	0.50	0.50	0.50	0.50	0.50
	7	0.35	0.40	0.55	0.45	0.45	0.45	0.50	0.50	0.50	0.50	0.50	0.50	0.50	0.50
	8	0.35	0.45	0.55	0.45	0.50	0.50	0.50	0.50	0.50	0.50	0.50	0.50	0.50	0.50
	中间	0.45	0.45	0.55	0.45	0.50	0.50	0.50	0.50	0.50	0.50	0.50	0.50	0.50	0.50

续表

m	n \ K	0.1	0.2	0.3	0.4	0.5	0.6	0.7	0.8	0.9	1.0	2.0	3.0	4.0	5.0
12以上	4	0.55	0.50	0.50	0.50	0.50	0.50	0.50	0.50	0.50	0.50	0.50	0.50	0.50	0.50
	3	0.65	0.55	0.50	0.50	0.50	0.50	0.50	0.50	0.50	0.50	0.50	0.50	0.50	0.50
	2	0.70	0.70	0.60	0.55	0.55	0.55	0.50	0.50	0.50	0.50	0.50	0.50	0.50	0.50
	1	1.35	1.05	0.90	0.80	0.75	0.70	0.70	0.70	0.65	0.65	0.60	0.55	0.55	0.55

注：m—框架总层数；n—计算层层号；K—梁柱线刚度比，按表3-11计算。

表 3-14　上下层梁刚度变化对标准反弯点高度比的修正值 y_1

α_1 \ K	0.1	0.2	0.3	0.4	0.5	0.6	0.7	0.8	0.9	1.0	2.0	3.0	4.0	5.0
0.4	0.55	0.40	0.30	0.25	0.20	0.20	0.20	0.15	0.15	0.15	0.05	0.05	0.05	0.05
0.5	0.45	0.30	0.20	0.20	0.15	0.15	0.15	0.10	0.10	0.10	0.05	0.05	0.05	0.05
0.6	0.30	0.20	0.15	0.15	0.10	0.10	0.10	0.10	0.05	0.05	0.05	0.05	0	0
0.7	0.20	0.15	0.10	0.10	0.10	0.10	0.05	0.05	0.05	0.05	0.05	0	0	0
0.8	0.15	0.10	0.05	0.05	0.05	0.05	0.05	0.05	0	0	0	0	0	0
0.9	0.05	0.05	0.05	0.05	0	0	0	0	0	0	0	0	0	0

注：

```
    i₁ | i₂
       |
       ic
       |
    i₃ | i₄
```

$\alpha_1 = \dfrac{i_1+i_2}{i_3+i_4}$，当 $(i_1+i_2) > (i_3+i_4)$ 时，则 α_1 取倒数，即 $\alpha_1 = \dfrac{i_3+i_4}{i_1+i_2}$，并且 y_1 取负号；K 按表3-11计算；底层可不考虑此项修正，即取 $y_1 = 0$。

表 3-15　上下层层高变化对标准反弯点高度比的修正值 y_2、y_3

α_2	α_3	0.1	0.2	0.3	0.4	0.5	0.6	0.7	0.8	0.9	1.0	2.0	3.0	4.0	5.0
2.0		0.25	0.15	0.15	0.10	0.10	0.10	0.10	0.10	0.05	0.05	0.05	0.05	0	0
1.8		0.20	0.15	0.10	0.10	0.10	0.05	0.05	0.05	0.05	0.05	0.05	0	0	0
1.6	0.4	0.15	0.10	0.10	0.05	0.05	0.05	0.05	0.05	0.05	0.05	0	0	0	0
1.4	0.6	0.10	0.05	0.05	0.05	0.05	0.05	0.05	0.05	0.05	0	0	0	0	0
1.2	0.8	0.05	0.05	0.05	0	0	0	0	0	0	0	0	0	0	0
1.0	1.0	0	0	0	0	0	0	0	0	0	0	0	0	0	0
0.8	1.2	-0.05	-0.05	-0.05	0	0	0	0	0	0	0	0	0	0	0
0.6	1.4	-0.10	-0.05	-0.05	-0.05	-0.05	-0.05	-0.05	0	0	0	0	0	0	0
0.4	1.6	-0.15	-0.10	-0.10	-0.05	-0.05	-0.05	-0.05	-0.05	-0.05	0	0	0	0	0
	1.8	-0.20	-0.15	-0.10	-0.10	-0.10	-0.05	-0.05	-0.05	-0.05	-0.05	0	0	0	0

α_2	$K \atop \alpha_3$	0.1	0.2	0.3	0.4	0.5	0.6	0.7	0.8	0.9	1.0	2.0	3.0	4.0	5.0
	2.0	-0.25	-0.15	-0.15	-0.10	-0.10	-0.10	-0.10	-0.10	-0.05	-0.05	-0.05	-0.05	0	0

注:$\alpha_2 = h_{\pm}/h$,$\alpha_3 = h_{\mp}/h$,h 为计算层层高,$h_{\pm}$ 为上一层层高,$h_{\mp}$ 为下一层层高;K 按表 3-11 计算;y_2 按 K 及 α_2 查表,对顶层可不考虑该项修正;y_3 按 K 及 α_3 查表,对底层可不考虑此项修正。

例 3-3 已知条件同例 3-2。试用 D 值法求作弯矩图。

解:1. 各层梁柱线刚度计算同例 3-2,见表 3-7、表 3-8。

2. 各柱 D 值计算见表 3-16,其中 K、α 及 D 的计算公式如下。一般层:$K = \dfrac{i_1 + i_2 + i_3 + i_4}{2i_c}$,$\alpha = \dfrac{K}{2+K}$,$D = \alpha \dfrac{12i_c}{h^2}$;底层:$K = \dfrac{i_1 + i_2}{i_c}$,$\alpha = \dfrac{K+0.5}{2+K}$,$D = \alpha \dfrac{12i_c}{h^2}$。

表 3-16 柱的 D 值计算

层号	柱编号	i_c	K	α	$D/$(N/mm)	$\sum D/$(N/mm)
一层	Z_A	160 714.3E	6.175	0.817	2 679.66	
	Z_B	297 743.1E	5.276	0.794	4 824.65	9 905.18
	Z_C	160 714.3E	3.601	0.732	2 400.87	
二~三层	Z_A	177 631.6E	5.588	0.736	3 259.37	
	Z_B	329 084.4E	4.773	0.705	5 784.05	11 789.08
	Z_C	177 631.6E	3.259	0.620	2 745.66	

3. 各层柱剪力计算见表 3-17,其中层剪力 V_i、各柱剪力 V_{ij} 的计算公式如下:

$$V_i = \sum_{k=i}^{n} F_k, \quad V_{ij} = \dfrac{D_{ij}}{\sum_{j=1}^{m} D_{ij}} V_i$$

表 3-17 各层柱剪力计算

层号	水平荷载 F_i/kN	层剪力 V_i/kN	$\dfrac{D_A}{\sum D}$	$\dfrac{D_B}{\sum D}$	$\dfrac{D_C}{\sum D}$	V_A/kN	V_B/kN	V_C/kN
3	10.4	10.4	0.276	0.491	0.233	2.87	5.11	2.42
2	20.8	31.2	0.276	0.491	0.233	8.61	15.32	7.27
1	21.84	53.04	0.271	0.487	0.242	14.37	25.83	12.84

4. 各柱反弯点高度比计算见表 3-18,其中 $y = y_0 + y_1 + y_2 + y_3$。

表 3-18 各柱反弯点高度比计算

层号	Z_A					Z_B					Z_C				
	K	y_0	y_1	y_2	y_3	y	K	y_0	y_1	y_2	y_3	y	K	y_0	y_1	y_2	y_3	y
3	5.588	0.45	0	0	0	0.45	4.773	0.45	0	0	0	0.45	3.259	0.45	0	0	0	0.45
2	5.588	0.50	0	0	0	0.50	4.773	0.50	0	0	0	0.50	3.259	0.50	0	0	0	0.50
1	6.175	0.55	0	0	0	0.55	5.276	0.55	0	0	0	0.55	3.601	0.55	0	0	0	0.55

5. 各层柱端弯矩及梁端弯矩计算见表3-19,其中柱端弯矩计算公式:$M_下 = V_{ij}yh$,$M_上 = V_{ij}(h-yh)$;梁端弯矩根据节点平衡条件求得,即边节点$M = \sum M_柱$,中间节点$M_{BA} = \dfrac{i_{AB}}{i_{AB}+i_{BC}} \sum M_柱 = 0.63 \sum M_柱$,$M_{BC} = \dfrac{i_{BC}}{i_{AB}+i_{BC}} \sum M_柱 = 0.37 \sum M_柱$。

6. 作弯矩图,见图3-30(a)。图中同时示出用结构力学求解器求得的结果[图3-30(b)]。

表 3-19 各层柱端弯矩及梁端弯矩计算

层号	Z_A			Z_B			Z_C			L_{AB}		L_{BC}	
	yh/m	$M_上$/(kN·m)	$M_下$/(kN·m)	yh/m	$M_上$/(kN·m)	$M_下$/(kN·m)	yh/m	$M_上$/(kN·m)	$M_下$/(kN·m)	M_{AB}/(kN·m)	M_{BA}/(kN·m)	M_{BC}/(kN·m)	M_{CB}/(kN·m)
3	1.71	6.00	4.91	1.71	10.68	8.74	1.71	5.06	4.14	6.00	6.73	3.95	5.06
2	1.90	16.36	16.36	1.90	29.11	29.11	1.90	13.81	13.81	21.27	23.85	14.00	17.95
1	2.31	27.16	33.19	2.31	48.82	59.67	2.31	24.27	29.66	43.52	49.10	28.83	38.08

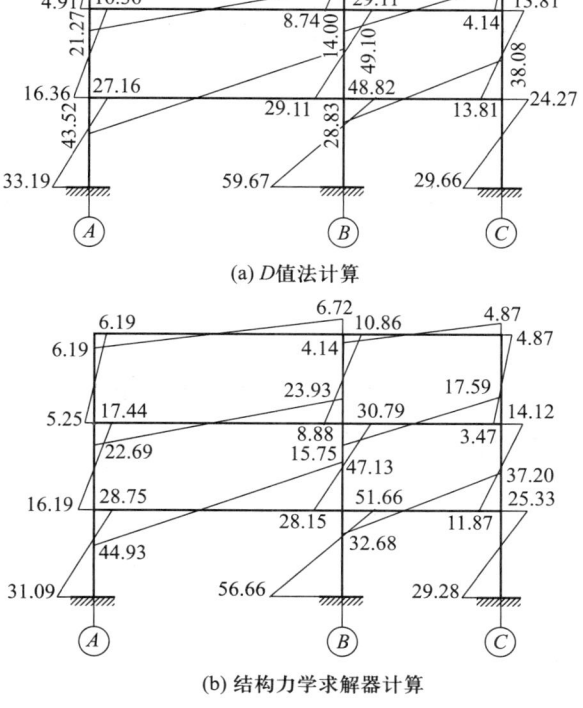

图 3-30 框架的弯矩图(单位:kN·m)

由图3-30(a)、(b)对比可知,D值法和结构力学求解器求得的结果误差均控制在19.43%以内。除二、三层ⓒ柱下端和BC梁左端误差超过10%以外,其余各处误差均不超过7%。比较例3-2和例3-3可知,D值法精度高于反弯点法。

3.2.4 框架结构在水平荷载作用下侧移的近似计算

由结构力学公式可知,在水平荷载作用下框架结构某层高度处的侧移 Δ_i 为:

$$\Delta_i = \sum \int_l \frac{M_1 M}{EI} \mathrm{d}l + \sum \int_l \frac{N_1 N}{EA} \mathrm{d}l + \mu \sum \int_l \frac{V_1 V}{GA} \mathrm{d}l \qquad (3-17)$$

式中 $M_1 \setminus N_1 \setminus V_1$ ——框架某层高度处作用单位水平力在框架各杆中引起的弯矩、轴力和剪力;

$M \setminus N \setminus V$——水平荷载在框架各杆中引起的弯矩、轴力和剪力。

对于由细长杆件组成的框架结构,公式(3-17)中第三项由剪切变形引起的侧移很小,工程上可以忽略。图3-31为某框架在水平荷载作用下的侧移计算结果,其中图3-31(b)为公式(3-17)右边第一项的结果,图3-31(c)为公式(3-17)右边第二项的结果,图3-31(d)为公式(3-17)右边第一项和第二项之和。可以把框架结构在水平荷载作用下的侧移看成由两部分组成:一是由梁、柱弯曲变形引起的框架侧移,由于侧移曲线与竖向悬臂梁的剪切变形曲线[图3-32(a)]相一致,故称之为"剪切型侧移";二是由柱的轴向变形引起的框架侧移,由于侧移曲线与竖向悬臂梁的弯曲变形曲线[图3-32(b)]相一致,故称之为"弯曲型侧移"。在工程设计中,用公式(3-17)计算框架侧移显然是太繁了,一般可以采用近似方法计算。

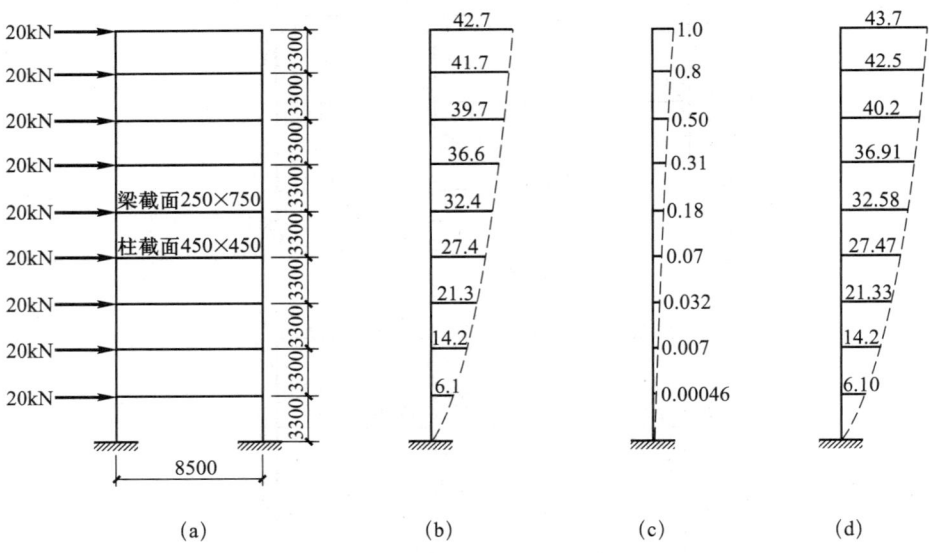

图3-31 框架在水平力作用下的侧移

1. 梁、柱弯曲变形引起的侧移

由3.2.3小节可知,第 i 层第 j 根柱的抗侧刚度为 D_{ij},第 i 层各柱的抗侧刚度和为 $\sum_{j=1}^m D_{ij}$,因此,第 i 层的层间侧移 δ_i^M(上标 M 表示由梁、柱弯曲变形引起)为:

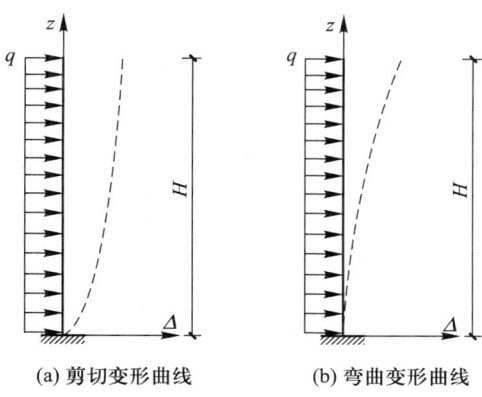

图 3-32 竖向悬臂梁的变形曲线

$$\delta_i^M = \frac{V_i}{\sum_{j=1}^{m} D_{ij}} \quad (3-18)$$

式中 V_i——第 i 层层剪力,由公式(3-8)计算。

第 i 层侧移 Δ_i^M 为:

$$\Delta_i^M = \sum_{k=1}^{i} \delta_k^M \quad (3-19)$$

顶点侧移 Δ_n^M 为:

$$\Delta_n^M = \sum_{i=1}^{n} \delta_i^M \quad (3-20)$$

由于层剪力 V_i 一般越靠下层越大,因此,层间侧移 δ_i^M 的变化规律是下大上小。

2. 柱轴向变形引起的侧移

在水平荷载作用下,框架受荷一侧的柱产生轴向拉力,而另一侧的柱则产生轴向压力,边柱的轴力大,而中柱的轴力小。为简化计算,假定中柱轴力为零,则边柱轴力为:

$$N = \pm \frac{M}{B} \quad (3-21)$$

式中 M——水平荷载在计算截面引起的弯矩;
B——边柱轴线的距离。

近似地将框架边柱轴向变形及框架水平侧移看作沿高度连续变化,并假定柱截面由底到顶线性变化,则第 i 层楼层高度处的侧移 Δ_i^N(上标 N 表示由柱轴向变形引起)为:

$$\Delta_i^N = \int_0^{H_i} \frac{N_1 N}{EA} \mathrm{d}x \quad (3-22)$$

式中 H_i——第 i 层楼层处高度;
N_1——单位水平力作用在 H_i 高度处时,框架边柱在 x 高度处的轴力,见图 3-33

(a),$N_1 = \pm \dfrac{H_i - x}{B}$;

N——水平荷载作用下框架边柱在 x 高度处的轴力,见图 3-33(b),$N = \pm \dfrac{1}{B} \int_x^H q(\tau) \mathrm{d}\tau (\tau - x)$。

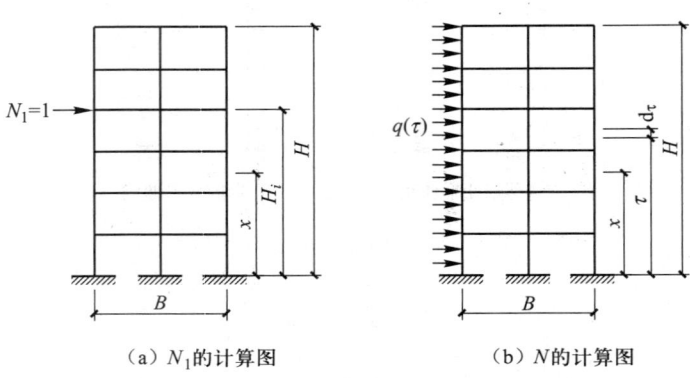

(a) N_1 的计算图　　　　(b) N 的计算图

图 3-33　框架边柱在 x 高度处的轴力

将 N_1、N 代入公式(3-22)得:

$$\Delta_i^N = 2 \int_0^{H_i} \left[\dfrac{1}{EA} \times \dfrac{H_i - x}{B} \times \dfrac{1}{B} \int_x^H q(\tau)(\tau - x) \mathrm{d}\tau \right] \mathrm{d}x \tag{3-23}$$

把不同形式的荷载 $q(\tau)$ 的表达式代入公式(3-23),积分并整理后得:

$$\Delta_i^N = \dfrac{V_0 H^3}{EA_1 B^2} F_n \tag{3-24}$$

式中　V_0——底层总剪力,由不同的水平荷载求得;

　　　H、B——分别为建筑物总高度及结构宽度(即框架边柱间距离);

　　　E——混凝土弹性模量;

　　　A_1——框架底层边柱截面面积;

　　　F_n——根据不同荷载形式计算的位移系数,可由图 3-34 的曲线查出,图中系数 n 为框架边柱顶层与底层截面面积之比,$n = A_{顶}/A_{底}$。

第 i 层层间侧移 δ_i^N 为:

$$\delta_i^N = \Delta_i^N - \Delta_{i-1}^N \tag{3-25}$$

框架在水平荷载作用下的侧移 Δ_i 为:

$$\Delta_i = \Delta_i^M + \Delta_i^N \tag{3-26}$$

框架在水平荷载作用下的层间侧移 δ_i 为:

$$\delta_i = \delta_i^M + \delta_i^N \tag{3-27}$$

大量的计算结果表明,对于房屋高度 H 大于 50 m 或房屋的高宽比 H/B 大于 4 的框架结构,Δ_i^N 约为 Δ_i^M 的 5%~11%。由此可知,框架结构中,由柱的轴向变形产生的"弯曲型侧移"占的比例很小,框架侧移曲线呈剪切型。

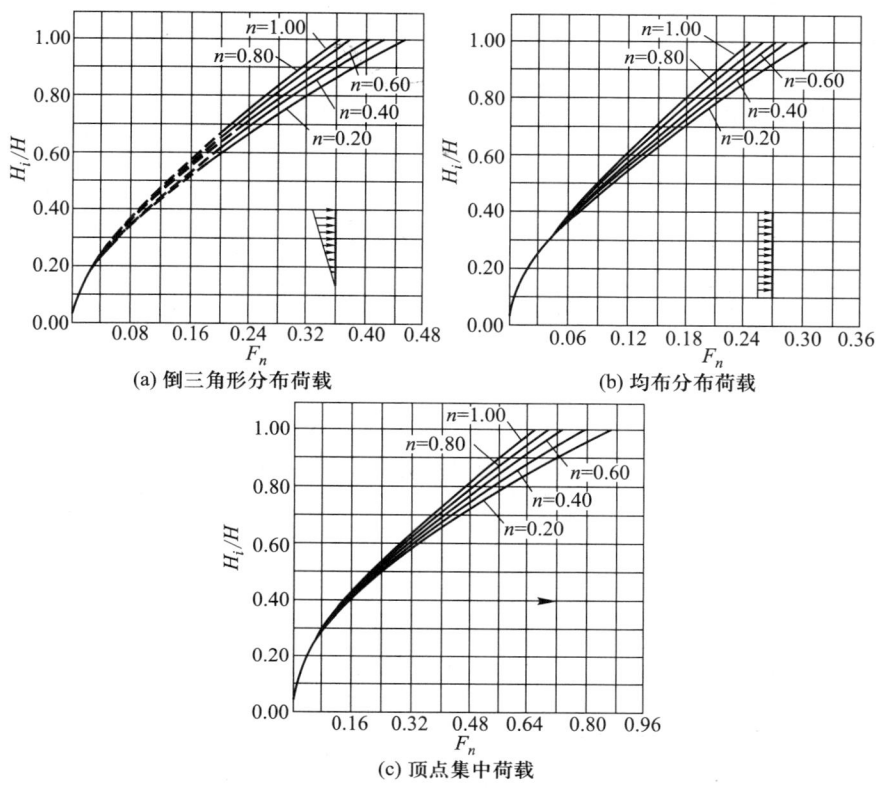

图 3-34 位移系数曲线

例 3-4 求例 3-3 框架各层的侧移及层间侧移。

解:1. 各层的层剪力 V_i 及抗侧刚度和 $\sum_{j=1}^{m} D_{ij}$ 的计算见例 3-3。

2. 梁、柱弯曲变形引起的侧移计算见表 3-20,其中 $\delta_i^M = \dfrac{V_i}{\sum_{j=1}^{m} D_{ij}}$,$\Delta_i^M = \sum_{k=1}^{i} \delta_k^M$。

3. 柱轴向变形引起的侧移计算。

根据基底弯矩相等的原则,将节点水平集中荷载连续化成倒三角形分布的分布荷载,计算过程见表 3-21,其中分布荷载 $q = \dfrac{3 \sum F_i H_i}{H^2}$,底层总剪力 $V_0 = \dfrac{1}{2} qH$。

表 3-20 梁、柱弯曲变形引起的侧移计算

层号	层剪力 V_i/kN	抗侧刚度和 $\sum_{j=1}^{m} D_{ij}$ /(N/mm)	层间侧移 δ_i^M/mm	侧移 Δ_i^M/mm
3	10.4	9 905.18	1.05	8.70
2	31.2	9 905.18	3.15	7.65
1	53.04	11 789.08	4.50	4.50

表 3-21 倒三角形分布的分布荷载及底层总剪力计算

层号	F_i /kN	H_i /m	$F_i H_i$ /(kN·m)	$\sum F_i H_i$ /(kN·m)
3	10.4	11.8	122.72	
2	20.8	8.0	166.40	380.85
1	21.84	4.2	91.73	

$$q = \frac{3\sum F_i H_i}{H^2} = \frac{3 \times 380.85}{11.8^2} \text{ kN/m} = 8.21 \text{ kN/m}$$

$$V_0 = \frac{1}{2}qH = \frac{1}{2} \times 8.21 \times 11.8 \text{ kN} = 48.44 \text{ kN}$$

柱轴向变形引起的侧移计算见表 3-22,其中 $n = A_{顶}/A_{底} = 1.0$,F_n 由图 3-34 查得,

$$\Delta_i^N = \frac{V_0 H^3}{EA_1 B^2} F_n = \frac{48.44 \times 10^3 \times (11.8 \times 10^3)^3}{3.0 \times 10^4 \times (300^2 + 300^2)/2 \times (11.7 \times 10^3)^2} F_n = 0.215 F_n, \delta_i^N = \Delta_i^N - \Delta_{i-1}^N。$$

表 3-22 柱轴向变形引起的侧移计算

层号	H_i/H	F_n	侧移 Δ_i^N /mm	层间侧移 δ_i^N /mm
3	1.000	0.25	0.054	0.024
2	0.678	0.14	0.030	0.019
1	0.356	0.05	0.011	0.011

4. 各层侧移 Δ_i 及层间侧移 δ_i 的计算见表 3-23,其中 $\Delta_i = \Delta_i^M + \Delta_i^N$,$\delta_i = \delta_i^M + \delta_i^N$。

表 3-23 各层侧移及层间侧移计算

层号	Δ_i^M/mm	Δ_i^N/mm	Δ_i/mm	δ_i^M/mm	δ_i^N/mm	δ_i/mm
3	8.70	0.054	8.754	1.05	0.024	1.074
2	7.65	0.030	7.680	3.15	0.019	3.169
1	4.50	0.011	4.511	4.50	0.011	4.511

由计算可知,Δ_3^N 在总侧移中仅占 0.62%,δ_1^N 只占 δ_1 的 0.24%。计算结果表明,柱轴向变形引起的框架侧移很小,可以忽略不计。表 3-24 用结构力学求解器求得的结果与近似计算法的结果进行了比较。

表 3-24 各层侧移及层间侧移计算对比分析

层号	各层侧移 Δ_i/mm			层间侧移 δ_i/mm		
	结构力学求解器	近似计算法	误差	结构力学求解器	近似计算法	误差
3	8.535	8.754	2.57%	0.997	1.074	7.72%
2	7.538	7.680	1.88%	2.701	3.169	17.33%
1	4.837	4.511	-6.74%	4.837	4.511	-6.74%

3.3 框架结构的设计要点与构造

有抗震设防要求的框架,设计和构造要求都比较复杂,相关内容可参看《建筑抗震设计规范》及相应的教材和参考书。在此仅对非抗震设计的框架进行讨论。

3.3.1 设计步骤和一般规定

1. 设计步骤

框架结构在平面布置确定之后,参考已有设计及柱轴压比等控制因素并根据实际经验,初步确定梁柱的截面尺寸和材料强度等级,然后进行结构在竖向荷载和水平荷载作用下的内力和位移计算,再对梁柱的控制截面进行内力组合,最后进行梁柱截面的配筋及构造设计,使框架结构满足各项承载力和位移的要求。

2. 一般规定

(1) 承载力要求

无抗震设防要求时,框架结构构件的承载力应满足下列要求:

$$\gamma_0 S \leqslant R \tag{3-28}$$

式中 γ_0——结构重要性系数;
S——荷载组合的效应设计值;
R——结构构件抗力设计值。

(2) 位移要求

在风荷载的作用下,框架结构的位移应满足下列要求:

$$\frac{\Delta u}{h} \leqslant \frac{1}{550} \tag{3-29}$$

式中 Δu——按弹性方法计算的楼层层间最大水平位移;
h——与 Δu 相应的楼层层高。

3.3.2 荷载效应组合

3.2 节讨论了框架结构在竖向荷载及水平荷载作用下内力计算、水平荷载作用下位移计算的近似方法,由此可分别求出框架结构在各种荷载作用下的内力和位移。实际工程中,房屋结构通常是同时承受多种不同的荷载作用,因此,框架结构设计时,必须考虑各种荷载可能同时作用时的最不利情况,求出控制截面的最不利内力,即进行荷载效应组合,然后再对构件进行截面设计。

课件 3-8 荷载效应组合

1. 控制截面及最不利内力类型

所谓控制截面是指对构件配筋起控制作用的截面。

框架梁的控制截面一般有三个,即梁两端的支座截面和跨中截面。在支座截面处,一般产生最大负弯矩 $-M_{max}$ 和最大剪力 V_{max},水平荷载作用下还有可能产生最大正弯矩 $+M_{max}$;在跨中截面处,一般产生最大正弯矩 $+M_{max}$(在某些特殊情况下,跨中截面有可能产生负弯矩,在内力组合时应加以注意)。因此,框架梁的最不利内力类型为:

支座截面 $-M_{max}$、$+M_{max}$、V_{max}

跨中截面　$+M_{max}$

根据支座截面的最大负弯矩来确定梁端顶部纵筋；根据跨中最大正弯矩及支座最大正弯矩两者中的大值来确定梁底部纵筋；根据支座截面最大剪力来确定梁的腹筋。

框架柱的控制截面一般有两个，即柱的上端截面和下端截面。在柱的上、下端截面处，弯矩、剪力都产生最大值，最大轴力产生在柱下端截面。由于柱为偏心受压构件，随着弯矩 M 和轴力 N 的比值变化，可能发生大偏心受压破坏或小偏心受压破坏，而不同的破坏形态，M、N 的相关性不同，因而在进行配筋计算之前，无法确定哪一组内力为最不利内力。所以，一般对称配筋的框架柱，最不利内力通常取以下四种类型：

(1) $|M_{max}|$ 及相应的 N

(2) N_{max} 及相应的 M

(3) N_{min} 及相应的 M

(4) V_{max} 及相应的 N

取(1)(2)(3)组不利内力的配筋的最大值作为柱的纵向配筋，根据(4)的最大剪力来确定柱的箍筋。

2. 荷载的最不利布置

(1) 竖向荷载

作用于框架结构上的竖向荷载有恒荷载和活荷载两种，对活荷载要考虑其最不利布置。活荷载的最不利布置有多种方法，在此介绍两种。

1) 分跨计算组合法

这种方法是将活荷载逐层逐跨单独地作用在结构上(图 3-35)，亦即每次仅在一根梁上布置活荷载，并计算出在此荷载作用下整个框架的内力。内力计算的次数与框架承受活荷载的梁的数目相同。求出所有这些内力之后，根据不同的构件、不同的截面、不同的内力种类，组合出最大内力。此法过程简单、规则，但计算工作量很大，故适合于编程计算。

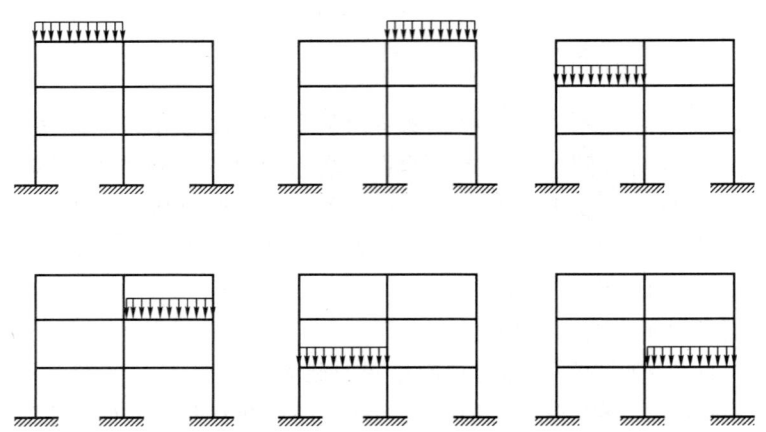

图 3-35　分跨计算组合法

2) 满布荷载法

当活荷载产生的内力远小于恒荷载及水平荷载产生的内力时，可不考虑活荷载的最不利布置,而把活荷载同时作用于所有的框架梁上(图 3-36)。这样求得的内力在支座处与按考虑活荷载不利布置时所得内力极为相近,可直接用于内力组合,但求得的梁跨中弯矩偏小,一般应乘以 1.1~1.2 系数予以增大。

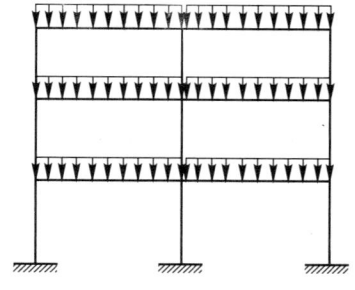

一般高层建筑的活荷载不大,如一般民用建筑及公共建筑结构,其竖向活荷载标准值仅为 2~3 kN/m²,它产生的内力在组合后的截面内力中所占的比例很小。因此,《高层建筑混凝土结构技术规程》(JGJ 3—2010)及《高层民用建筑钢结构技术规程》(JGJ 99—2015)规定,高层建筑结构在竖向荷载作用下按满布荷载法计算内力,但对于某些竖向荷载很大的结构,如图书馆书库等,仍应考虑活荷载的不利布置,按分跨计算组合法等方法计算内力。

图 3-36 满布荷载法

(2)水平荷载

风荷载和水平地震作用都是可能沿任意方向的。为简化计算,设计时假定只考虑主轴方向的水平荷载,但可以是正方向也可以是负方向。在矩形平面的结构中,正负两个方向荷载相等,符号相反,因此内力大小相等,符号相反,计算时只需计算一个方向即可。但是,在平面布置复杂或不对称的结构中,一个方向的水平荷载可能使一部分构件形成不利内力,另一方向的水平荷载可能对另一部分构件构成不利内力,这时要选择不同方向的水平荷载分别进行内力分析,然后再进行内力组合。

3. 内力调整

(1)梁、柱端控制截面的内力

内力计算时,框架结构中的梁、柱是以其轴线作代表的,因此,计算所得的梁、柱端内力实质并非控制截面的内力,如图 3-37、图 3-38 所示。在内力组合之前,必须先求出相应于控制截面的内力。

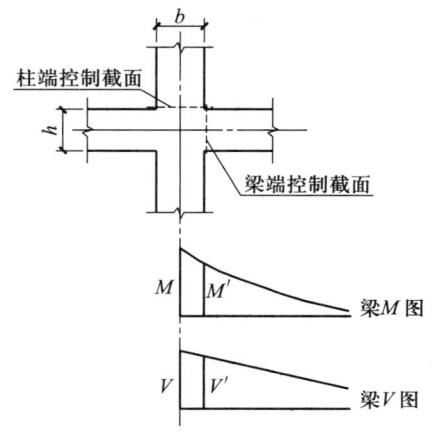

图 3-37 竖向荷载作用下框架梁边截面内力

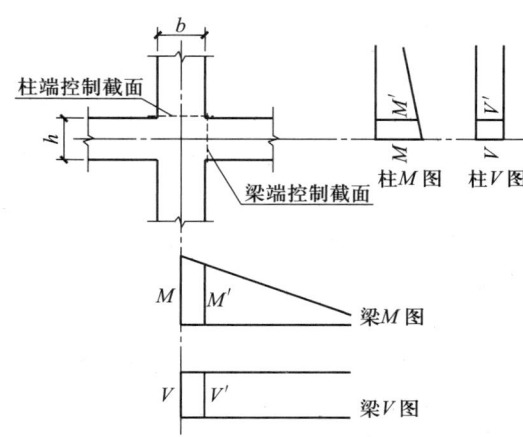

图 3-38 水平荷载作用下框架梁、柱边截面内力

竖向荷载作用下,梁端控制截面的剪力和弯矩可由下式求得:

$$V' = V - (g+q)\frac{b}{2}$$

$$M' = M - V\frac{b}{2} \quad (3\text{-}30)$$

式中 V'、M'——梁端控制截面的剪力和弯矩；

V、M——根据内力计算得到的梁支座剪力和弯矩；

g、q——作用在梁上的竖向分布恒荷载和活荷载；

b——柱宽。

水平荷载作用下,梁端控制截面的弯矩和剪力可根据比例关系求得,如图 3-38 所示。同理,根据比例关系,亦可求得在竖向荷载及水平荷载作用下柱端控制截面的内力。

（2）梁端弯矩调幅

在竖向荷载作用下,框架梁端负弯矩通常较大,为了减少框架梁支座截面处的配筋,允许考虑塑性变形内力重分布,对梁端负弯矩进行适当调幅。调幅系数取值如下:现浇框架为 0.8~0.9;装配整体式框架,由于钢筋焊接或接缝不严等原因,节点容易产生变形,梁端实际弯矩比弹性计算值会有所降低,因此,支座负弯矩调幅系数为 0.7~0.8。梁端负弯矩减小后,梁跨中弯矩应按平衡条件相应增大（图 3-39）,即跨中弯矩应满足下式要求：

$$\frac{1}{2}(M_1' + M_2') + M_0' \geqslant M \quad (3\text{-}31)$$

式中 M_1'、M_2'、M_0'——分别为调幅后梁端负弯矩及跨中正弯矩；

M——按简支梁计算的跨中弯矩。

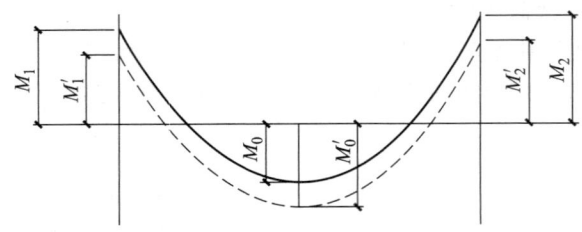

图 3-39 竖向荷载作用下弯矩调幅

弯矩调幅只对竖向荷载作用下的内力进行,而水平荷载作用下产生的弯矩不参加调幅,因此,弯矩调幅应在内力组合之前进行。另外,截面设计时,为保证框架梁跨中截面下部钢筋不致过少,其正弯矩设计值不应小于竖向荷载作用下按简支梁计算的跨中弯矩的 50%。

4. 荷载效应组合

根据《建筑结构荷载规范》,无地震作用荷载效应组合时,对于一般框架结构,基本组合应按下列组合中最不利确定：

（1）由可变荷载效应控制的组合

$$S_d = \gamma_G S_{Gk} + \gamma_{Q1}\gamma_{L1}S_{Q1k} + \sum_{i=2}^{n}\gamma_{Qi}\gamma_{Li}\psi_{Qi}S_{Qik} \quad (3\text{-}32)$$

（2）由永久荷载效应控制的组合

$$S_d = \gamma_G S_{Gk} + \sum_{i=1}^{n} \gamma_{Qi} \gamma_{Li} \psi_{Qi} S_{Qik} \qquad (3-33)$$

式中 S_d——荷载效应组合的设计值。

S_{Gk}——永久荷载效应标准值。

S_{Qik}——可变荷载效应标准值,其中 S_{Q1k} 为主导可变荷载 Q_1 的荷载效应标准值。

γ_G——永久荷载的分项系数。对于由可变荷载效应控制的组合,当其效应对结构不利时取 1.2;当其效应对结构有利时不应大于 1.0。由永久荷载效应控制的组合取 1.35。

γ_{Qi}——第 i 个可变荷载的分项系数,其中 γ_{Q1} 为主导可变荷载 Q_1 的分项系数。对标准值大于 4 kN/m² 的工业房屋楼面结构的活荷载,取 1.3,其他情况取 1.4。

ψ_{Qi}——第 i 个可变荷载的组合值系数,取值见《建筑结构荷载规范》。

γ_{Li}——第 i 个可变荷载考虑设计使用年限的调整系数,其中 γ_{L1} 为主导可变荷载 Q_1 考虑设计使用年限的调整系数。设计使用年限为 50 年时取 1.0。

3.3.3 框架结构设计要点和构造

课件 3-9
构造要求

1. 材料强度

(1) 混凝土

框架结构中的柱,轴力一般较大,为满足轴压比要求及建筑使用要求,常采用强度等级较高的混凝土,如 C30、C35 和 C40;而梁、板主要以承受本层荷载为主,可以采用强度等级较低一些的混凝土,如 C20、C25 和 C30。现浇框架的梁、柱混凝土强度等级不同时,节点混凝土强度允许低于柱混凝土强度 5 MPa。

(2) 钢筋

框架结构应采用热轧钢筋。梁、柱的纵向受力钢筋宜优先采用 HRB400、HRBF400 级钢筋;箍筋宜选用 HPB300、HRB335 级钢筋。

2. 框架柱的计算长度

当需要计算轴心受压框架柱稳定系数 φ 或需要计算偏心受压构件裂缝宽度时的偏心距增大系数时,框架柱的计算长度 l_0 取值如下。

现浇楼盖:底层柱 $l_0 = 1.0H$

其余各层柱 $l_0 = 1.25H$

装配式楼盖:底层柱 $l_0 = 1.25H$

其余各层柱 $l_0 = 1.5H$

H 对底层柱为从基础顶面到一层楼盖顶面的高度,对其余各层柱为上、下两层楼盖顶面之间的高度。

在框架结构中,当需要计算结构因侧移产生的二阶效应($P-\Delta$ 效应)时,可依据《规范》附录 B 的要求进行分析。

3. 框架梁的配筋构造要求

(1) 纵筋

纵向受拉钢筋的最小配筋率 ρ_{min} 不应小于 0.2% 和 $0.45\dfrac{f_t}{f_y}$ 二者的较大值,且沿梁全长顶面和底面应至少各配两根直径不小于 12 mm 的纵向钢筋。对架立钢筋,当梁的跨度小于 4 m 时,直径不宜小于 8 mm;当梁的跨度为 4~6 m 时,直径不应小于 10 mm;当梁的跨度大于 6 m 时,直径不宜小于 12 mm。

框架梁的纵筋不应与箍筋、拉筋及预埋件等焊接。

(2) 箍筋

框架梁应沿梁全长设置箍筋,第一个箍筋应设置在距支座边缘 50 mm 处。截面高度大于 800 mm 的梁,其箍筋直径不宜小于 8 mm;其余截面高度的梁不应小于 6 mm。在受力钢筋搭接长度范围内,箍筋直径不应小于搭接钢筋最大直径的 0.25 倍。箍筋允许最大间距要求同普通混凝土梁。在纵向受拉钢筋搭接长度范围内,箍筋间距尚不应大于搭接钢筋较小直径的 5 倍,且不应大于 100 mm;在纵向受压钢筋搭接长度范围内,箍筋间距尚不应大于搭接钢筋较小直径的 10 倍,且不应大于 200 mm。承受弯矩和剪力的梁,当梁的剪力设计值大于 $0.7 f_t b h_0$ 时,箍筋的面积配箍率 ρ_{sv} 应不小于 $0.24 \dfrac{f_t}{f_{yv}}$;承受弯矩、剪力和扭矩的梁,箍筋的面积配箍率 ρ_{sv} 应不小于 $0.28 \dfrac{f_t}{f_{yv}}$,受扭纵筋的面积配筋率 ρ_{tl} 应不小于 $0.6 \sqrt{\dfrac{T}{V b}} \dfrac{f_t}{f_y} \left(\dfrac{T}{V_b} > 2 \text{ 时}, \text{取} \dfrac{T}{V_b} = 2 \right)$。当梁中配有计算所需的受压钢筋时,箍筋应做成封闭式,且弯钩直线段长度不应小于 $5d$,直径不应小于受压钢筋最大直径的 0.25 倍,间距不应大于 $15d$ 且不应大于 400 mm,当一层内的受压钢筋多于 5 根且直径大于 18 mm 时,箍筋间距不应大于 $10d$(d 为纵向受压钢筋的最小直径)。当梁截面宽度大于 400 mm 且一层内的纵向受压钢筋多于 3 根时,或当梁截面宽度不大于 400 mm 但一层内的纵向受压钢筋多于 4 根时,应设置复合箍筋。

(3) 梁上开洞的构造要求

框架梁上开洞时,洞口位置宜位于梁跨中 1/3 区段,洞口高度不应大于梁高的 0.4 倍;开洞口较大时应进行验算。梁上洞口周边应加强配筋构造,如图 3-40 所示。

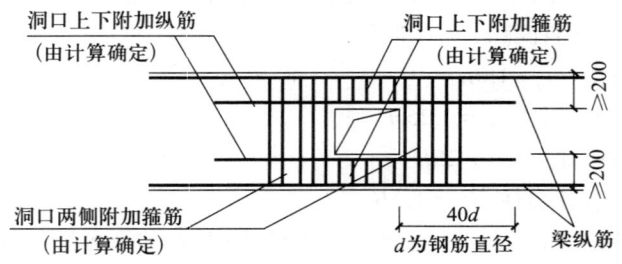

图 3-40 梁上洞口周边配筋构造示意

4. 框架柱的配筋构造要求

(1) 纵筋

柱全部纵向钢筋的最小配筋率,当钢筋强度等级为 300 N/mm² 和 335 N/mm² 时为 0.6%,当钢筋强度等级为 400 N/mm² 时为 0.55%,当钢筋强度等级为 500 N/mm² 时为 0.5%,当混凝土强度等级为 C60 及以上时,上述数值应增加 0.1%;全部纵向钢筋的配筋率不宜大于5%,不应大于6%。柱纵向钢筋间距不宜大于300 mm,净距不应小于50 mm。框架柱的纵筋不应与箍筋、拉筋及预埋件等焊接。

(2) 箍筋

柱周边箍筋应为封闭式。箍筋间距不应大于400 mm,且不应大于构件截面的短边尺寸和最小纵向受力钢筋直径的15倍。箍筋直径不应小于最大纵向钢筋直径的1/4,且不应小于6 mm。当柱中全部纵向钢筋的配筋率超过3%时,箍筋直径不应小于8 mm,箍筋间距不应大于最小纵向钢筋直径的10倍,且不应大于200 mm;箍筋末端应做成135°弯钩且弯钩末端平直段长度不应小于10倍箍筋直径。当柱每边纵筋多于3根时,应设置复合箍筋(可采用拉筋)。柱内纵向钢筋采用搭接做法时,搭接长度范围内箍筋直径不应小于搭接钢筋较大直径的0.25倍;在纵向受拉钢筋的搭接长度范围内的箍筋间距不应大于搭接钢筋较小直径的5倍,且不应大于100 mm;在纵向受压钢筋的搭接长度范围内的箍筋间距不应大于搭接钢筋较小直径的10倍,且不应大于200 mm;当受压钢筋直径大于25 mm时,尚应在搭接接头端面外100 mm的范围内各设置两道箍筋。

柱箍筋的配筋形式,应考虑浇灌混凝土的工艺要求,在柱截面中心部位应留出浇灌混凝土所用导管的空间。

5. 现浇框架节点的构造要求

现浇框架节点一般做成刚节点。框架节点的承载力一般通过采取适当的构造措施来保证。

在节点的核心区应设置水平箍筋,箍筋的配置要求与柱同,但箍筋间距不宜大于250 mm;对四边有梁与之相连的节点,可仅沿节点周边设置矩形箍筋。

框架梁、柱的纵向钢筋在节点区的锚固,应符合下列要求:

① 顶层中节点柱纵向钢筋和边节点柱内侧纵向钢筋应伸至柱顶;当从梁底边计算的直线锚固长度不小于l_a(l_a为受拉钢筋的锚固长度)时,可不必水平弯折,否则应向柱内或梁、板内水平弯折,当充分利用柱纵向钢筋的抗拉强度时,其锚固段弯折前的竖直投影长度不应小于$0.5l_{ab}$(l_{ab}为受拉钢筋的基本锚固长度),弯折后的水平投影长度不宜小于12倍的柱纵向钢筋直径。当截面尺寸不足时,也可采用带锚头的机械锚固措施。此时,包含锚头在内的竖向锚固长度不应小于$0.5l_{ab}$(图3-41)。

② 顶层端节点处,在梁宽范围以内的柱外侧纵向钢筋可与梁上部纵向钢筋搭接,搭接长度不应小于$1.5l_{ab}$。其中,伸入梁内的柱外侧钢筋截面面积不宜小于其全部面积的65%;在梁宽范围以外的柱外侧纵向钢筋可伸入现浇板内,其伸入长度与伸入梁内的相同。当柱外侧的纵向钢筋的配筋率大于1.2%时,伸入梁内的柱纵向钢筋宜分两批截断,其截断点之间的距离不宜小于20倍的柱纵向钢筋直径。

③ 框架中间层中间节点或连续梁中间支座,梁的上部纵向钢筋应贯穿节点或支座。梁上部纵向钢筋伸入端节点的锚固长度,直线锚固时不应小于l_a,且伸过柱中心线的长度不宜小于5倍的梁纵向钢筋直径;当柱截面尺寸不足时,梁上部纵向钢筋应伸至节点对边并向下弯折,锚固段弯折前的水平投影长度不应小于$0.4l_{ab}$,弯折后的竖直投影长度应取15倍的梁纵向钢筋直径;也可采用钢筋端部加机械锚头的锚固方式,梁上部纵筋宜伸至柱外侧纵筋内边,包括机械锚头在内的水平投影锚固长度不应小于$0.4l_{ab}$(图3-42)。

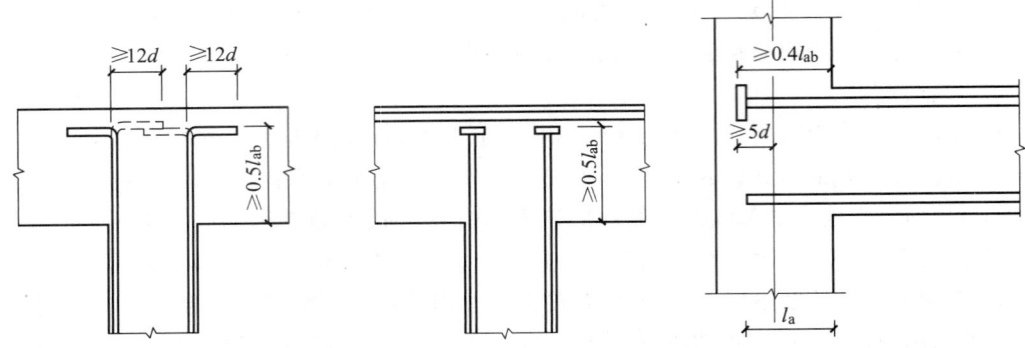

图 3-41 顶层节点中柱纵向钢筋在节点内的锚固 　　图 3-42 钢筋端部加锚头锚固

④ 当计算中不利用梁下部纵向钢筋的强度时,其伸入节点内的锚固长度应取不小于 12 倍的梁纵向钢筋直径。当计算中充分利用钢筋的抗压强度时,钢筋应按受压钢筋锚固在中间节点或中间支座内,其直线锚固长度不应小于 $0.7l_a$;当计算中充分利用梁下部钢筋的抗拉强度时,梁下部纵向钢筋可采用直线方式或向上 90°弯折方式锚固于节点内,直线锚固时的锚固长度不应小于 l_a;弯折锚固时,与梁上部钢筋类似,锚固段的水平投影长度不应小于 $0.4l_{ab}$,竖直投影长度应取 15 倍的梁纵向钢筋直径。也可采用钢筋端部加锚头的机械锚固措施。

工程中框架梁常见的配筋方式见图 3-43。

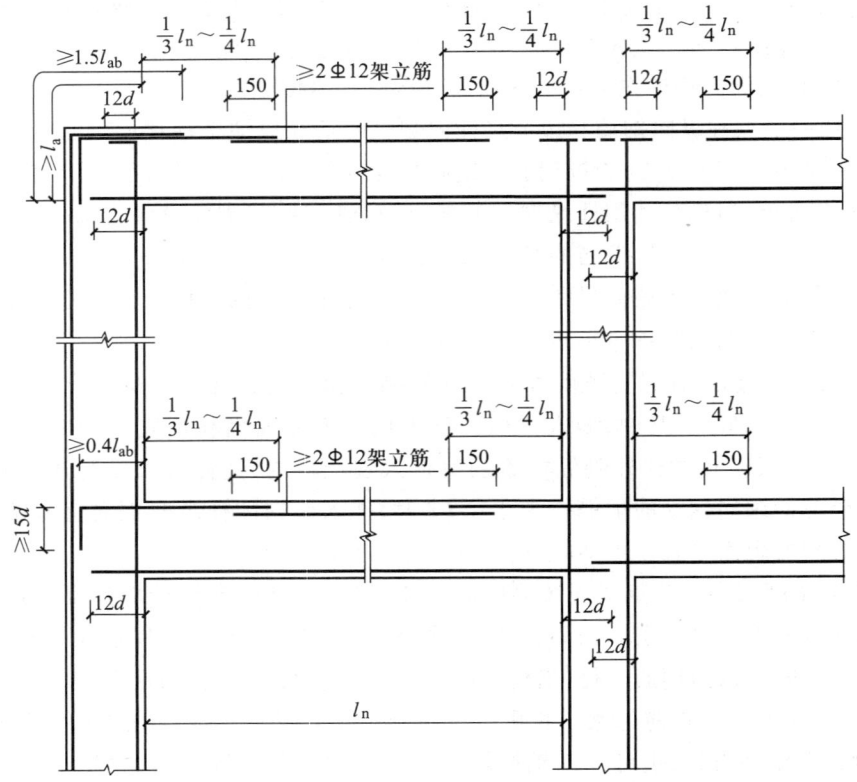

图 3-43 框架梁、柱的纵向钢筋在节点区的锚固要求

3.4 框架结构基础

3.4.1 基础的类型及选择

基础是介于建筑物与地基之间的重要组成部分,其功能是将柱等竖向构件中传来的荷载扩散给地基。设计基础时,除要保证满足基础本身安全和正常使用方面的要求外,同时还应考虑地基的承载能力和变形情况。要根据现场的工程地质与水文地质条件,上部结构的荷载大小,上部结构对地基土及倾斜的敏感程度以及施工条件等因素,选择合理的基础形式。框架结构常用的基础类型有柱下独立基础、条形基础、十字形基础、筏形基础、箱形基础和桩基等。本节主要介绍条形基础、十字形基础和筏形基础的设计要点。

柱下独立基础适用于上部结构荷载较小或地质条件较好的情况。如果柱距、荷载较大或者地基承载力不是很高,则单个基础的底面积将很大,此时可将单个基础在一个方向连成条形,即做成柱下条形基础,见图 3-44(a)。它的横截面一般呈倒 T 形,其作用是将各柱传来的上部结构的荷载较为均匀地传给地基,同时把上部各榀框架结构连成一个整体,以增强结构的整体性,减小不均匀沉降。为保证有足够大的底板面积,增大基础的刚度和调节地基不均匀沉降的能力,条形基础常做成肋梁式。条形基础的方向与承重框架方向一致,即对于横向框架承重方案,相应地在横向布置条形基础,而纵向则布置构造连系梁;对于纵向框架承重方案,则在纵向布置条形基础,横向布置构造连系梁。而对于纵横向联合承重方案,或上部结构受力较大,以至沿柱列的一个方向上设置条形基础不能满足地基承载能力和变形要求时,需要在两个方向都布置条形基础,这就形成了十字形基础,见图 3-44(b)。十字形基础既扩大了基底受荷面积,又使上部结构在纵横两个方向均有联系,空间整体刚度加大。

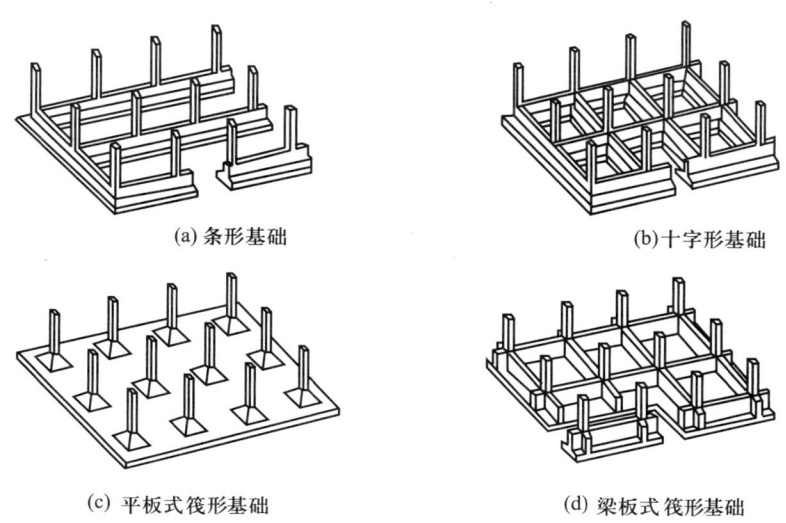

(a) 条形基础　　　　　　　　(b) 十字形基础

(c) 平板式筏形基础　　　　　　(d) 梁板式筏形基础

图 3-44　基础类型

如果十字形基础的底面积不能满足上部结构容许变形和地基承载力的要求,那么可扩大基础底面积,当底板连成一片时,即称为筏形基础。筏形基础有平板式和梁板式两种。平板式筏基实际为一片厚度相等的平板,如图3-44(c)所示。这种基础施工简单方便,但混凝土用量大;梁板式筏基见图3-44(d),这种基础是沿柱纵横两个方向设置肋梁,从而增加基础的刚度,故可减小板厚,但是施工较复杂。

3.4.2 条形基础设计

条形基础既承受上部结构传来的荷载,同时又受地基反力的作用,显然两者的合力应满足静力平衡条件。若能确定地基反力的分布规律,则容易计算基础的内力。然而地基反力的分布问题比较复杂,因为与上部结构和基础本身的刚度、地基土的力学性质等诸多因素有关,故至今还无统一的精确计算方法,只能在某种假定的前提下进行近似计算。

目前基础设计中常用以下三种假定:第一种是近似地把地基反力分布视为线性分布。由静力平衡条件确定反力值的假定,见图3-45(a);第二种是认为地基土每单位面积上所受的压力与地基沉降成正比的所谓文克勒假定,见图3-45(b);第三种是认为地基属半无限的弹性体,并考虑地基与基础变形相协调的半无限弹性假定,见图3-45(c)。

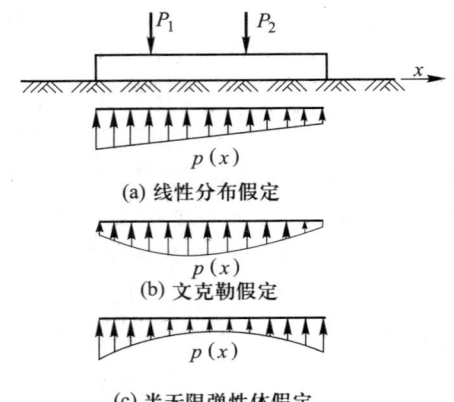

图3-45 地基反力

根据以上地基反力的三种假定,可推导出条形基础内力计算的多种方法。常用的有静定分析法、倒梁法、地基系数法、有限差分法和链杆法等。

(1) 静定分析法

静定分析法假定地基反力按线性分布,此时用基础各截面的静力平衡条件便可求解内力。根据偏心受压公式,易确定地基反力值为

$$\left. \begin{array}{l} P_{\max} = \dfrac{\sum N}{BL} + \dfrac{6\sum M}{BL^2} \\ P_{\min} = \dfrac{\sum N}{BL} - \dfrac{6\sum M}{BL^2} \end{array} \right\} \quad (3-34)$$

式中 $\sum N$——各竖向荷载(不包括基础自重及覆土重)的总和(kN);
$\sum M$——各种外荷载对基底形心的偏心力矩的总和(kN·m);
B——基础底面的宽度(m);
L——基础底面的长度(m)。

因为基础(包括覆土)的自重不会引起基础内力,故式(3-34)算得的结果即为基底净反力。求出净反力分布后,基础上全部作用力均已确定,任一截面上的弯矩M_i和剪力V_i便可取脱离体按静力平衡条件求得,如图3-46所示。选取若干截面计算,据此可绘制出弯矩图和剪力图。

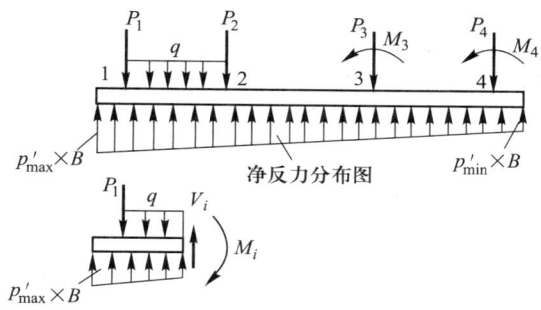

图 3-46 按静力平衡条件计算条形基础的内力

(2) 倒梁法

倒梁法将柱视为固定铰支座,假定地基反力呈线性分布,把基底净反力作为荷载,基础梁视为倒置的多跨连续梁计算各控制截面的内力,见图 3-47。由于未考虑基础梁挠度与地基变形的协调条件,此法计算的支座反力与柱轴力之间可能有较大的不平衡力。解决此矛盾常用反力局部调整法:将支座反力与柱轴力的差值(正或负值)均匀分布在相应支座两侧各 1/3 跨度范围内,作为地基

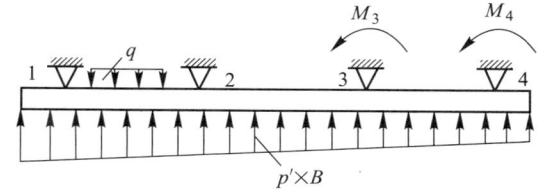

图 3-47 倒梁法计算简图

反力的调整值,然后再按倒连续梁计算其内力。反复多次调整,即可使支座反力与柱轴力基本吻合。

(3) 地基系数法

1867 年,捷克工程师文克勒提出地基系数法,故又称文克勒法。此法假定基础梁底面任意点的地基反力与地基变形(沉降)成正比。采用地基系数法首先须解决的问题是确定地基系数 K 的数值,详见地基及基础教材。

(4) 柱下条形基础的计算规定

① 在比较均匀的地基上,上部结构刚度较好,荷载分布较均匀,且条形基础梁的高度不小于 1/6 柱距时,地基反力可按直线分布,即此时可按静定分析法或倒梁法计算。条形基础梁的内力可按连续梁计算,此时边跨跨中弯矩及第一内支座的弯矩值宜乘以 1.2 的系数。

② 当实际情况与上述情况不符时,尤其是地基土的压缩性明显不均匀时,宜按弹性地基梁分析,即可按地基系数法计算。

③ 应验算柱边缘处基础梁的受剪承载力。

④ 当存在扭矩时,尚应作抗扭计算。

⑤ 当条形基础的混凝土强度等级小于柱的混凝土强度等级时,应验算柱下条形基础梁顶面的局部受压承载力。

3.4.3 十字形基础设计

十字形基础计算的关键在于如何解决节点处荷载在两个方向基础梁上的分配问题。不论用何种方法分配,都必须满足两个条件,即静力平衡条件和变形协调条件。由文克勒假定,设集中力 F_i 作用在任一节点 i 上。将 F_i 分解成分别作用在 x 方向和 y 方向基础梁上的力 F_{ix} 和 F_{iy},不考虑相邻荷载的影响,可得相应计算方程如下。

(1) 中柱节点

$$\left.\begin{array}{l} F_{ix} = \dfrac{I_x \lambda_x^3}{I_x \lambda_x^3 + I_y \lambda_y^3} F_i \\[2mm] F_{iy} = \dfrac{I_y \lambda_y^3}{I_x \lambda_x^3 + I_y \lambda_y^3} F_i \end{array}\right\} \quad (3-35)$$

(2) 边柱节点

$$\left.\begin{array}{l} F_{ix} = \dfrac{4 I_x \lambda_x^3}{4 I_x \lambda_x^3 + I_y \lambda_y^3} F_i \\[2mm] F_{iy} = \dfrac{I_y \lambda_y^3}{4 I_x \lambda_x^3 + I_y \lambda_y^3} F_i \end{array}\right\} \quad (3-36)$$

(3) 角柱节点

$$\left.\begin{array}{l} F_{ix} = \dfrac{I_x \lambda_x^3}{I_x \lambda_x^3 + I_y \lambda_y^3} F_i \\[2mm] F_{iy} = \dfrac{I_y \lambda_y^3}{I_x \lambda_x^3 + I_y \lambda_y^3} F_i \end{array}\right\} \quad (3-37)$$

式中 I_x、I_y——分别为纵向和横向基础梁的截面惯性矩;

λ_x、λ_y——分别为 x 方向(纵向)和 y 方向(横向)基础梁的柔度特征值,$\lambda_x = \sqrt[4]{\dfrac{KB_x}{4EI_x}}$、$\lambda_y = \sqrt[4]{\dfrac{KB_y}{4EI_y}}$;

B_x、B_y——分别为纵向和横向基础梁的截面宽度。

柱节点处荷载在两个方向基础梁上分配后,基础梁内力可按条形基础相应方法和相关规定分别进行计算。

3.4.4 条形基础的构造要求

柱下钢筋混凝土条形基础梁的横截面一般做成倒 T 形,由肋和翼缘板组成。其构造要求为:

① 柱下条形基础梁的高度宜为柱距的 1/4~1/8。翼板厚度 t 不应小于 200 mm;当 $t \leqslant 250$ mm 时,翼板宜做成等厚度,见图 3-48(a);当 $t > 250$ mm 时,宜采用变厚度翼板,其坡度宜小于或等于 1∶3,其边缘厚度不应小于 150 mm,见图 3-48。

② 现浇柱与条形基础梁的交接处,基础梁的平面尺寸应大于柱的平面尺寸,且柱的边缘至基础梁边缘的距离不得小于 50 mm(图 3-49);条形基础的端部宜向外伸出,其长

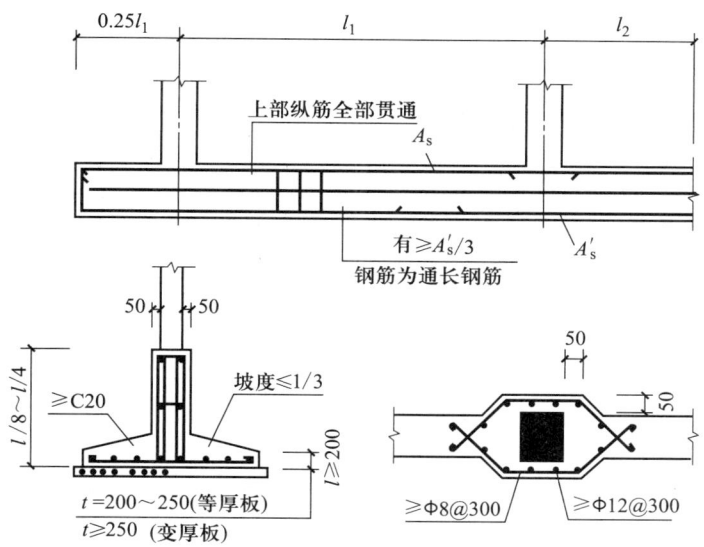

图 3-48　条形基础构造图

度宜为第一跨距的 0.25 倍,以增大基础的底面积,从而减小基底反力,并使基础梁内力分布更趋合理,见图 3-48。

③ 柱下条形基础的混凝土强度等级不应低于 C20。条形基础梁顶部和底部的纵向受力钢筋除应满足计算要求外,顶部钢筋应按计算配筋全部贯通,底部通长钢筋不应少于底部受力钢筋截面总面积的 1/3,见图 3-48。

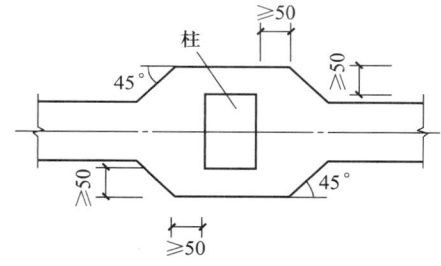

图 3-49　现浇柱与条形基础梁交接处平面尺寸

④ 梁高不小于 300 mm 时,梁的纵向钢筋直径不应小于 10 mm;梁高小于 300 mm 时,梁的纵向钢筋直径不应小于 8 mm。梁腹板高度 h_w 不小于 450 mm 时,在梁的两个侧面应沿高度配置纵向构造钢筋,每侧纵向构造钢筋(不包括梁上、下部受力钢筋及架立钢筋)的间距不宜大于 200 mm,截面面积不应小于腹板截面面积(bh_w)的 0.1%,但当梁宽较大时可以适当放松。当翼板的悬伸长度 l_f 大于 750 mm 时,翼板受力钢筋中有一半可在距翼板边为 a 处切断,$a = 0.5l_f - 20d$。

⑤ 箍筋应做成封闭式,其直径不宜小于 8 mm。当梁的宽度大于 400 mm 且一层内的纵向受压钢筋多于 3 根时,或当梁的宽度不大于 400 mm 但一层内的纵向受压钢筋多于 4 根时,应设置复合箍筋。按承载力计算不需要箍筋的梁,当截面高度大于 300 mm 时,应沿梁全长设置构造箍筋;当截面高度介于 150~300 mm 时,可仅在构件端部 $l_0/4$ 范围内设置构造箍筋,l_0 为跨度。但当在构件中部 $l_0/2$ 范围内有集中荷载作用时,则应沿梁全长设置箍筋。当截面高度小于 150 mm 时,可以不设置箍筋。

3.4.5　筏形基础

筏形基础可视为弹性地基上的板,其内力计算的关键仍是如何确定地基反力的分布规律,一旦确定,便易求得筏形基础中各点的弯矩和剪力。根据地基反力分布的不同假定,筏形基础有不同的计算方法,如倒梁板法、地基系数法、有限差分法、链杆法等。下面仅简要介绍倒梁板法,其他方法详见地基与基础等参考书。

(1) 地基反力计算

当地基土比较均匀、地基压缩层范围内无软弱土层或可液化土层、上部结构刚度较好、柱网和荷载较均匀、相邻柱荷载及柱间距的变化不超过20%,且梁板式筏基梁的高跨比或平板式筏基板的厚跨比不小于1/6时,可假定地基反力在筏形基础两个方向上都是呈线性分布的,然后按照静力平衡条件确定地基反力。对于矩形平面的筏形基础,设基础长度为 L,宽度为 B,则可按下列偏心受压公式计算:

$$\left. \begin{array}{l} P_{\max} = \dfrac{\sum N}{LB} + \dfrac{6\sum M_x}{BL^2} + \dfrac{6\sum M_y}{LB^2} \\ P_{\min} = \dfrac{\sum N}{LB} - \dfrac{6\sum M_x}{BL^2} - \dfrac{6\sum M_y}{LB^2} \end{array} \right\} \quad (3-38)$$

式中 $\sum N$——上部结构传来的所有竖向荷载的合力;

$\sum M_x$——上部结构传来的荷载对基底中心在 x 方向的偏心力矩之和;

$\sum M_y$——上部结构传来的荷载对基底中心在 y 方向的偏心力矩之和。

计算时基底反力应扣除底板自重及其上填土的自重。

对单幢建筑物,在地基土比较均匀的条件下,基底平面形心宜与结构竖向永久荷载重心重合。为避免建筑物发生较大倾斜,亦为了改善基础的受力状况,必要时可调整基础底板各边的外挑长度,以使基础接近中心受荷状态,这时仍可假定地基反力为均匀分布。

当基底平面形心与结构竖向永久荷载重心不能重合时,在作用的准永久组合下,偏心距 e 宜符合下式规定:

$$e \leqslant 0.1W/A \quad (3-39)$$

式中 W——与偏心距方向一致的基础底面边缘抵抗矩(m^3);

A——基础底面积(m^2)。

当不满足上述要求时,筏基内力可按弹性地基梁板方法进行分析计算。

(2) 梁板内力计算要点

基底反力确定后,将筏形基础视为以柱为支座,以地基的净反力为荷载的倒置楼盖,便可按普通平面楼盖分以下几种情况计算内力。

① 按基底反力直线分布计算的平板式筏形基础,将板在纵横两个方向分别划分柱下板带和跨中板带,如图3-50所示,然后按倒置无梁楼盖计算基础板内力。柱下板带中,柱宽及其两侧各 0.5 倍板厚且不大于 1/4 板跨的有效宽度范围内,其钢筋配置量不应小于柱下板带钢筋数量的一半,且应能承受部分不平衡弯矩 $\alpha_m M_{unb}$。M_{unb} 为作用在冲切临界截面重心上的不平衡弯矩,α_m 应按式(3-40)进行计算。平板式筏基柱下板带和跨中板带的底部支座钢筋应有不少于 1/3 贯通全跨,顶部钢筋应按计算配筋全部连通,上下贯通钢筋的配筋率不应小于 0.15%。

$$\alpha_m = 1 - \alpha_s \quad (3-40)$$

3.4 框架结构基础

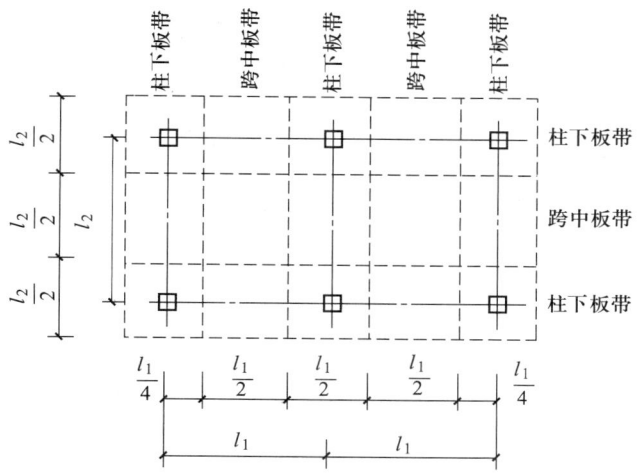

图 3-50 平板式筏形基础板带划分图

$$\alpha_s = 1 - \cfrac{1}{1+\cfrac{2}{3}\sqrt{\left(\cfrac{c_1}{c_2}\right)}} \qquad (3-41)$$

式中 α_m——不平衡弯矩通过弯曲来传递的分配系数；

α_s——不平衡弯矩通过冲切临界截面上的偏心剪力来传递的分配系数；

c_1——与弯矩作用方向一致的冲切临界截面的边长(m)；

c_2——垂直于 c_1 的冲切临界截面的边长(m)。

② 按基底反力直线分布计算的梁板式筏基,若柱网尺寸接近正方形,且在柱网单元内不布置次肋时,按井式楼盖计算,此时作用在筏形基础底板上的反力如图 3-51(a)所示划分,分别传至纵向肋和横向肋上。若柱网单元中布置了次肋且次肋间距较小,如图 3-51(b)所示,此时可视为平面肋梁楼盖,即筏形基础底板按单向多跨连续板计算,次肋作为次梁,按多跨连续梁计算,纵肋作为主梁,也按多跨连续梁计算,柱间横肋也可作为次梁,亦按多跨连续梁计算。按连续梁计算基础梁内力时,边跨跨中弯矩以及第一内支座的弯矩值宜乘以 1.2 系数。

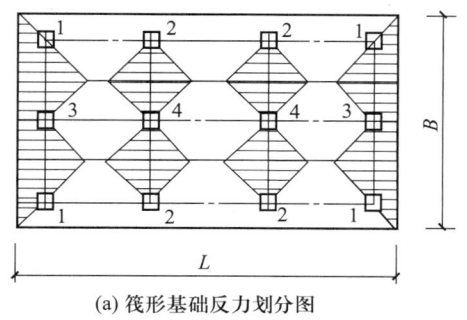

(a) 筏形基础反力划分图

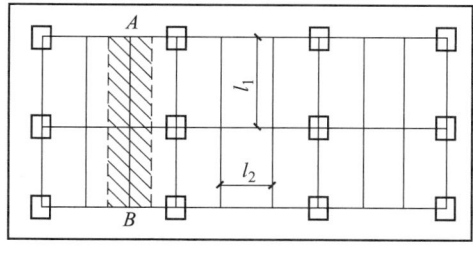

(b) 筏形基础梁计算图

图 3-51 梁板式筏形基础

(3) 平板式筏基设计要点

平板式筏基底板除计算正截面受弯承载力、受冲切承载力外,尚应验算距柱边缘 h_0 处截面的受剪承载力。当筏板变厚度时,还应验算变厚度处筏板的受剪承载力。

① 平板式筏基柱下冲切验算时应考虑作用在冲切临界截面重心上的不平衡弯矩产生的附加剪力。距柱边 $h_0/2$ 处冲切临界截面的最大剪应力 τ_{max} 应按公式(3-42)、(3-43)进行计算。

$$\tau_{max} = \frac{F_l}{u_m h_0} + a_s \frac{M_{unb} c_{AB}}{I_s} \tag{3-42}$$

$$\tau_{max} \leq 0.7(0.4 + 1.2/\beta_s)\beta_{hp} f_t \tag{3-43}$$

式中 F_l——相应于作用的基本组合时的冲切力(kN),对内柱取轴力设计值减去筏板冲切破坏锥体内的基底净反力设计值;对边柱和角柱,取轴力设计值减去筏板冲切临界截面范围内的基底净反力设计值;对基础的边柱和角柱进行冲切验算时,其冲切力应分别乘以 1.1 和 1.2 的增大系数。

u_m——距柱边缘不小于 $h_0/2$ 处冲切临界截面的最小周长(m)。

h_0——筏板的有效高度(m)。

α_s——不平衡弯矩通过冲切临界截面上的偏心剪力来传递的分配系数,按公式(3-41)计算。

M_{unb}——作用在冲切临界截面重心上的不平衡弯矩设计值(kN·m)。

c_{AB}——沿弯矩作用方向,冲切临界截面重心至冲切临界截面最大剪应力点的距离(m)。

I_s——冲切临界截面对其重心的极惯性矩(m⁴)。

β_s——柱截面长边与短边的比值,当 $\beta_s<2$ 时,β_s 取 2,当 $\beta_s>4$ 时,β_s 取 4。

β_{hp}——受冲切承载力截面高度影响系数,当 $h \leq 800$ mm 时,取 $\beta_{hp}=1.0$;当 $h \geq 2000$ mm 时,取 $\beta_{hp}=0.9$,其间按线性内插法取值。

f_t——混凝土轴心抗拉强度设计值(kPa)。

当柱荷载较大,等厚度筏板的受冲切承载力不能满足要求时,可在筏板上面增设柱墩或在筏板下局部增加板厚或采用抗冲切钢筋等措施满足受冲切承载能力要求。

② 平板式筏基受剪承载力应按下式验算:

$$V_s \leq 0.7 \beta_{hs} f_t b_w h_0 \tag{3-44}$$

式中 V_s——相应于作用的基本组合时,基底净反力平均值产生的距柱边缘 h_0 处筏板单位宽度的剪力设计值(kN)。

β_{hs}——受剪切承载力截面高度影响系数,$\beta_{hs} = (800/h_0)^{1/4}$,当 $h_0 \leq 800$ mm 时,取 $h_0 = 800$ mm;当 $h_0 \geq 2000$ mm 时,取 $h_0 = 2000$ mm。

b_w——筏板计算截面单位宽度(m)。

h_0——距柱边缘 h_0 处筏板的截面有效高度(m)。

(4) 梁板式筏基设计要点

梁板式筏基底板除计算正截面受弯承载力外,其厚度尚应满足受冲切承载力、受剪切承载力的要求。

① 梁板式筏基底板受冲切承载力应按下式进行计算:

$$F_l \leq 0.7 \beta_{hp} f_t u_m h_0 \tag{3-45}$$

式中 F_l——作用的基本组合时,图 3-52(b)中阴影部分面积上的基底平均净反力设计

值(kN);

u_m——距基础梁边 $h_0/2$ 处冲切临界截面的周长(m)[图 3-52(a)]。

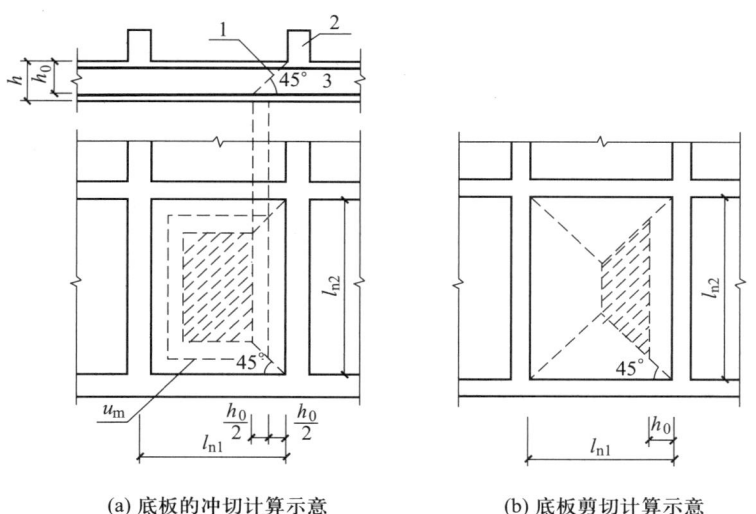

(a) 底板的冲切计算示意 (b) 底板剪切计算示意

图 3-52 梁板式筏基
1—冲切破坏锥体的斜截面;2—梁;3—底板

当底板区格为矩形双向板时,底板受冲切所需的厚度 h_0 应按下式进行计算:

$$h_0 = \frac{(l_{n1}+l_{n2}) - \sqrt{(l_{n1}+l_{n2})^2 - \dfrac{4p_n l_{n1} l_{n2}}{p_n + 0.7\beta_{hp} f_t}}}{4} \tag{3-46}$$

式中 l_{n1}、l_{n2}——计算板格的短边和长边的净长度(m);

p_n——扣除底板及其上填土自重后,相应于作用的基本组合时的基底平均净反力设计值(kPa)。

② 梁板式筏基双向底板斜截面受剪承载力应按下式进行计算:

$$V_s \leqslant 0.7\beta_{hs} f_t (l_{n2} - 2h_0) h_0 \tag{3-47}$$

式中 V_s——距梁边缘 h_0 处,作用在图 3-52(b)中阴影部分面积上的基底平均净反力产生的剪力设计值(kN)。

③ 梁板式筏基单向底板斜截面受剪承载力应按下式验算:

$$V_s \leqslant 0.7\beta_{hs} f_t A_0 \tag{3-48}$$

式中 V_s——相应于作用的基本组合时,柱与基础交接处的剪力设计值(kN);

A_0——验算截面处基础的有效截面面积(m^2)。

(5) 构造要求

① 筏形基础的混凝土强度等级不应低于 C30。

② 板厚。因为作用在筏形基础上的荷载相对较大,故其底板厚度比普通楼盖更大,平板式筏基板的最小厚度不应小于 500 mm;梁板式筏基底板厚度不应小于 400 mm,当底板区格为矩形双向板时其底板厚度与最大双向板格的短边净跨之比不应小于 1/14;通常可取 0.5~1.5 m。当高层建筑与相连的裙房之间不设沉降缝和后浇带时,高层建筑及与其

紧邻一跨裙房的筏板应采用相同厚度,裙房筏板的厚度宜从第二跨裙房开始逐渐变化。

③ 梁肋。对于梁板式筏形基础,由于次肋还有增强基础整体刚度,并调整主肋受力状况的作用,故次肋刚度不宜比主肋小太多。此外,若底板挑出长度较大时,宜将梁肋一并挑至板边,并削去板角。

④ 地下室底层柱与梁板式筏基的基础梁连接构造。柱的边缘至基础梁边缘的距离不应小于 50 mm(图 3-53);当交叉基础梁的宽度小于柱截面的边长时,交叉基础梁连接处应设置八字角,柱角与八字角之间的净距不宜小于 50 mm[图 3-53(a)];单向基础梁与柱的连接,可按图 3-53(b),(c)采用。

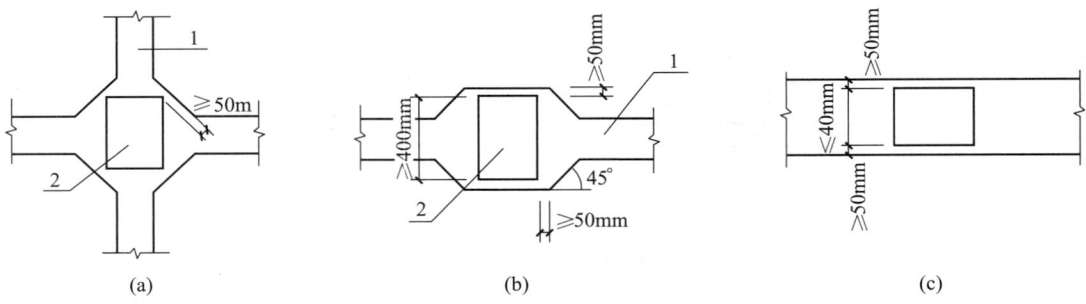

图 3-53　地下室底层柱与梁板式筏基的基础梁连接的构造要求
1—基础梁;2—柱

⑤ 配筋构造。筏形基础底板的配筋构造要求与一般现浇楼盖相同。但是,因为筏形基础底板比现浇楼盖的体积要大得多,为了更有效地抵抗混凝土的收缩应力和施工过程中的温度影响,在筏形基础底板的上下面都宜布置双向的通长钢筋,各个方向每层不少于 $\phi 10@200$,通常采用 $\phi 12@200$ 或 $\phi 14@200$。另外,在筏形基础底板底面的四角,应配置 $45°$ 斜向 $5\phi 12$ 的钢筋。而多跨连续梁肋的配筋构造则与一般的连续梁类似,可参照其要求进行配筋。当筏板的厚度大于 2 000 mm 时,宜在板厚中间部位设置直径不小于 12 mm、间距不大于 300 mm 的双向钢筋网。梁板式筏基纵横方向的底部钢筋应有不少于 1/3 贯通全跨,顶部钢筋按计算配筋全部连通,底板上下贯通钢筋的配筋率不应小于 0.15%。

3.5　小　结

① 框架结构是多高层建筑的主要结构形式之一,应用较为广泛。设计框架结构时,应首先进行结构选型和结构布置,初拟梁柱截面尺寸,经分析后确定结构上作用的全部荷载和计算简图,下一步便是进行内力分析。

② 框架结构是高次超静定结构,其内力计算方法很多。本章主要介绍在实际工程中常用的几种近似计算方法。在竖向荷载作用下框架内力分析可采用分层法。水平荷载作用下框架内力分析采用 D 值法,而当梁柱线刚度比 $\dfrac{i_b}{i_c}>3$ 时,也可采用反弯点法。D 值法与反弯点法相比有两点改进:一是修正了柱的侧移刚度,由 d 改为 D;二是调整了柱的反

弯点高度。

③ 框架梁的控制截面通常取梁的两端截面和跨中截面，而框架柱的控制截面则取各柱的上、下端截面。内力组合是框架结构设计中颇为重要且工作量较大的内容，其目的是确定框架梁、柱截面的最不利内力，并以此作为梁、柱截面配筋的依据。设计框架结构时，应考虑活荷载的不利布置，当活荷载不大时，可采用满布荷载法。水平荷载应考虑正反两个方向的作用。特别要注意框架柱的内力组合。

④ 框架柱截面设计一般采用对称配筋；进行框架梁的截面设计时，可考虑塑性内力重分布进行梁端弯矩调幅。

⑤ 框架梁柱的配筋构造也是框架结构设计的一项重要内容。

⑥ 本章介绍了框架结构条形基础、十字形基础和片筏基础的设计要点。要综合考虑上部结构的刚度和荷载分布、地基土质情况以及施工条件等诸因素，进行技术经济比较来选择基础类型。条形基础的计算有倒梁法、地基系数法和静定分析法等，可根据实际情况选用。对十字形基础需根据静力平衡条件和变形协调条件对各类节点进行竖向荷载分配，然后按纵横两个方向的条形基础进行设计。片筏基础有平板式和梁板式两类。片筏基础也有各种不同的计算方法，本章介绍了倒梁板法。还需注意满足基础构造要求。

思 考 题

1. 框架结构的两个基本假定有何意义？如何确定框架结构的计算简图？
2. 简述分层法的计算假定及计算步骤。
3. 反弯点法和 D 值法的异同点是什么？两种计算方法的适用条件如何？
4. 影响水平荷载下柱反弯点位置的主要因素是什么？框架顶层、底层和中部各层反弯点位置有何变化规律？反弯点高度比大于1的物理意义是什么？
5. 简述 D 值法的计算步骤。
6. 水平荷载作用下框架的侧移由哪两部分组成？框架为什么具有剪切型的侧移曲线？
7. 初步设计时，如何估算框架梁、柱的截面尺寸？
8. 在高层建筑结构计算中，楼面和屋面的活荷载应如何布置？
9. 为什么要计算框架梁、柱控制截面的内力？如何计算？
10. 为什么要进行竖向荷载作用下的梁端弯矩塑性调幅？
11. 如何确定框架柱的计算长度？
12. 非抗震设计时，框架梁、柱的纵向钢筋和箍筋应分别满足哪些构造要求？框架梁、柱的纵筋在节点应如何锚固？
13. 简述条形基础内力计算常用的三种方法和适用条件。
14. 如何用倒梁板法进行片筏基础设计？

习 题

3.1 某三跨四层框架，各层跨度及层高见图 3-54；各柱截面尺寸均为：400 mm×400 mm，边跨梁截面为：200 mm×600 mm，中间跨梁截面为：200 mm×400 mm；各层框架梁所受竖向荷载设计值如图 3-55 所示；采用 C25 混凝土。用分层法计算框架各杆件的杆端弯矩，并绘制弯矩图。

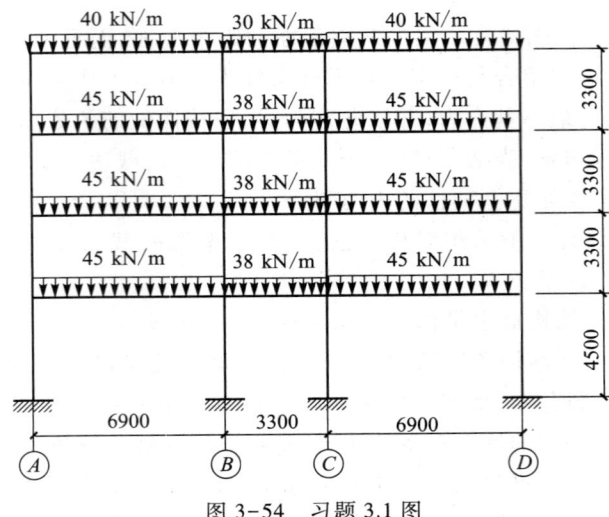

图 3-54　习题 3.1 图

3.2　某三跨四层框架,已知条件同习题 3.1,各层所受的水平荷载设计值如图 3-55 所示,分别用反弯点法和 D 值法对框架进行内力分析,并绘出内力图。

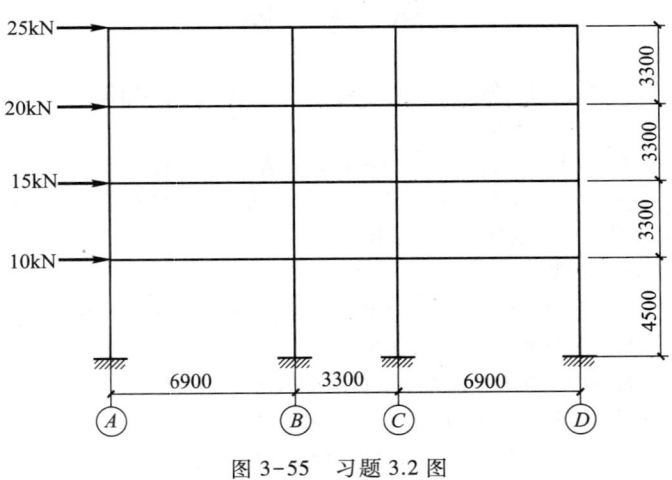

图 3-55　习题 3.2 图

3.3　求图 3-55 所示框架在水平荷载作用下的侧移。

附录 1

等截面等跨连续梁在常用荷载作用下按弹性分析的内力系数表

1. 在均布及三角形荷载作用下：
$$M = 表中系数 \times ql^2$$
$$V = 表中系数 \times ql$$

2. 在集中荷载作用下：
$$M = 表中系数 \times Pl$$
$$V = 表中系数 \times P$$

3. 内力正负号规定：

M——使截面上部受压、下部受拉为正；

V——对邻近截面所产生的力矩沿顺时针方向者为正。

4. 符号说明：

V^L, V^R——支座截面左侧、右侧的剪力。

附表 1-1　两　跨　梁

荷载图	跨内最大弯矩		支座弯矩	剪力		
	M_1	M_2	M_B	V_A	V_B^L / V_B^R	V_C
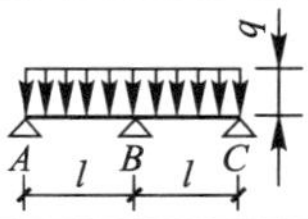 均布荷载（两跨）	0.070	0.0703	−0.125	0.375	−0.625 / 0.625	−0.375
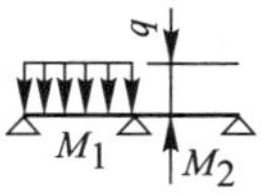 均布荷载（一跨）	0.096	—	−0.063	0.437	−0.563 / 0.063	0.063
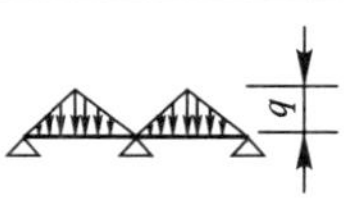 三角形荷载（两跨）	0.048	0.048	−0.078	0.172	−0.328 / 0.328	−0.172
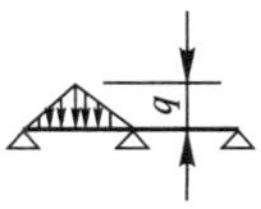 三角形荷载（一跨）	0.064	—	−0.039	0.211	−0.289 / 0.039	0.039

300　附录 1　等截面等跨连续梁在常用荷载作用下按弹性分析的内力系数表

续表

荷载图	跨内最大弯矩		支座弯矩	剪力		
	M_1	M_2	M_B	V_A	V_B^L / V_B^R	V_C
P P	0.156	0.156	−0.188	0.312	−0.688 / 0.688	−0.312
P	0.203	—	−0.094	0.406	−0.594 / 0.094	0.094
PP PP	0.222	0.222	−0.333	0.667	−1.333 / 1.333	−0.667
PP	0.278	—	−0.167	0.833	−1.167 / 0.167	0.167

附表 1-2　三　跨　梁

荷载图	跨内最大弯矩		支座弯矩		剪力			
	M_1	M_2	M_B	M_C	V_A	V_B^L / V_B^R	V_C^L / V_C^R	V_D
满跨均布 q	0.080	0.025	−0.100	−0.100	0.400	−0.600 / 0.500	−0.500 / 0.600	−0.400
边跨均布	0.101	—	−0.050	−0.050	0.450	−0.550 / 0	0 / 0.550	−0.450
中跨均布	—	0.075	−0.050	−0.050	0.050	−0.050 / 0.500	−0.500 / 0.050	0.050
前两跨均布	0.073	0.054	−0.117	−0.033	0.383	−0.617 / 0.583	−0.417 / 0.033	0.033
第一跨均布	0.094	—	−0.067	0.017	0.433	−0.567 / 0.083	0.083 / −0.017	−0.017
满跨三角	0.054	0.021	−0.063	−0.063	0.183	−0.313 / 0.250	−0.250 / 0.313	−0.188
边跨三角	0.068	—	−0.031	−0.031	0.219	−0.281 / 0	0 / 0.281	−0.219

附录 1　等截面等跨连续梁在常用荷载作用下按弹性分析的内力系数表

续表

荷载图	跨内最大弯矩		支座弯矩		剪力			
	M_1	M_2	M_B	M_C	V_A	V_B^L V_B^R	V_C^L V_C^R	V_D
	—	0.052	−0.031	−0.031	0.031	−0.031 0.250	−0.250 0.031	0.031
	0.050	0.038	−0.073	−0.021	0.177	−0.323 0.302	−0.198 0.021	0.021
	0.063	—	−0.042	0.010	0.208	−0.292 0.052	0.052 −0.010	−0.010
	0.175	0.100	−0.150	−0.150	0.350	−0.650 0.500	−0.500 0.650	−0.350
	0.213	—	−0.075	−0.075	0.425	−0.575 0	0 0.575	−0.425
	—	0.175	−0.075	−0.075	−0.075	−0.075 0.500	−0.500 0.075	0.075
	0.162	0.137	−0.175	−0.050	0.325	−0.675 0.625	−0.375 0.050	0.050
	0.200	—	−0.100	0.025	0.400	−0.600 0.125	−0.125 −0.025	−0.025
	0.244	0.067	−0.267	0.267	0.733	−1.267 1.000	−1.000 1.267	−0.733
	0.289	—	0.133	−0.133	0.866	−1.134 0	0 1.134	−0.866
	—	0.200	−0.133	0.133	−0.133	−0.133 1.000	−1.000 0.133	0.133
	0.229	0.170	−0.311	−0.089	0.689	−1.311 1.222	−0.778 0.089	0.089
	0.274	—	0.178	0.044	0.822	−1.178 0.222	0.222 −0.044	−0.044

附表 1-3 四 跨 梁

荷载图	跨内最大弯矩				支座弯矩			剪力				
	M_1	M_2	M_3	M_4	M_B	M_C	M_D	V_A	V_B^L V_B^R	V_C^L V_C^R	V_D^L V_D^R	V_E
满跨均布	0.077	0.036	0.036	0.077	−0.107	−0.071	−0.107	0.393	−0.607 0.536	−0.464 0.464	−0.536 0.607	−0.393
	0.100	—	0.081	—	−0.054	−0.036	−0.054	0.446	−0.554 0.018	0.018 0.482	−0.518 0.054	0.054
	0.072	0.061	—	0.098	−0.121	−0.018	−0.058	0.380	−0.620 0.603	−0.397 −0.040	−0.040 0.558	−0.442
	—	0.056	0.056	—	−0.036	−0.107	−0.036	−0.036	−0.036 0.429	−0.571 0.571	−0.429 0.036	0.036
	0.094	—	—	—	−0.067	0.018	−0.004	0.433	−0.567 0.085	0.085 −0.022	0.022 0.004	0.004
	—	0.071	—	—	−0.049	−0.054	0.013	−0.049	−0.049 0.496	−0.504 0.067	0.067 −0.013	−0.013
	0.052	0.028	0.028	0.052	−0.067	−0.045	−0.067	0.183	−0.317 0.272	−0.228 0.228	−0.272 0.317	−0.183
	0.067	—	0.055	—	−0.034	−0.022	−0.034	0.217	−0.284 0.011	0.011 0.239	−0.261 0.034	0.034
	0.049	0.042	—	0.066	−0.075	−0.011	−0.036	0.175	−0.325 0.314	−0.186 0.025	−0.025 0.286	−0.214
	—	0.040	0.040	—	−0.022	−0.067	−0.022	−0.022	−0.022 0.205	−0.295 0.295	−0.205 0.022	0.022
	0.063	—	—	—	−0.042	0.011	−0.003	0.208	−0.292 0.053	0.053 −0.014	−0.014 0.003	0.003
	—	0.051	—	—	−0.031	−0.034	0.008	−0.031	−0.031 0.247	−0.253 0.042	0.042 −0.008	−0.008

附录1 等截面等跨连续梁在常用荷载作用下按弹性分析的内力系数表

续表

荷载图	跨内最大弯矩				支座弯矩			剪力				
	M_1	M_2	M_3	M_4	M_B	M_C	M_D	V_A	V_B^L / V_B^R	V_C^L / V_C^R	V_D^L / V_D^R	V_E
P P P P (4 loads, one per span)	0.169	0.116	0.116	0.169	−0.161	−0.107	−0.161	0.339	−0.661 / 0.554	−0.446 / 0.446	−0.554 / 0.661	−0.339
P _ P _	0.210	—	0.183	—	−0.080	−0.054	−0.080	0.420	−0.580 / 0.027	0.027 / 0.473	−0.527 / 0.080	0.080
P P _ P	0.159	0.146	—	0.206	−0.181	−0.027	−0.087	0.319	−0.681 / 0.654	−0.346 / −0.060	−0.060 / 0.587	−0.413
_ P P _	—	0.142	0.142	—	−0.054	−0.161	−0.054	0.054	−0.054 / 0.393	−0.607 / 0.607	−0.393 / 0.054	0.054
P _ _ _	0.200	—	—	—	−0.100	0.027	−0.007	0.400	−0.600 / 0.127	0.127 / −0.033	−0.033 / 0.007	0.007
_ P _ _	—	0.173	—	—	−0.074	−0.080	0.020	−0.074	−0.074 / 0.493	−0.507 / 0.100	0.100 / −0.020	−0.020
PP PP PP PP	0.238	0.111	0.111	0.238	−0.286	−0.191	−0.286	0.714	1.286 / 1.095	−0.905 / 0.905	−1.095 / 1.286	−0.714
PP _ PP _	0.286	—	0.222	—	−0.143	−0.095	−0.143	0.857	−1.143 / 0.048	0.048 / 0.952	−1.048 / 0.143	0.143
PP PP _ PP	0.226	0.194	—	0.282	−0.321	−0.048	−0.155	0.679	−1.321 / 1.274	−0.726 / −0.107	−0.107 / 1.155	−0.845
_ PP PP _	—	0.175	0.175	—	−0.095	−0.286	−0.095	−0.095	0.095 / 0.810	−1.190 / 1.190	−0.810 / 0.095	0.095
PP _ _ _	0.274	—	—	—	−0.178	0.048	−0.012	0.822	−1.178 / 0.226	0.226 / −0.060	−0.060 / 0.012	0.012
_ PP _ _	—	0.198	—	—	−0.131	−0.143	0.036	−0.131	−0.131 / 0.988	−1.012 / 0.178	0.178 / −0.036	−0.036

附表 1-4 五 跨 梁

荷载图	跨内最大弯矩			支座弯矩					剪力					
	M_1	M_2	M_3	M_B	M_C	M_D	M_E	V_A	V_B^L / V_B^R	V_C^L / V_C^R	V_D^L / V_D^R	V_E^L / V_E^R	V_F
满布均布荷载	0.078	0.033	0.046	-0.105	-0.079	-0.079	-0.105	0.394	-0.606 / 0.526	-0.474 / 0.500	-0.500 / 0.474	-0.526 / 0.606	-0.394
两端跨均布荷载	0.100	—	—	-0.053	-0.040	-0.040	-0.053	0.447	-0.553 / 0.013	0.013 / 0.500	-0.500 / -0.013	-0.013 / 0.553	-0.447
第二跨均布荷载	—	0.079	—	-0.053	-0.040	-0.040	-0.053	-0.053	-0.053 / 0.513	-0.487 / 0	0 / 0.487	-0.513 / 0.053	0.053
中间跨均布荷载	0.073	②0.059 / 0.078	—	-0.119	-0.022	-0.044	-0.051	0.380	-0.620 / 0.598	-0.402 / -0.023	-0.023 / 0.493	-0.507 / 0.052	0.052
第一、二跨均布荷载	① — / 0.098	0.055	0.064	-0.035	-0.111	-0.020	-0.057	0.035	0.035 / 0.424	0.576 / 0.591	-0.409 / -0.037	-0.037 / 0.557	-0.443
第一跨集中荷载	0.094	—	—	-0.067	0.018	-0.005	0.001	0.433	0.567 / 0.085	0.085 / 0.023	0.023 / 0.006	0.006 / -0.001	0.001
第二跨集中荷载	—	0.074	—	-0.049	-0.054	0.014	-0.004	0.019	-0.049 / 0.495	-0.505 / 0.068	0.068 / -0.018	-0.018 / 0.004	0.004
中间跨集中荷载	—	—	0.072	0.013	0.053	0.053	0.013	0.013	0.013 / -0.066	-0.066 / 0.500	-0.500 / 0.066	0.066 / -0.013	0.013

附录1 等截面等跨连续梁在常用荷载作用下按弹性分析的内力系数表

续表

荷载图	跨内最大弯矩			支座弯矩				剪力				
	M_1	M_2	M_3	M_B	M_C	M_D	M_E	V_A	V_B^L V_B^R	V_C^L V_C^R	V_D^L V_D^R	V_E^L V_E^R	V_F
	0.053	0.026	0.034	-0.066	-0.049	0.049	-0.066	0.184	-0.316 0.266	-0.234 0.250	-0.250 0.234	-0.266 0.316	0.184
	0.067	—	0.059	-0.033	-0.025	-0.025	0.033	0.217	0.283 -0.008	0.008 0.250	-0.250 -0.008	-0.008 0.283	0.217
	—	0.055	—	-0.033	-0.025	-0.025	-0.033	0.033	-0.033 0.258	-0.242 0	0 0.242	-0.258 0.033	0.033
	0.049	②0.041 / 0.053	—	-0.075	-0.014	-0.028	-0.032	0.175	0.325 0.311	-0.189 -0.014	-0.014 0.246	-0.255 0.032	0.032
	①— / 0.066	0.039	0.044	-0.022	-0.070	-0.013	-0.036	-0.022	-0.022 0.202	-0.298 0.307	-0.193 -0.023	-0.023 0.286	-0.214
	0.063	—	—	0.042	0.011	-0.003	0.001	0.208	-0.292 0.053	0.053 -0.014	-0.014 0.004	0.004 -0.001	-0.001
	—	0.051	—	-0.031	-0.034	0.009	-0.002	-0.031	-0.031 0.247	-0.253 0.043	0.043 -0.011	-0.011 0.002	0.002
	—	—	0.050	0.008	-0.033	-0.033	0.008	0.008	0.008 -0.041	-0.041 0.250	-0.250 0.041	0.041 -0.008	-0.008

附录1 等截面等跨连续梁在常用荷载作用下按弹性分析的内力系数表

续表

荷载图	跨内最大弯矩			支座弯矩				剪力					
	M_1	M_2	M_3	M_B	M_C	M_D	M_E	V_A	V_B^L / V_B^R	V_C^L / V_C^R	V_D^L / V_D^R	V_E^L / V_E^R	V_F
	0.171	0.112	0.132	−0.158	−0.118	−0.118	−0.158	0.342	−0.658 / 0.540	−0.460 / 0.500	−0.500 / 0.460	−0.540 / 0.658	−0.342
	0.211	—	0.191	−0.079	−0.059	−0.059	−0.079	0.421	−0.579 / 0.020	0.020 / 0.500	−0.500 / −0.020	−0.020 / 0.579	−0.421
	—	0.181	—	−0.079	−0.059	−0.059	−0.079	−0.079	−0.079 / 0.520	−0.480 / 0	0 / 0.480	−0.520 / 0.079	0.079
	0.160	②0.141 / 0.178	—	−0.179	−0.032	−0.066	−0.077	0.321	−0.679 / 0.647	−0.353 / −0.034	−0.034 / 0.489	−0.511 / 0.077	0.077
	① — / 0.207	0.140	0.151	−0.052	−0.167	−0.031	−0.086	−0.052	−0.052 / 0.385	−0.615 / 0.637	−0.363 / −0.056	−0.056 / 0.586	−0.414
	0.200	—	—	−0.100	0.027	−0.007	0.002	0.400	−0.600 / 0.127	0.127 / −0.031	−0.034 / 0.009	0.009 / −0.002	−0.002
	—	0.173	—	−0.073	−0.081	0.022	−0.005	−0.073	−0.073 / 0.493	−0.507 / 0.102	0.102 / −0.027	−0.027 / 0.005	0.005
	—	—	0.171	0.020	−0.079	−0.079	0.020	0.020	0.020 / −0.099	−0.099 / 0.500	−0.500 / 0.099	0.099 / −0.020	−0.020

附录 1　等截面等跨连续梁在常用荷载作用下按弹性分析的内力系数表

续表

荷载图	跨内最大弯矩			支座弯矩				剪力					
	M_1	M_2	M_3	M_B	M_C	M_D	M_E	V_A	V_B^L / V_B^R	V_C^L / V_C^R	V_D^L / V_D^R	V_E^L / V_E^R	V_F
PP PP PP PP PP	0.240	0.100	0.122	−0.281	−0.211	0.211	−0.281	0.719	−1.281 / 1.070	−0.930 / 1.000	−1.000 / 0.930	1.070 / 1.281	−0.719
PP　PP	0.287	—	0.228	−0.140	−0.105	−0.105	−0.140	0.860	−1.140 / 0.035	0.035 / 1.000	1.000 / −0.035	−0.035 / 1.140	−0.860
PP	—	0.216	—	−0.140	−0.105	−0.105	−0.140	−0.140	−0.140 / 1.035	−0.965 / 0	0.000 / 0.965	−1.035 / 0.140	0.140
PP PP　PP PP	0.227	② $\dfrac{0.189}{0.209}$	—	−0.319	−0.057	−0.118	−0.137	0.681	−0.319 / 1.262	−0.738 / −0.061	−0.061 / 0.981	−1.019 / 0.137	0.137
PP PP　PP	① $\dfrac{-}{0.282}$	0.172	0.198	−0.093	−0.297	−0.054	−0.153	−0.093	−0.093 / 0.796	−1.204 / 1.243	−0.757 / −0.099	−0.099 / 1.153	−0.847
PP	0.274	—	—	−0.179	0.048	−0.013	0.003	0.821	−1.179 / 0.227	0.227 / −0.061	−0.061 / 0.016	0.016 / −0.003	−0.003
PP	—	0.198	—	−0.131	−0.144	0.038	−0.010	−0.131	−0.131 / 0.987	−1.013 / 0.182	0.182 / −0.048	−0.048 / 0.010	0.010
PP	—	—	0.193	0.035	−0.140	−0.140	0.035	0.035	0.035 / −0.175	−0.175 / 1.000	−1.000 / 0.175	0.175 / −0.035	−0.035

表中：①分子及分母分别为 M_1 及 M_5 的弯矩系数；②分子及分母分别为 M_2 及 M_4 的弯矩系数。

附录 2

双向板按弹性分析的计算系数表

符 号 说 明

$$B_c = \frac{Eh^3}{12(1-\nu^2)} \quad （刚度）$$

式中　　E——弹性模量；
　　　　h——板厚；
　　　　ν——泊松比。

表中　f, f_{max}——分别为板中心点的挠度和最大挠度；
　　　m_x, m_{xmax}——分别为平行于 l_x 方向板中心点单位板宽内的弯矩和板跨内最大弯矩；
　　　m_{0x}, m_{0y}——分别为平行于 l_x 和 l_y 方向自由边的中点单位板宽内的弯矩；
　　　m_x'——固定边中点沿 l_x 方向单位板宽内的弯矩；
　　　m_y'——固定边中点沿 l_y 方向单位板宽内的弯矩；
　　　m_{xz}'——平行于 l_x 方向自由边上固定端单位板宽内的支座弯矩。

——— 代表自由边；
------- 代表简支边；
⊥⊥⊥⊥ 代表固定边。

正负号规定：
　　弯矩——使板的受荷面受压者为正；
　　挠度——变位方向与荷载方向相同者为正。

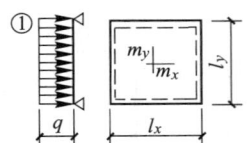

挠度 = 表中系数 $\times \dfrac{ql^4}{B_c}$；

$\nu = 0$，弯矩 = 表中系数 $\times ql^2$。

式中，l 取用 l_x 和 l_y 中之较小者。

附录2 双向板按弹性分析的计算系数表

附表2-1 四边简支

l_x/l_y	f	m_x	m_y	l_x/l_y	f	m_x	m_y
0.50	0.010 13	0.096 5	0.017 4	0.80	0.006 03	0.056 1	0.033 4
0.55	0.009 40	0.089 2	0.021 0	0.85	0.005 47	0.050 6	0.034 8
0.60	0.008 67	0.082 0	0.024 2	0.90	0.004 96	0.045 6	0.035 8
0.65	0.007 96	0.075 0	0.027 1	0.95	0.004 49	0.041 0	0.036 4
0.70	0.007 27	0.068 3	0.029 6	1.00	0.004 06	0.036 8	0.036 8
0.75	0.006 63	0.062 0	0.031 7				

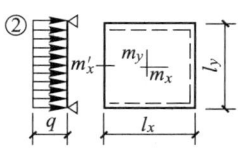

挠度 = 表中系数 $\times \dfrac{ql^4}{B_c}$;

$\nu=0$, 弯矩 = 表中系数 $\times ql^2$。

式中, l 取用 l_x 和 l_y 中之较小者。

附表2-2 三边简支一边固定

l_x/l_y	l_y/l_x	f	f_{max}	m_x	m_{xmax}	m_y	m_{ymax}	m'_x
0.50		0.004 88	0.005 04	0.058 3	0.064 6	0.006 0	0.006 3	−0.121 2
0.55		0.004 71	0.004 92	0.056 3	0.061 8	0.008 1	0.008 7	−0.118 7
0.60		0.004 53	0.004 72	0.053 9	0.058 9	0.010 4	0.011 1	−0.115 8
0.65		0.004 32	0.004 48	0.051 3	0.055 9	0.012 6	0.013 3	−0.112 4
0.70		0.004 10	0.004 22	0.048 5	0.052 9	0.014 8	0.015 4	−0.108 7
0.75		0.003 88	0.003 99	0.045 7	0.049 6	0.016 8	0.017 4	−0.104 8
0.80		0.003 65	0.003 76	0.042 8	0.046 3	0.018 7	0.019 3	−0.100 7
0.85		0.003 43	0.003 52	0.040 0	0.043 1	0.020 4	0.021 1	−0.096 5
0.90		0.003 21	0.003 29	0.037 2	0.040 0	0.021 9	0.022 6	−0.092 2
0.95		0.002 99	0.003 06	0.034 5	0.036 9	0.023 2	0.023 9	−0.088 0
1.00	1.00	0.002 79	0.002 85	0.031 9	0.034 0	0.024 3	0.024 9	−0.083 9
	0.95	0.003 16	0.003 24	0.032 4	0.034 5	0.028 0	0.028 7	−0.088 2
	0.90	0.003 60	0.003 68	0.032 8	0.034 7	0.032 2	0.033 0	−0.092 6
	0.85	0.004 09	0.004 17	0.032 9	0.034 7	0.037 0	0.037 8	−0.097 0
	0.80	0.004 64	0.004 73	0.032 6	0.034 3	0.042 4	0.043 3	−0.101 4
	0.75	0.005 26	0.005 36	0.031 9	0.033 5	0.048 5	0.049 4	−0.105 6
	0.70	0.005 95	0.006 05	0.030 8	0.032 3	0.055 3	0.056 2	−0.109 6
	0.65	0.006 70	0.006 80	0.029 1	0.030 6	0.062 7	0.063 7	−0.113 3
	0.60	0.007 52	0.007 62	0.026 8	0.028 9	0.070 7	0.071 7	−0.116 6
	0.55	0.008 38	0.008 48	0.023 9	0.027 1	0.079 2	0.080 1	−0.119 3
	0.50	0.009 27	0.009 35	0.020 5	0.024 9	0.088 0	0.088 8	−0.121 5

③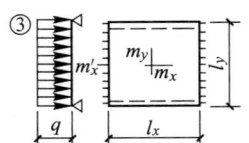

挠度 = 表中系数 $\times \dfrac{ql^4}{B_c}$;

$\nu = 0$, 弯矩 = 表中系数 $\times ql^2$。

式中, l 取用 l_x 和 l_y 中之较小者。

附表 2-3　两对边简支两对边固定

l_x/l_y	l_y/l_x	f	m_x	m_y	m_x'
0.50		0.002 61	0.041 6	0.001 7	−0.084 3
0.55		0.002 59	0.041 0	0.002 8	−0.084 0
0.60		0.002 55	0.040 2	0.004 2	−0.083 4
0.65		0.002 50	0.039 2	0.005 7	−0.082 6
0.70		0.002 43	0.037 9	0.007 2	−0.081 4
0.75		0.002 36	0.036 6	0.008 8	−0.079 9
0.80		0.002 28	0.035 1	0.010 3	−0.078 2
0.85		0.002 20	0.033 5	0.011 8	−0.076 3
0.90		0.002 11	0.031 9	0.013 3	−0.074 3
0.95		0.002 01	0.030 2	0.014 6	−0.072 1
1.00	1.00	0.001 92	0.028 5	0.015 8	−0.069 8
	0.95	0.002 23	0.029 6	0.018 9	−0.074 6
	0.90	0.002 60	0.030 6	0.022 4	−0.079 7
	0.85	0.003 03	0.031 4	0.026 6	−0.085 0
	0.80	0.003 54	0.031 9	0.031 6	−0.090 4
	0.75	0.004 13	0.032 1	0.037 4	−0.095 9
	0.70	0.004 82	0.031 8	0.044 1	−0.101 3
	0.65	0.005 60	0.030 8	0.051 8	−0.106 6
	0.60	0.006 47	0.029 2	0.060 4	−0.111 4
	0.55	0.007 43	0.026 7	0.069 8	−0.115 6
	0.50	0.008 44	0.023 4	0.079 8	−0.119 1

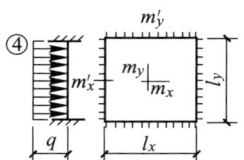

挠度 = 表中系数 × $\dfrac{ql^4}{B_c}$；

$\nu = 0$，弯矩 = 表中系数 × ql^2。

式中，l 取用 l_x 和 l_y 中之较小者。

附表 2-4　四　边　固　定

l_x/l_y	f	m_x	m_y	m_x'	m_y'
0.50	0.002 53	0.040 0	0.003 8	−0.082 9	−0.057 0
0.55	0.002 46	0.038 5	0.005 6	−0.081 4	−0.057 1
0.60	0.002 36	0.036 7	0.007 6	−0.079 3	−0.057 1
0.65	0.002 24	0.034 5	0.009 5	−0.076 6	−0.057 1
0.70	0.002 11	0.032 1	0.011 3	−0.073 5	−0.056 9
0.75	0.001 97	0.029 6	0.013 0	−0.070 1	−0.056 5
0.80	0.001 82	0.027 1	0.014 4	−0.066 4	−0.055 9
0.85	0.001 68	0.024 6	0.015 6	−0.062 6	−0.055 1
0.90	0.001 53	0.022 1	0.016 5	−0.058 8	−0.054 1
0.95	0.001 40	0.019 8	0.017 2	−0.055 0	−0.052 8
1.00	0.001 27	0.017 6	0.017 6	−0.051 3	−0.051 3

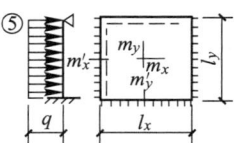

挠度 = 表中系数 × $\dfrac{ql^4}{B_c}$；

$\nu = 0$，弯矩 = 表中系数 × ql^2。

式中，l 取用 l_x 和 l_y 中之较小者。

附表 2-5　两邻边简支两邻边固定

l_x/l_y	f	f_{max}	m_x	m_{xmax}	m_y	m_{ymax}	m_x'	m_y'
0.50	0.004 68	0.004 71	0.055 9	0.056 2	0.007 9	0.013 5	−0.117 9	−0.078 6
0.55	0.004 45	0.004 54	0.052 9	0.053 0	0.010 4	0.015 3	−0.114 0	−0.078 5
0.60	0.004 19	0.004 29	0.049 6	0.049 8	0.012 9	0.016 9	−0.109 5	−0.078 2
0.65	0.003 91	0.003 99	0.046 1	0.046 5	0.015 1	0.018 3	−0.104 5	−0.077 7
0.70	0.003 63	0.003 68	0.042 6	0.043 2	0.017 2	0.019 5	−0.099 2	−0.077 0
0.75	0.003 35	0.003 40	0.039 1	0.039 6	0.018 9	0.020 6	−0.093 8	−0.076 0
0.80	0.003 08	0.003 13	0.035 6	0.036 1	0.020 4	0.021 8	−0.088 3	−0.074 8
0.85	0.002 81	0.002 86	0.032 2	0.032 8	0.021 5	0.022 9	−0.082 9	−0.073 3
0.90	0.002 56	0.002 61	0.029 1	0.029 7	0.022 4	0.023 8	−0.077 6	−0.071 6
0.95	0.002 32	0.002 37	0.026 1	0.026 7	0.023 0	0.024 4	−0.072 6	−0.069 8
1.00	0.002 10	0.002 15	0.023 4	0.024 0	0.023 4	0.024 9	−0.067 7	−0.067 7

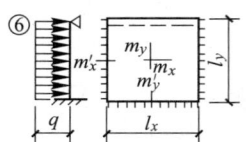

挠度 = 表中系数 $\times \dfrac{ql^4}{B_c}$；

$\nu = 0$，弯矩 = 表中系数 $\times ql^2$。

式中，l 取用 l_x 和 l_y 中之较小者。

附表 2-6　三边固定、一边简支

l_x/l_y	l_y/l_x	f	f_{max}	m_x	m_{xmax}	m_y	m_{ymax}	m'_x	m'_y
0.50		0.002 57	0.002 58	0.040 8	0.040 9	0.002 8	0.008 9	-0.083 6	-0.056 9
0.55		0.002 52	0.002 55	0.039 8	0.039 9	0.004 2	0.009 3	-0.082 7	-0.057 0
0.60		0.002 45	0.002 49	0.038 4	0.038 6	0.005 9	0.010 5	-0.081 4	-0.057 1
0.65		0.002 37	0.002 40	0.036 8	0.037 1	0.007 6	0.011 6	-0.079 6	-0.057 2
0.70		0.002 27	0.002 29	0.035 0	0.035 4	0.009 3	0.012 7	-0.077 4	-0.057 2
0.75		0.002 16	0.002 19	0.033 1	0.033 5	0.010 9	0.013 7	-0.075 0	-0.057 2
0.80		0.002 05	0.002 08	0.031 0	0.031 4	0.012 4	0.014 7	-0.072 2	-0.057 0
0.85		0.001 93	0.001 96	0.028 9	0.029 3	0.013 8	0.015 5	-0.069 3	-0.056 7
0.90		0.001 81	0.001 84	0.026 8	0.027 3	0.015 9	0.016 3	-0.066 3	-0.056 3
0.95		0.001 69	0.001 72	0.024 7	0.025 2	0.016 0	0.017 2	-0.063 1	-0.055 8
1.00	1.00	0.001 57	0.001 60	0.022 7	0.023 1	0.016 8	0.018 0	-0.060 0	-0.055 0
	0.95	0.001 78	0.001 82	0.022 9	0.023 4	0.019 4	0.020 7	-0.062 9	-0.059 9
	0.90	0.002 01	0.002 06	0.022 8	0.023 4	0.022 3	0.023 8	-0.065 6	-0.065 3
	0.85	0.002 27	0.002 33	0.022 5	0.023 1	0.025 5	0.027 3	-0.068 3	-0.071 1
	0.80	0.002 56	0.002 62	0.021 9	0.022 4	0.029 0	0.031 1	-0.070 7	-0.077 2
	0.75	0.002 86	0.002 94	0.020 8	0.021 4	0.032 9	0.035 4	-0.072 9	-0.083 7
	0.70	0.003 19	0.003 27	0.019 4	0.020 0	0.037 0	0.040 0	-0.074 8	-0.090 3
	0.65	0.003 52	0.003 65	0.017 5	0.018 2	0.041 2	0.044 6	-0.076 2	-0.097 0
	0.60	0.003 86	0.004 03	0.015 3	0.016 0	0.045 4	0.049 3	-0.077 3	-0.103 3
	0.55	0.004 19	0.004 37	0.012 7	0.013 3	0.049 6	0.054 1	-0.078 0	-0.109 3
	0.50	0.004 49	0.004 63	0.009 9	0.010 3	0.053 4	0.058 8	-0.078 4	-0.114 6

附录 3

等效均布荷载表

附表 3-1　等效均布荷载 q_1

序号	荷载简图	q_1
1	跨中集中力 F，$l/2 + l/2$	$\dfrac{3F}{2l}$
2	三分点两个 F，$l/3+l/3+l/3$	$\dfrac{8F}{3l}$
3	四分点三个 F，$l/4 \times 4$	$\dfrac{15F}{4l}$
4	五分点四个 F，$l/5 \times 5$	$\dfrac{24F}{5l}$
5	n 个 F 等距 a，两端 $a/2$，$l=na$	$\dfrac{(n^2-1)F}{nl}$
6	两个 F，$l/4 + l/2 + l/4$	$\dfrac{9F}{4l}$
7	三个 F，$l/6 + l/3 + l/3 + l/6$	$\dfrac{19F}{6l}$
8	四个 F，$l/8 + l/4 + l/4 + l/4 + l/8$	$\dfrac{33F}{8l}$
9	n 个 F 等距 a，$l=na$	$\dfrac{(2n^2+1)F}{2nl}$

续表

序号	荷载简图	q_1
10	$a/l=\alpha$	$\dfrac{\alpha(3-\alpha^2)}{2}q$
11	$l/4,\ l/2,\ l/4$	$\dfrac{11}{16}q$
12	$a/l=\alpha$, $a/l=\beta$	$\dfrac{2(2+\beta)\alpha^2}{l^2}q$
13	$l/3,\ l/3,\ l/3$	$\dfrac{14}{27}q$
14		$\dfrac{5}{8}q$
15		$\dfrac{17}{32}q$
16	$a/l=\alpha$	$\dfrac{\alpha}{4}\left(3-\dfrac{\alpha^2}{2}\right)q$
17	$a/l=\alpha$	$(1-2\alpha^2+\alpha^3)q$
18	$a/l=\alpha$, $a/l=\beta$	$q_{1左}=4\beta(1-\beta^2)\dfrac{F}{l}$ $q_{1右}=4\alpha(1-\alpha^2)\dfrac{F}{l}$

附录 4

单阶柱顶反力与位移系数图

附录 4　单阶柱顶反力与位移系数图

附录 5

结构力学求解器使用说明

附录 5　结构力学求解器使用说明

参考文献

[1] 林同炎,斯多台斯伯利.结构概念和体系[M].高力人,钱稼茹,方鄂华译.北京:中国建筑工业出版社,1999.

[2] 郭院成.建筑结构体系概念和设计[S].郑州:黄河水利出版社,2001.

[3] 中华人民共和国住房和城乡建设部.混凝土结构设计规范(2015局部修订):GB 50010—2010[S].北京:中国建筑工业出版社,2015.

[4] 中华人民共和国住房和城乡建设部.高层建筑混凝土结构技术规程:JGJ 3—2010[S].北京:中国建筑工业出版社,2011.

[5] 中华人民共和国住房和城乡建设部.建筑地基基础设计规范:GB 50007—2011[S].北京:中国建筑工业出版社,2012.

[6] 中华人民共和国住房和城乡建设部.建筑结构荷载规范:GB 50009—2012[S].北京:中国建筑工业出版社,2012.

[7] 中华人民共和国住房和城乡建设部.砌体结构设计规范:GB 50003—2011[S].北京:中国建筑工业出版社,2011.

[8] 李汝庚,张季超.混凝土结构设计[M].北京:中国环境科学出版社,2003.

[9] 叶列平.混凝土结构[M].2版.北京:清华大学出版社,2005.

[10] 袁驷.程序结构力学[M].2版.北京:高等教育出版社,2008.

[11] 东南大学,天津大学,同济大学.混凝土结构设计原理[M].4版.北京:中国建筑工业出版社,2008.

[12] 方鄂华.高层建筑结构设计[M].2版.北京:清华大学出版社,1990.

[13] 滕智明.混凝土结构及砌体结构学习指导[M].北京:清华大学出版社,1994.

[14] 邱洪兴.建筑结构设计[M].南京:东南大学出版社,2002.

[15] 周克荣.混凝土结构设计[M].上海:同济大学出版社,2001.

[16] 沈蒲生.混凝土结构:下册[M].3版.北京:中国建筑工业出版社,1997.

[17] 沈蒲生.混凝土结构设计.北京:高等教育出版社,2003.

[18] 彭少良.混凝土结构:下册[M].武汉:武汉工业大学出版社,2002.

[19] 戴志强.钢筋混凝土房屋结构[M].3版.天津:天津大学出版社,2002.

[20] 张季超,隋莉莉.混凝土结构设计原理[M].北京:高等教育出版社,2016.

郑重声明

高等教育出版社依法对本书享有专有出版权。任何未经许可的复制、销售行为均违反《中华人民共和国著作权法》，其行为人将承担相应的民事责任和行政责任；构成犯罪的，将被依法追究刑事责任。为了维护市场秩序，保护读者的合法权益，避免读者误用盗版书造成不良后果，我社将配合行政执法部门和司法机关对违法犯罪的单位和个人进行严厉打击。社会各界人士如发现上述侵权行为，希望及时举报，本社将奖励举报有功人员。

反盗版举报电话　　（010）58581999　58582371　58582488
反盗版举报传真　　（010）82086060
反盗版举报邮箱　　dd@hep.com.cn
通信地址　　北京市西城区德外大街4号
　　　　　　高等教育出版社法律事务与版权管理部
邮政编码　　100120

防伪查询说明
用户购书后刮开封底防伪涂层，利用手机微信等软件扫描二维码，会跳转至防伪查询网页，获得所购图书详细信息。用户也可将防伪二维码下的20位密码按从左到右、从上到下的顺序发送短信至106695881280，免费查询所购图书真伪。

反盗版短信举报
编辑短信"JB,图书名称,出版社,购买地点"发送至10669588128
防伪客服电话
（010）58582300

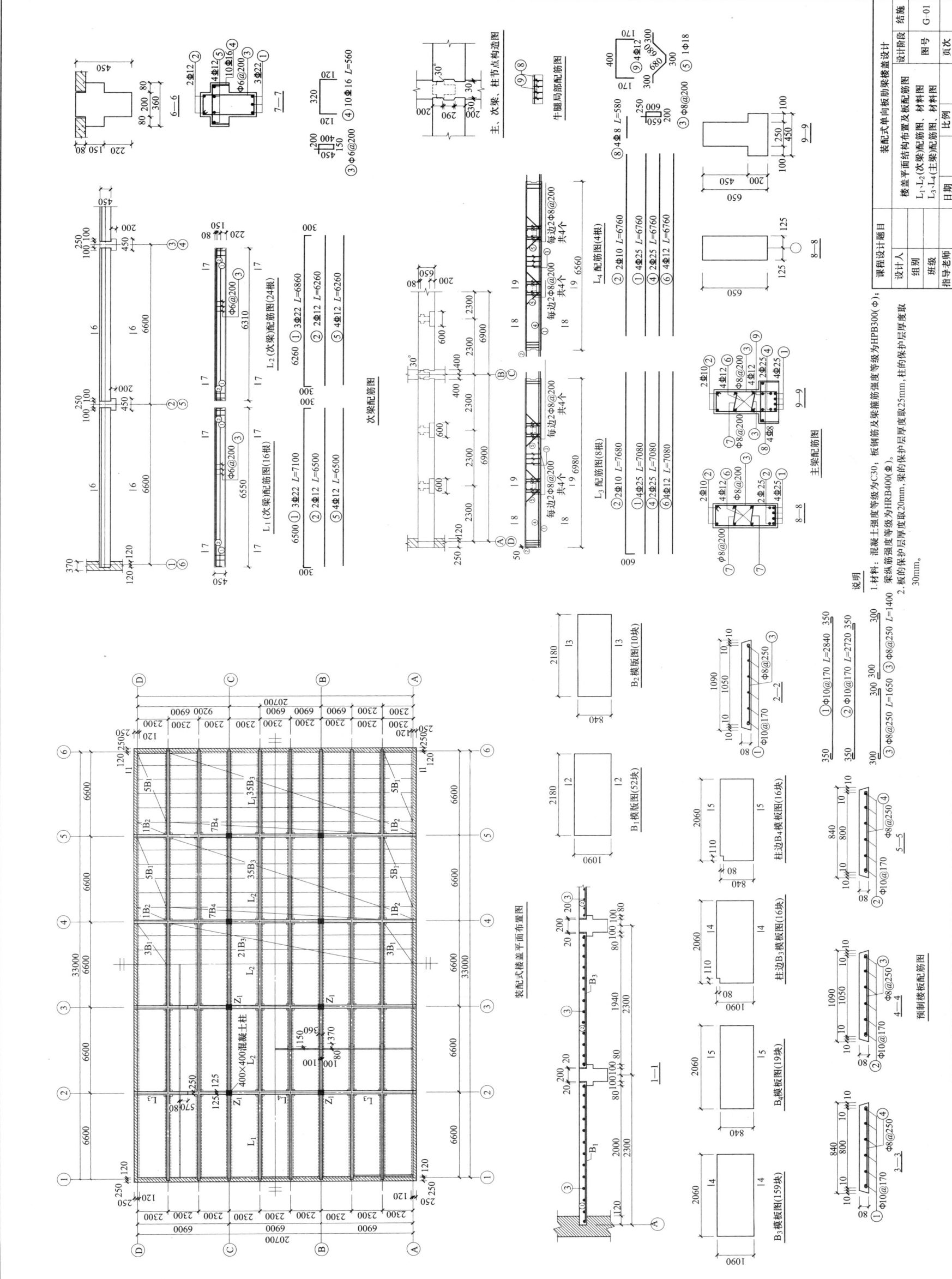

图 1-62 楼盖结构平面布置及配筋图

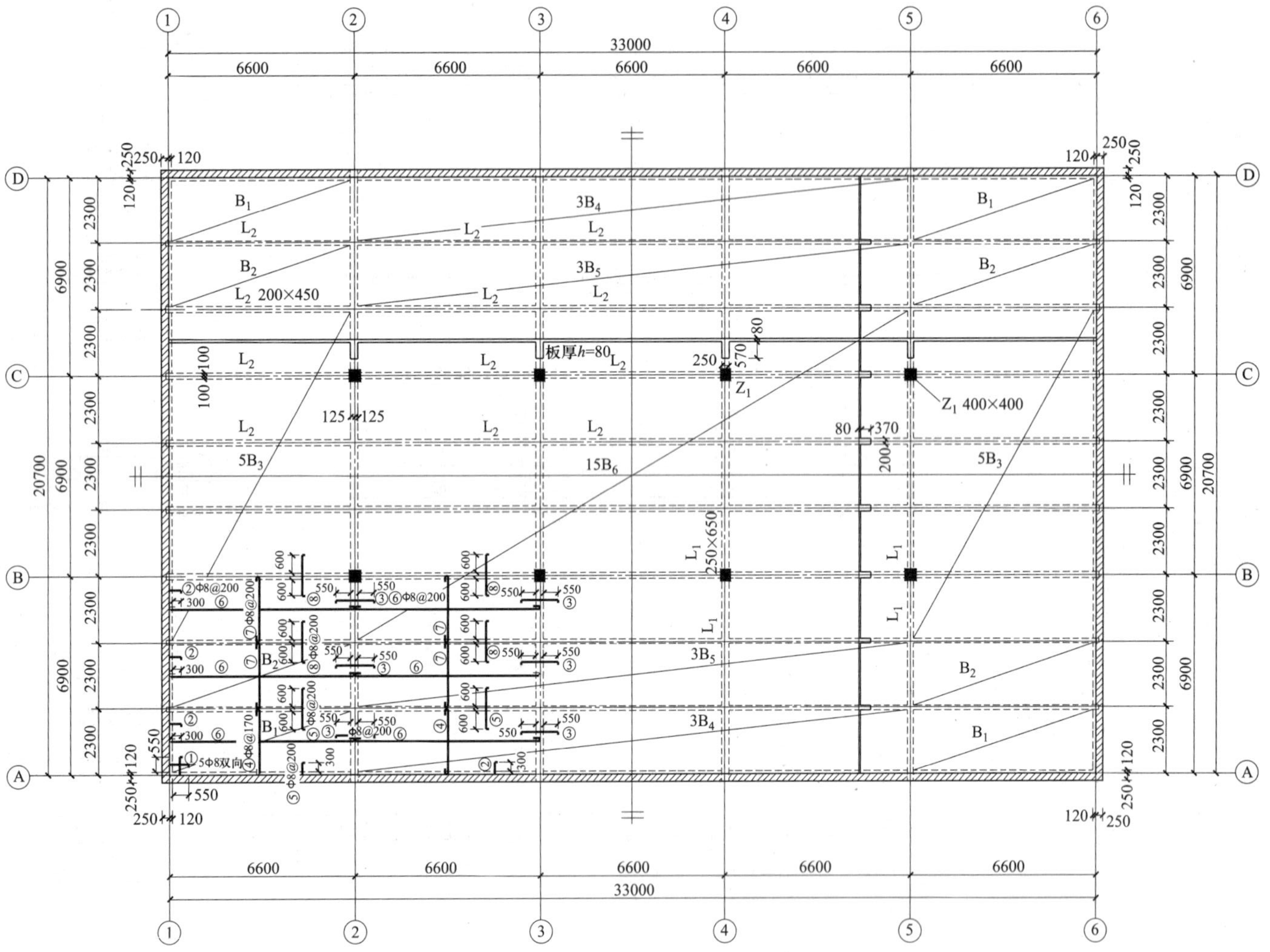

楼盖平面结构布置及板配筋图

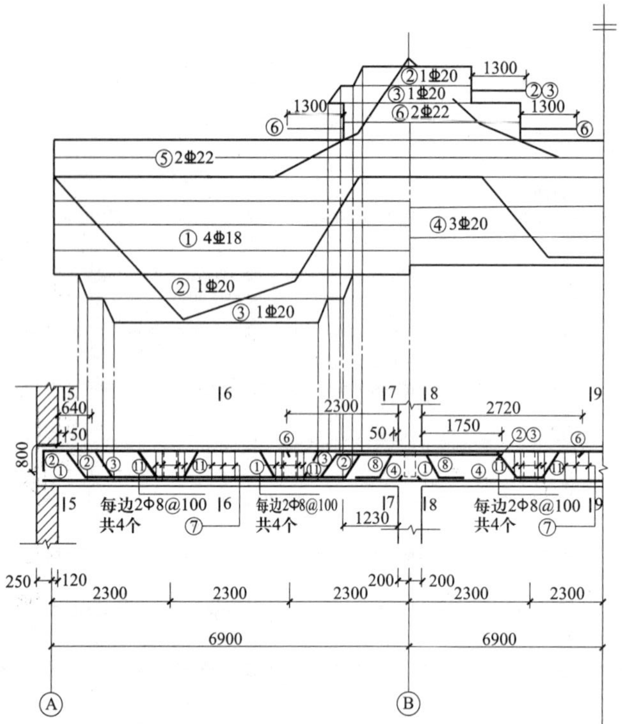

注：主次梁相交处的次梁每侧加设4个 Φ8@200箍筋

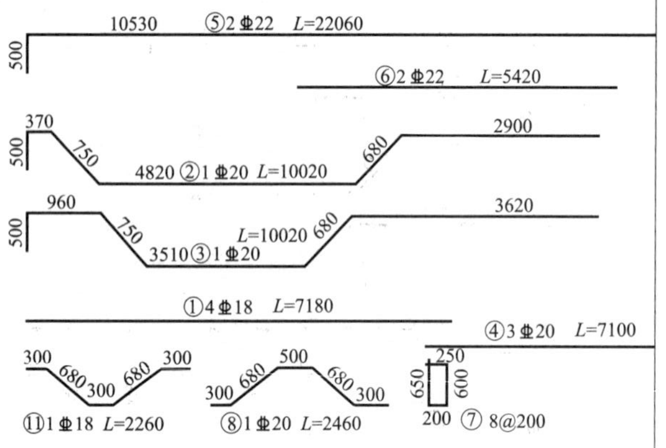

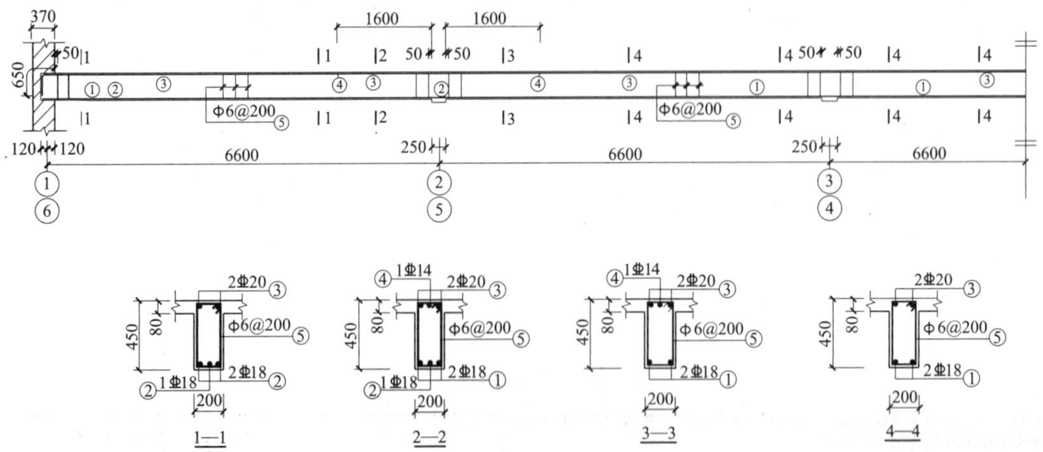

L2(次梁)配筋图

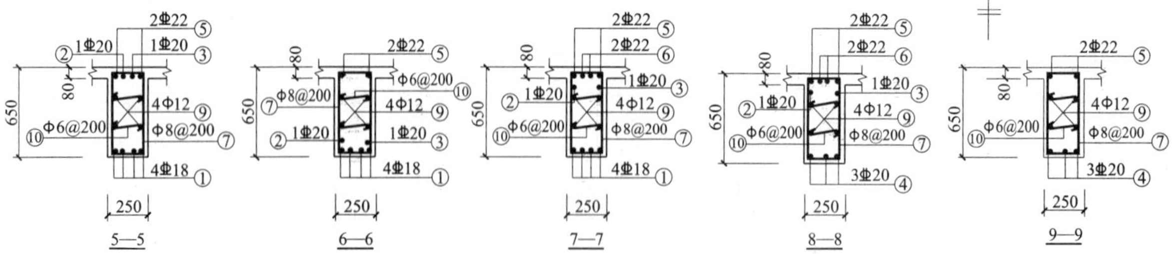

L_1(主梁)材料表、配筋表

说明

1. 材料：混凝土强度等级为C25;板钢筋及梁箍筋强度等级为HPB300(Φ);梁纵筋强度等级为HRB400(Φ)。
2. 板的保护层厚度取20mm,梁的保护层厚度取25mm。
3. 板中的②③⑦⑧ 钢筋均为 Φ8@200。

课程设计题目	现浇单向板肋梁楼盖设计				
设计人		楼盖平面结构布置及板配筋图 L_2(次梁)配筋图 L_1(主梁)材料图、配筋图		设计阶段	结施
组别				图号	G－01
班级					
指导老师		日期	比例	页次	

图 1-40　楼盖结构平面布置图及配筋图

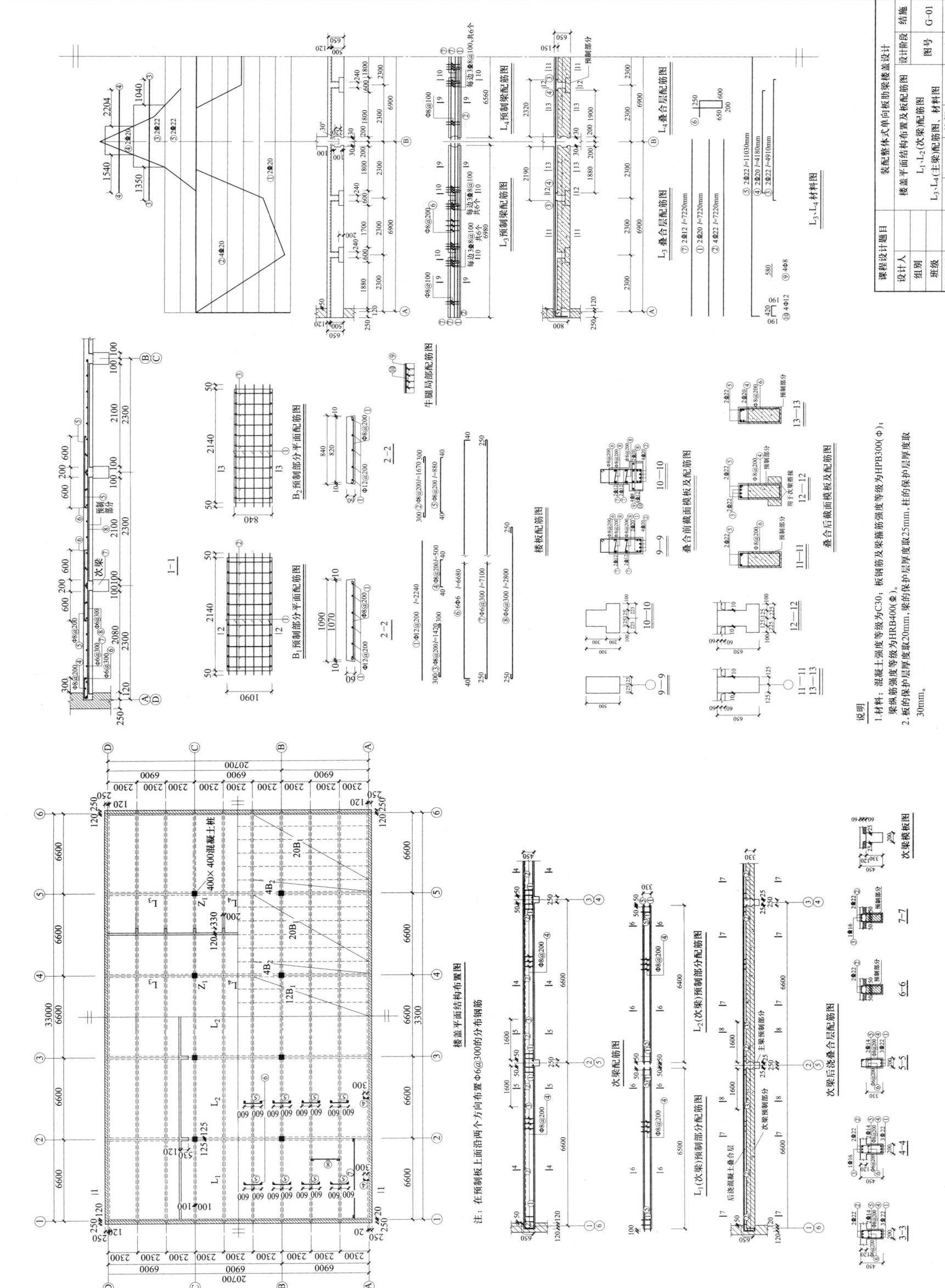

图1-73 楼盖结构平面布置及配筋图

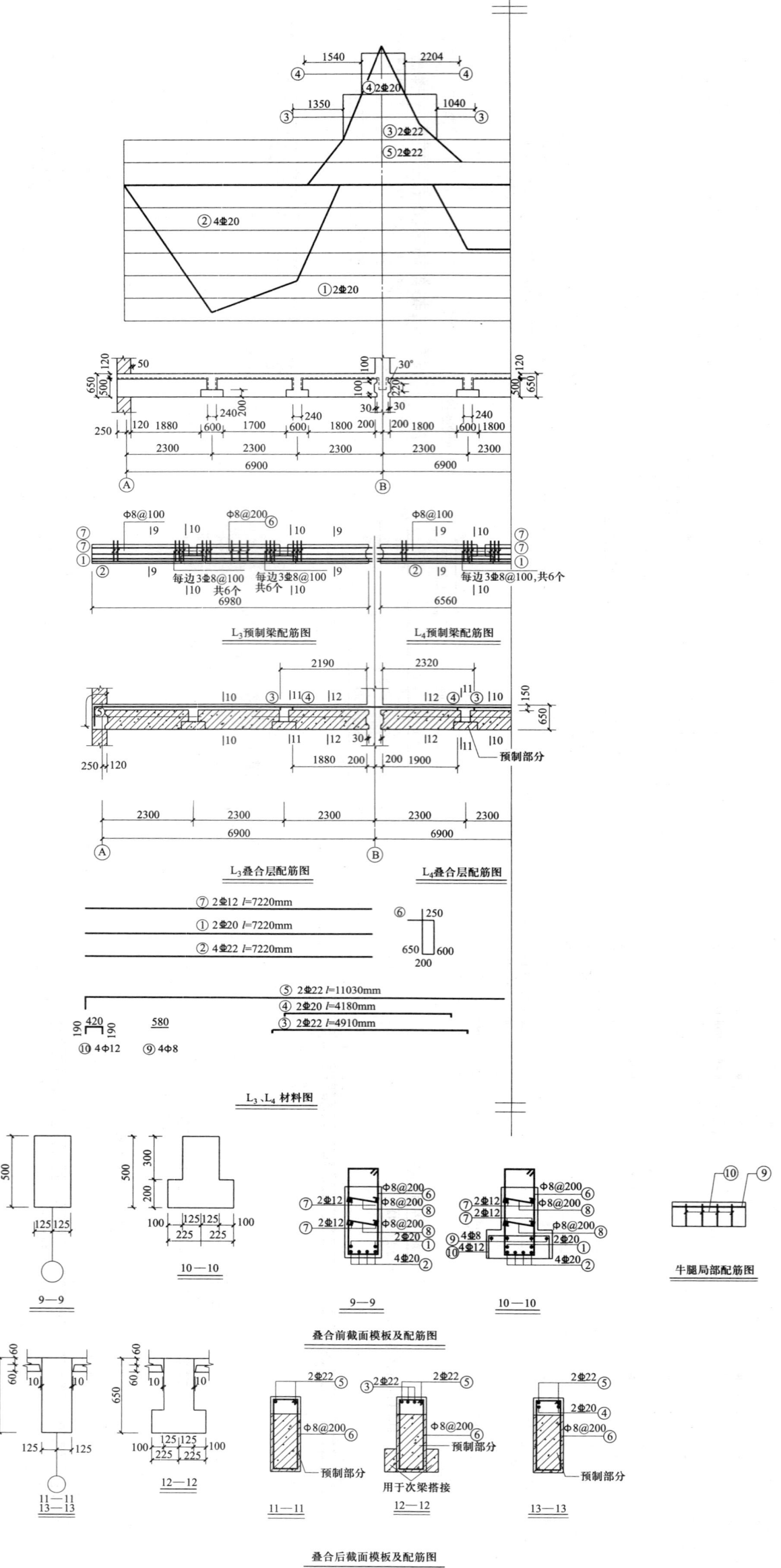

图 1-72 主梁配筋图